西北旱区生态水利学术著作丛书

旱区农田土壤水盐调控

王全九 单鱼洋 等 著

科学出版社

北 京

内 容 简 介

将节水灌溉技术与水盐调控模式及作物生长有机结合是实现水土资源高效可持续利用的重要内容。本书系统地介绍了不同条件下旱区土壤水盐运移基本特征，数学模型和参数确定方法，典型作物耐盐特征，潜水蒸发与土壤盐分累积关系，微咸水和淡水膜下滴灌棉花生长特征和土壤水盐调控措施效果，微咸水和淡水地面灌溉下土壤水盐分布特征与典型作物和牧草生长状况，农田水盐均衡作物生长模型以及旱区土壤水盐调控模式等方面的研究成果。全书共9章，包括绪论，一维土壤水盐运移特征，滴灌土壤水盐运移特征，作物耐盐特征分析，排水地段土壤盐分分布特征，膜下滴灌棉花生长与土壤水盐调控，微咸水地面灌溉土壤水盐分布与作物生长，基于区域水盐平衡的作物生长模型和旱区土壤水盐综合调控模式。

本书可作为农业水利工程、水文与水资源、土壤物理、土地整治与修复、农业生态环境等领域的科研、教学和管理人员的参考书。

图书在版编目(CIP)数据

旱区农田土壤水盐调控/王全九等著. —北京：科学出版社，2017.10

（西北旱区生态水利学术著作丛书）

ISBN 978-7-03-054696-8

Ⅰ.①旱… Ⅱ.①王… Ⅲ.①干旱区-农田-土壤-水盐体系-调控-研究 Ⅳ.①S156.4

中国版本图书馆 CIP 数据核字（2017）第 243852 号

责任编辑：祝 洁 王良子 / 责任校对：郭瑞芝
责任印制：张 伟 / 封面设计：迷底书装

科学出版社出版

北京东黄城根北街 16 号
邮政编码：100717
http://www.sciencep.com

北京教园印刷有限公司 印刷

科学出版社发行 各地新华书店经销

*

2017 年 10 月第 一 版 开本：B5（720×1000）
2017 年 10 月第一次印刷 印张：25
字数：500 000

定价：160.00 元
（如有印装质量问题，我社负责调换）

总　序　一

水资源作为人类社会赖以延续发展的重要要素之一，主要来源于以河流、湖库为主的淡水生态系统。这个占据着少于 1%地球表面的重要系统虽仅容纳了地球上全部水量的 0.01%，但却给全球社会经济发展提供了十分重要的生态服务，尤其是在全球气候变化的背景下，健康的河湖及其完善的生态系统过程是适应气候变化的重要基础，也是人类赖以生存和发展的必要条件。人类在开发利用水资源的同时，对河流上下游的物理性质和生态环境特征均会产生较大影响，从而打乱了维持生态循环的水流过程，改变了河湖及其周边区域的生态环境。如何维持水利工程开发建设与生态环境保护之间的友好互动，构建生态友好的水利工程技术体系，成为传统水利工程发展与突破的关键。

构建生态友好的水利工程技术体系，强调的是水利工程与生态工程之间的交叉融合，由此促使生态水利工程的概念应运而生，这一概念的提出是新时期社会经济可持续发展对传统水利工程的必然要求，是水利工程发展史上的一次飞跃。作为我国水利科学的国家级科研平台，"西北旱区生态水利工程省部共建国家重点实验室培育基地（西安理工大学）"是以生态水利为研究主旨的科研平台。该平台立足我国西北旱区，开展旱区生态水利工程领域内基础问题与应用基础研究，解决了若干旱区生态水利领域内的关键科学技术问题，已成为我国西北地区生态水利工程领域高水平研究人才聚集和高层次人才培养的重要基地。

《西北旱区生态水利学术著作丛书》作为重点实验室相关研究人员近年来在生态水利研究领域内代表性成果的凝炼集成，广泛深入地探讨了西北旱区水利工程建设与生态环境保护之间的关系与作用机理，丰富了生态水利工程学科理论体系，具有较强的学术性和实用性，是生态水利工程领域内重要的学术文献。丛书的编纂出版，既是重点实验室对其研究成果的总结，又对今后西北旱区生态水利工程的建设、科学管理和高效利用具有重要的指导意义，为西北旱区生态环境保护、水资源开发利用及社会经济可持续发展中亟待解决的技术及政策制定提供了重要的科技支撑。

中国科学院院士　王光谦

2016 年 9 月

总 序 二

近 50 年来全球气候变化及人类活动的加剧，影响了水循环诸要素的时空分布特征，增加了极端水文事件发生的概率，引发了一系列社会-环境-生态问题，如洪涝、干旱灾害频繁，水土流失加剧，生态环境恶化等。这些问题对于我国生态本底本就脆弱的西北地区而言更为严重，干旱缺水（水少）、洪涝灾害（水多）、水环境恶化（水脏）等严重影响着西部地区的区域发展，制约着西部地区作为"一带一路"国家战略桥头堡作用的发挥。

西部大开发水利要先行，开展以水为核心的水资源-水环境-水生态演变的多过程研究，揭示水利工程开发对区域生态环境影响的作用机理，提出水利工程开发的生态约束阈值及减缓措施，发展适用于我国西北旱区河流、湖库生态环境保护的理论与技术体系，确保区域生态系统健康及生态安全，既是水资源开发利用与环境规划管理范畴内的核心问题，又是实现我国西部地区社会经济、资源与环境协调发展的现实需求，同时也是对"把生态文明建设放在突出地位"重要指导思路的响应。

在此背景下，作为我国西部地区水利学科的重要科研基地，西北旱区生态水利工程省部共建国家重点实验室培育基地（西安理工大学）依托其在水利及生态环境保护方面的学科优势，汇集近年来主要研究成果，组织编纂了《西北旱区生态水利学术著作丛书》。该丛书兼顾理论基础研究与工程实际应用，对相关领域专业技术人员的工作起到了启发和引领作用，对丰富生态水利工程学科内涵、推动生态水利工程领域的科技创新具有重要指导意义。

在发展水利事业的同时，保护好生态环境，是历史赋予我们的重任。生态水利工程作为一个新的交叉学科，相关研究尚处于起步阶段，期望以此丛书的出版为契机，促使更多的年轻学者发挥其聪明才智，为生态水利工程学科的完善、提升做出自己应有的贡献。

中国工程院院士

2016 年 9 月

总 序 三

　　我国西北干旱地区地域辽阔、自然条件复杂、气候条件差异显著、地貌类型多样，是生态环境最为脆弱的区域。20 世纪 80 年代以来，随着经济的快速发展，生态环境承载负荷加大，遭受的破坏亦日趋严重，由此导致各类自然灾害呈现分布渐广、频次显增、危害趋重的发展态势。生态环境问题已成为制约西北旱区社会经济可持续发展的主要因素之一。

　　水是生态环境存在与发展的基础，以水为核心的生态问题是环境变化的主要原因。西北干旱生态脆弱区由于地理条件特殊，资源性缺水及其时空分布不均的问题同时存在，加之水土流失严重导致水体含沙量高，对种类繁多的污染物具有显著的吸附作用。多重矛盾的叠加，使得西北旱区面临的水问题更为突出，急需在相关理论、方法及技术上有所突破。

　　长期以来，在解决如上述水问题方面，通常是从传统水利工程的逻辑出发，以人类自身的需求为中心，忽略甚至破坏了原有生态系统的固有服务功能，对环境造成了不可逆的损伤。老子曰"人法地，地法天，天法道，道法自然"，水利工程的发展绝不应仅是工程理论及技术的突破与创新，而应调整以人为中心的思维与态度，遵循顺其自然而成其所以然之规律，实现由传统水利向以生态水利为代表的现代水利、可持续发展水利的转变。

　　西北旱区生态水利工程省部共建国家重点实验室培育基地（西安理工大学）从其自身建设实践出发，立足于西北旱区，围绕旱区生态水文、旱区水土资源利用、旱区环境水利及旱区生态水工程四个主旨研究方向，历时两年筹备，组织编纂了《西北旱区生态水利学术著作丛书》。

　　该丛书面向推进生态文明建设和构筑生态安全屏障、保障生态安全的国家需求，瞄准生态水利工程学科前沿，集成了重点实验室相关研究人员近年来在生态水利研究领域内取得的主要成果。这些成果既关注科学问题的辨识、机理的阐述，又不失在工程实践应用中的推广，对推动我国生态水利工程领域的科技创新，服务区域社会经济与生态环境保护协调发展具有重要的意义。

中国工程院院士

2016 年 9 月

前 言

我国是一个农业大国，但农业生产受到水资源短缺和土壤盐碱化的双重威胁。将水资源开发利用、高效的节水灌溉技术与土壤盐碱化防治有机结合是实现农业可持续发展和水土资源高效可持续利用的重要内容。我国淡水资源短缺与微咸水储存丰富并存，合理开发利用微咸水资源是缓减我国农业水资源供需矛盾的重要途径之一。微咸水灌溉给农田带入大量盐分，会改变土壤物理和化学特征，影响作物对水分和养分的吸收，进而影响作物的生长过程，但同时这种影响又受到土壤质地、气候条件、种植模式和农田管理水平的制约，因此如何合理科学、高效、安全地利用微咸水进行农田灌溉一直是微咸水利用的核心问题。农田排水方法在干旱半干旱地区盐碱地改良方面发挥了重要作用，但随着淡水资源短缺和生态环境问题日益加剧，农田排水淋洗盐分方法受到挑战。如何将高效节水技术与土壤盐分调控技术有机结合，成为旱区高效节水技术可持续发展和利用的重要研究内容。因此，研究不同条件下土壤水盐运移与水盐调控模式、微咸水灌溉条件下土壤水盐分布特征及调控模式具有重要的科学意义和实际价值。

自 1997 年开始，在王文焰教授悉心指导下，在国家自然科学基金、霍英东教育基金项目、国家"863 计划"项目、国家"十一五"支撑计划项目、水利部公益项目、新疆维吾尔自治区重大专项等项目的资助下，课题组采取试验研究与理论分析、模拟模型相结合的方法，在陕西、新疆、河北、天津等省（自治区，直辖市）围绕旱区土壤水盐调控理论与方法开展深入研究，系统分析了淡水和微咸水入渗条件下土壤水盐运移机制及其数学模型，构建了适宜的土壤水力参数确定方法；开展了旱区潜水蒸发和排水条件下土壤水盐动态变化特征研究工作，明确了旱区潜水蒸发与气温、土质的关系，土壤盐分累积与地下水埋深和矿化度的关系，覆膜对土壤盐分累积控制的功效。课题组率先开展了膜下滴灌水盐运移机制和滴灌技术参数对土壤水盐运移特征影响研究，揭示了适宜大田膜下滴灌的水盐调控机制，明确了膜下滴灌与化学改良、膜间控盐、冬春灌相结合的综合调控盐分的效果，构建了膜下滴灌棉花生长模型和土壤水盐平衡预测模型。同时，系统研究了旱区典型作物耐盐特征，揭示了微咸水地面灌溉对土壤质量和典型作物生长的影响机制，明确了微咸水地面灌溉与化学改良、生物改良措施相结合的综合调控盐分效果，并构建了微咸水地面灌溉条件下典型作物生长模型，提出了土壤水盐调控综合模式。

本书共 9 章，其中前言由王全九撰写；第 1 章由单鱼洋撰写；第 2 章主要由王全九、单鱼洋撰写，参与撰写和相关研究工作的还有张江辉、吴忠东、毕远杰、付秋萍、王春霞、马东豪、雪静、史晓楠、苏莹、杨艳、刘建军等；第3章主要由王全九、单鱼洋撰写，参与撰写和相关研究工作的还有吕殿青、李毅、来建斌、孙海燕、王春霞、巨龙、刘建军等；第4章主要由王全九、单鱼洋撰写，参与撰写和相关研究工作的还有毕远杰、王春霞、谭帅；第5章由王全九、单鱼洋、张江辉撰写；第6章主要由王全九、单鱼洋撰写，参与撰写和相关研究工作的还有周蓓蓓、张江辉、王新、王春霞、苏李君、谭帅、来建斌、马东豪、巨龙、刘建军、王永杰、丁安川、王升、罗晓东、徐迪等；第7章主要由王全九和单鱼洋撰写，参与撰写和相关研究工作的还有叶海燕、马东豪、郭太龙、吴忠东、苏莹、毕远杰、雪静等；第8章主要由苏李君和单鱼洋撰写，参与撰写和相关研究工作的还有王春霞、谭帅、王升等；第9章由单鱼洋撰写。最后由王全九和单鱼洋整理统稿，王全九完成审定。

本书系统总结了课题组有关旱区土壤水盐调控方面近20年的研究成果。在整个研究过程中，得到众多单位、领导、专家和同仁的大力指导、支持和帮助，在此一并表示最真诚的感谢。特别感谢西安理工大学王文焰教授、张建丰教授、史文娟教授、吴军虎副教授，天津理工大学汪志荣教授，新疆维吾尔自治区水利厅副厅长董新光教授，原清华大学党委书记胡和平教授，新疆水利厅彭立新调研员、王新处长、邱胜彬处长、王永增处长，新疆水利水电科学研究院张江辉书记、何建村院长、聂新山副院长、张胜江主任、郭谨处长、白云岗主任、潘瑜所长，新疆塔里木河流域管理局托乎提·艾合买提书记、王新平局长，新疆塔里木河流域巴音郭楞管理局水利科研所李冰站长，新疆额尔齐斯河流域开发工程建设管理局石泉书记、邓铭江总工，新疆农业大学杨鹏年教授，清华大学倪广恒教授、田富强副教授，武汉大学杨金忠教师，中国矿业大学靳孟贵教授，中国科学院地理科学与资源研究所康跃虎研究员和罗毅研究员，中国科学院南皮生态农业试验站刘小京站长，中国科学院新疆生态与地理研究所田长彦书记，新疆生产建设兵团农八师吴磊老师和何新林老师，新疆生产建设兵团农垦科学院、石河子大学、中国科学院天津静海农田与农业节水试验研究基地有关领导和同仁，在项目设计和实施过程中给予指导、帮助和支持。衷心感谢参加项目研究的各位研究生和工作人员，正是他们的艰辛努力使我们可以在"土壤水盐的迷宫"中自由探索，并提出了适应旱区农业生产的水盐调控模式，为现代农业发展作出了应有的贡献。

由于研究者水平有限，相关问题研究有待进一步深化和完善，书中不足之处在所难免，恳请读者批评指正。

作　者
2017 年 1 月

目　　录

第1章 绪 论

1.1 研究背景及意义

淡水资源匮乏是世界性问题，对农业生产和生态环境构成了严重的威胁。虽然我国是一个水资源大国，但人均淡水资源占有量及单位土地面积水资源拥有量远远低于世界平均水平，属于十三个贫水国家之一。同时，受气候变化和自然条件影响，区域性缺水和季节性缺水表现得较为严重。我国也是土壤盐碱化危害较为严重的国家，全国约有盐碱土地 2700 万 hm^2，其中有 770 万 hm^2 以上分布于农田之中，占耕地面积的 7%左右，占全国中低产田面积的 13.7%。在土地盐碱化防治方面，目前已有 561.2 万 hm^2 得到初步治理，还有 200 万 hm^2 以上未得到治理。此外，在发展灌溉的同时，灌区的次生盐碱化面积也有不同程度的增加，占灌溉土地面积的 11%～15%。因此，将水资源开发利用、发展高效的节水灌溉技术与防止土壤次生盐碱化调控有机结合，是实现水土资源高效而可持续利用的重要内容。

我国淡水资源短缺与微咸水储存丰富并存，合理开发利用微咸水资源是缓减我国农业水资源供需矛盾的重要途径之一。微咸水开发利用不仅有利于缓解水资源短缺问题，而且有利于地下水资源更新、淡水存储和环境生态建设与保护。然而与传统的农业淡水灌溉相比较，微咸水灌溉一方面提供了作物生长所需的水分，另一方面增加了土壤中的盐分，造成土壤潜在盐渍化的危险。微咸水农业利用的两重性决定了微咸水灌溉的特殊性与复杂性。微咸水灌溉容易引起土壤次生盐碱化，使耕层的土壤含盐量或土壤溶液浓度超过作物的耐盐度，从而影响作物生长和产量。因此，对微咸水的处理及科学利用，防治土壤次生盐碱化，保持土地资源的可持续发展，成为微咸水开发利用的核心问题。

膜下滴灌技术是一种既能提高水分效率又能够有效调节作物根区土壤盐分累积的高效节水技术。随着滴灌技术的逐年实施，一些研究结果显示，根区土壤盐分呈现累积的现象。在干旱半干旱地区，如何将膜下滴灌高效节水技术与土壤盐分调控和土壤改良技术有机结合，成为旱区高效节水技术可持续发展和利用的重要研究内容。

综上所述，如何更加合理处理灌水方式、灌水水质和土壤水盐调控措施之间的关系，是实现农业的可持续发展和土地可持续利用的重要内容。因此，研究不同条件下土壤水盐运移与水盐调控模式，微咸水灌溉条件下土壤水盐分布特征及调控模式具有重要的科学意义和实际价值。

1.2 研 究 进 展

1.2.1 国内外滴灌研究进展

1.2.1.1 滴灌土壤水分运动研究

20 世纪 60 年代，以色列发展了滴灌技术，并将这种技术不断完善并传播到世界各地。由于滴灌技术具有节水、高产、省肥等优势，得以广泛的应用。对水分运动的研究要追溯到 19 世纪 60 年代，法国水力学家 Darcy 通过大量实验得出了饱和土壤水流条件下，渗流速率与水力梯度成正比的关系[1]。然而在自然界中，水分运动不都是在饱和条件下进行，为此 Richards 将达西定律引入非饱和土壤水分运动当中，得到非饱和土壤水分流动的达西定律。滴灌条件下的水分运动同样遵循达西定律和质量守恒定律。对于点源入渗条件下的水分运动，利用达西定律和质量守恒定律推求出非饱和水分运动的基本方程。为了更好地了解水分运动的机理，一些复杂的条件被简化，方程的表达形式也有所改变，主要有以基质势为因变量的基本方程，方程的表达形式：以基质势为变量的土壤水分运动方程、以柱坐标或球坐标系表示的土壤水分运动方程。方程的选定、影响因素和初始条件的确定组成了点源入渗求解方程。通过计算便可以了解土壤水分在时间和空间上的分布规律、湿润锋的推进规律以及累积入渗量随时间的变化规律等。Brandt 等建立了一种理论模型研究单点源多维短时间入渗，研究结果显示，随着滴头流量的增加和水平湿润范围的增加，土壤湿润深度减少，湿润体积是典型的球状[2]。Healy 等提出的利用数值计算结果来拟合入渗历时与土壤湿润体特征值的方法，可以将离散的数值结果转化为直观的函数结果[3]。Schwartzman 等研究认为滴灌湿润范围是由灌水量、滴头流量以及饱和导水率决定的，并且建立了经验公式模拟湿润体的范围[4]。刘晓英等对滴灌条件下的水分运动进行了研究[5]。吕殿青等对滴头流量、灌水量、土壤初始含水量及土质对水分运动的影响进行了评价，发现滴头流量越大，越有利于水平扩散，而不利于垂直入渗[6]。灌水量、初始含水量与湿润体的大小呈正相关。吕殿青等对滴灌积水条件下水分的入渗进行了研究，发现积水范围与滴头流量、时间存在一定的函数关系，并且发现从某一时刻起积水半径基本上不再发生变化[7]。对不同方向上湿润锋的推进速度及距离进行研究发现，水平、垂直湿润锋与时间呈幂函数的规律。水平湿润锋随着灌水时间和滴头流量的增加而增加，垂直湿润锋距离随时间的增加也是增加的，但是增加幅度却随着滴头流量的增加而减小，这就说明滴头流量的增加不利于水分向下迁移。由于湿润体的水平湿润距离容易观测，而垂直距离不易观测，如果能够获得水平距离与垂直距离的比值，同样可以判定湿润体的形状。通过在同一滴头流量下水平湿润半径和垂直湿润深度的对比，湿润体水平湿润距离与垂直湿润距离之比与时间符合幂函数关系，也分析得出了滴灌条件下水平湿润半径和垂直湿润深度与时间符合幂函数关系。湿润体体积随灌水量、土壤初始含水量的增加而增大。为了更好地了解水分的入渗及分布特征，许多经验模型、数值模型被广泛地应用到模拟水分运动当中。李光永等建立了滴灌土壤湿润体特征值的数值算法[8]。张振华等建立了地表滴灌土壤湿润体特征值的经验解，并发现湿润体体积和灌水量之间存在显著的线性关系[9]。胡和平等通过实验建立了滴灌条件下湿润体的经验模型，湿润体体积与灌水量成正比，比例系数与土壤饱和含水率、初始含水率正相关，与滴头流量负相关，湿润锋比和灌水量之间呈幂函数关系[10]。

1.2.1.2 滴灌土壤盐分运移的研究

土壤本身是一个非闭合系统，不断与外界发生能量交换。土壤中的盐分作为该系统中的重要组成部分，对能量的交换起着至关重要的作用。自然条件下，土壤中的盐分主要通过灌溉、降水、施肥、地下水补给及植物残留等方式进入土壤，而土壤中的盐分通过植物吸收及农田措施等方式输出[11]。此外，人类活动对盐分的迁移也产生了重要的影响，主要表现为水土流失、土壤次生盐碱化及荒漠化等。

土壤中盐分的运移主要以水分运动为载体。因此，单点滴灌条件下的盐分运移同样遵循三维空间的分布规律。一般情况下，盐分的运移主要包括两个过程：一是灌水过程，盐分随水进入土壤，向四周扩散，同时灌水也携带着土壤中原有的盐分向四周迁移，这一过程为盐分的淋洗过程；二是返盐过程，当灌水结束时，盐分随水分继续在土壤中迁移，然而在植物吸收和外界大气蒸发作用的影响下，盐分随着水分向上移动，水分通过植物根系或地表进入大气，而将盐分存留于土壤中，这一过程称为盐分的累积[12]。盐分的运移同样符合质量守恒定律和能量守恒定律。土壤中的物质主要以固、液、气三种状态存在于土壤介质当中。利用通量方程和质量守恒方程描述了土壤溶质迁移的对流弥散方程（convective-dispersion equation，CDE）[13]。该方程中考虑了所有的影响因素，在应用时可根据实际情况进行选择。Paulo 等利用无网格法模拟不均匀介质条件下盐分的运移[14]。Huang 等根据有限体积法模拟裂隙岩石中化学物质的运移[15]。Wang 等利用蒙特卡罗方法评价化学物质在多元化介质中的运移。另外许多研究人员通过实验研究化学物质的迁移[16]。Ben-Asher 假定土壤均质、各向同性，溶质完全随水分运动，忽略了弥散和吸附作用，水流运动符合达西定律，提出了滴灌点源溶质的等效半球模型。该模型以达西定律和水分连续方程为基础，经过一系列变换和引入无量纲变量可得溶质的连续方程和浓度方程，并且运用等效半球模型研究了滴灌点源附近、饱和区域附近以及不考虑根系吸附情况下的溶质分布[17]。任理等通过对淹灌条件下砂质壤土的盐水入渗试验，以传递函数模型为工具，获得了盐分在45cm土层的传递函数解，并模拟了盐分出流过程，因此减少了野外观测和试验工作量，对很多预测问题具有重要的实际意义[18]。Leij等把一维的对流弥散方程拓展到三维，并考虑溶质的线性吸附作用，获得笛卡儿坐标和柱坐标下的对流弥散方程，对其进行转换和积分运算，得到方程的普通解，并利用结果获得了五种初始边界值浓度剖面的特殊组合的解析解[19]。许多学者通过实验对盐分的运移也进行了研究。王全九等对盐碱地膜下滴灌技术参数的确定进行了研究，分析了初始含水量、滴头流量及灌水量对盐分运移的影响[12]。吕殿青等对盐碱地滴灌条件下土壤盐分运移特征进行研究，根据作物的耐盐度划分了达标脱盐区、脱盐区和积盐区三个区域，并对不同土壤初始含水量、初始含盐量对三区的影响进行了研究[20]。马东豪等对膜下滴灌条件下灌水水质和流量对土壤盐分分布的影响进行了研究，分析了灌水量、滴头流量及水质对盐分分布的影响，并且对新疆砂土地上的灌水水质及滴头流量进行了选定[21]。

目前，对于滴灌条件下的水盐运移多集中在单点源入渗，但在实际中往往是多点源的交汇入渗，这种情况要比单点源入渗复杂得多。对于这一问题，很多专家和学者也进行了深入的研究。李发文等通过对膜孔多点交汇条件下湿润体的特性研究，发现膜孔入渗交汇界面处的垂直方向和水平方向湿润锋与入渗历时的关系符合幂函数规律，随着入渗时间的延长，膜孔附近饱和区不断增大，湿润锋处的土壤含水率变化梯度最大[22]。刘世君对膜孔多点交汇条件下湿润体的特性进行了研究，经分析发现膜孔交汇入渗膜孔中心界面和交汇界面的垂直和水平的湿润锋运移距离与土壤含水率之间符合指数函数关系[23]。孙海燕等通过对不同土质、滴头流量、灌水量交汇条件下水分运动的分析发现，交汇情况下的入渗和单点条件下的入渗有很大的不同，交汇界面处的湿润锋运移速率要大于滴头中心处湿润锋运移速率，入渗交汇界面的湿润锋水平和垂直距离与入渗时间之间符合良好的线性关系，随着距滴头的距离增加，滴灌入渗湿润体内的土壤含水率降低，湿润锋交汇界面处的土壤含水率一般均大于同等土壤深度的含水率[24]。谷新保等对点源交汇下的盐分进行了分析研究，发现灌水量、滴头间距对交汇区盐分具有一定影响[25]。

随着计算机技术的不断发展，数值模拟作为研究土壤水盐运移的手段被广泛应用。目前，被广泛应用的数值模型是HYDRUS-(2D/3D)有限元计算机模型，它可以用来模拟沟灌及滴灌条件下土壤水流及溶质二维和三维运动的有限元计算机模型。该模型的水流状态为二维或三维等温饱和-非饱和达西水流，忽略空气对土壤水流运动的影响，水流控制方程采用修改过的Richard方程，即嵌入汇源项以考虑作物的根系吸水[26-34]。模型可以根据实际情况灵活处理各类水流边界，包括定水头和变水头边界、给定流量边界、渗水边界、自由排水边界、大气边界及排水沟等。水流区域本身可以是不规则水流边界，甚至可以由各向异性的非均质土壤组成。通过对水流区域进行不规则三角形网格剖分，控制方程采用伽辽金线状有限元进行求解，无论是饱和或非饱和条件，对时间的离散均采用隐式差分。采用迭代法将离散化后的非线性控制方程组线性化。Kandelous 等证明了该模型的有效性，并且认为其模拟精度很高，同时利用 HYDRUS-3D 模型成功的模拟了地下滴灌交汇条件下的水分运移[35,36]。王维娟等[37]和 Shan 等[38]通过 HYDRUS-3D 模拟了不同滴头间距、不同灌水量、不同滴头流量，对点源交汇水盐分布的影响。这些成果能够证明该模型能够很好地模拟点源交汇条件下的水分运移。

1.2.2　国内外微咸水研究进展

1.2.2.1　微咸水开发利用的总体情况

所谓微咸水，就是矿化度在 1~5g/L 的含盐水[39]。我国是一个微咸水储量丰富的国家，据统计，我国微咸水总量为 277 亿 m^3，其中可开采利用资源为 130 亿 m^3，集中分布在地表以下 10~100m，华北、西北以及沿海地带是我国微咸水主要分布区域[40]。我国农民自发利用微咸水进行农田灌溉的实践已经有很长的历史，但从 20 世纪六七十年代才开始微咸水灌溉与合理利用的研究工作。宁夏回族自治区是我国较早利用微咸水进行农田灌溉的地区，实践表明微咸水灌溉的作物产量比旱地产量高 3~4 倍。天津市提出了矿化度 3~5g/L 微咸水灌溉条件下满足耕地质量安全的技术模式。目前，我国数十个省份都已开展了微咸水灌溉，并取得了理想的效果。

国外对利用微咸水进行农田灌溉也有近百年的历史。美国、以色列、法国、日本、意大利和澳大利亚等数十个国家都有微咸水利用的历史，并逐步建立起了较完善的技术体系。在美国西南地区，采用漫灌、沟灌、微灌方法灌溉棉花、甜菜和苜蓿等作物。实践表明，与传统淡水灌溉相比，微咸水灌溉不仅不会影响作物的产量，有些情况下还可以提高产量[41]。以色列是一个微咸水利用广泛的国家，利用矿化度 1.2~5.6g/L 地下微咸水或咸水进行灌溉，喷灌和滴灌是其农业灌溉的主要方式。在澳大利亚西部，利用矿化度大于 3.5g/L 的微咸水灌溉苹果树及短期灌溉葡萄均获得满意效果。西班牙、突尼斯等国家为了更好地开发利用微咸水，专门成立研究机构，对灌溉方法、适宜作物和气候对咸水利用的影响等开展研究。

1.2.2.2　微咸水灌溉条件下土壤水盐运移特征研究

微咸水中不仅含有一定的盐分离子，而且含有其他化学元素。微咸水进入土壤后，与土壤溶液和固体颗粒发生各种物理化学作用，必然改变土壤结构，导致土壤孔隙特征发生变化，进而影响土壤能量和导水特征，也影响土壤原有化学元素存在的状态和形式，这样必然造成土壤水盐运移特征的变化。目前，微咸水灌溉方式多以传统的地面灌以及滴灌为主。因此，国内外学者通过试验研究和理论分析方法研究一维积水入渗和点源入渗条件下土壤水盐运移特征。

1. 微咸水入渗特性的研究

传统土壤入渗特征研究大都基于淡水入渗所表现的各种现象，但微咸水含有大量化学元素，影响土壤结构和能量状态，必然影响土壤入渗特征。目前研究主要集中在微咸水矿化度、钠吸附比（sodium adsorption ratio，SAR）、土壤化学特征、供水方式和土壤构造等方面对土壤入渗特征的影响。

1）微咸水矿化度对入渗特征的影响

微咸水中含有大量化学元素，这些元素对土壤入渗特征的影响有些比较清楚，但有些作用机制仍未被揭示，如微咸水中究竟含有何种微量元素，以及这些微量元素如何与土壤发生作用等方面的机制，仍未被全面理解。同时，各地区微咸水化学组成不尽相同，为了便于研究和研究成果的推广应用，通常利用矿化度来综合反映微咸水盐分离子含量。大量研究表明，随着微咸水矿化度增加，入渗能力逐渐增加，在矿化度达到 3～4g/L 时，入渗能力达到最大，然后随着矿化度增加，入渗能力逐步减少，因此土壤入渗能力与微咸水矿化度呈现抛物线变化过程[42-45]。马东豪通过试验分析，结果显示虽然微咸水矿化度影响土壤入渗能力，但总体表现与淡水入渗特征类似，即累积入渗量、湿润锋与时间均呈幂函数关系，累积入渗量与湿润锋呈现线性关系，但微咸水入渗条件下的累积入渗量、湿润锋都大于淡水[42]。史晓楠等利用入渗模型计算了不同矿化度入渗条件下土壤参数值，结果表明矿化度的增加有效地提高了土壤的扩散率和饱和导水率[46]。王春霞等通过田间的双点源交汇试验，对不同矿化度条件下湿润锋运移规律进行研究，分析发现滴头下方和交汇区湿润锋范围与矿化度的高低呈正相关关系，矿化度的高低与湿润锋交汇时间呈负相关关系[47]。通过这些试验结果充分证明了微咸水能够改变土壤结构。

2）微咸水钠吸附比对土壤入渗特征的影响

矿化度表征了水体中所含盐分离子的总量，未反映微咸水离子组成。一般而言，对于碱性土，钠离子增加会破坏团粒结构，而钙、镁离子有利于团粒结构的形成。因此，为进一步从微咸水离子组成分析微咸水对入渗的影响，通常利用钠吸附比来描述微咸水主要离子组成特征。Feigen 等指出灌溉水中的盐分对土壤的影响，主要表现为对土壤交换性钠和土壤溶液电导率的影响[48]。土壤盐分浓度的提高有利于促进土壤颗粒的絮凝，增加其团聚性，稳定土壤结构，使土壤中大孔隙增加，渗透性增强。但是，盐分过量会引起土壤结皮，导致土壤渗透性减小。

钠盐是引起土壤退化的主要盐分，由于离子电荷少，半径相对较大，水化能较小，钠离子的存在会引起土壤颗粒的膨胀和分散，在干湿交替作用下改变土壤物理特性。Oster 等[49]和 Murtaza 等[50]研究发现，入渗率随着钠吸附比的增加而减小，随着阳离子浓度的降低而降低，并指出阳离子总浓度可以作为预测入渗率的一种较好的标准。吴忠东等通过分析不同的 SAR 微咸水入渗过程发现，相同矿化度条件下，累积入渗量、湿润锋均随 SAR 的增加而减小，原因在于 SAR 的增加引起 Na^+ 增加，导致土壤导水能力下降[51]。Xiao 等研究发现灌溉水的高矿化度可以增加土壤的絮凝作用而减少黏粒的膨胀和分散，从而减轻高交换性钠百分率（exchangeable sodium percentage，ESP）对土壤物理性质的不利影响[52]。因此，微咸水钠吸附比也是影响土壤入渗特征的重要指标。

3）土壤理化特性对土壤入渗的影响

由于微咸水中含有各类化学物质，这些化学物质与土壤溶液和固体颗粒作用受到土壤理化特性的影响。杨艳等利用试验资料分析了微咸水入渗条件下，盐土和碱土水分运动特征，结果显示一定矿化度条件下，盐土、碱土的累积入渗量、湿润锋均随矿化度的增加而增加，碱土湿润锋、累积入渗量在数值上均大于盐土[53]。王全九等进行了不同初始含水量条件下次生碱土微咸水的入渗试验研究，结果显示，在一定低含水量条件下，随着土壤初始含水量增加，累积入渗量增加，而高含水量之间的差异并不明显[54]。这与常规土壤入渗特征存在相反结果，利用 Green-Ampt 入渗公式对试验资料进行处理，结果显示土壤饱和导水率随着含水量的增加而增加，湿润锋处平均吸力随初始含水量的增加而减小。这说明微咸水入渗对土壤结构的影响表现为碱土大于盐土。陈丽娟等通过试验分析了黏土夹层对微咸水入渗规律的影响，结果显示黏土夹层以上土壤平均含水量、含盐量随灌溉水矿化度的增大而增加，黏土夹层以下各处理土壤水盐分布几乎不受微咸水灌溉的影响[55]。

此外一些学者也研究了间歇供水对微咸水入渗的影响。毕远杰等[56]和雪静等[57]分别研究了间歇灌对微咸水入渗的影响，结果显示间歇入渗能增加湿润深度，灌溉周期与累积入渗量呈正相关关系，而循环率与累积入渗量之间则符合负相关关系。

2. 微咸水灌溉条件下土壤水盐运移模型

入渗过程本身就是一个极为复杂的过程，为了能够准确地描述整个过程，许多专家学者通过大量的试验和理论分析构建了许多模型[58-60]。目前大多数有关土壤水盐运移的数学模型主要是基于淡水灌溉条件下建立的，未充分考虑微咸水灌溉对土壤特征的影响。目前，水盐运移模型研究主要集中在两个方面，一是对现有入渗公式适用性进行评估；二是在不考虑微咸水灌溉对土壤结构的影响下，利用现有模型分析微咸水灌溉条件下水盐分布特征。随着计算机技术的快速发展，计算机模型模拟成为研究微咸水运移的新手段。以上两种方式也是研究微咸水入渗规律的重要手段。吴忠东等通过试验资料验证一维代数模型和 Green-Ampt 模型都能够较为精确地描述微咸水入渗过程[61]。史晓楠等通过试验资料验证了 Philip 模型和 Green-Ampt 模型模拟的结果都比较理想，后者模拟的精度更高[46]。Phogat 等[62]、Forkutsa 等[63]和栗现文等[64]利用 HYDRUS-1D 模拟了微咸水灌溉条件下的水盐运移。陈丽娟等[55]和 Wang 等[65]利用 HYDRUS-（2D/3D）模型对微咸水膜下滴灌土壤水盐的运移、盐分累积进行了模拟预测，发现利用矿化度 3g/L 的水进行灌溉，土壤积盐程度较轻，不会对作物的生长产生影响。王卫光等[66]和杨树青等[67]利用土壤水盐运移与作物生长模拟模型（soil water atomsphere plant，SWAP）对不同微咸水灌溉条件下的水盐运移进行了模拟，并制定出了合理的微咸水灌溉方式和灌溉制度。单鱼洋利用 Salt Model 模型对不同矿化度，生育期灌水量 $4500m^3/hm^2$ 和非生育期灌水量 $1500m^3/hm^2$ 灌溉条件下棉田根层土壤盐分的累积程度进行了模拟预测，结果土壤盐分累积随着时间的增加而增加，累积量随着矿化度的增加而增加[68]。根据对土壤盐分累积的分析发现，可以采用 3g/L 微咸水灌溉，但 3 年后需采取加大非生育期灌水量或轮作等方式保证土地的可持续利用。陈艳梅等利用 Salt Model 模型探讨了灌水矿化度对区域内土壤盐分的影响，提出加大排沟深度、渠道衬砌水平及混灌措施相结合的灌溉方式，实现缓解土壤盐分累积的目标[69]。

3. 微咸水灌溉方式

世界各国在生产实际中，根据水源状况、种植结构和社会经济状况，采取了不同微咸水利用方式。总的来讲，目前微咸水灌溉利用的主要方式有微咸水直接利用、咸淡轮灌、咸淡混灌。微咸水直接灌溉主要针对一些淡水资源十分紧张的地区，同时种植一些耐盐性作物，并配合其他措施，维持土地可持续利用。咸淡轮灌是目前常用的微咸水利用方法，一般根据微咸水和淡水资源量、作物耐盐特性和耗水特征以及土地质量，确定轮灌水量、轮灌次序和时间，以保证作物正常生长和土地可持续利用。一般作物苗期耐盐能力比较低，因此在苗期避免利用微咸水灌溉，而作物生长后期耐盐能力一般增强，可以在生育期后期加大微咸水灌溉用水量。咸淡混灌主要是将淡水和微咸水混合进行灌溉，以降低灌溉水矿化度。目前微咸水与淡水混合模式有三种，一是在入田水源处进行混合，如设立混合水箱，按照一定比例将淡水和微咸水进行混合；二是在管道或渠道中混合，将微咸水和淡水分别输送到末级管道或渠道，使微咸水和淡水混合；三是在土壤表层混合，这种方式常用在滴灌系统中，田间并行设立两套滴灌管，微咸水和淡水分别利用不同滴头进行灌溉，并使两个滴头灌溉水在土壤表层混合。为了提高微咸水利用效率，将其与改进的地面灌、滴灌和覆膜滴灌等高效的节水灌溉技术相结合。目前，漫灌、沟灌、喷灌和滴灌等是微咸水灌溉的主要方法。

1）微咸水地面灌溉

漫灌、沟灌是常见微咸水地面灌溉技术。张展羽等通过田间膜孔沟灌试验分析表明,膜孔沟灌能够有效减少水分蒸发,抑制盐分累积,调节土壤水盐分布,0~40cm 土壤处于明显的脱盐状态[70]。冯棣等利用微咸水畦灌、沟畦轮灌的方式对棉花的产量及土壤性质进行了研究,结果显示沟畦轮灌对盐分淋洗效率高于畦灌处理,土壤盐分更低,从而为棉花生长提供了更好的环境[71]。吴忠东等研究发现,微咸水条件下波涌灌比连续灌土壤水分分布均匀,且有效降低了土壤盐分局部累积的发生,保证了土壤的可持续利用[72]。米迎宾等研究表明,直接利用 3g/L 微咸水进行灌溉会引起土壤盐分的累积及作物减产,而利用咸淡轮灌的方式获得比较理想的效果[73]。吴忠东等通过研究发现,畦灌条件下利用微咸水灌溉比旱作增产,同时也提出了合理的冬小麦微咸水轮灌灌溉制度[74,75]。Malasha 等对比沟灌和滴灌条件下微咸水、淡水及咸淡混灌对马铃薯产量的影响,分析发现无论哪种条件下,滴灌都比沟灌产量高,且根层土壤盐分低,并提出了适宜的混灌模式,即淡水 60%、微咸水 40%[76]。Rajinder 设置了 6 种电导率(4dS/m、6dS/m、8dS/m、10dS/m、12dS/m、14dS/m)微咸水灌溉试验,研究结果表明,在 2 种土质(砂壤土和壤土)条件下,利用 14dS/m 以下的微咸水和渠水轮灌是可行的。另外,为保证作物的正常生长,所有条件下的底墒水要用渠水进行灌溉[77]。上述的研究结果为完善合理的传统灌溉提供了保证。

2)微咸水喷灌

对于微咸水喷灌的研究也较多,主要集中在对作物的影响和灌溉模式方面。研究发现,微咸水喷灌作物将受到土壤盐分和灌水盐分的双重影响。Grieve 等[78]和 Wang 等[79]研究不同微咸水灌溉条件下大豆对 Na^+、Cl^- 的吸收,结果发现滴灌、沟灌处理大豆对 Na^+、Cl^- 的吸收量均在 0.5 %以下,喷灌则达到 2%。孙泽强等研究了微咸水喷灌对作物生长和产量的影响,结果发现微咸水喷灌明显影响了作物的生长,导致作物产量下降[80]。Singh 等发现冬小麦产量随微咸水喷灌的灌水量增加而增加,灌溉水矿化度增加时,增加灌水频率能减缓冬小麦产量的下降[81]。Isla 等研究了微咸水喷灌对苜蓿品质的影响,发现苜蓿的粗蛋白含量不会显著地受到微咸水喷灌盐分含量的影响[82]。Busch 等研究发现利用矿化度 3.16g/L 微咸水灌溉棉花,夜间进行喷灌更加合理[83]。Shalhevet 研究认为与间歇灌溉相比夜间连续灌溉可减轻对作物的伤害[84]。这些研究结果对更好地利用微咸水喷灌方法提供了基础,但微咸水喷灌易造成作物叶面的灼伤,因此利用微咸水喷灌需要考虑微咸水对地上生物的影响。

3)微咸水滴灌

随着滴灌技术的不断推广,对微咸水滴灌的研究也在不断地深入。目前,对于微咸水滴灌的研究主要包括水质、灌溉制度、对作物的产量及品质影响、土壤质量等方面。雷廷武等研究发现,利用电导率 3.3~6.3dS/m 地下咸水灌溉蜜瓜,与不灌溉相比,蜜瓜的产量和品质都有较大的提高[85]。万书勤等经过 3 年的研究结果表明，微咸水滴灌不同盐分和不同土壤基质势处理对番茄的产量没有明显的影响[86]。Ayars 等研究滴灌频率对棉花根区盐分及产量的影响，结果表明，每天灌水土壤剖面含盐量要比每隔 3~4d 灌水的低得多，但对棉花产量无明显的影响[87]。王伟等研究了不同水质、灌水频率对棉花苗期根系分布的影响，发现微咸水有助于提高根系的干物质量，低频灌溉有利于深层根系干物质量的累积[88]。王丹等通过研究发现，利用电导率 4.2dS/m 的微咸水进行覆膜滴灌，番茄生育期内土壤剖面未发生积盐现象[89]。何雨江等研究发现，覆膜滴灌条件下，采用 3g/L 微咸水轮灌方式可以保证棉花的产量，同时不会对土壤环境产生明显影响[90]。栗现文等研究发现，微咸水滴灌的积盐量高于淡水处理，影响作物的出苗率，提出非生育期应制定合理的冬春灌灌溉制度[91]。

4. 微咸水灌溉对土地质量及作物生长影响的研究

1）微咸水灌溉对土壤质量的影响

由于微咸水灌溉过程中带入的盐分与土壤自身的土壤颗粒及化学元素发生相互作用，改变了土壤的物理化学特性，从而影响土地的质量及可持续利用。Zartman 等对咸水灌溉条件下沙质石灰性土壤理化性质的变化进行了研究[92]。结果表明，灌溉 4 年后，土壤溶液的电导率、可溶性钠、钙、镁以及钠吸附比显著增加，土壤导水率明显下降，而土壤容重和持水曲线无明显变化。Feigen 认为微咸水灌溉对土壤质量的影响主要表现为对土壤交换性钠和电导率的影响，钠离子含量的增加会使土壤颗粒收缩、胶体颗粒分散和膨胀，导致土壤孔隙率降低[48]。Padole 等研究表明，对于黏性土而言，土壤最大持水量、孔隙度、入渗率与可交换性钠百分率呈负相关关系[93]。张余良等对长期微咸水灌溉条件下耕地土壤理化性状进行了研究，发现长期灌溉微咸水造成土壤表层盐分积累，土壤理化性质有恶化的趋势，土壤入渗率下降[94]。王国栋等对干旱绿洲区长期微咸水灌溉条件下土壤微生物量的变化进行了研究，结果显示长期微咸水灌溉使土壤微生物量碳、氮、有机质明显降低，不利于农田的可持续利用[95]。此外，Termaat 等[96]、Meiri 等[97]、Marcelis 等[98]和 Mondal 等[99]均对微咸水灌溉造成的土壤次生盐碱化进行了研究。

2）微咸水灌溉对作物生长的影响

灌水质量是保证作物正常生长最基本的条件。掌握微咸水对作物生长、产量及品质的影响是其合理利用的重要保证。Karin 等发现轻微的盐分胁迫能够刺激某些植物生长[100]。Esechie 等研究了利用 4 种不同电导率（0.8dS/m、4.6dS/m、8.4dS/m、12.2dS/m）的微咸水灌溉对鹰嘴豆出苗率的影响，结果显示电导率 4.6dS/m 微咸水处理的鹰嘴豆出苗率最高，12.2dS/m 最低[101]。Triantafilis 等研究发现，使用电导率为 1.4dS/m 的微咸水灌溉不会对农作物产量造成影响，而电导率为 4.0dS/m、9.0dS/m 的微咸水灌溉会对农业的发展产生一定危害[102]。Amnon 等研究了微咸水对甜瓜产量和品质的影响，发现利用电导率 4.5dS/m 的微咸水进行灌溉不会影响甜瓜产量和品质，而使用 7dS/m 的微咸水进行灌溉会造成甜瓜产量和品质的下降[103]。Talebnejad 等研究发现利用低于电导率 20dS/m 的咸水进行灌溉不会造成藜麦生物量的降低[104]。Karlberg 等在南非用滴灌方式进行微咸水和咸水灌溉番茄，其产量高于平均产量[105]。Abdel-Gawad 等研究发现咸水灌溉可提高番茄的可溶性固形物含量和含糖量，其果实大小会随盐分质量浓度的增大而减小[106]。肖振华等以灌溉水矿化度和钠吸附比作为评价指标，研究了灌溉水质对大豆、小麦生长的影响，结果表明矿化度大于 3g/L，钠吸附比超过 14，对大豆出苗、生长和产量产生影响，矿化度大于 4g/L，将影响小麦的生长和产量[107]。邢文刚等的研究结果表明，利用 3g/L 微咸水膜下滴灌可以提高西瓜的产量和品质[108]。马文军等对微咸水漫灌条件下作物生长及土壤盐分的研究发现，在合理灌溉的前提下，利用电导率为 5.4dS/m 的微咸水进行灌溉，不会使土壤发生盐碱化，并能获得比较理想的产量[109]。

虽然微咸水中含有一定盐分，但短时间内微咸水带入土壤盐分的数量较少。如果土壤初始含盐量比较低，微咸水带入的盐分不足以对作物生长和土地质量造成明显的影响；反而，由于微咸水中含有一定微量元素，可以刺激作物生长。如果土壤初始含盐量比较低，一般利用微咸水灌溉的前 1～3 年，可能出现比淡水灌溉更有利于作物生长的现象。随着微咸水灌溉年限延续，土壤盐分逐步增加，对作物生长影响的负面作用逐步显现，作物产量出现降低。因此，微咸水灌溉对作物生长的影响应该利用长期的试验资料进行分析，才能获得比较客观的结论。

1.2.3 土壤水盐调控措施

目前土壤水盐调控的主要措施有水利措施、农业措施、生物措施与化学措施。

1.2.3.1 水利措施

灌排技术是防止土壤盐碱化以及改良盐碱土的主要技术措施之一[110-112]。常见的排水工程包括明沟排水、暗管排水和竖井排水。邹平等[113]和刘广明等[114]研究表明地下水埋深是土壤积盐程度高低的主要影响因素，通过水利措施降低地下水位埋深可改良盐碱地，利用暗管排盐碱技术将地下水位控制在临界深度以下，达到土壤脱盐和防止次生盐渍化目的。司宗信提出在地下水位高的灌区应井渠结合灌溉[115]。沈万斌等认为盐随水来但不易随水而去，认为提高灌溉效率，加强排水，建立盐水土地处理系统，可保证灌区农业的可持续发展[116]。对于一直用咸水灌溉的地区，为了降低土壤盐分质量浓度以及淋洗土壤中的盐分，应加大咸水灌溉定额，尤其是一次灌水量。

1.2.3.2 农业措施

农业措施包括平整地面、深耕晒垡、客土抬高地面、微区改地、整地以及地表覆盖等。谷孝鸿等在山东禹城应用基塘系统工程措施，使浅层地下水地表化，解决了盐渍化问题，同时在洼地池塘养鱼改碱治水，改变了洼地原有的自然状况[117]。刘虎俊等在河西走廊将深耕、客土等农艺措施与淡水洗盐相结合，应用地表覆盖、免耕和沟植技术形成了盐渍化土地的工程治理系统，取得了良好的效果[118]。郑九华等[119]和 Pang 等[120]开展了秸秆覆盖条件下微咸水灌溉对棉花、小麦产量及土壤质量的研究，发现秸秆覆盖对棉花的生长有促进作用，同时有效地抑制了土壤盐分的积累。王在敏等研究了微咸水膜下滴灌棉花产量及土壤盐分分布规律，发现覆膜能够很好地降低土壤盐分的积累，同时保证棉花的产量[121]。Nassar 等[122]和宋日权等[123]分别研究了覆砂、压实对土壤盐分累积的影响，结果表明两种措施都能有效抑制盐分在表层土壤的累积。

1.2.3.3 生物措施

生物措施主要是通过种植耐盐碱作物实现盐碱地改良的方式。耐盐作物改良盐碱地的机理是通过增加土壤有机质、改变土壤结构、提高土壤保土、保肥能力，通过根系的生长发育提高土壤的透水、透气性，减少土壤潜水的补给量和提高淋洗率来实现控盐。目前，主要种植的耐盐植物和作物包括苜蓿、牧草、枸杞、碱蓬、油葵、水稻和耐盐小麦等。任崴等研究发现，牧草、枸杞都提高了土壤的脱盐效率[124]。在植物对土壤的改良机制方面，Qadir 等[110]和赵成义等[125]研究表明地表植被在减少土壤蒸发的同时，植物的根系活动可以激活土壤中 $CaCO_3$ 并加速其溶解，提供充分的 Ca^{2+} 以替代 Na^+，从而改善土壤理化性质并加速脱盐。同时，Qadir 等[110]还发现根系向土壤中释放的柠檬酸、苹果酸等有机酸、酶及脱落的根冠细胞和残留根系既有利于土壤微生物的活动，又可促进 P、N、Fe 和 Cu 等营养物质的溶解，提高土壤肥力。在灌水缺乏、降水量少的地区，建立地表植被对盐渍化的恢复尤为重要。选择根系深、生命力强、抗盐碱能力强并能在体内积累盐分的植物，通过收获植物将盐分从土壤中除去。Jumberi 等研究表明，豆科植物除具固氮能力外，从土壤中吸收微量元素的能力也较强，因此耐盐碱能力强，植物修复效果较好[126]。但唐世荣等认为植物修复对土壤肥力、地理气候、盐度、酸碱度及灌排系统等条件有一定要求，若管理不善，盐分可能随植物器官的腐烂、脱落等途径重返土壤，且该法所需时间较长[127]。王全九等研究表明，小麦和油葵的轮作种植方式有效地抑制了土壤盐分的表聚程度[128]。

1.2.3.4 化学措施

化学措施是指施用化学改良剂改善酸性土壤和碱性土壤（碱土）理化性质的

过程。改良剂通过改变土壤胶体吸附性离子的组成,从而改善土壤物理性质,增加土壤通透性。常用的化学改良剂有石灰、石膏、磷石膏、沸石、氯化钙、硫酸亚铁、硫黄、硫酸、腐殖酸和腐殖酸钙等。石膏作为一种传统的改良剂,国内外学者已对其进行了深入的研究。科夫达等相继在石膏改良苏打盐化土壤和不同灌溉条件下施用石膏改良碱化土壤方面进行了研究,并且取得了明显的改良效果[129]。许多学者又对石膏如何改良碱化土壤进行了大量的补充和完善研究,提出石膏的改良作用在于降低土壤的 pH、碱化度、土壤的容重与坚实度,提高了土壤的渗透速率、空隙度及脱盐率。磷石膏用于盐碱地改良方面的研究也很多,李焕珍等通过多点及定位试验结果表明,在盐碱土上施用磷石膏,对水稻和玉米均有明显的增产效果,并能改善土壤理化性状,表现为可溶盐组分变化,pH、代换性钠和碱化度下降[130]。王荣华等的研究结果表明,碱化土施用磷石膏后,土壤微团聚体大量增加、容重降低、渗透系数增加,改变了土壤板结和通透性差的状况,每公顷基施 1.5 万~2.25 万 kg,即可满足棉花生长[131]。磷石膏可增加土壤钙离子,耕层土壤胶体吸附钙离子之后,钠离子被排除,使土壤氯化钠减少,土壤形成团粒结构,通透性良好。早在苏联亚美尼亚的许多国有农场,广泛采用绿矾(七水硫酸亚铁)改良苏打盐化碱土和苏打盐土,罗斯托夫利用当地的矿产石盖改良碱土;匈牙利利用褐煤矿副产品(含硫酸铁,少量硫黄、石膏及 35%的有机质)和糖厂副产物来改良碱土,效果较好。巴基斯坦国家农业研究中心用 1%的盐酸,在自由淋洗条件下改善石灰质的钠化盐渍土壤,降低土壤电导率、pH 和氯化钠含量。菲律宾国际水稻研究中心在钠化盐渍土上,采用深翻与石膏相配合,水稻与小麦轮作制度,使土壤中可交换钠的百分含量降低。广东省农科院蔬菜研究所等单位研究的营养型酸性土壤改良剂(NPK 增效剂),在改良酸性土壤、平衡作物养分、提高化肥利用率等方面有显著功效。"禾康"盐碱土壤改良剂适用于中、低产田改造,盐碱地的治理,荒漠绿化等。康地宝技术适用于受盐碱侵害的农田和新开垦土地,利用有机生化高分子络合土壤中成盐离子,随灌溉水将盐分带到土壤深处,降碱脱盐,解除盐分对作物的毒害。钠离子吸附剂具有很强的交换能力,能明显降低土壤含盐量,脱盐率达 18.6%~29.3%。王宇等研究苏打盐碱土添加硫酸铝后,土壤结构得到良好改善,土壤盐分组成发生了显著变化[132]。Stamford 等通过温室试验在冲积钠质盐碱土上施加硫接种硫杆菌(0、300kg/hm² 和 600kg/hm²)和石膏(1200kg/hm² 和 2400kg/hm²),采用不同电导率的灌溉水进行灌溉,结果表明咸水能增加土壤中可交换 Na^+、K^+、Ca^{2+}、Mg^{2+} 和 pH,采用硫接种硫杆菌较石膏更能减少土壤中的可交换 Na^+,且更能促进盐分的淋洗,特别是对 Na^+ 的淋洗[133]。赵晓进等[134]和田霄鸿等[135]发现利用硫黄改良盐渍土能降低土壤 pH,并且能增加土壤中的硫元素,对作物生长起到促进作用。张余良等研究发现磷石膏、磷石膏+沸石两种改良剂能够明显抑制微咸水对土壤水稳性团聚体的破坏效应[94]。赵秀芳等研究了石膏改良下微咸水灌溉对土壤水盐分布的影响，结果发现土壤盐分累积并不明显[136]。刘易等利用 5 种不同的土壤改良剂，对矿化度在 2～3g/L 的微咸水灌溉棉田土壤进行改良效果研究，结果表明，5 种改良剂均能不同程度地降低土壤的pH，改善土壤理化特性和盐分离子分布[137]。然而，改良剂的长期使用势必会带来一定负面影响，因此需要进行科学合理的应用。

1.3　研究方法

1.3.1　综合调查法

调查法是进行科学研究最有效的方法之一，是通过有目的、有计划、系统地收集相关研究对象真实状况或历史规律的过程。本书所研究的内容和目标，主要通过咨询、问卷调查和个人研究等科学方式，对各试验区内的种植结构、规模、灌溉方式、灌溉制度、灌溉年限、施肥管理及作物产量、价格等方面进行了详细的调查和研究，并对调查收集的大量资料进行了较为详细的对比、分析和归纳，为制定合理的灌溉试验提供基础指导。

1.3.2　试验研究

针对研究内容，开展了室内和野外试验。室内试验主要是针对滴灌、微咸水入渗机理的研究，为设计合理的灌溉系统提供依据。野外试验主要是针对灌水水质、地下水位、改良剂、灌溉方式对作物生理特性、水盐运移分布的研究，为实际生产设计合理的水盐调控方案提供必要的理论支撑。

1.3.3　数值模型模拟

数值模型模拟的引入能够大大简化研究的工作量，同时也可以应用模型指导生产实践。本书主要借助的模型包括 Green-Ampt、Hydrus-(2D/3D)、Salt Model等。这些模型的应用为研究水盐运移及盐分的累积预测提供了保证，为制定合理的水盐调控模式起到了指导作用。

参 考 文 献

[1] 雷志栋, 杨诗秀, 谢森传. 土壤水动力学[M]. 北京: 清华大学出版社, 1988.

[2] BRANDT A, BRESLER E, DINER N, et al. Infiltration from a trickle source I. Mathematical model[J]. Soil Science Society of America Journal, 1971, 35(5): 675-682.

[3] HEALY R W, WARRICK A W. A generalized solution to infiltration from a surface point source[J]. Soil Science Society of America Journal, 1988, 52(5): 1245-1251.

[4] SCHWARTZMAN M, ZUR B. Emitter spacing and geometry of wetted soil volume[J]. Journal of Irrigation and Drainage Engineering, 1986, 112(3):242-253.

[5] 刘晓英, 杨振刚, 王天俊. 滴灌条件下土壤水分运动规律的研究[J]. 水利学报, 1990, (1): 11-22.

[6] 吕殿青, 王全九, 王文焰, 等. 膜下滴灌水盐运移影响因素研究[J]. 土壤学报, 2002, 36(6): 794-801.

[7] 吕殿青, 王全九, 王文焰, 等. 膜下滴灌土壤盐分特性及影响因素的初步研究[J]. 灌溉排水学报, 2001, 20(1): 28-31.

[8] 李光永, 曾德超. 滴灌土壤湿润体特征值的数值算法[J]. 水利学报, 1997, (7): 1-6.

[9] 张振华, 蔡焕杰, 杨润亚. 地表滴灌土壤湿润体特征值的经验解[J]. 土壤学报, 2004, 41(6): 870-875.

[10] 胡和平, 高龙, 田富强. 地表滴灌条件下土壤湿润体运移经验方程[J]. 清华大学学报(自然科学版), 2010, 50(6): 839-843.

[11] 赵成义, 黄俊梅, 王玉潮, 等. 植物根系吸水特性研究[J]. 干旱区地理, 1999, 2: 88-95.

[12] 王全九, 王文焰, 汪志荣, 等. 盐碱地膜下滴灌技术参数的确定[J]. 农业工程学报, 2001, 17(2): 47-50.

[13] 王全九, 邵明安, 郑纪勇. 土壤中水分运动与溶质迁移[M]. 北京: 中国水利水电出版社, 2007.

[14] HERRERA P A, MASSABO M, BECKIE R D. A meshless method to simulate solute transport in heterogeneous porous media[J]. Advances in Water Resources, 2009, 32(3): 413-429.

[15] HUANG Y, ZHOU Z F. Simulation of solute transport using a coupling model based on the finite volume method in fractured rocks[J]. Journal of Hydrodynamics, 2010, 22(1): 129-136.

[16] WANG K L, HUANG G H. Effect of permeability variations on solute transport in highly heterogeneous porous media[J]. Advances in Water Resources, 2011, 34(6), 671-683.

[17] BEN-ASHER J, CHARACH C H, ZEMEL A. Infiltration and water extraction from trickle irrigation source: The effective hemisphere model[J]. Soil Science Society of America Journal, 1986, 50(4): 882-887.

[18] 任理, 李保国, 叶素萍, 等. 稳态流场中饱和均质土壤盐分迁移的传递函数解[J]. 水科学进展, 1999, 10(2): 107-112.

[19] LEIJ F J, TORIDE N, VAN GENUCHTEN M T. Analytical solutions for non-equilibrium solute transport in three-dimensional porous media[J]. Journal of Hydrology, 1993, 151(2): 193-228.

[20] 吕殿青, 王全九, 王文焰, 等. 土壤盐分分布特征评价[J]. 土壤学报, 2002, 39(5): 720-725.

[21] 马东豪, 王全九, 来剑斌. 膜下滴灌条件下灌水水质和流量对土壤盐分分布影响的田间试验研究[J]. 农业工程学报, 2005, 21(3): 42-46.

[22] 李发文, 费良军, 吴军虎. 膜孔多点源交汇入渗湿润体特性试验研究[J]. 西安理工大学学报, 2002, 1: 67-70.

[23] 刘世君. 膜孔多向交汇入渗湿润体特性试验研究[J]. 地下水, 2004, 26(1): 65-68.

[24] 孙海燕, 王全九. 滴灌湿润体交汇情况下土壤水分运移特征的研究[J]. 水土保持学报, 2007, 21(2): 115-118.

[25] 谷新保, 虎胆·吐马尔白, 曹伟, 等. 双点源滴灌交汇区水盐运移规律试验研究[J]. 人民黄河, 2009, 31(5): 88-90.

[26] SKAGGS T H, TROUT T J. Comparison of HYDRUS-2D simulations of drip irrigation with experimental observations[J]. Journal of Irrigation and Drainage Engineering, 2004, 130(4): 304-310.

[27] COTE C M, BRISTOW K L, CHARLESWORTH P B, et al. Analysis of soil wetting and solute transport in subsurface trickle lrrigation[J]. Irrigation Science, 2003, 22: 143-156.

[28] LAZAROVITCH N, ŠIMŮNEK J, SHANI U. System dependent boundary condition for water flow from subsurface source[J]. Soil Science Society of America Journal, 2005, 69(1): 46-50.

[29] LAZAROVITCH N, WARRICK A W, FURMAN A, et al. Subsurface water distribution from drip irrigation described by moment analyses[J]. Vadose Zone Journal, 2007, 6(1): 116-123.

[30] MESHKAT M, WARNER R C, WORKMAN S R. Modeling of evaporation reduction in drip irrigation system[J].

Journal of Irrigation and Drainage Engineering-asce, 1999, 125(6): 315-323.

[31] MMOLAWA K, OR D. Experimental and numerical evaluation of analytical volume balance model for soil water dynamics under drip irrigation[J]. Soil Science Society of America Journal, 2003, 67(6): 1657-1671.

[32] PROVENZANO G. Using HYDRUS-2D simulation model to evaluate wetted soil volume in subsurface drip irrigation systems[J]. Journal of Irrigation and Drainage Engineering-asce, 2007, 133(4): 342-349.

[33] GURIJALA A, POOCH U. New strategy for optimizing water application under trickle irrigation[J]. Journal of Irrigation and Drainage Engineering-asce, 2002, 128(5): 287-297.

[34] ŠIMŮNEK J, ŠEJNA M, VAN GENUCHTEN M T. The HYDRUS software package for simulating two-and three-dimensional movement of water, heat, and multiple solutes in variably-saturated media[R]. Prague: Personal Computer Progress, 2006.

[35] KANDELOUS M M, ŠIMŮNEK J. Comparison of numerical, analytical, and empirical models to estimate wetting patterns for surface and subsurface drip irrigation[J]. Irrigation Science, 2010, 28(5): 435-444.

[36] KANDELOUS M M, ŠIMŮNEK J, VAN GENUCHTEN M T, et al. Soil water content distributions between two emitters of a subsurface drip irrigation system[J]. Soil Science Society of America Journal, 2011, 75(2): 488-497.

[37] 王维娟, 牛文全, 孙艳琦, 等. 滴头间距对双点源交汇入渗影响的模拟研究[J]. 西北农林科技大学学报(自然科学版), 2010, 38(4): 219-225.

[38] SHAN Y Y, WANG Q J, WANG C X. Simulated and measured soil wetting patterns for overlap zone under double points sources of drip irrigation[J]. African Journal of Biotechnology, 2011, 10(63):13744-13755.

[39] 徐秉信, 李如意, 武东波, 等. 微咸水的利用现状和研究进展[J]. 安徽农业科学, 2013, 41(36): 13914-13916.

[40] 刘友兆, 付光辉. 中国微咸水资源化若干问题研究[J]. 地理与地理信息科学, 2004, 20(2): 57-60.

[41] DUTT G R, PENNINGTON D A, TURNER F J. Irrigation as a solution to salinity problems of river basins[C]//Salinity in Watercourses and Reservoirs[J]. French: Ann Arbor Science Michigan, 1984, 465-472.

[42] 马东豪. 土壤水盐运移特征研究[D]. 西安: 西安理工大学, 2005.

[43] 杨艳. 土壤溶质运移特征实验研究[D]. 西安: 西安理工大学, 2006.

[44] 史晓楠, 王全九, 苏莹. 微咸水水质对土壤水盐运移特征的影响[J]. 干旱区地理, 2005, 28(4): 516-520.

[45] 吴忠东, 王全九. 入渗水矿化度对土壤入渗特征和离子迁移特性的影响[J]. 农业机械学报, 2010, 41(7): 65-69.

[46] 史晓楠, 王全九, 巨龙. 微咸水入渗条件下 Philip 模型与 Green-Ampt 模型参数的对比分析[J]. 土壤学报, 2007, 44(2): 360-363.

[47] 王春霞, 王全九, 单鱼洋, 等. 微咸水滴灌下湿润锋运移特征研究[J]. 水土保持学报, 2010, 24(4): 59-63,68.

[48] FEIGEN A, RAVINA I, SHALHEVET J. Effect of Irrigation with Treated Sewage Effluent on Soil, Plant and Environment[M]. Berlin: Springer-Verlag, 1991: 34-116.

[49] OSTER J D, SCHROER F W. Infiltration as influenced by irrigation water quality[J]. Soil Science Society of America Journal, 1979, 43(3): 444-447.

[50] MURTAZA G, GHAFOOR A, QADIR M. Irrigation and soil management strategies for using saline-sodic water in a cotton-wheat rotation[J]. Agricultural Water Management, 2006, 81(1-2): 98-114.

[51] 吴忠东, 王全九. 微咸水钠吸附比对土壤理化性质和入渗特性的影响研究[J]. 干旱地区农业研究, 2008, 26(1): 231-236.

[52] XIAO Z H, PRENDERGAST B, RENGASAMY P. Effect of irrigation water quality on soil hydraulic conductivity[J]. Pedosphere, 1992, 2(3): 237-244.

[53] 杨艳, 王全九. 微咸水入渗条件下碱土和盐土水盐运移特征分析[J]. 水土保持学报, 2008, 22(1): 13-19.

[54] 王全九, 叶海燕, 史晓南, 等. 土壤初始含水量对微咸水入渗特征影响[J]. 水土保持学报, 2004, 18(1): 51-53.

[55] 陈丽娟, 冯起, 王昱, 等. 微咸水灌溉条件下含黏土夹层土壤的水盐运移规律[J]. 农业工程学报, 2012, 28(8):

44-51.

[56] 毕远杰, 王全九, 雪静. 淡水与微咸水入渗特性对比分析[J]. 农业机械学报, 2010, 41(7): 70-75.

[57] 雪静, 王全九, 毕远杰. 微咸水间歇供水土壤入渗特征[J]. 农业工程学报, 2009, 25(5): 14-19.

[58] GREEN W, AMPT G. Studies on soil physics: part 1: Flow of air and water through soils[J]. Journal of Agricultural Science, 1911, 4(1):1-24.

[59] HORTON R E. An approach toward a physical interpretation of infiltration capacity[J]. Soil Science Society of America Proceedings, 1940, 5: 399-417.

[60] PHILIP J R. The theory of infiltration: 1. The infiltration equation and its solution[J]. Soil Science, 1957, 83(5): 345-357.

[61] 吴忠东, 王全九. 利用一维代数模型分析微咸水入渗特征[J]. 农业工程学报, 2007, 23(6): 21-26.

[62] PHOGAT V, YADAV A K, MALIK R S, et al. Simulation of salt and water movement and estimation of water productivity of rice crop irrigated with saline water[J]. Paddy Water Environment, 2010, 8(4): 333-346.

[63] FORKUTSA I, SOMMER R, SHIROKOVA Y I, et al. Modeling irrigation cotton with shallow groundwater in the Aral Sea Basin of Uzbekistan: I. Water dynamics[J]. Irrigation Science, 2009, 27(4): 331-346.

[64] 栗现文, 靳孟贵, 袁晶晶, 等. 微咸水膜下滴灌棉田漫灌洗盐评价[J]. 水利学报, 2014, 45(9): 1091-1098.

[65] WANG Z, JIN M G, ŠIMŮNEK J, et al. Evaluation of mulched drip irrigation for cotton in arid Northwest China[J]. Irrigation Science, 2014, 32(1): 15-27.

[66] 王卫光, 王修贵, 沈荣开, 等. 河套灌区咸水灌溉试验研究[J]. 农业工程学报, 2004, 20(5): 92-96.

[67] 杨树青, 丁雪华, 贾锦风, 等. 盐渍化土壤环境下微咸水利用模式探讨[J]. 水利学报, 2011, 42(4): 490-498.

[68] 单鱼洋. 干旱区膜下滴灌水盐运移规律模拟及预测研究[D]. 杨凌: 中国科学院水土保持与生态环境研究中心, 2012.

[69] 陈艳梅, 王少丽, 高占义, 等. 基于 SALTMOD 模型的灌溉水矿化度对土壤盐分的影响[J]. 灌溉排水学报, 2012, 31(3): 11-16.

[70] 张展羽, 冯根祥, 马海燕, 等. 微咸水膜孔沟灌土壤水盐分布与灌水质量分析[J]. 农业机械学报, 2013, 44(11): 112-116.

[71] 冯棣, 张俊鹏, 孙池涛, 等. 长期咸水灌溉对土壤理化性质和土壤酶活性的影响[J]. 水土保持学报, 2014, 28(4): 171-176.

[72] 吴忠东, 王全九. 微咸水波涌畦灌对土壤水盐分布的影响[J]. 农业机械学报, 2010, 41(1): 53-58.

[73] 米迎宾, 屈明, 杨劲松, 等. 咸淡水轮灌对土壤盐分和作物产量的影响研究[J]. 灌溉排水学报, 2010, 29(6): 83-86.

[74] 吴忠东, 王全九. 微咸水连续灌溉对冬小麦产量和土壤理化性质的影响[J]. 农业机械学报, 2010, 41(9): 36-43.

[75] 吴忠东, 王全九. 不同微咸水组合灌溉对土壤水盐分布和冬小麦产量影响的田间试验研究[J]. 农业工程学报, 2007, 23(11): 71-76.

[76] MALASHA N, FLOWERS T J, RAGABC R. Effect of irrigation systems and water management practices using saline and non-saline water on tomato production[J]. Agricultural Water Management, 2005, 78(1-2): 25-38.

[77] RAJINDER S. Simulations on direct and cyclic use of saline waters for sustaining cotton-wheat in a semi-arid area of northwest India[J]. Agricultural Water Management, 2004, 66(2): 153-162.

[78] GRIEVE C M, WANG D, SHANNON M C. Salinity and irrigation method affect mineral ion relations of soybean[J]. Journal of Plant Nutrition, 2003, 26(4): 901-913.

[79] WANG D, SHANNON M C, GRIEVE C M, et al. Ion partitioning among soil and plant components under drip, furrow, and sprinkler irrigation regimes: field and modeling assessments[J]. Journal of Environmental Quanlity, 2002, 31(5): 1684-1693.

[80] 孙泽强, 董晓霞, 王学君, 等. 微咸水喷灌对作物影响的研究进展[J]. 中国生态农业学报, 2011, 19(6): 1475-1479.

[81] SINGH R B, CHAUHAN C P S, MINHAS P S. Water production functions of wheat (*Triticum aestivum* L.)irrigated with saline and alkali waters using double-line source sprinkler system[J]. Agricultural Water Management, 2009, 96(5): 736-744.

[82] ISLA R, ARAGÜÉS R. Response of alfalfa (*Medicago sativa* L.)to diurnal and nocturnal saline sprinkler irrigations. I. Total dry matter and hay quality[J]. Irrigation Science, 2009, 27(6): 497-505.

[83] BUSCH C D, TURNER F J. Sprinkler irrigation with high salt-content water[J]. Transactions of the ASAE, 1967, 10(4): 494-496.

[84] SHALHEVET J. Using water of marginal quality for crop production: major issues[J]. Agricultural Water Management, 1994, 25(3): 233-269.

[85] 雷廷武, 肖娟, 王建平, 等. 地下咸水滴灌对内蒙古河套地区蜜瓜用水效率和产量品质影响的试验研究[J]. 农业工程学报, 2003, 19(2): 80-84.

[86] 万书勤, 康跃虎, 王丹, 等. 微咸水滴灌对黄瓜产量及灌溉水利用效率的影响[J]. 农业工程学报, 2007, 23(3): 30-35.

[87] AYARS J E, HUTMACHER R B, SCHONEMAN R A, et al. Influence of cotton canopy on sprinkler irrigation uniformity[J]. Transactions of the ASAE, 1991, 34(3): 890-896.

[88] 王伟, 李光永, 傅臣家, 等. 水质与灌溉频率对棉花苗期根系分布的影响[J]. 山东农业大学学报:自然科学版, 2006, 37(4): 603-608.

[89] 王丹, 康跃虎, 万书勤. 微咸水滴灌条件下不同盐分离子在土壤中的分布特征[J]. 农业工程学报, 2007, 23(2): 83-87.

[90] 何雨江, 汪丙国, 王在敏, 等. 棉花微咸水膜下滴灌灌溉制度的研究[J]. 农业工程学报, 2010, 26(7): 14-20.

[91] 栗现文, 靳孟贵. 不同水质膜下滴灌棉田盐分空间变异特征[J]. 农业工程学报, 2014, 45(11): 180-187.

[92] ZARTMAN R E, GICHURU M. Saline irrigation water effect on soil chemical and physical properties[J]. Soil Science, 1984, 138(6): 417-422.

[93] PADOLE V R, BHALKAR D V. Effect of irrigation water on soil properties[J]. PKV Research Journal, 1995, 19: 31-33.

[94] 张余良, 陆文龙, 张伟, 等. 长期微咸水灌溉对耕地土壤理化性状的影响[J]. 农业环境科学学报, 2006, 25(4): 969-973.

[95] 王国栋, 褚贵新, 刘瑜, 等. 干旱绿洲长期微咸地下水灌溉对棉田土壤微生物量影响[J]. 农业工程学报, 2009, 25(11): 44-48.

[96] TERMAAT A, PASSIOURA J B, MUNNS R. Shoot turgor does not limit shoot growth of NaCl-aected wheat and barley[J]. Plant Physiology, 1985, 77(4): 869-872.

[97] MEIRI A, FRENKEL H, MANTELL A. Cotton response to water and salinity under sprinkler and drip irrigation[J]. Agronomy Journal, 1992, 84(1): 44-50.

[98] MARCELIS L F M, HOOIJDONK V. Effect of salinity on growth, water use and nutrient use in radish (*Raphanus sativus* L.)[J]. Plant and Soil, 1999, 215(1): 57-64.

[99] MONDAL M K, BHUIYAN S I, FRANCO D T. Soil salinity reduction and prediction of salt dynamics in the coastal rice lands of Bangladesh[J]. Agricultural Water Management, 2001, 47(1): 9-23.

[100] KARIN. The effect of NaCl on growth, dry mater allocation and ion uptake in salt marsh and inland population of America maritima[J]. New Phytologist, 1997, 135(2): 213-225.

[101] ESECHIE H A, SAIDI A A, KHANJARI S A. Effect of sodium chloride salinity on seedling emergence in chickpea[J]. Journal of Agronomy and Crop Science, 2002, 188(3): 155-160.

[102] TRIANTAFILIS J, ODEH I, WARR B, et al. Mapping of salinity risk in the lower Namoi valley using non-linear Kriging methods[J]. Agricultural Water Management, 2004, 69(3): 203-231.

[103] AMNON B, SHABTAI C, YOEL D M, et al. Effects of timing and duration of brackish irrigation water on fruit yield and quality of late summer melons[J]. Agricultural Water Management, 2005, 74: 123-134.

[104] TALEBNEJAD R, SEPASKHAH A R. Effect of different saline groundwater depths and irrigation water salinities on yield and water use of quinoa in lysimeter[J]. Agricultural Water Management, 2015, 148(31): 177-188.

[105] KARLBERG L, ROCKSTROM J, ANNANDALE J G, et al. Low-cost drip irrigation-a suitable technology for southern Africa: an example with tomatoes using saline irrigation water[J]. Agricultural Water Management, 2007, 89(1-2): 59-70.

[106] ABDEL-GAWAD G, ARSLAN A, GAIHBE A, et al. The effects of saline irrigation water management and salt tolerant tomato varieties on sustainable production of tomato in Syria(1999-2002)[J]. Agricultural Water Management, 2005, 78: 39-53.

[107] 肖振华, 万洪富, 郑莲芬. 灌溉水质对土壤化学特征和作物生长的影响[J]. 土壤学报, 1997, 34(3): 272-285.

[108] 邢文刚, 俞双恩, 安文钰, 等. 春棚西瓜利用微咸水滴灌与畦灌的应用研究[J]. 灌溉排水学报, 2003, 22(3): 54-56, 68.

[109] 马文军, 程琴娟, 李良涛, 等. 微咸水灌溉下土壤水盐动态及对作物产量的影响[J]. 农业工程学报, 2010, 26(1): 73-80.

[110] QADIR M, GHAFOOR A, MURTAZA G. Amelioration strategies for saline soils: a review[J]. Land Degradation and Development, 2000, 11(6): 501-521.

[111] 陈小兵, 杨劲松, 杨朝晖, 等. 渭干河灌区灌排管理与水盐平衡研究[J]. 农业工程学报, 2008, 24(4): 59-65.

[112] 迟道才, 程世国, 张玉龙, 等. 国内外暗管排水的发展现状与动态[J]. 沈阳农业大学学报, 2003, 34(4): 312-316.

[113] 邹平, 杨劲松, 福原辉幸, 等. 蒸发条件下土壤水盐热运移的实验研究[J]. 土壤, 2007, 39(4): 615-620.

[114] 刘广明, 杨劲松. 地下水作用条件下土壤积盐规律研究[J]. 土壤学报, 2003, 40(1): 65-69.

[115] 司宗信. 河西走廊灌区低产土壤盐渍化的形成及改良措施[J]. 甘肃农业, 1996, 12: 37-39.

[116] 沈万斌, 董德明, 包国章, 等. 农灌区土壤次生盐渍化的防治方法及实例分析[J]. 吉林大学自然科学学报, 2001,1: 99-102.

[117] 谷孝鸿, 胡文英, 李宽意. 基塘系统改良低洼盐碱地环境效应研究[J]. 环境科学学报, 2000, 20(5): 569-573.

[118] 刘虎俊, 王继和, 杨自辉, 等. 干旱区盐渍化土地工程治理技术研究[J]. 中国农学通报, 2005, 1(24): 329-333.

[119] 郑九华, 冯永军, 于开芹, 等. 秸秆覆盖条件下微咸水灌溉棉花试验研究[J]. 农业工程学报, 2002,18(4): 26-31.

[120] PANG H C, LI Y Y, YANG J S, et al. Effect of brackish water irrigation and straw mulching on soil salinity and crop yields under monsoonal climatic conditions[J]. Agricultural Water Management, 2010, 97(12): 1971-1977.

[121] 王在敏, 何雨江, 靳孟贵, 等. 运用土壤水盐运移模型优化棉花微咸水膜下滴灌制度[J]. 农业工程学报, 2012, 28(17): 63-70.

[122] NASSAR I N, HORTON R. Salinity and compaction effects on soil water evaporation and water and solute distributions[J]. Soil Science Society of America Journal, 1999, 63(4): 752-758.

[123] 宋日权, 褚新贵, 张躬喜, 等. 覆沙对土壤入渗、蒸发和盐分迁移的影响[J]. 土壤学报, 2011, 49(2): 282-288.

[124] 任崴, 罗廷彬, 王宝军, 等. 新疆生物改良盐碱地效益研究[J]. 干旱地区农业研究, 2004, 22(4):211-214.

[125] 赵成义. 荒漠绿洲植被变化与土壤水盐运动的关系研究——以三工河流域为例[D]. 北京: 中国农业大学, 2002.

[126] JUMBERI A, OKA M, FUJIYAMA H. Response of vegetable crops to salinity and sodicity in relation to ionic balance and ability to absorb microelements[J]. Soil Science and Plant Nutrition, 2002, 48(2): 203-209.

[127] 唐世荣, WILKE B M. 植物修复技术与农业生物环境工程[J]. 农业工程学报, 1999, 15(2):21-26.

[128] 王全九, 毕远杰, 吴忠东. 微咸水灌溉技术与土壤水盐调控方法[J]. 武汉大学学报: 工学版, 2009, 42(5): 559-564.

[129] 科夫达, 沙波尔斯. 土壤盐化和碱化过程的模拟[M]. 中国科学院南京土壤所盐渍地球化学室, 译. 北京: 科学出版社, 1986.

[130] 李焕珍, 张中原, 梁成华, 等. 磷石膏改良盐碱上效果的研究[J]. 土壤通报, 1991, 25(6): 248-251.

[131] 王荣华, 张继民, 齐树森, 等. 碱化土植棉施用磷石膏的效果[J]. 河南农业科学, 1994, 5: 24-25.

[132] 王宇, 韩兴, 赵兰坡. 硫酸铝对苏打盐碱土的改良作用研究[J]. 水土保持学报, 2006, 20(4): 50-53.

[133] STAMFORD N P, SILVA A J N, FREITAS A D S, et al. Effect of sulphur inoculated with Thiobacillus on soil salinity and growth of tropical tree legumes[J]. Bioresource Technology, 2002, 81(1): 53-59.

[134] 赵晓进, 李亚芳, 买文选, 等. ALA 增强小麦抗盐性及硫磺改良碱性盐土的研究[J]. 西北农业学报, 2008, 17(6): 303-308.

[135] 田霄鸿, 南雄雄, 赵晓进, 等. 施用硫磺和 ALA 对碱性盐土上作物生长发育及土壤性质的影响[J]. 生态环境学报, 2008, 17(6): 2407-2412.

[136] 赵秀芳, 杨劲松, 张清, 等. 石膏-微咸水复合灌溉量对土壤水盐分布特征的影响[J]. 土壤, 2010, 42(6): 978-982.

[137] 刘易, 冯耀祖, 黄建, 等. 微咸水灌溉条件下施用不同改良剂对盐渍化土壤盐分离子分布的影响[J]. 干旱地区农业研究, 2015, 33(1): 146-152.

第2章 一维土壤水盐运移特征

土壤水盐运移是农田物质迁移的重要组成部分，是分析土壤水分有效性、土壤盐分淋洗效率的基础，其运移受到多种因素的影响，如土壤质地、供水水质、土壤初始含水量和含盐量等。本章采取试验研究和数学模型分析相结合的方法，对不同条件下土壤水盐运移特征展开研究，分析不同条件下土壤水盐运移的基本规律，检验各种土壤入渗模型的适用性，确定测定相应水力参数的方法[1-7]。

2.1 淡水入渗土石混合介质水盐运移特征

为了分析一维土壤水盐分布特征，进行了一维垂直积水入渗试验与一维水平吸渗试验。为了能更详细地观测入渗过程，土柱采用透明有机玻璃制作，垂直土柱内径为8cm，高为100cm；水平土柱内径为8cm，长为40cm，土柱底部有0.5cm厚有机玻璃底板，底板上均匀开有0.2cm小孔，用以排气。侧壁每隔2.5cm有一取土孔，直径1.5cm。利用马氏瓶稳压供水，截面积为30cm²，高为80cm。试验过程中垂直土柱维持积水深度为3cm，水平土柱积水室长2.5cm。土样按新疆当地大田平均容重设定为1.53g/cm³，细土与碎石按不同质量含量均匀混合后分层填装，每层10cm。其中一个土柱为无碎石对照处理，试验组合见表2.1。

表2.1 试验组合

编号	碎石含量/%	碎石粒径/mm
1	0	—
2	10	2～5
3	20	2～5
4	30	2～5
5	40	2～5
6	10	5～10
7	20	5～10
8	30	5～10
9	10	10～20
10	20	10～20

2.1.1 土石混合介质水分运动特征研究

2.1.1.1 碎石含量对累积入渗量的影响

不同碎石粒径和含量下土石混合介质累积入渗量随入渗时间变化过程见图 2.1。由图 2.1 可以看出，累积入渗量均随入渗时间的延长而增加，入渗初始阶段不同碎石含量下累积入渗量相差不大，此阶段水分入渗主要受基质势控制，碎石对水分入渗的影响还没有表现出来。随着入渗时间的增加，不同碎石含量的累积入渗量之间差异越来越明显。图 2.1（a）显示了碎石粒径为 2~5mm，不同碎石含量下累积入渗量随时间的变化过程，可以看出，土石混合介质的累积入渗量均比均匀土入渗快：在碎石含量小于 30%时，累积入渗量随碎石含量的增加而增加；大于 30%时，累积入渗量随碎石含量增加而减小。碎石的存在改变了土壤的结构，增加了土壤的大孔隙，促进了水分的入渗。在碎石含量小于 30%的情况下，一方面碎石的存在促进了水分入渗；另一方面碎石的存在改变了水分入渗的通道，减小了过水断面，增加了水分入渗的弯曲程度，阻碍了水分入渗，在碎石含量大于 30%时，碎石的存在表现为降低水分入渗。图 2.1（b）和（c）为碎石粒

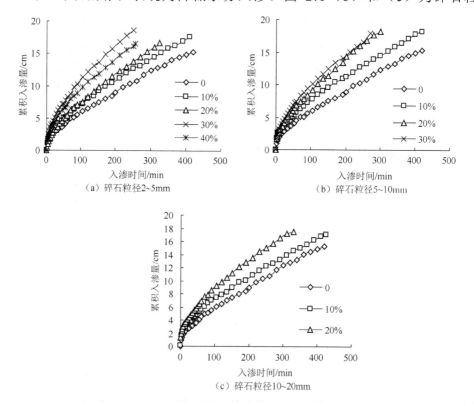

图 2.1 不同碎石粒径和含量对累积入渗量的影响

径 5～10mm 与 10～20mm 情况下累积入渗量随入渗历时的变化过程。在碎石粒径为 5～10mm 情况下，碎石含量 20%与 30%之间差异不大，30%略大于 20%；在碎石粒径为 10～20mm 情况下，碎石含量 10%与 20%之间差异不大，20%略大于 10%，这也表现出碎石粒径对土壤水分入渗的影响。

2.1.1.2　碎石粒径对累积入渗量变化过程的影响

试验所用碎石采自新疆试验站附近的戈壁滩，其形状极不规则，风化程度很低，含水量几乎可以不考虑，由于试验站条件有限，不能对碎石复杂的物理性质进行测定，仅利用不同孔径的不锈钢土筛对碎石的直径进行了分组，在试验中碎石的直径只考虑当量直径。不同碎石含量下粒径对累积入渗的影响见图 2.2。其中图 2.2（a）为碎石含量为 10%的情况下碎石粒径对累积入渗量的影响，由图可见，含碎石的混合介质累积入渗量均大于对照处理，三种粒径的碎石对累积入渗量影响不是很明显，粒径为 5～10mm 的累积入渗量最大，粒径对累积入渗量的影响程度依次为 5～10mm>2～5mm>10～20mm，其中 5～10mm 粒径的碎石是临界值。图 2.2（b）为碎石含量为 20%的情况下碎石粒径对累积入渗量的影响，由图可见，含碎石的混合介质累积入渗量均大于对照处理。其中粒径为 5～10mm 时累积入渗量最大，2～5mm 与 10～20mm 的粒径下累积入渗量相差不大，2～5mm 略小于10～20mm 的累积入渗量。碎石含量在 20%时碎石粒径对累积入渗量的影响要大于碎石含量在 10%的情况。

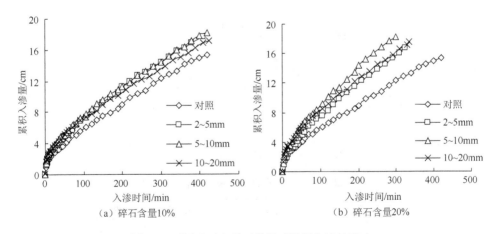

图 2.2　不同碎石含量下粒径对累积入渗的影响

为了更准确地反映碎石含量对累积入渗量的影响，利用垂直一维 Philip 入渗公式对累积入渗量与入渗时间之间的关系进行拟合，其公式为

$$I = St^{1/2} + At \qquad (2.1)$$

式中，I 为累积入渗量（cm）；t 为入渗时间（min）；S 为吸渗率；A 为拟合系数。拟合结果见图 2.3 与表 2.2。由表 2.2 可见，累积入渗量随入渗时间的变化过程拟合的相关系数 R^2 均在 0.99 以上，相关性很好。取显著性水平 $p = 0.01$，计算临界相关系数，由表 2.2 可见拟合均达到极显著水平，因此垂直一维 Philip 入渗公式可以反映混合介质累积入渗量随入渗时间的变化特征。

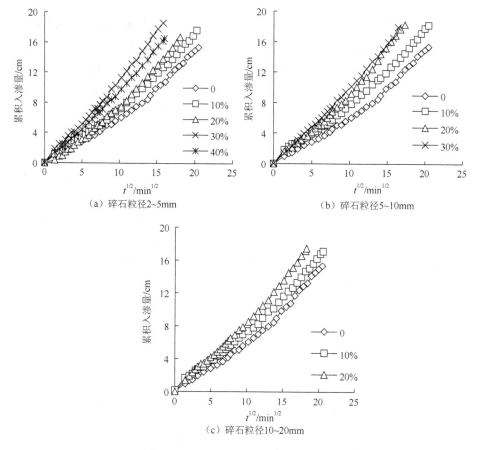

图 2.3　累积入渗量与时间开方的关系

表 2.2　垂直一维 Philip 入渗公式的拟合结果

粒径/mm	系数	不同碎石含量下数值				
		0	10%	20%	30%	40%
	S	0.4644	0.5784	0.5095	0.8582	0.7912
2~5	A	0.0137	0.0139	0.0231	0.0188	0.0144
	R^2	0.9962	0.9993	0.9993	0.9994	0.9995

续表

粒径/mm	系数	不同碎石含量下数值				
		0	10%	20%	30%	40%
5～10	S	0.4644	0.6916	0.7285	0.9018	—
	A	0.0137	0.0089	0.019	0.0098	—
	R^2	0.9962	0.9954	0.9977	0.9991	—
10～20	S	0.4644	0.6608	0.4995	—	—
	A	0.0137	0.0076	0.0212	—	—
	R^2	0.9962	0.9962	0.9991	—	—

2.1.1.3 碎石含量对湿润锋推进过程的影响

碎石的存在改变了土壤的物理结构，进而影响水分在土壤中的迁移速度。试验用碎石风化程度很低，几乎没有导水能力与持水能力。土壤中的碎石一方面减小了水分的过水断面，使有效导水孔隙减小，增加水分迁移的弯曲度；但另一方面碎石的存在有利于大孔隙的形成，使水分的迁移速度提高。碎石含量对湿润锋随入渗时间推进过程的影响见图 2.4。其中图 2.4（a）为粒径为 2～5mm 时，不

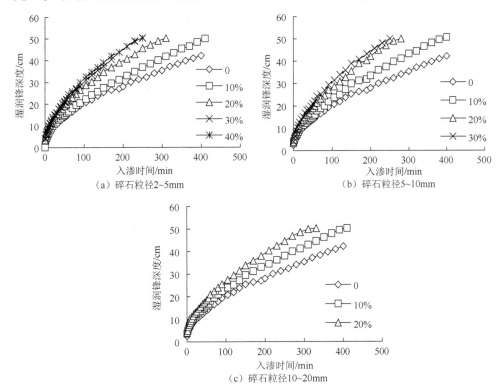

（a）碎石粒径2~5mm　（b）碎石粒径5~10mm

（c）碎石粒径10~20mm

图 2.4　碎石含量对湿润锋随入渗时间推进过程的影响

同碎石含量下湿润锋随入渗时间的推进过程，由图可见，含碎石的土壤湿润锋的推进明显大于不含碎石处理，在碎石含量小于30%时，湿润锋的推进速度随碎石含量的增加而增加，大于30%时湿润锋推进速度反而减小，在碎石粒径为2～5mm时，碎石含量30%为临界含量，这与碎石含量对累积入渗量的影响结果是一致的。图2.4（b）与（c）分别为粒径5～10mm与10～20mm时，不同碎石含量下湿润锋随入渗时间的推进过程。碎石粒径在5～10mm时，碎石含量20%与30%时湿润锋推进过程之间差别不大，30%略大于20%，而在粒径为2～5mm时两者的差别较大，这也表现出碎石粒径对湿润锋的推进也有影响。

2.1.1.4　碎石粒径对湿润锋推进过程的影响

碎石粒径大小对土壤结构有很大的影响，碎石粒径越小，比表面积越大，细土与碎石的接触面积越大，水分入渗通道就变得更加复杂，孔隙弯曲程度就会越大，碎石粒径越小造成的大孔隙越多。在碎石含量为10%与20%的情况下，碎石粒径对湿润锋推进过程影响见图2.5。图2.5（a）显示了碎石含量为10%时粒径对湿润锋推进过程的影响。由图可见，在碎石含量为10%的情况下，含碎石的土壤湿润锋的推进速度明显大于对照处理，不同碎石粒径混合介质湿润锋的推进差异不显著。图2.5（b）显示了碎石含量为20%时不同碎石粒径对湿润锋随时间推进过程的影响，由图可见，含碎石的湿润锋推进过程明显大于对照处理，不同粒径之间对湿润锋推进过程有一定的影响，在碎石粒径为5～10mm时湿润锋推进速度最快，10～20mm最慢，5～10mm粒径是临界粒径。这与碎石粒径对累积入渗量的影响结果是一致的。

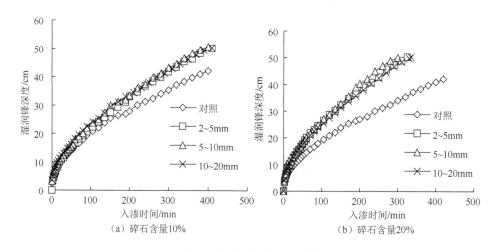

（a）碎石含量10%　　　　　　　　　　（b）碎石含量20%

图2.5　碎石粒径对湿润锋推进过程的影响

　　为了更准确地描述湿润锋深度随入渗时间的推进过程，采用垂直一维 Philip
入渗方程的幂级数解的前两项对土石混合介质的湿润锋与时间的关系进行拟合，其
关系式为

$$z_f = mt^{1/2} + nt \qquad (2.2)$$

式中，z_f 为湿润锋深度（cm）；t 为入渗时间（min）；m、n 为拟合系数。拟合结
果见图 2.6 与表 2.3。由表 2.3 可见，拟合的相关系数 R^2 均在 0.99 以上，取显著
性水平 $p=0.01$，则对于不同粒径下的相关系数均大于临界相关系数，相关性很好。
说明垂直一维 Philip 入渗方程幂级数解的前两项解可以很好的描述湿润锋深度的
推进过程。m 值在粒径 2～5mm，碎石含量 30%时达到最大值，随后在碎石含量
为 40%时开始降低，n 值随着碎石含量的增加而增加，除 5～10mm 外，在其他碎
石粒径范围内 m、n 均随碎石含量的增加而增大。其中 m 值反映的是基质势梯度
引起水分的迁移，n 为重力势对水分迁移的影响。由表 2.3 中 m、n 值的变化可见，
在相同的粒径范围内，随着碎石含量的增加，重力势与基质势的作用也越来越大。
因此，碎石的存在增加了土壤水分迁移速度，有利于水分的运动。

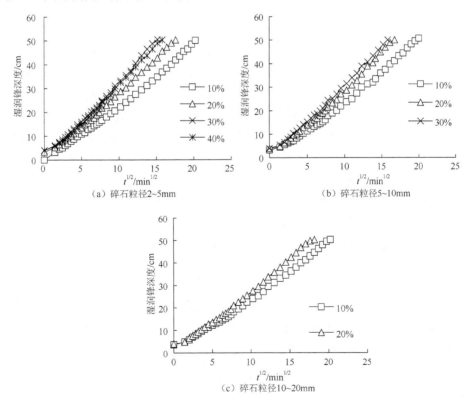

（a）碎石粒径2~5mm　　　　　　　　　　（b）碎石粒径5~10mm

（c）碎石粒径10~20mm

图 2.6　垂直一维 Philip 入渗模型拟合湿润锋深度随时间变化

表 2.3　垂直一维 Philip 入渗公式的拟合结果

粒径/mm	系数	不同碎石含量下数值				
		0	10%	20%	30%	40%
2~5	m	1.7675	1.9625	2.3789	2.7834	2.6254
	n	0.0127	0.0239	0.0243	0.0263	0.0300
	R^2	0.9988	0.9995	0.9994	0.9993	0.9996
5~10	m	1.7675	1.8733	2.3053	2.6888	—
	n	0.0127	0.0296	0.0358	0.0210	—
	R^2	0.9988	0.9992	0.9988	0.9996	—
10~20	m	1.7675	2.0452	2.3264	—	—
	n	0.0127	0.0179	0.0225	—	—
	R^2	0.9988	0.9985	0.9991	—	—

2.1.2　水平入渗法确定土石混合介质水力参数

土壤水力参数包括土壤水分特征曲线、非饱和水力传导度及扩散率。土壤水分特征曲线描述土壤吸力与体积含水量之间的关系，常用的描述土壤水分特征模型有 Brooks-Corey 模型和 van Genuchten 模型等。测定土壤水力参数主要有直接法与间接法两种，由于直接测定土壤水分运动参数比较费时、昂贵，人们提出了很多间接测定土壤水力参数的方法，如利用土壤质地成分组成通过传递函数即可预测土壤水分特征曲线与非饱和土壤水力传导度。也有土壤学家利用简单的试验，容易测定的土壤水分运动特征量来推求土壤水力参数。间接法相对直接法简单易行，但是也存在很多问题，如参数的不唯一性等。本书利用 Wang 等[8]提出的水平入渗法确定 Brooks-Corey 模型参数的方法来推求该模型中的参数，该方法是在假设土壤为均质土的条件下推求出来的，而土石混合介质是一种结构不同于均质土的复合体，能否在土石混合介质中进行应用来确定其水力参数，需要进行实验验证。

2.1.2.1　水平入渗法确定土壤水力参数方法

描述土壤水分特征曲线的 Brook-Corey 模型表示为

$$S_e = \frac{\theta - \theta_r}{\theta_s - \theta_r} = \left(\frac{h_d}{h}\right)^n \tag{2.3}$$

式中，S_e 为有效饱和度；θ 为土壤初始含水量（cm^3/cm^3）；θ_s 为饱和含水量（cm^3/cm^3）；θ_r 为滞留含水量（cm^3/cm^3）；h 为吸力（cm）；h_d 为进气吸力（cm）；n 为形状系数。非饱和导水率模型为

$$k(h) = k_s \left(\frac{h_d}{h}\right)^m \tag{2.4}$$

式中，$k(h)$ 为非饱和导水率（cm/min）；k_s 为饱和导水率（cm/min）；h_d 为进气吸力（cm）；m 为经验参数。

水平一维水分运动的基本方程为

$$\frac{\partial \theta}{\partial t} = \frac{\partial}{\partial x}\left(k \frac{\partial h}{\partial x} \right),$$

$$\begin{cases} \theta(x,0) = \theta_i \\ \theta(0,t) = \theta_s \\ \theta(\infty,t) = \theta_i \end{cases} \tag{2.5}$$

式中，k 为非饱和导水率（cm/min）；θ_s 为饱和含水量（cm^3/cm^3）；θ_i 为初始含水量（cm^3/cm^3）。

为了寻求推求参数的简单方法，假定任意时刻土壤水吸力分布可以表示为

$$\frac{h_d}{h(x)} = \left(1 - a\frac{x}{x_f} \right)^n \tag{2.6}$$

式中，$h(x)$ 为任意点 x 的吸力（cm）；x_f 为湿润锋距离（cm）；a 为系数。

经过推导得出土壤水分运动的特征量累积入渗量 I、入渗率 i、湿润锋距离 x_f 之间的关系为

$$\begin{aligned} I &= A_1 x_f \\ i &= A_2 / x_f \\ x_f^2 &= A_3 t \end{aligned} \tag{2.7}$$

其中

$$\begin{aligned} A_1 &= \frac{\theta_s - \theta_r}{1 + n^2} + \theta_r - \theta_i \\ A_2 &= ank_s h_d \\ A_3 &= \frac{ak_s h_d (m - 1 - 1/n)}{\theta_s - \theta_r} \end{aligned} \tag{2.8}$$

因此模型中的参数 n、m 和 h_d 可由式（2.8）反推出

$$\begin{aligned} n &= \sqrt{\frac{\theta_s - \theta_r}{A_1 + \theta_i - \theta_r} - 1} \\ m &= \frac{A_3(\theta_s - \theta_r)}{ak_s h_d} + 1 + \frac{1}{n} \\ h_d &= \frac{A_2}{ank_s} \end{aligned} \tag{2.9}$$

2.1.2.2　土石混合介质水力参数推求

根据水平入渗试验中的累积入渗量与湿润锋距离之间的直线关系拟合 A_1，累积入渗量与湿润锋距离之间的关系见图 2.7，拟合结果见表 2.4。由图 2.7 和表 2.4 可见累积入渗量与湿润锋距离之间具有很好的直线关系，拟合相关系数均在 0.99 以上。除碎石含量 10%外，n 随碎石含量的增加而升高。

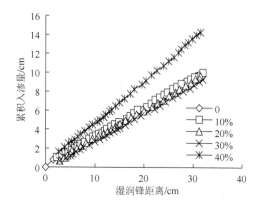

图 2.7　累积入渗量与湿润锋距离之间的关系

表 2.4　累积入渗量与湿润锋关系式中参数拟合

参数	不同碎石含量下数值				
	0	10%	20%	30%	40%
A_1	0.3115	0.3170	0.2916	0.2815	0.2688
n	0.5479	0.4944	0.5599	0.5654	0.5793
R^2	0.9987	0.9975	0.9951	0.9974	0.9985

根据入渗率与湿润锋之间的倒数关系来推求 A_2。利用入渗率是累积入渗量对时间的导数来求出入渗率。首先利用式（2.10）求出吸渗率 S，其次利用式（2.11）反求出入渗率。这样入渗率相对比较稳定。

$$I = St^{1/2} \tag{2.10}$$

$$i = \frac{1}{2} St^{-1/2} \tag{2.11}$$

在推求 A_2 的公式中 a 为未知量，在试验中，土样的初始含水量很低，假设初始含水量与滞留含水量相等。由式（2.12）可得 $a=1$。

$$a = 1 - \left(\frac{\theta_i - \theta_r}{\theta_s - \theta_r} \right)^{1/n^2} \tag{2.12}$$

图 2.8 为入渗率与湿润锋倒数之间的关系。由图 2.8 可见，入渗率与湿润锋倒数之间具有很好的线性关系，在表 2.5 列出了拟合参数。由表 2.5 可见相关系数均在 0.99 以上，相关性很好。

表 2.5　入渗率与湿润锋倒数关系式中参数拟合

参数	不同碎石含量下数值				
	0	10%	20%	30%	40%
A_2	0.2600	0.3920	0.4298	0.5233	0.4008
h_d/cm	8.5269	29.3505	27.5277	19.5994	33.8903
R^2	0.9966	0.9984	0.9963	0.9985	0.9967

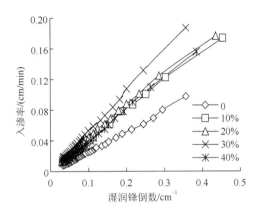

图 2.8　入渗率与湿润锋倒数之间的关系

　　根据入渗时间与湿润锋平方之间的关系来推求参数 A_3，入渗时间与湿润锋平方之间关系见图 2.9，表 2.6 列出了拟合参数。由图 2.9 可见，入渗时间与湿润锋平方之间具有很好的线性关系，相关系数均在 0.99 以上，相关性很好。综合以上各参数，混合介质的水力特性参数归结于表 2.7。

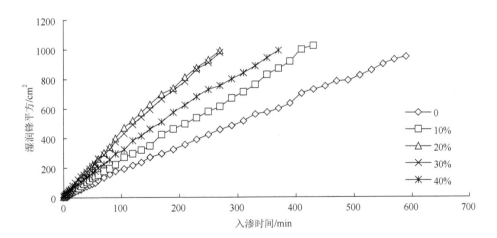

图 2.9　入渗时间与湿润锋平方之间的关系

表 2.6　式 (2.8) 和式 (2.9) 中参数的拟合值

参数	不同碎石含量下数值				
	0	10%	20%	30%	40%
A_3	1.5775	2.3655	2.9030	3.4471	2.6261
m	3.6437	3.4832	3.6797	3.6962	3.7379
R^2	0.9993	0.9985	0.9983	0.9971	0.9964

表2.7　试验土样基本水力特性参数

碎石含量/%	θ_r/(cm³/cm³)	θ_s/(cm³/cm³)	h_d/cm	n	m	m/n
0	0.0150	0.4200	17.4444	0.5479	3.6437	6.65
10	0.0135	0.4080	29.3505	0.4944	3.4832	7.05
20	0.0120	0.3950	27.5277	0.5599	3.6797	6.57
30	0.0105	0.3820	19.5994	0.5654	3.6962	6.54
40	0.0090	0.3680	33.8903	0.5793	3.7379	6.45

2.1.2.3　土石混合介质水力参数的验证

对利用水平入渗试验推求的 Brooks-Corey 模型参数进行检验，将实测资料作为 Hydrus-1D 软件的输入参数，模拟水分运动过程。模拟累积入渗量与实测累积入渗量的对比如图 2.10 所示。利用 Wang 等[8]的水平入渗法来预测土石混合介质的水力特性参数，Hydrus-1D 软件能够比较准确的模拟土石混合介质的累积入渗量的入渗过程，因此利用水平入渗法预测土石混合介质的水力特性参数具有很好的精度，比较合理。

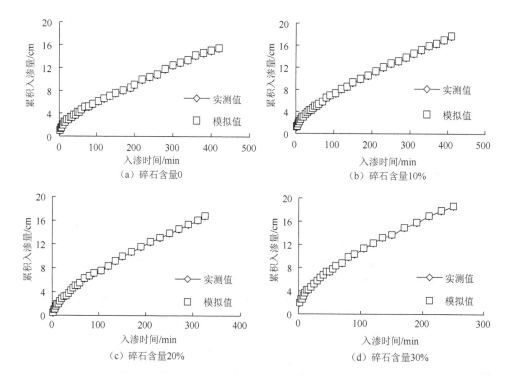

（a）碎石含量0

（b）碎石含量10%

（c）碎石含量20%

（d）碎石含量30%

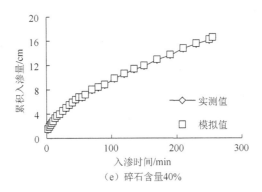

（e）碎石含量40%

图 2.10　模拟累积入渗量与实测数据的对比

2.1.3　水平入渗法确定土石混合介质的扩散率

2.1.3.1　水平入渗法确定土壤水分扩散率基本理论

土壤水分扩散率是土壤重要的水力参数之一，它的确定受到广泛的关注。早在 1956 年 Bruce 等[9]提出利用半无限长水平土柱的吸渗试验资料来计算土壤扩散率，但是在进水段附近土柱的含水量分布会出现跳动与偏高，需人为修正 θ - λ 使其成为光滑的曲线，人为修正必将产生人为误差，为了降低确定扩散率对计算过程的特殊要求，有必要发展简单的确定方法。Wang 等[10]提出了一种利用简单的水平一维吸渗试验确定扩散率的方法，利用容易测定的累积入渗量、湿润锋距离、入渗率等来推求土壤扩散率。

Wang 等[10]利用 Brooks-Corey 模型与水平一维吸渗控制方程来推求土壤的扩散率，模式描述如下。

非饱和导水率：

$$k(h) = k_{\mathrm{s}} \left(\frac{h_{\mathrm{d}}}{h} \right)^{m} \tag{2.13}$$

土壤水分特征曲线：

$$\frac{\theta - \theta_{\mathrm{r}}}{\theta_{\mathrm{s}} - \theta_{\mathrm{r}}} = \left(\frac{h_{\mathrm{d}}}{h} \right)^{n} \tag{2.14}$$

水平一维吸渗土壤水分运动控制方程为

$$\frac{\partial \theta}{\partial t} = \frac{\partial}{\partial x} \left(D \frac{\partial \theta}{\partial x} \right)$$

$$\begin{cases} \theta(x,0) = \theta_{\mathrm{i}} \\ \theta(0,t) = \theta_{\mathrm{s}} \\ \theta(\infty,t) = \theta_{\mathrm{i}} \end{cases} \tag{2.15}$$

并将非饱和扩散率 $D(\theta)$ 表示为相对饱和度的函数

$$D(\theta) = D_s \left(\frac{\theta - \theta_r}{\theta_s - \theta_r} \right)^l \tag{2.16}$$

式中，D_s 为饱和土壤水分扩散率；l 为参数。

经过推导得出土壤水分运动特征量之间的关系。

入渗率与湿润锋距离之间的关系表示为

$$i = \frac{a}{x_f} \tag{2.17}$$

式中，i 为入渗率（cm/min）；x_f 为湿润锋距离（cm）；a 为参数。

累积入渗量与湿润锋距离之间的关系表示为

$$I = bx_f \tag{2.18}$$

式中，I 为累积入渗量（cm）；b 为参数。其中，$a = \dfrac{h_d k_s}{m-1}$，$b = (\theta_s - \theta_i) \left[\dfrac{1}{1 + n/(m-1)} \right]$。

因此，饱和土壤水分扩散率 D_s 与参数 l 表示为

$$D_s = \frac{a}{\theta_s - \theta_i} \bigg/ \left(\frac{\theta_s - \theta_i}{b} - 1 \right) \tag{2.19}$$

$$l = 1 \bigg/ \left(\frac{\theta_s - \theta_r}{b} - 1 \right) - 1 \tag{2.20}$$

2.1.3.2 土石混合介质扩散率确定

通过入渗率与湿润锋倒数之间的关系来推求参数 a，其关系曲线如图 2.11 所示，求出不同碎石含量下 a 值（表 2.8）。由图 2.11 与表 2.8 可见，入渗率与湿润锋倒数的相关性很好，相关系数均在 0.99 以上。a 值在碎石含量小于 30% 时，随碎石含量的升高而增大，大于 30% 时反而降低。

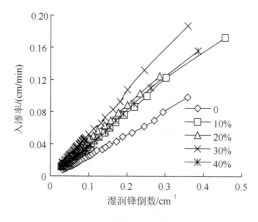

图 2.11　入渗率与湿润锋倒数之间的关系

表 2.8 不同碎石含量下 *a* 及 R^2

参数	不同碎石含量下数值				
	0	10%	20%	30%	40%
a	0.2600	0.3920	0.4298	0.5233	0.4008
R^2	0.9966	0.9984	0.9963	0.9985	0.9967

通过累积入渗量与湿润锋距离之间的关系求出参数 *b*，其关系曲线如图 2.12 所示，不同碎石含量下 *b* 值列于表 2.9 中。由图 2.12 和表 2.9 可见，累积入渗量和湿润锋距离的相关性很好，相关系数均在 0.99 以上，*b* 值与碎石之间没有明显的变化趋势。

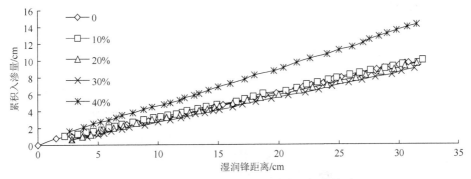

图 2.12 累积入渗量与湿润锋距离之间的关系

表 2.9 不同碎石含量下 *b* 及 R^2

参数	不同碎石含量下数值				
	0	10%	20%	30%	40%
b	0.3115	0.3170	0.2916	0.2815	0.2688
R^2	0.9987	0.9975	0.9951	0.9974	0.9985

土壤水分饱和扩散率及参数 *l* 的确定

$$D_s = \frac{a}{\theta_s - \theta_i} \bigg/ \left(\frac{\theta_s - \theta_i}{b} - 1 \right); \quad l = 1 \bigg/ \left(\frac{\theta_s - \theta_r}{b} - 1 \right) - 1$$

不同碎石含量下的土壤饱和水分扩散率如表 2.10 所示。

表 2.10 不同碎石含量下饱和扩散率 D_s 与参数 *l*

参数	不同碎石含量下数值				
	0	10%	20%	30%	40%
D_s/(cm²/min)	2.1388	3.9721	3.3508	3.9864	2.8414
l	2.3316	3.0127	2.0249	1.8872	1.6301

因此在不同碎石含量下土石混合介质非饱和水分扩散率分别为

碎石含量 0　　　　　　　　$D(\theta) = 17.60 \times (\theta - 0.015)^{2.3316}$

碎石含量 10%　　　　　　$D(\theta) = 64.72 \times (\theta - 0.014)^{3.0127}$

碎石含量 20%　　　　　　$D(\theta) = 22.79 \times (\theta - 0.012)^{2.0249}$

碎石含量 30%　　　　　　$D(\theta) = 24.88 \times (\theta - 0.011)^{1.8872}$

碎石含量 40%　　　　　　$D(\theta) = 14.31 \times (\theta - 0.009)^{1.6301}$

由图 2.13 可见，不同的碎石含量明显影响混合介质的土壤水力特性参数。在体积含水量相等的情况下碎石含量不同时，非饱和水分扩散率由小到大依次为：0<10%<20%<40%<30%，30%的碎石含量情况下土壤扩散率最大，因此 30%的碎石含量是临界含量。

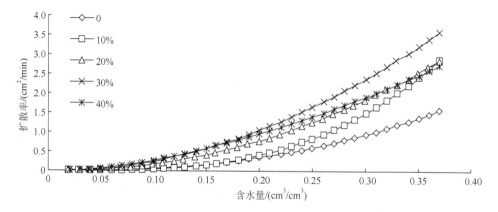

图 2.13　不同碎石含量下土石混合介质非饱和扩散率

2.1.4　土壤入渗代数模型在土石混合介质中的适用性研究

国内外许多学者对土壤水分入渗过程进行了大量的研究，产生了许多预测土壤水分迁移的数学模型，Green 等[11]提出了著名的入渗公式；Philip[12]推求了土壤水分运动方程的半解析解；Parlange[13]提出一种半解析迭代方法求解垂直一维入渗问题的方法。总之，人们在非饱和土壤水分运动方面取得了很大的进步，并逐步发展到利用数学模型进行土壤水分运动预测，但是这些水分运动模型大都是在均匀土壤的条件下推导出来的，对于这些数学模型是否能在土石混合介质中应用，还需要进一步验证。Wang 等[14]提出了一个垂直一维非饱和土壤水分运动代数模型，但是该模型是在均匀土质中推导出来的，它能否在土石混合介质中适用还需验证。虽然土石混合介质不是均质土，但是对于碎石均匀分布的土壤也具有均质土的特征，本书利用均质土的思想分析垂直一维非饱和土壤水分运动代数模型在土石混合介质的适用性。模型中对土壤水分运动特征量的具体描述如下。

土壤水分特征曲线与非饱和导水率利用以下 Brooks-Corey 模型来描述。

$$\frac{\theta - \theta_r}{\theta_s - \theta_r} = \left(\frac{h_d}{h}\right)^N \qquad k(h) = k_s\left(\frac{h_d}{h}\right)^M \qquad (2.21)$$

式中，M、N 为形状系数。垂直一维水分运动的基本方程为

$$\frac{\partial \theta}{\partial t} = \frac{\partial}{\partial z}\left[D(\theta)\frac{\partial \theta}{\partial z}\right] - \frac{\partial k(\theta)}{\partial z}$$
$$\theta(z,0) = \theta_i \qquad\qquad (2.22)$$
$$\theta(0,t) = \theta_s$$
$$\theta(\infty,t) = \theta_i$$

式中，$k(\theta)$ 为非饱和导水率（cm/min）；z 为垂直坐标（cm），向下为正。

垂直一维非饱和土壤水分运动特征量分别为

累积入渗量

$$I = \frac{z_f(\theta_s - \theta_r)}{1+\alpha} + (\theta_r - \theta_i)z_f \qquad (2.23)$$

入渗率

$$i = \frac{k_s}{\beta z_f} + k_s \qquad (2.24)$$

土壤剖面体积含水量分布

$$\theta = \left(1 - \frac{z}{z_f}\right)^\alpha (\theta_s - \theta_r) + \theta_r \qquad (2.25)$$

入渗时间

$$t = \frac{(\theta_s - \theta_r)[1/(1+\alpha) + (\theta_r - \theta_i)]}{k_s}\left[z_f - \frac{1}{\beta}\ln(1+\beta z_f)\right] \qquad (2.26)$$

如果初始含水量很低，假定 $\theta_r = \theta_i$，那么式（2.23）与式（2.26）变为

$$I = \frac{\theta_s - \theta_r}{1+\alpha}z_f \qquad (2.27)$$

$$t = \frac{\theta_s - \theta_r}{k_s(1+\alpha)}\left[z_f - \frac{1}{\beta}\ln(1+\beta z_f)\right] \qquad (2.28)$$

式中，仅需要知道 α、β、k_s、θ_s、θ_r、θ_i 等参数，而 θ_s、θ_r、θ_i 是土壤水分特征值，一般可以通过土壤特性与初始条件来决定。其中，α 为土壤水分特征曲线和非饱和导水率综合形状系数，β 为非饱和土壤吸力分配系数。如果知道累积入渗量与湿润锋深度之间的关系，就可获得 α 值，如果知道入渗率与湿润锋深度的关系，就可获得 β 值。由于试验土样初始含水量较低，故取滞留含水量等于初始含水量，对碎石粒径为 2～5mm 的不同碎石含量的累积入渗量与湿润锋深度间的关系利用数学关系式（2.27）进行拟合，两者的关系如图 2.14 所示，α 拟合结果见表 2.11。

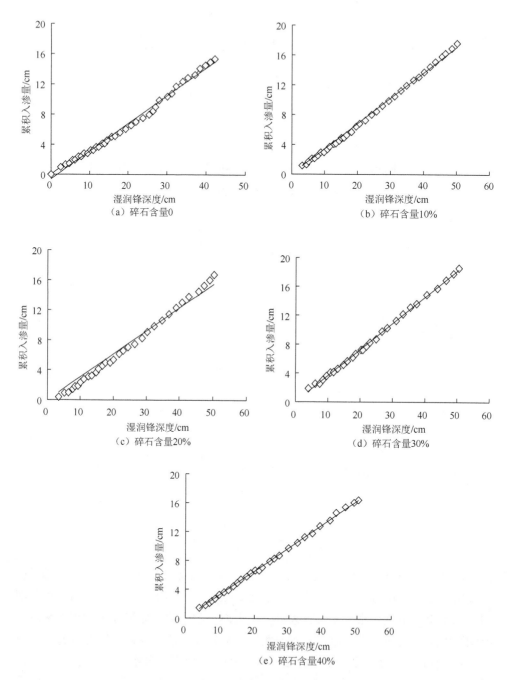

图 2.14　不同碎石含量下累积入渗量与湿润锋深度之间的关系

表2.11　式（2.27）中参数 α 拟合结果

参数	不同碎石含量下数值				
	0	10%	20%	30%	40%
α	0.1705	0.1873	0.3137	0.1163	0.2351
R^2	0.9860	0.9966	0.9812	0.9950	0.9989

利用式（2.24）对入渗率与湿润锋的倒数进行拟合，拟合结果见图 2.15 和表 2.12。由表 2.12 可见，虽然综合形状系数 α 与吸力分配系数 β 随碎石含量的增加并没有明显的变化过程，但是累积入渗量与湿润锋距离之间和入渗率与湿润锋倒数之间的拟合相关关系很好，相关系数均在 0.98 以上，表明利用垂直一维非饱和土壤水分运动代数模型可以描述土石混合介质中的水分运动。为了进一步验证一维代数模型的适用性，将 α 与 β 代入式（2.28）计算入渗时间，与实测入渗时间进行对比来分析该模型的适用性。将计算时间与实测时间绘于同一坐标，见图 2.15 与表 2.12。由表 2.12 可见，拟合相关系数均在 0.99 以上，饱和导水率 k_s 随着碎石含量的增加呈现增加的趋势，在碎石含量 30%时饱和导水率达到最大，而 β 没有明显的变化趋势。

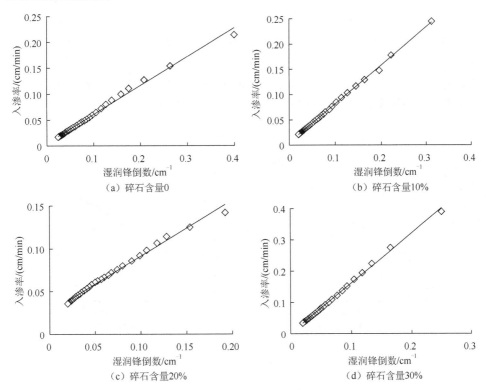

（a）碎石含量0　　　　　（b）碎石含量10%

（c）碎石含量20%　　　　（d）碎石含量30%

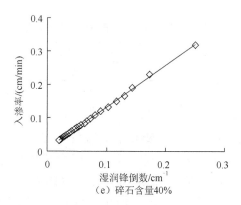

（e）碎石含量40%

图 2.15　不同碎石含量下湿润锋倒数与入渗率的关系

表 2.12　式（2.24）中参数 β 拟合结果表

参数	不同碎石含量下数值				
	0	10%	20%	30%	40%
k_s/(cm/min)	0.0125	0.0135	0.0247	0.0251	0.0136
β	0.0272	0.0209	0.0393	0.0190	0.0117
R^2	0.9976	0.9979	0.9954	0.9901	0.9986

　　图 2.16 和表 2.13 显示了计算时间与实测时间的关系。由图 2.16 和表 2.13 可见，系数 A 均在 0.9 以上，拟合相关系数 R^2 均在 0.99 以上，计算时间与实测时间之间的误差均小于 10%，由模拟时间的效果来验证该模型在土石混合介质中的适用性来看，该模型可以在土石混合介质中应用。

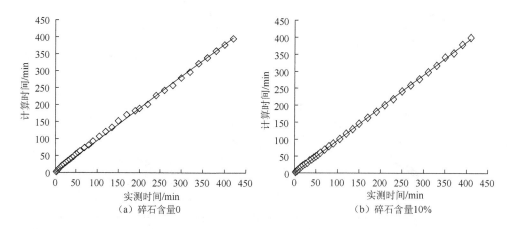

（a）碎石含量0　　　　　　　　　　　　　（b）碎石含量10%

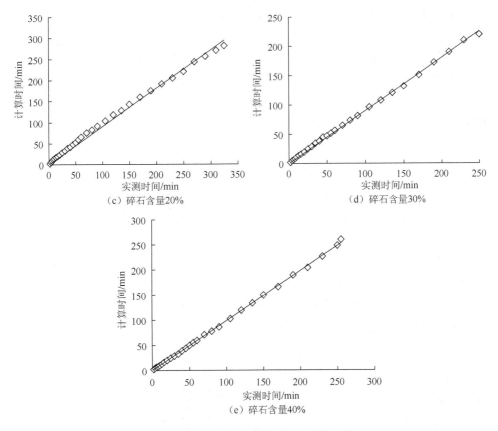

图 2.16　计算时间与实测时间之间的对比

表 2.13　计算时间与实测时间之间的拟合系数与误差分析

参数	不同碎石含量下数值				
	0	10%	20%	30%	40%
A	0.9122	0.9658	0.9047	0.9799	0.9897
相对误差/%	8.78	3.43	9.53	2.01	1.03
R^2	0.9962	0.9997	0.9930	0.9993	0.9996

2.1.5　土石混合介质垂直一维积水入渗土壤盐分运移特征

饱和-非饱和土壤水分运移在自然界中普遍存在,农田土壤水分的入渗、蒸发、径流和植物根系的吸水等都包含有土壤水分的运动。伴随饱和-非饱和土壤水分的迁移过程其中可溶性盐分也随之运移,研究可溶性盐分的运移是建立在水分运动的基础之上,而水分的运移和渗透介质的性质紧密相连。目前,研究均质土壤的水盐运移规律取得了一定的成果，并提出了多种土壤水盐运移参数确定的方法，为均值土壤条件下数值模拟水盐运移提供了基础。但是在自然界中均匀的土质情况很少，在土壤当中都多少存在着大颗粒的碎石，一般在碎石含量很低的情况下不予考虑碎石对水盐迁移的影响，但在一些碎石含量较高甚至很高的情况下，就不能忽略碎石的存在。本书研究碎石含量较高的情况下碎石含量、碎石粒径对土壤盐分运移的影响，以期能为研究土壤物理扩充范围，为研究盐碱地改良提供新的方法。

2.1.5.1 土石混合介质盐分运移特征

图 2.17 显示了三种粒径的碎石下土壤含盐量的分布情况。由图可见，不同碎石含量的土壤盐分都得到淋洗，2~5mm 碎石粒径在含量为 30%时，土壤盐分淋洗深度最大，没有碎石含量的均质土的盐分淋洗深度最小，这与碎石含量对累积入渗量的影响是一致的。在碎石粒径为 5~10mm 与 10~20mm 时也都是碎石含量在 30%时盐分淋洗深度最大。主要原因是碎石的存在减小过水断面，增加水分运动的弯曲程度，使得累积入渗量相对较少，盐分淋洗效果稍差一些。为了更清楚的反应不同碎石含量情况下盐分淋洗的效果，利用灌水结束后的含盐量分布与初始的含盐量分布相比较，以脱盐区系数来衡量盐分的淋洗情况。

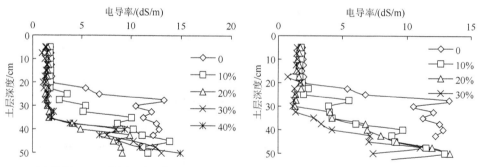

（a）粒径2~5mm不同碎石含量含盐量的分布对比 （b）粒径5~10mm不同碎石含量含盐量的分布对比

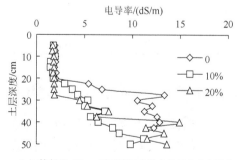

（c）粒径10~20mm不同碎石含量含盐量的分布对比

图 2.17 不同碎石含量对含盐量分布的影响

表 2.14 显示了三种碎石粒径下土壤脱盐区系数。表 2.14 表明碎石含量及粒径对盐分的脱盐区系数有不同程度的影响，碎石粒径为 2～5mm 时，含量为 30%的混合介质脱盐区系数最大；在相同的碎石含量下，5～10mm 粒径的混合介质脱盐区系数最高。

表 2.14　三种碎石粒径下土壤脱盐区系数

粒径/mm	不同碎石含量下脱盐区系数				
	0	10%	20%	30%	40%
2～5	0.61	0.68	0.84	0.88	0.86
5～10	0.61	0.78	0.87	0.91	—
10～20	0.61	0.76	0.82	—	—

表 2.15 为在不同粒径碎石下灌溉水通过 30cm 土层内的淋洗效率。由表可见，在对照处理时，淋洗效率最高，在相同碎石含量下淋洗效率随碎石粒径的增加而降低。在相同的碎石粒径下，淋洗效率随碎石含量的增加而降低，这表明碎石的存在降低了水分对盐分的淋洗效率。

表 2.15　不同粒径碎石下灌溉水通过 30cm 土层内的淋洗效率

粒径/mm	不同碎石含量下淋洗效率				
	0	10%	20%	30%	40%
<2	161.58	—	—	—	—
2～5	—	138.68	136.38	118.47	104.24
5～10	—	140.81	127.13	115.74	
10～20	—	137.49	126.23		

土壤盐分可能存在三种状态，一是以固态存在，二是以吸附态存在于土壤胶体颗粒上，三是以溶解态存在于土壤溶液当中。当淋洗水分通过多孔介质时，水分流经空间与盐分存在空间相一致时，入渗水携带盐分的几率最大；如果水分流经空间与盐分存在空间不一致，则入渗水所携带盐分的几率较小。土壤中碎石的存在影响了土壤的结构，使得入渗水分在土壤中的流经路线较均质土复杂，碎石的存在也为土壤大孔隙的产生创造了条件。如果土壤初始含水量比较低，以溶解态存在的盐分主要分布在较小的毛管当中，而以吸附态存在于土壤胶体颗粒上的盐分大部分也都存在于土壤较小的毛管中，则只有当入渗水分在较小的毛管当中运动时，入渗水分所携带的盐分量才会较多。根据土壤水分与溶质迁移理论，土壤水分在大毛管与小毛管中的运动主要取决于供水强度与土壤初始含水量。本试验初始含水量较低，供水为一维积水入渗，供水强度较大，且碎石的存在增加了土壤的大孔隙，因此土壤入渗水分在重力的作用下通过大孔隙中水分流失较多。入渗水分的流经空间与盐分分布空间不完全一致，因此碎石的存在降低了入渗水

分的淋洗效率。由表 2.15 可见，在碎石粒径较小时淋洗效率较高，随碎石含量的增加入渗水流的迁移路径越复杂，水分运动空间与盐分分布空间偏离程度越大，淋洗效率越差。

2.1.5.2　土石混合介质钠离子运移特征

可溶性钠离子的存在影响土壤的结构，因此研究土石混合介质下钠离子的运移规律，分析钠离子的迁移特征，可为盐碱地改良与土壤结构的改善提供指导。图 2.18 显示了不同碎石含量下钠离子的分布特征。由图可见，在相同的湿润锋深度钠离子的含量随碎石含量的增加而降低。这主要是碎石含量的提高增加了土壤中的大孔隙，使土壤的通气透水性能提高，入渗能力增强，土壤得到充足的水分淋洗钠离子，这与土壤总含盐量的运移规律是一致的。

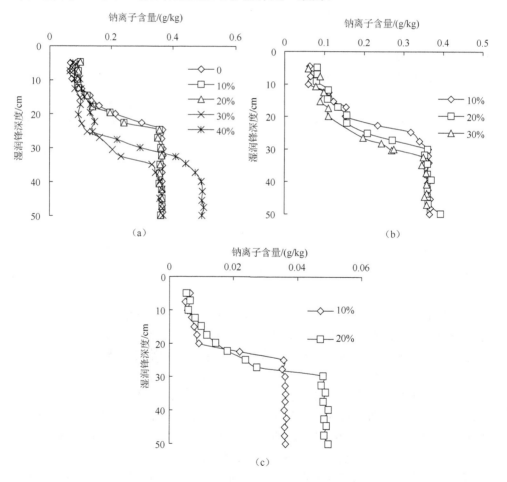

图 2.18　不同碎石含量下钠离子分布

为进一步分析钠离子的淋洗效果,定义一个脱钠区系数,即低于初始钠离子含量的区域与湿润总深度的比值,脱钠区系数见表 2.16。由表 2.14 和表 2.16 可见,脱钠区系数比脱盐区系数要小,这可能是由于钠离子具有吸附土壤胶体颗粒的能力,水分淋洗钠离子相对困难。

表 2.16　三种碎石粒径下土壤脱钠区系数

粒径/mm	不同碎石含量下脱钠区系数			
	10%	20%	30%	40%
2～5	0.48	0.63	0.68	0.65
5～10	0.50	0.58	0.64	—
10～20	0.48	0.57	—	—

2.2　微咸水入渗土壤水盐运移特征

2.2.1　非盐碱化土微咸水入渗特性

为了研究微咸水入渗特征,进行了垂直一维积水入渗试验,试验装置主要包括试验土柱和供水装置。试验土柱是内径 8cm,高 100cm 的有机玻璃圆筒,其侧边开有供水口,底端以法兰式透气底板固定,土柱外壁每 5cm 有一道分划线,作为试验前装土的参照依据。试验开始前,将供试土样按设计容重(本书中土壤设计容重为 1.32g/cm³)分层均匀装入土柱。试验中的供水装置采用马里奥特筒(以下简称马氏筒)。本书涉及的土柱试验中采用的供水水头控制均为 2cm。

土样取自中国科学院天津静海节水试验基地,取地表至 0.5m 深度的土壤,均匀混合、风干、碾压、过筛(1mm)后备用。土壤初始体积含水量为 2.88cm³/cm³,饱和含水率为 51.89%,饱和导水率为 0.008cm/min。采用激光粒度仪测定其土壤颗粒组成,土壤颗粒组成及土壤中部分离子含量见表 2.17。试验前使用电导仪标定地下水矿化度,试验中所用的淡水为深层地下水,微咸水则由深层地下水和浅层地下水调配而成。

表 2.17　土壤颗粒组成及部分离子含量

土壤各级颗粒百分含量/%								土壤部分离子含量/%					
$d\leqslant$ 0.001	$0.001<d$ $\leqslant0.002$	$0.002<d$ $\leqslant0.01$	$0.01<d$ $\leqslant0.05$	$0.05<d$ $\leqslant0.1$	$0.1<d$ $\leqslant0.25$	$0.25<d$ $\leqslant0.5$	$0.5<d$ $\leqslant1$	Cl^-	Ca^{2+}	Mg^{2+}	Na^+	K^+	全盐量
15.57	12.43	14.89	47.30	6.55	1.07	0.90	1.29	0.015	0.008	0.005	0.03	0.002	0.082

注:d 的单位为 mm。

2.2.1.1　垂直一维间歇入渗试验

为了揭示淡水与微咸水间歇入渗特性的差异,开展了一维积水入渗试验,入渗水矿化度划分为 5 个级别，分别为 1.33g/L、3g/L、4g/L、5g/L 和 6g/L；间歇入渗包括周期数为 2 和 3，循环率为 1/2 和 1/3 的四种间歇方式。试验过程中记录湿润锋随时间的变化情况以及马氏筒中水位的变化情况。试验结束后，用土钻沿土柱垂直方向取土，每个处理至少三次重复。以 3g/L 为例，比较微咸水与淡水间歇入渗的含水量分布和含盐量分布，其中间歇入渗包括周期数为 2、3，循环率为 1/2、1/3 的情况。

2.2.1.2　垂直一维咸淡交替入渗试验

为了揭示咸淡交替次序对土壤水分入渗特性及水盐分布的影响，开展了一维积水入渗试验。入渗方式分为不交替和交替入渗两种，交替入渗又包括交替次序为先咸后淡、先淡后咸、咸淡咸和淡咸淡四种。咸淡交替试验中咸水的矿化度为 5g/L，淡水为 1g/L；不交替试验采用的入渗水矿化度为 3g/L。试验控制总入渗水量为 0.5L，其中交替试验咸淡水的量均为 0.25L，以保证由入渗水带入土壤中的总盐量相等，四种处理具体的灌水顺序和比例为：淡咸（1∶1）、淡咸（1∶1）、咸淡咸（1∶2∶1）、淡咸淡（1∶2∶1）。另外，在交替间歇入渗试验中，所用的水质、水量及交替次序与交替入渗相同，间歇时间设置了两个级别，分别为 30min 和 60min。

2.2.2　微咸水间歇特征分析

2.2.2.1　淡水与微咸水渗特性对比

图 2.19 为淡水与微咸水累积入渗量以及湿润锋随入渗时间的变化过程。由图 2.19 可以看出，入渗时间相同的情况下，采用微咸水入渗的累积入渗量以及湿润锋推进距离均大于淡水入渗的情况。入渗时间达到 90min 时，淡水入渗的累积入渗量为 40mm，微咸水入渗的累积入渗量为 43.4mm，淡水湿润锋推进距离为 10.55cm，微咸水湿润锋推进距离为 12.35cm，与淡水入渗相比，微咸水入渗的累积入渗率和湿润锋推进距离分别增大 8.5% 和 17.1%。入渗结束时，淡水入渗湿润体土壤平均含水量为 40.79%（湿润体土壤平均含水量=累积入渗量与湿润锋推进距离的比值+土壤初始含水量），微咸水入渗湿润体土壤平均含水量小于淡水入渗的情况，为 37.99%。

由上述分析可知，淡水与微咸水在入渗过程中表现出较明显的差异。这可能是由于土壤盐分浓度的提高有利于促进土壤颗粒的絮凝，随着溶液中盐分浓度的增大，扩散双电子层向黏粒表面压缩，土壤颗粒之间的排斥力降低，进而增强了土壤胶体的絮凝作用，有助于形成团粒结构，增加其团聚性，稳定土壤结构，使土壤中大孔隙增加，增强其渗透性的同时，降低其保水能力。

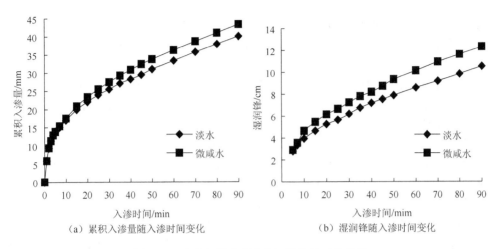

（a）累积入渗量随入渗时间变化　　　　　　　（b）湿润锋随入渗时间变化

图 2.19　淡水与微咸水连续入渗特性对比分析

2.2.2.2　淡水与微咸水间歇入渗特性对比分析

间歇入渗相对连续入渗的根本差别就在于间歇入渗过程包括一个或几个没有水分入渗的间歇时段，改变了土壤水分的分布，也有利于致密层的形成。图 2.20 为周期 $n=2$ 时淡水及微咸水间歇入渗时累积入渗量及湿润锋随入渗时间的变化过程。其中图 2.20（a）为淡水入渗条件下累积入渗量随入渗时间的变化过程，由图中可以看出，从入渗开始到间歇入渗第一周期末，间歇入渗累积入渗量随入渗时间的变化过程与连续入渗一致；从第二周期开始，间歇入渗累积入渗量曲线开始趋于平缓，累积入渗量以及累积入渗量的变化幅度都略小于连续入渗。这主要是间歇过程结束后到第二个周期入渗开始时，土表裂隙和土水势的增大，导致入渗初期入渗率增大，当表层土壤达到饱和或近似饱和后，致密层开始起主导作用，使入渗率迅速减小并趋于稳定入渗。此外，由于致密层导致表层土壤饱和导水率减小，因而土壤稳定入渗率减小。虽然第二个周期开始时入渗率增大，但随后会迅速减小并趋于稳定入渗，这个过程用时很短，第二周期开始时入渗率的增大对累积入渗量变化幅度的增加作用小于稳定入渗率的减小对累积入渗量变化幅度的减小作用，最终导致入渗结束时连续入渗的累积入渗量略大于间歇入渗的累积入渗量。

图 2.20（b）为 $n=2$ 时淡水入渗时湿润锋随入渗时间的变化过程。由图中可以看出，从入渗开始到间歇入渗第一周期末，间歇入渗湿润锋随时间的变化过程与连续入渗基本一致；第二周期开始时，湿润锋值显著增大，随着入渗过程的进行，湿润锋曲线趋于平缓，湿润锋推进速度低于对应时刻连续入渗的湿润锋推进速度；入渗结束时，间歇入渗的湿润锋推进距离与连续入渗的差别不大。间歇过程中，土壤表面虽然没有积水，但由于土壤中水分再分布作用，湿润锋仍然向下推进，致使下一入渗周期开始时湿润锋值发生突变；另外，由于此时土壤含水量较大以

及致密层的作用，致使后期的入渗过程湿润锋推进较慢；二者综合作用表现为入渗结束时，间歇入渗与连续入渗的湿润锋推进距离无明显差别。

　　图2.20（c）为 $n=2$ 时微咸水入渗条件下累积入渗量随入渗时间的变化过程。由图中可以看出：微咸水间歇入渗与淡水间歇入渗的主要区别在于从第二周期开始阶段，微咸水间歇入渗累积入渗量以及累积入渗量的变化幅度大于连续入渗，并且持续时间较长，虽然在随后的入渗过程中，致密层开始起主导作用，累积入渗量曲线开始趋于平缓，但入渗结束时间歇入渗的累积入渗量依然大于连续入渗。与淡水间歇入渗相比较，在间歇过程中，微咸水入渗土壤水分再分布更充分，土壤表层及上层土壤剖面土壤含水量相对较低，因此在第二周期入渗开始时，土壤入渗率较大，且达到稳定入渗所需的时间较长。虽然间歇过程对表层土壤致密层的形成有一定的贡献，但由于微咸水入渗对土壤结构的改变以及试验土壤质地黏重，各种因素综合作用的结果表现为：微咸水入渗时土壤的稳定入渗率虽然有所减小，但累积入渗量却不同程度的增大，循环率越小，即间歇时间越长，累积入渗量增大的就越多。

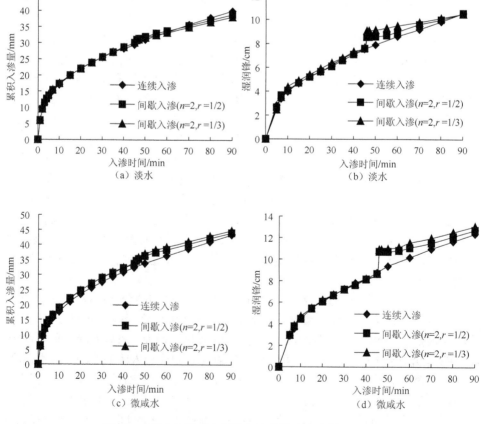

图2.20　淡水与微咸水间歇入渗特性对比分析（$n=2$）

图 2.20（d）为 $n=2$ 时微咸水入渗时湿润锋随时间的变化过程。当循环率为 1/2 时，淡水入渗间歇过程中湿润锋的突变值为 0.95cm，微咸水入渗为 2.05cm；循环率为 1/3 时，淡水为 1.40cm，微咸水为 2.20cm。因此，循环率一定时，微咸水间歇入渗过程中湿润锋的突变值大于淡水入渗。对于微咸水间歇入渗，由于第二周期入渗开始时土壤含水量较大以及致密层的作用，致使在接下来的入渗过程湿润锋推进速度较连续入渗略慢一些，但二者综合作用表现为入渗结束时，间歇入渗湿润锋推进距离大于连续入渗，且循环率越小，湿润锋推进距离相对越大。

图 2.21 为周期 $n=3$ 时淡水及微咸水间歇入渗时累积入渗量及湿润锋随入渗时间的变化过程。累积入渗量随入渗时间的变化过程与 $n=2$ 时的区别主要在于入渗过程中存在两个间歇过程，因此累积入渗量随入渗时间的变化曲线上存在两个突变值，其余特征与 $n=2$ 情况类似[图 2.21（a）和（c）]。图 2.21（b）为 $n=3$ 时淡水入渗时湿润锋随入渗时间的变化过程。由图中可以看出：从入渗开始到间歇入渗第一周期末，间歇入渗湿润锋随入渗时间的变化过程与连续入渗基本一致；第二、三周期开始时，间歇入渗湿润锋值显著增大，随着入渗过程的进行，间歇入渗湿润锋曲线趋于平缓，湿润锋推进速度低于对应时刻连续入渗的湿润锋推进

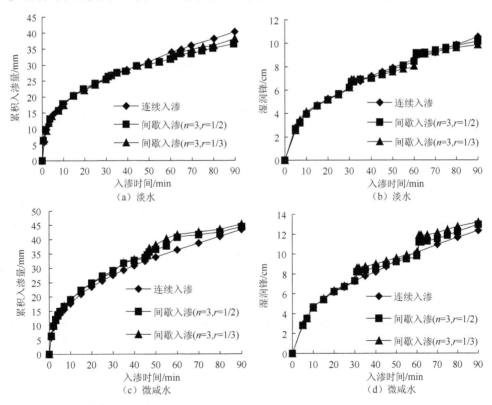

图 2.21　淡水与微咸水间歇入渗特性对比分析（$n=3$）

速度；入渗结束时，间歇入渗的湿润锋推进距离略小于连续入渗。图 2.21（d）为 $n=3$ 时微咸水入渗时湿润锋随时间的变化过程。同样，循环率一定时，微咸水入渗间歇过程中湿润锋的突变值大于淡水入渗，且整个入渗过程存在两个突变值，各因素综合作用依然表现为入渗结束时间歇入渗的湿润锋推进距离大于连续入渗的湿润锋推进距离，且在循环率相等条件下，与 $n=2$ 的情况相比较，$n=3$ 时的这种变化趋势更为明显。

2.2.2.3 间歇入渗对累积入渗量的影响

对于淡水入渗，间歇入渗具有减渗作用，通常用减渗率来表示，用 H_2 表示间歇入渗全过程的累积入渗量，用 H_1 表示与间歇入渗供水时间相同的连续入渗的累积入渗量，则减渗量 $\Delta H = H_1 - H_2$，减渗率 $\eta = \Delta H / H_1 \times 100\%$。对于微咸水间歇入渗，当入渗结束时，与连续入渗相比较，循环率不同其间歇入渗的累积入渗量均不同程度的增加，因此在此定义增渗量和增渗率的概念。同样，用 H_2 表示间歇入渗全过程的累积入渗量，用 H_1 表示与间歇入渗供水时间相同的连续入渗的累积入渗量，则增渗量 $\Delta H = H_1 - H_2$，增渗率 $\eta = \Delta H / H_1 \times 100\%$。表 2.18 给出了淡水与微咸水间歇入渗累积入渗量的差异情况，从表中可以看出，当入渗水为淡水时，间歇入渗较连续入渗 $n=1$ 均不同程度的减渗，而入渗水为微咸水时，结果恰恰相反，即间歇入渗较连续入渗 $n=1$ 均有不同程度的增渗效果。

表 2.18 间歇入渗对累积入渗量的影响对比

入渗水质	周期数	循环率	累积入渗量/mm	减（增）渗量/mm	减（增）渗率/%
	1	1	40.0	—	—
	2	1/2	38.1	1.9	4.75
淡水	2	1/3	38.7	1.3	3.25
	3	1/2	36.7	3.3	8.25
	3	1/3	38.0	2.0	5.00
	1	1	43.3	—	—
	2	1/2	44.0	0.7	1.62
微咸水	2	1/3	44.8	1.5	3.46
	3	1/2	44.4	1.1	2.54
	3	1/3	45.3	2.0	4.60

对于入渗水为淡水的间歇入渗，由于试验土壤质地较为黏重，间歇入渗的减渗效果不是很明显，试验的几种处理最大减渗率不超过 10%；当循环率相等时，与 $n=2$ 的情况相比较，$n=3$ 时，致密层在第二个入渗周期中就开始发挥作用，致密层形成的较早，因此当循环率相等时，$n=3$ 的处理比 $n=2$ 的减渗效果更为明显；另外当循环率为 1/3 时，由于间歇时间较长，使土壤表面形成裂隙，致使在第二

周期入渗开始时入渗率急剧增大且持续时间相对较长，减渗效果较循环率为 1/2 的处理稍差。对于入渗水为微咸水的间歇入渗情况，主要是微咸水带入土壤中的盐分离子改变了土壤的结构特性，使土壤的大孔隙增加，加之试验土壤较为黏重，致密层对减渗的贡献不大，因此表现为间歇入渗较连续入渗非但不减渗反而增渗的现象。由于试验用的微咸水矿化度较低，间歇入渗的增渗效果不是很明显，试验的几种处理最大增渗率不超过 5%。当循环率相等时，与 $n=2$ 的情况相比较，$n=3$ 时增渗效果更为明显；另外当周期相等时，循环率为 1/3 的处理，间歇时间较长，使土壤表面形成裂隙，致使在第二周期入渗开始时入渗率急剧增大且持续时间相对较长，因此增渗效果较循环率为 1/2 的处理更为明显。另外，表 2.19 给出了不同间歇入渗参数条件下，入渗水矿化度为 4g/L、5g/L 和 6g/L 时的累积入渗量，从表中可以看出累积入渗量与矿化度、周期数、循环率呈正相关关系。

表 2.19　不同间歇入渗参数对累积入渗量的影响对比

周期数	循环率	不同矿化度下累积入渗量/mm		
		4g/L	5g/L	6g/L
1	1	44.0	47.8	46.8
2	1/2	44.9	49.1	48.3
2	1/3	46.9	51.3	50.4
3	1/2	48.3	52.6	51.9
3	1/3	51.1	55.4	54.1

2.2.2.4　微咸水间歇入渗对土壤水分分布特征的影响

以矿化度 3g/L 为例，图 2.22 显示了采用不同间歇入渗参数入渗结束时土壤含水量在垂直剖面上的分布。由图 2.22 中可以看出，与连续入渗相比较，间歇入渗土壤湿润范围略大，含水量在剖面上的分布要更均匀一些；周期数和循环率越大，土壤含水量在剖面上的分布就越趋于均匀，这说明微咸水间歇入渗有利于增加下层土壤的含水量。

2.2.2.5　微咸水间歇入渗对土壤盐分分布特征的影响

以入渗水矿化度 3g/L 为例，图 2.23 显示了不同间歇入渗情况下，入渗结束时土壤含盐量在垂直剖面上的分布。由图中可以看出，间歇入渗湿润锋处的土壤含盐量均大于连续入渗，而湿润锋以上土层土壤含盐量均表现为间歇入渗小于连续渗，且周期数和循环率越大，上层土壤含盐量就越小。这说明微咸水间歇入渗有利于上层土壤的盐分淋洗，使更多的盐分集中分布在湿润锋附近。结合微咸水间歇入渗对土壤含水量分布的影响分析发现，间歇入渗改变了水分和盐分在土壤中的分布形式，当将其应用于田间实际灌溉时，可以通过调整间歇参数来调控

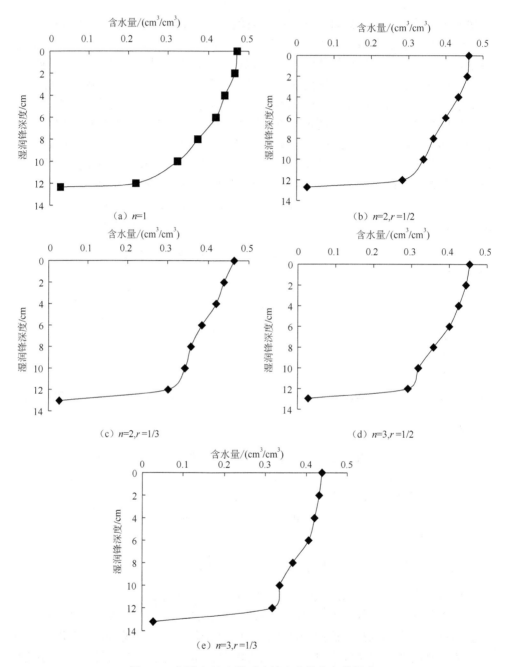

图 2.22　间歇入渗参数对土壤含水量分布的影响

作物根区的含水量，减小土面蒸发，提高土壤水分利用效率；同时也可以通过调整间歇参数来调控土壤盐分分布，将土壤"盐峰"压至根区以下，以减小微咸水灌溉对作物的胁迫，使其生长及产量得到保证。

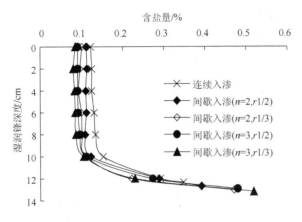

图 2.23   间歇入渗参数对土壤含盐量分布的影响

2.2.3   咸淡交替入渗对土壤水盐运移的影响

2.2.3.1   咸淡交替次序对土壤水分入渗特性的影响

图 2.24 显示了不同咸淡入渗次序对累积入渗量的影响，图中显示的入渗时间为净入渗时间（是指各周期供水时间总和），且不同交替组合入渗下的入渗水量相同。图 2.24（a）～（d）分别为入渗次序为先咸后淡、先淡后咸、咸淡咸和淡咸

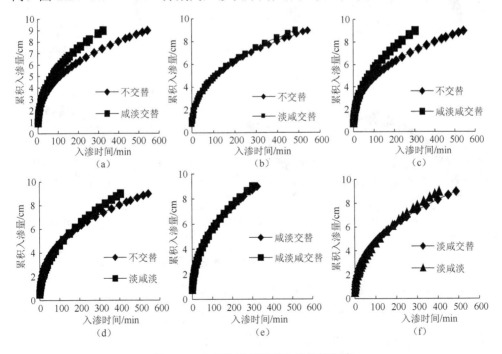

图 2.24   交替次序对累积入渗量的影响

淡与不交替情况的对比。由图可以看出，当达到相同的累积入渗量时，交替入渗的入渗时间均小于不交替的入渗时间；其中，交替次序为先咸后淡和咸淡咸的入渗时间减小，淡咸淡效果略差，而先淡后咸的入渗时间比不交替的略有减小，其差别不显著。图 2.24（e）和（f）分别为入渗次序为先咸后淡与咸淡咸、先淡后咸与淡咸淡的对比。结合上述各图可知，采用咸淡水交替入渗时，不同交替次序入渗速率的变化次序为先咸后淡>咸淡咸>淡咸淡>先淡后咸>不交替，这说明第一阶段入渗水质对土壤入渗特性起决定性的作用。第一阶段入渗微咸水，入渗速率则快。

图 2.25 显示了不同咸淡入渗次序对湿润锋推进距离的影响，其中图 2.25（a）～（d）分别为入渗次序为先咸后淡、先淡后咸、咸淡咸和淡咸淡与不交替情况的对比，图 2.25（e）和（f）分别为入渗次序为先咸后淡与咸淡咸、先淡后咸与淡咸淡的对比。由图可以看出，交替次序对湿润锋推进距离的影响与交替次序对累积入渗量的影响类似，当入渗时间相同时，不同交替次序对湿润锋推进距离的大小次序为先咸后淡>咸淡咸>淡咸淡>先淡后咸>不交替。

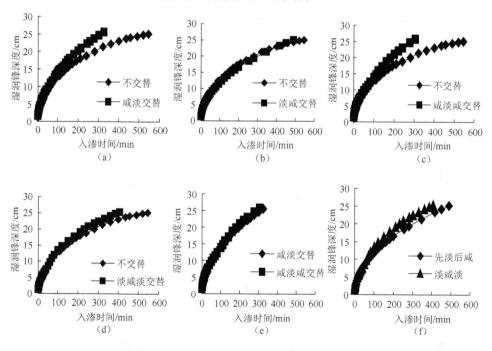

图 2.25 交替次序对湿润锋推进距离的影响

2.2.3.2 咸淡交替次序对土壤盐分分布特征的影响

图 2.26 显示了不同咸淡入渗次序条件下土壤含盐量在剖面上的分布。由图可以看出，交替次序不同，土壤含盐量在剖面上的分布形式不同。在湿润锋处，土壤含盐量的大小顺序为先咸后淡>淡咸淡>不交替>咸淡咸>先淡后咸；湿润锋以上

土壤剖面土壤平均含盐量大小次序为先淡后咸>不交替>咸淡咸>淡咸淡>先咸后淡。咸淡咸、淡咸淡、先咸后淡几种交替方式均有利于上层土壤的盐分淋洗，使更多的盐分集中分布在湿润锋附近，而先淡后咸这种交替次序则不利于土壤盐分向下运动，单从土壤盐分分布的角度来讲，其在灌溉中不宜采用。

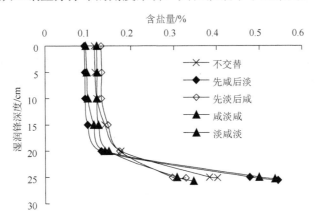

图 2.26　交替次序对土壤含盐量分布的影响

2.2.4　微咸水入渗模型的研究

2.2.4.1　Green-Ampt 入渗模型

Green-Ampt 模型是 1911 年由 Green 和 Ampt 基于毛管理论提出的入渗模型[4]，该模型形式简单，模型参数具有明确的物理意义。Green-Ampt 模型虽然是基于均质土壤推导而来的，但经过发展与完善，不仅用于均质土壤入渗过程的研究模拟，而且还可用于研究初始含水量分布不均匀的土壤、层状土以及浑水入渗问题[5-7]，另外经过修正后的模型还被广泛地应用于降雨入渗、坡面产流、土壤侵蚀预报模型等研究领域[15]。

该模型作了如下基本假定：①土壤初始含水量分布均匀，入渗过程是积水入渗；②入渗过程中存在明显的湿润锋，且湿润锋面为水平；③湿润锋面以上为湿润区，土壤含水量为饱和含水量，导水率为饱和导水率，湿润锋面前为干燥区，土壤含水量为初始含水量；④湿润锋处存在一个固定不变的吸力。基于上述假设，达西定理可表示为

$$i = k_s \frac{L_f + S_f + H}{L_f} \tag{2.29}$$

式中，i 为入渗率（cm/min）；k_s 为饱和导水率（cm/min）；L_f 为概化的湿润锋深度（cm）；S_f 为湿润锋处的吸力（cm）；H 为地表积水深度（cm）。

假定湿润锋面以上的土壤处于饱和状态，根据水量平衡原理，累积入渗量可以表示为

$$I = (\theta_s - \theta_i) L_f \tag{2.30}$$

式中，I 为累积入渗量（cm）；θ_s 为土壤饱和含水量（cm³/cm³）；θ_i 为土壤初始含水量（cm³/cm³）。其他符号意义同前。

概化湿润锋随时间变化过程表示为

$$t = \frac{\theta_s - \theta_i}{k_s}\left[L_f - (S_f + H)\ln\frac{L_f + S_f + H}{S_f + H} \right] \tag{2.31}$$

当土壤表面积水深度较小时，积水深度所形成的压力势对土壤水分运动不会造成较大的影响，因此积水深度所形成的压力势可以忽略不计，Green-Ampt 入渗公式简化为

$$i = k_s \frac{L_f + S_f}{L_f} \tag{2.32}$$

$$t = \frac{\theta_s - \theta_i}{k_s}\left[L_f - S_f\ln\frac{L_f + S_f}{S_f} \right] \tag{2.33}$$

由 Green-Ampt 入渗公式可知，拟合入渗率与概化湿润锋倒数之间的关系，便可以求出土壤饱和导水率及湿润锋处的吸力值。

微咸水入渗后土壤结构发生改变，从而导致其土壤水分入渗特性发生改变。大量研究表明，微咸水对于土壤的入渗能力同时具有增大和减小的双重作用所致，即：一方面，微咸水带入土壤大量盐分离子，从而改变土壤的盐分浓度提高，在一定范围内，土壤盐分浓度的提高有利于促进土壤颗粒的絮凝，增加其团聚性，稳定土壤结构，使土壤中大孔隙增加，渗透性增强；另一方面，土壤中钠离子的增加会引起土壤颗粒收缩、胶体颗粒的分散和膨胀，导致土壤孔隙减少，影响土壤渗透性。

微咸水入渗对土壤水分入渗特性的影响较为复杂，根据上述分析，把微咸水入渗后土壤结构改变对入渗的影响归结为概化饱和区导水率以及湿润锋处的吸力二者随入渗水矿化度和钠吸附比的综合变化的结果，则式（2.32）可以写为

$$i = k_s(SAR, C)\frac{L_f + S_f(SAR, C)}{L_f} \tag{2.34}$$

式中，SAR 为入渗水钠吸附比[(mmol/L)^{0.5}]；C 为入渗水矿化度（g/L）。

2.2.4.2 模型参数的确定及验证

1. 不同矿化度及钠吸附比条件下入渗特性的分析

图 2.27 和图 2.28 分别为不同水质入渗条件下累积入渗量及湿润锋推进距离随时间的变化曲线。由图中可以看出，入渗水质不同，其累积入渗量及湿润锋推进距离均有不同程度的差别。

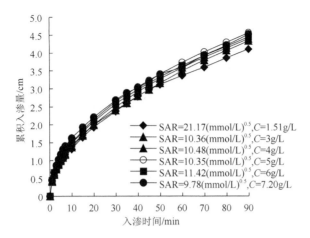

图 2.27　不同水质累积入渗量随入渗时间的变化

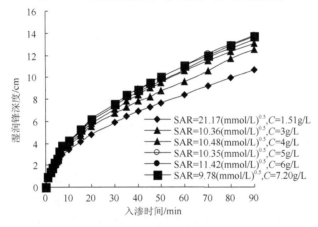

图 2.28　不同水质湿润锋推进距离随入渗时间的变化

　　由上述分析可知，采用微咸水入渗时，其矿化度和 SAR 均为影响其入渗过程的主要因素，因此在此对不同水质入渗水入渗后湿润锋与其影响因子之间的关系也采用 $z_f=a\mathrm{SAR}^bC^c$ 形式的多元乘幂函数拟合，拟合的相关系数较高，达到 0.954，拟合结果见式（2.35）。

$$z_f = 15.76\mathrm{SAR}^{-0.140}C^{0.100} \qquad R^2 = 0.954 \qquad (2.35)$$

式中，z_f 为入渗结束时湿润锋推进距离（cm）；a、b、c 为拟合系数。

　　在 Green-Ampt 入渗公式中包含了两个主要参数，即饱和导水率和湿润锋面吸力。获得这两个参数就可以计算土壤入渗率和累积入渗量，但无法获得实际土壤含水量分布。

　　2. 参数的确定及模型的验证

　　1）参数的确定

　　根据不同水质入渗实测资料拟合入渗率与概化湿润锋倒数之间的关系，如

图 2.29 所示，通过拟合和计算得到的 k_s 和 S_f 值列于表 2.20 中。

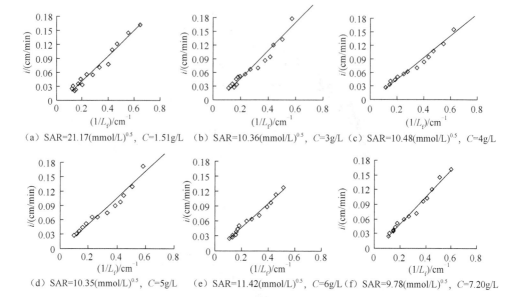

（a）SAR=21.17(mmol/L)$^{0.5}$，C=1.51g/L （b）SAR=10.36(mmol/L)$^{0.5}$，C=3g/L （c）SAR=10.48(mmol/L)$^{0.5}$，C=4g/L

（d）SAR=10.35(mmol/L)$^{0.5}$，C=5g/L （e）SAR=11.42(mmol/L)$^{0.5}$，C=6g/L （f）SAR=9.78(mmol/L)$^{0.5}$，C=7.20g/L

图 2.29 入渗率(i)与概化湿润锋倒数（$1/L_f$）之间的关系

表 2.20 概化湿润锋处吸力与饱和导水率

样本	1	2	3	4	5	6
k_s/(cm/min)	0.0039	0.0056	0.0061	0.0064	0.0061	0.0065
S_f/cm	48.51	37.84	35.82	34.52	36.11	35.29

不同水质入渗后，入渗水矿化度和 SAR 与湿润锋之间呈较好的多元乘幂函数形式，在进一步分析入渗水水质对 k_s 和 S_f 值的影响时，发现 k_s 的变化与湿润锋的变化具有相同的趋势，而 S_f 的变化趋势则基本与湿润锋的变化相反，于是也试着采用这种函数形式对入渗水矿化度和 SAR 二者与 k_s 和 S_f 值分别进行拟合，发现拟合结果较为理想，拟合的相关系数较高，分别达到了 0.975 和 0.973，拟合结果见式（2.36）和式（2.37）。

$$k_s = 0.013\text{SAR}^{-0.401}C^{0.141} \qquad R^2=0.975 \qquad (2.36)$$

$$S_f = 20.08\text{SAR}^{0.299}C^{-0.076} \qquad R^2=0.973 \qquad (2.37)$$

将式（2.36）和式（2.37）代入式（2.34），式（2.34）可以表达为

$$i = 0.013\text{SAR}^{-0.401}C^{0.141}\frac{L_f + 20.08\text{SAR}^{0.299}C^{-0.076}}{L_f} \qquad (2.38)$$

这样，对于试验土壤，便建立了土壤水分入渗率与入渗水水质之间的关系。入渗时间则可以相应的表达为

$$t = \frac{\theta_{\text{s}} - \theta_{\text{i}}}{0.013SAR^{-0.401}C^{0.141}} \left[L_{\text{f}} - 20.08SAR^{0.299}C^{-0.076} \ln \frac{L_{\text{f}} + 20.08SAR^{0.299}C^{-0.076}}{20.08SAR^{0.299}C^{-0.076}} \right] \quad (2.39)$$

2）模型的验证

为了进一步确定上述模型的准确性及计算精度，采用另外两组实测资料对其进行验证，选用的两组入渗资料其入渗水水质指标分别为：SAR=21.33(mmol/L)$^{0.5}$，C=1.33g/L；SAR=10.86(mmol/L)$^{0.5}$，C=3g/L。先用入渗水水质指标根据式（2.39）计算不同时刻对应的概化湿润锋深度，然后将其代入式（2.38）计算相应时刻的入渗率值，计算结果如图 2.30 所示。

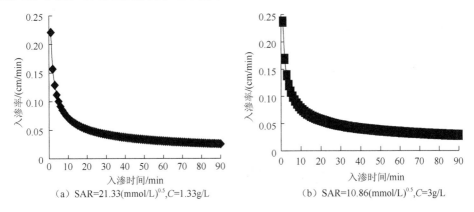

（a）SAR=21.33(mmol/L)$^{0.5}$,C=1.33g/L　　　　（b）SAR=10.86(mmol/L)$^{0.5}$,C=3g/L

图 2.30　计算入渗率随入渗时间的变化

利用线性函数对计算入渗率和实测入渗率进行拟合，拟合结果见图 2.31 及式（2.40）和式（2.41），从拟合结果中可以看出，计算入渗率和实测入渗率之间的误差分别为 2.68% 和 0.72%，可见模型的计算精度较高。

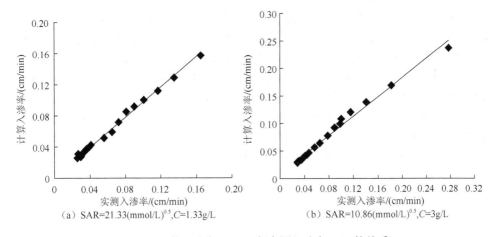

（a）SAR=21.33(mmol/L)$^{0.5}$,C=1.33g/L　　　　（b）SAR=10.86(mmol/L)$^{0.5}$,C=3g/L

图 2.31　计算入渗率（i-G）与实测入渗率（i）的关系

$$i\text{-}G = 0.9732i \qquad R^2 = 0.993 \tag{2.40}$$

$$i\text{-}G = 0.9928i \qquad R^2 = 0.991 \tag{2.41}$$

式中，$i\text{-}G$ 为计算入渗率（cm/min）；i 为实测入渗率（cm/min）。

2.2.4.3　微咸水入渗条件下的一维代数模型

1. 淡水入渗条件下的一维代数模型在微咸水入渗中的应用

王全九等[16]依据垂直一维土壤水分运动基本方程，推求出了垂直一维非饱和土壤水分运动代数模型，该模型适用于描述均质土壤在恒定水头下的一维积水入渗过程。利用该模型通过代数计算就可以求得土壤水分运动特征，计算过程简便且减小了数值计算所引起的误差，其表示为如下形式

$$i = \frac{k_s}{\beta z_f} + k_s \tag{2.42}$$

$$I = z_f\left(\theta_s - \theta_r\right)\frac{1}{1+\alpha} + \left(\theta_r - \theta_i\right)z_f \tag{2.43}$$

$$\theta = \left[1 - \frac{z}{z_f}\right]^{\alpha}\left(\theta_s - \theta_r\right) + \theta_r \tag{2.44}$$

$$t = \frac{\left(\theta_s - \theta_r\right)\left[1/(1+\alpha) + \left(\theta_r - \theta_i\right)\right]}{k_s}\left[z_f - \frac{1}{\beta}\ln\left(1 + \beta z_f\right)\right] \tag{2.45}$$

式中，i 为入渗率（cm/min）；k_s 为饱和导水率（cm/min）；β 为非饱和土壤吸力分配系数（cm^{-1}）；z_f 为湿润锋深度（cm）；I 为累积入渗量（cm）；θ_s 为土壤饱和含水量（cm^3/cm^3）；θ_r 为土壤滞留含水量（cm^3/cm^3）；α 为土壤水分特征曲线和非饱和导水率综合性状系数；θ_i 为土壤初始含水量（cm^3/cm^3）；θ 为土壤含水量（cm^3/cm^3）；z 为土体中任意一点距离土表的深度（cm）；t 为入渗时间（min）。

由式（2.42）~式（2.45）可知，在分析土壤水分运动特征时，需知道 α、β、k_s、θ_s、θ_r、θ_i 等参数，而 θ_s、θ_r、θ_i 是土壤水分特征值，一般可根据土壤特性和初始条件获得。因此，仅有 α、β 和 k_s 需要通过试验来确定。只要获得累积入渗量与湿润锋的关系，便可以得到 α 值，进而可以计算出土体中任意一点的含水量值。由于土壤水分运动特征仅通过代数计算就可以求的，减少了通过数值计算所引起的误差，便于分析田间土壤水分运动特征，为农业生产中预测、预报土壤水分特征提供了新的方法。

当土壤初始含水量较低时，取滞留含水量等于土壤初始含水量，则有

$$I = z_f\left(\theta_s - \theta_i\right)\frac{1}{1+\alpha} \tag{2.46}$$

$$\theta = \left(1 - \frac{z}{z_f}\right)^{\alpha}\left(\theta_s - \theta_i\right) + \theta_i \tag{2.47}$$

对照式（2.22）与式（2.42）、式（2.30）与式（2.46）可以看出，Green-Ampt入渗公式与一维代数入渗模型参数间存在函数关系，令

$$z_s = \frac{z_f}{1+\alpha} \tag{2.48}$$

$$h_f = \frac{1}{\beta(1+\alpha)} \tag{2.49}$$

式中，z_s 为概化湿润锋（cm）；h_f 为湿润锋处的吸力（cm）。

则 Green-Ampt 入渗公式与一维代数入渗模型可以相互转化，同时 Green-Ampt 入渗公式无法计算含水量，因此可以利用一维代数入渗模型弥补其不足。

由式（2.46）可知，只要获得累积入渗量与湿润锋推进距离的关系，便可以得到 α 值，进而可以计算出土体中任意一点的含水量值。采用 6 组不同水质入渗的实测资料对累积入渗量与湿润锋推进深度间关系进行拟合，并计算相应的 α 值，结果如表 2.21 所示。

表 2.21　拟合及计算结果

| 样本 | 入渗水质 | | 拟合系数 | R^2 | α |
	$C/(g/L)$	$SAR/(mmol/L)^{0.5}$			
1	1.51	21.17	0.397	0.996	0.235
2	3	10.36	0.352	0.995	0.390
3	4	10.48	0.343	0.990	0.429
4	5	10.35	0.340	0.990	0.442
5	6	11.42	0.342	0.989	0.435
6	7.20	9.78	0.340	0.982	0.442

将 α 值代入式（2.47），计算得到土体中任意一点的含水率值，不同入渗水水质入渗后，土壤含水量实测值与计算值见图 2.32，对其进行对比。从图上可以看出，当入渗水 $SAR=21.17(mmol/L)^{0.5}$，$C=1.51g/L$ 时，计算的土壤含水量与实测值吻合较好，其余处理计算值与实测值之间差别较大，且主要表现为上层土壤计算含水量小于实测值，下层土壤则恰恰相反，这也从某种角度说明了微咸水入渗后改变了土壤结构特征，降低了土壤保水能力。在 6 组实验中，含水量计算值与实测值相对误差的绝对值为 0.23%～23.14%，剖面含水量计算值与实测值的平均相对误差为 1.87%～12.86%，可见，采用一维入渗模型计算微咸水入渗时，模型均可以反映土壤水分分布特征，但计算精度受水质指标影响较大，其计算精度得不到保证。

2. 微咸水入渗条件下的一维代数模型

1）模型建立

微咸水入渗后土壤结构及孔隙性发生改变，因此把微咸水入渗对土壤水分入

渗特性的影响归结为土壤孔隙率发生改变的结果，而土壤孔隙率改变在一维代数模型中则反映在土壤饱和含水量上，这样式（2.46）可以写成

$$I = z_{\mathrm{f}} \left(\lambda_{\mathrm{k}} \theta_{\mathrm{s}} - \theta_{\mathrm{i}} \right) \frac{1}{1+\alpha} \qquad (2.50)$$

式中，λ_{k} 为土壤孔隙率变化系数。

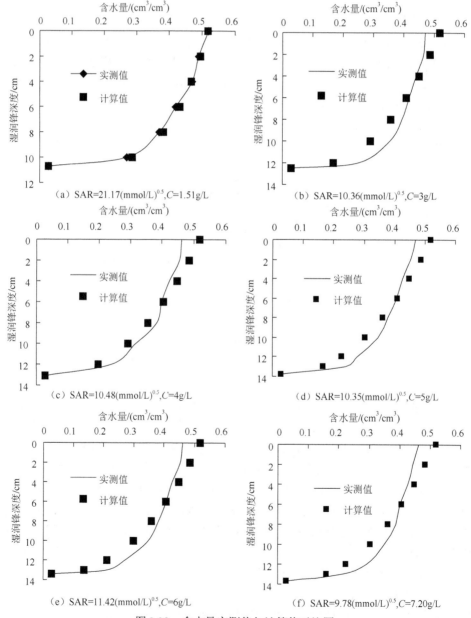

图 2.32　含水量实测值与计算值对比图

2）参数确定

在分析不同水质入渗条件下的入渗资料时发现，入渗时间相同的情况下，不同水质入渗后湿润锋推进距离和累积入渗量均有所不同。定义入渗结束时累积入渗量与湿润锋推进距离的比值为整个湿润体平均含水量，结果发现，不同入渗水质入渗后，湿润体平均含水量不同。这种差别间接反映了土壤孔隙性的变化，以此为出发点，寻求微咸水入渗后土壤孔隙性变化的规律。

对于水质指标为 SAR=21.17(mmol/L)$^{0.5}$，C=1.51g/L 条件下入渗的分析发现，用一维代数模型计算其含水量剖面的结果较为理想。为了进一步分析其计算含水量与实测含水量之间的差别，特利用线性函数对计算含水量和实测含水量进行拟合，拟合结果见图 2.33 及式（2.51），从拟合结果可以看出，计算含水量和实测含水量之间的相对误差为 1.42%，可见计算精度较高。因此，假定采用这种水质入渗对土壤孔隙性没有影响，进而以该入渗水条件下的湿润体平均含水量作为对照，其他水质入渗后的湿润体平均含水量与其比值作为该入渗水质入渗条件下土壤孔隙率变化系数。土壤孔隙率变化系数见表 2.22。

$$\theta_{计算}=1.0142\theta_{实测} \qquad R^2 = 0.998 \qquad (2.51)$$

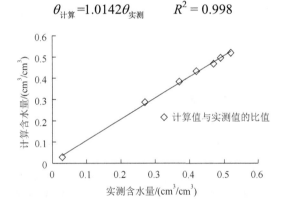

图 2.33　计算含水量与实测含水量的关系

表 2.22　土壤孔隙率变化系数

样本	入渗水质		湿润锋推进距离/cm	累积入渗量/cm	湿润体平均含水量/(cm³/cm³)	土壤孔隙率变化系数	修正后的 α
	C/(g/L)	SAR/(mmol/L)$^{0.5}$					
1	1.51	21.17	10.70	4.11	0.384	1	0.253
2	3	10.36	12.50	4.34	0.347	0.904	0.249
3	4	10.48	13.10	4.40	0.336	0.874	0.240
4	5	10.35	13.80	4.57	0.331	0.862	0.231
5	6	11.42	13.40	4.45	0.332	0.865	0.229
6	7.20	9.78	13.70	4.52	0.330	0.859	0.227

用实测值拟合累积入渗量与湿润锋的关系后，将相应 λ_k 代入式（2.50），便可计算出修正后的 α 值，将其代入式（2.52）便可以计算出修正后的剖面含水量，计算值与实测值的对比如图 2.34 所示。

$$\theta = \left(1 - \frac{z}{z_f}\right)^{\alpha} \left(\lambda_k \theta_s - \theta_i\right) + \theta_i \qquad (2.52)$$

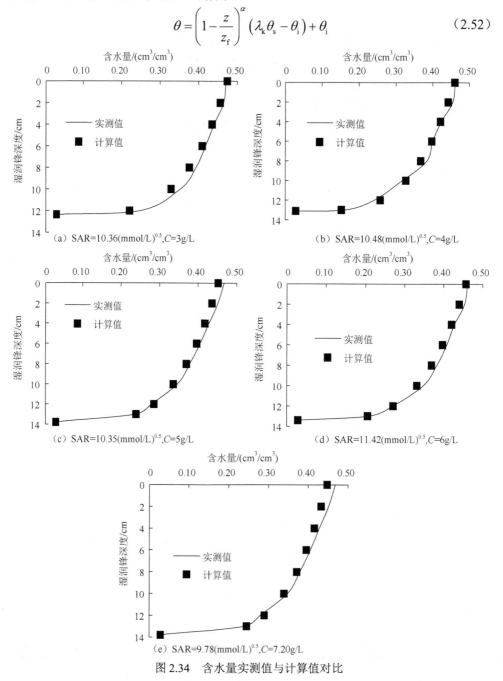

图 2.34　含水量实测值与计算值对比

由图 2.34 可以看出，一维代数模型经过改进后，计算值与实测值之间吻合较好，经计算可知其最大相对误差的绝对值不超过 5%。通过分析可知，湿润锋推进距离与入渗水的 SAR 和矿化度之间呈较明显的多元乘幂函数形式，而土壤孔隙率变化系数 λ_k 与湿润锋推进距离有关，于是采用元乘幂函数形式对 λ_k 与入渗水矿化度和 SAR 值进行拟合，发现拟合结果较为理想，其拟合的相关系数较高，达到了 0.981，拟合结果见式（2.53）。

$$\lambda_k = 0.764 \mathrm{SAR}^{0.093} C^{-0.054} \qquad R^2 = 0.981 \tag{2.53}$$

这样，微咸水入渗条件下的一维代数模型便可以写作

$$i = \frac{k_s}{\beta z_f} + k_s \tag{2.54}$$

$$I = z_f \left(0.764 \mathrm{SAR}^{0.093} C^{-0.054} (\theta_s - \theta_i)\right) \frac{1}{1+\alpha} \tag{2.55}$$

$$\theta = \left(1 - \frac{z}{z_f}\right)^{\alpha} \left(0.764 \mathrm{SAR}^{0.093} C^{-0.054} (\theta_s - \theta_i)\right) \tag{2.56}$$

$$t = \frac{\left(0.764 \mathrm{SAR}^{0.093} C^{-0.054} (\theta_s - \theta_i)\right)[1/(1+\alpha)]}{k_s} \left[z_f - \frac{1}{\beta} \ln(1 + \beta z_f)\right] \tag{2.57}$$

3）模型的验证

为了进一步确定上述模型的准确性及计算精度，采用另外两组实测值对其进行验证，选用的两组入渗水水质指标分别为：SAR=21.33(mmol/L)$^{0.5}$，C=1.33g/L；SAR=10.86(mmol/L)$^{0.5}$，C=3g/L。将其代入式（2.53）计算得到 λ_k 分别为 0.999 和 0.898。累积入渗率与湿润锋之间的拟合结果为：$I=0.373 z_f$，R^2=0.964；$I=0.352 z_f$，R^2=0.978，因此 α 值分别为 0.313 和 0.240，将其代入式（2.56）计算剖面含水量，计算值与实测值的对比如图 2.35 所示。

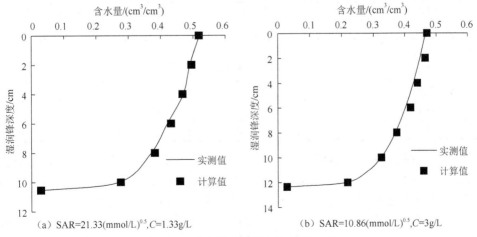

（a）SAR=21.33(mmol/L)$^{0.5}$,C=1.33g/L　　　　（b）SAR=10.86(mmol/L)$^{0.5}$,C=3g/L

图 2.35　含水量实测值与计算值对比

利用线性函数对计算含水量和实测含水量进行拟合，拟合结果见图 2.36、式（2.58）及式（2.59），从拟合结果中可以看出，计算含水量和实测含水量之间的误差分别为-2.07%和-2.38%，可见模型的计算精度较高。

$$\theta_{\text{计算}}=0.9793\theta_{\text{实测}} \qquad R^2=0.997 \qquad (2.58)$$

$$\theta_{\text{计算}}=0.9762\theta_{\text{实测}} \qquad R^2=0.999 \qquad (2.59)$$

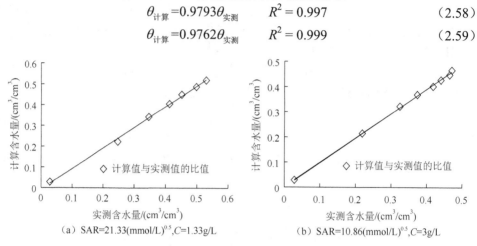

（a）SAR=21.33(mmol/L)$^{0.5}$,C=1.33g/L　　　　（b）SAR=10.86(mmol/L)$^{0.5}$,C=3g/L

图 2.36　计算含水量与实测含水量的关系

2.2.5　次生碱土微咸水入渗特性及数学模型

通过室内垂直一维入渗试验开展不同水质入渗研究，采用的试验设备及方法与 2.1 节相同。土壤的物理特性及具体的试验如表 2.23 和表 2.24。

表 2.23　土壤基本物理性质

湿润锋深度/cm	各级颗粒含量百分数/%			国际制土壤质地分类
	$d>0.02$mm	0.02mm$>d>$0.002mm	$d<0.002$mm	
0~67	60	22.5	17.5	砂质黏壤土
67~100	52	20.8	27.4	壤质黏土

表 2.24　土壤的盐分组成

土壤浸提液 EC /(dS/m)	含盐量/%	土壤盐分离子组成/%						
		HCO$_3^-$	Cl$^-$	SO$_4^{2-}$	Ca^{2+}	Mg^{2+}	Na$^+$	K$^+$
0.32	0.114	0.027	0.032	0.018	0.010	0.005	0.019	0.003

室内试验所采用的微咸水是当地深井淡水和浅井咸水，根据入渗水的水质不同加入 NaHCO$_3$、Na$_2$SO$_4$、MgSO$_4$、MgCl$_2$、NaCl 和 CaCl$_2$ 配制而成，或直接利用高矿化度和低矿化度的井水混合、稀释而成。当配制矿化度呈一定梯度的微咸水时，钠吸附比保持在 8(mmol/L)$^{0.5}$ 左右，而当配制不同梯度的钠吸附比的微咸水时，控制矿化度为 3g/L 左右。不同矿化度的微咸水离子组成和不同钠吸附比的

微咸水离子浓度分别见表 2.25 和表 2.26，0g/L 的入渗试验采用蒸馏水。

表 2.25　不同矿化度的微咸水离子组成

矿化度/(g/L)	微咸水离子组成/%					
	HCO_3^-	Cl^-	SO_4^{2-}	Ca^{2+}	Mg^{2+}	Na^+
1.234	0.427	0.503	0.110	0.024	0.046	0.343
2.289	0.342	0.567	0.672	0.036	0.119	0.552
2.996	0.696	0.666	0.730	0.096	0.141	0.667
3.512	0.207	1.361	0.596	0.261	0.182	0.685
4.307	0.531	1.503	0.913	0.301	0.233	0.826

表 2.26　不同钠吸附比的微咸水离子浓度

SAR /(mmol/L)$^{0.5}$	微咸水离子浓度						
	$[HCO_3^-]$ /(mmol/L)	$[Cl^-]$ /(mmol/L)	$[SO_4^{2-}]$ /(mmol/L)	$[Ca^{2+}]$ /(mmol/L)	$[Mg^{2+}]$ /(mmol/L)	$[Na^++K^+]$ /(mmol/L)	总盐 /(g/L)
4.90	5.94	23.13	18.99	6.84	17.19	24.03	2.99
8.15	8.20	31.37	7.80	4.00	11.40	31.97	2.94
12.56	7.25	36.47	4.80	2.60	7.00	38.92	3.00
19.58	1.32	45.00	4.22	1.52	3.82	45.20	3.00
28.46	1.79	45.78	2.84	0.48	2.32	47.61	3.00

2.2.5.1　微咸水矿化度对入渗特征的影响

1. 微咸水矿化度对累积入渗量的影响

图 2.37 为各种矿化度的水入渗条件下，风干土（含水率为 2.25%）的累积入渗量随时间的变化曲线。由图 2.37 可知，在垂直一维入渗过程中，随着入渗时间增加，湿润锋逐渐下移，进入土体的水分逐渐增加，即累积入渗量随时间逐渐增加。但在同一入渗时间，不同矿化度的微咸水累积入渗量不同。在控制湿润锋均为 45cm 的情况下，当土壤初始含水率为 2.25%，蒸馏水的入渗历时最长。对于微咸水入渗而言，钠吸附比均为 8.08(mmol/L)$^{0.5}$ 时，入渗水矿化度低于 2.996g/L 时，在相同时间内累计入渗量随矿化度的增大而增大；当矿化度大于 2.996g/L 时，入渗能力反而随矿化度的升高而下降，即当矿化度为 2.996g/L 时，累积入渗量达到最大，土壤入渗能力出现拐点。造成这一现象的主要原因是随着土壤溶液中盐分浓度的增大，扩散双电子层向黏粒表面压缩，土壤颗粒之间的排斥力降低，进而增强了土壤胶体的絮凝作用，有助于形成团粒结构，使得土壤导水能力增加，蒸馏水的入渗能力最小，达到 45cm 湿润锋的入渗历时为 2.996g/L 入渗历时的 1.36 倍，虽然入渗水的钠吸附比相同，但随着矿化度的增加，进入土壤中的钠离子总量也增加，而钠离子会引起土壤颗粒分散和黏粒膨胀，破坏土壤团聚体结构，导

致土壤入渗能力增加幅度变缓。许多学者关于钠离子对土壤透气性、渗透能力及水力传导率的影响进行了研究，但目前关于钠离子如何对土壤结构造成影响知之甚少。

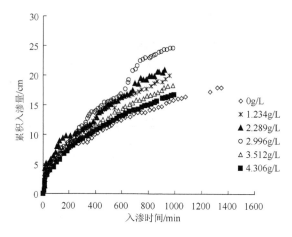

图 2.37　不同矿化度微咸水累积入渗量随入渗时间的变化过程

2. 微咸水矿化度对湿润锋的影响

图 2.38 显示了不同矿化度条件下湿润锋随时间的变化曲线。与累积入渗量的变化趋势相似，当其他条件相同时，入渗水矿化度小于 2.996g/L 时，湿润锋垂直向下的推进速度随着入渗水矿化度的升高而增大，但在入渗水矿化度大于 2.996g/L 时，随着矿化度的继续增大，湿润锋垂直向下的推进速度反而下降。比较湿润锋达到 45cm 的所需时间，矿化度为 0～2.996g/L 时，入渗时间随着矿化度的升高而缩短，而矿化度高于 2.996g/L 时，入渗时间又随着矿化度的升高而增加，即湿润锋推进速度随着矿化度的升高呈现先增后减的趋势。

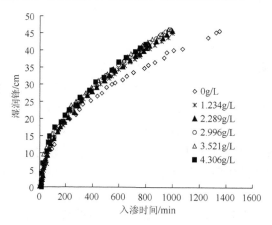

图 2.38　不同矿化度的微咸水入渗湿润锋随入渗时间的变化过程

3. 微咸水矿化度对入渗率的影响

图 2.39 为垂直一维入渗过程中入渗率随时间的变化过程。由图可以看出，不同矿化度的入渗率随时间变化的曲线呈相同变化趋势，曲线从开始入渗后在很短的时间内由陡峭变为平缓，即土壤入渗率随时间的增大逐渐趋近于某一定值（稳定入渗率）。无论在入渗率急剧减小阶段，还是在稳定入渗阶段，对应同一时间，当入渗水矿化度小于 2.996g/L 时，土壤入渗率随矿化度的升高而增加，在 2.996g/L 时入渗率最大，之后随着入渗水矿化度的升高土壤的入渗率减小，在所有入渗试验中，蒸馏水（0g/L）的入渗率最低。入渗率的这一变化规律，反映了入渗水质不仅改变了土壤水分的特性，还改变了土壤的结构特性。

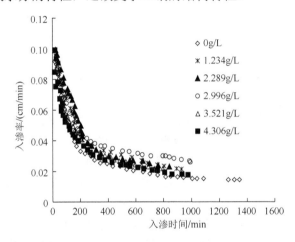

图 2.39　不同矿化度微咸水入渗率随入渗时间的变化

4. 微咸水矿化度对土壤含水量剖面的影响

图 2.40 显示了垂直一维入渗过程中，不同矿化度的微咸水垂直一维入渗后土壤的质量含水率剖面。由图 2.40 可以看出，在土柱表层，由于积水的存在，土壤含水率基本为饱和含水率，随着湿润锋向下推进，土壤含水率呈陡峭的下降趋势，在湿润锋处达到最小值。从土壤 5～40cm 的传导区和湿润区看出，随着矿化度的升高，同一深度的土层含水率呈现增大的趋势，矿化度为 2.996g/L 的微咸水土壤含水率在该层最大，矿化度进一步增大到 3.512g/L 和 4.306g/L 时土壤含水率并未有增大现象，反而略有减小，这与前面矿化度与累积入渗量之间关系的分析结果相一致，即相同湿润锋深度，随着入渗水矿化度的升高，累积入渗量增加，同一土层土壤含水率也增加，但矿化度大于 2.996g/L 后，土壤含水率变化不大。该结果表明微咸水入渗能够改变土壤结构，并增强土壤导水能力和持水能力，但随着进入土壤中的钠离子数量增加，土壤的导水能力和持水能力并非由矿化度一个因素决定，而是由入渗水矿化度和钠离子数量两个方面共同决定。

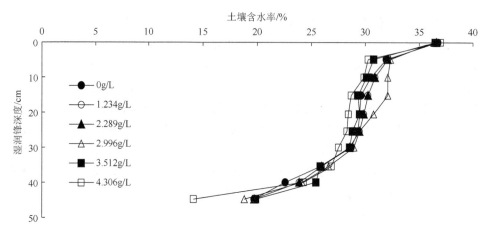

图 2.40　土壤含水率剖面随矿化度的变化

5. 微咸水矿化度对土壤剖面盐分和脱盐深度的影响

在微咸水入渗条件下，除了蒸馏水之外，其他入渗水中本身就含有一定的盐分，这必然会给土壤带来额外的盐分累积，其盐分运移必然会有不同于淡水入渗的某些特征。一方面，随着入渗微咸水矿化度的增加，土壤整体盐分也随之增加，但另一方面，由于水分的淋洗作用，整个土壤湿润体分为脱盐区域和积盐区域两部分。在微咸水灌溉的实际应用中，最重要的不仅是土壤剖面整体盐分增加了多少，还应了解作物根区内的土壤盐分是否超过作物的耐受能力，并研究入渗水矿化度需要控制在什么程度才能既保持根区活动层不发生盐分累积，又不会使土壤剖面上盐分累积过多导致土壤次生盐渍化。本书通过不同矿化度入渗水的垂直一维积水入渗，分析了土壤垂直方向的盐分分布特征以及脱盐深度与矿化度的相互关系，结果如图 2.41 所示。不论是淡水还是微咸水造墒、灌溉，都会给土壤带入一定的盐分，从而提高土壤含盐量，但如果盐分累积深度在根区以外的范围，则对作物生长的影响较小，因此盐分在土壤中的分布状况对于作物的生长非常重要。由图 2.41（a）可知，入渗结束后，土壤含盐量曲线随着土层深度的增加呈先小后大的变化趋势，同一深度处的含盐量与入渗水矿化度呈明显的正相关关系。入渗过程就是土壤盐分离子随着水分的运动不断迁移的过程，将从土柱表面至土壤含盐量低于土壤初始含盐量的区域深度称之为脱盐区深度，图 2.41（b）为入渗水矿化度与土壤脱盐深度的关系。总的来说，土壤含盐量在 0～5cm 的土壤表层较小，土层中部（5～35cm）随着矿化度增加略有增加但增幅较小，在湿润锋处含盐量急剧增加，并达到剖面最大值；其中蒸馏水的脱盐深度最大，除了湿润锋之外的区域均得到淋洗脱盐；随着矿化度由 1.234g/L 升高到 2.996g/L，入渗结束后剖面含盐量逐渐增大，脱盐区域逐渐缩小，但矿化度低于 2.996g/L 时脱盐深度的变化由图 2.41（b）可以看出并不明显，矿化度为 0～2.996g/L 时，脱盐区深度为 35～

43cm，变化幅度为 18.60%；当矿化度由 2.996g/L 增大到 3.512g/L 时，脱盐区深度有较大变化，向上移动到 10cm 处，变化幅度为 71.43%，整个土柱湿润区域积盐区占据优势，积盐区域深度为脱盐区域深度的 3.5 倍，当矿化度进一步增大到 4.306g/L 时，对应的脱盐区深度为 5cm，即整个土柱剖面几乎全部积盐，可以说该矿化度的微咸水对于土壤盐分淋洗作用很小。土壤含盐量和脱盐深度随入渗水质的这种显著变化表明，每一种作物因其对土壤盐分的耐受能力而存在一个适于灌溉的微咸水矿化度的上限，控制好灌溉水的矿化度对于作物的正常生长至关重要。

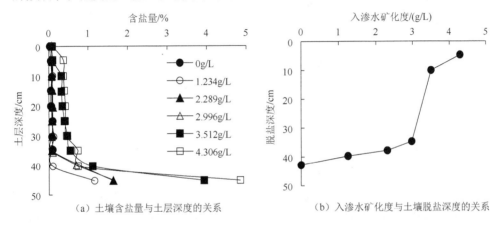

（a）土壤含盐量与土层深度的关系　　　　（b）入渗水矿化度与土壤脱盐深度的关系

图 2.41 不同入渗水矿化度下土壤含盐量与土层深度关系以及脱盐深度与矿化度的关系

2.2.5.2 钠吸附比对土壤入渗特性的影响

1. 钠吸附比对累积入渗量和湿润锋的影响

图 2.42 显示了相同矿化度、不同钠吸附比的微咸水入渗时，累积入渗量和湿润锋随入渗时间的变化过程。由图 2.42（a）可知，在入渗水矿化度均为 3g/L，钠吸附比分别为 4.90（mmol/L）$^{0.5}$、8.15（mmol/L）$^{0.5}$、12.56（mmol/L）$^{0.5}$、19.58（mmol/L）$^{0.5}$ 以及 28.46（mmol/L）$^{0.5}$ 的条件下，相同入渗时间内累积入渗量的变化规律为：4.90（mmol/L）$^{0.5}$＞8.15（mmol/L）$^{0.5}$＞12.56（mmol/L）$^{0.5}$＞19.58（mmol/L）$^{0.5}$＞28.46（mmol/L）$^{0.5}$。即随着入渗水钠吸附比的升高，相同入渗时间内累积入渗量减少，达到相同累积入渗量所用入渗时间随入渗水钠吸附比的增加而增大。在入渗水矿化度相同的条件下，钠吸附比的增加意味着水中 Na^+ 数量增加，由入渗水带入土壤中的 Na^+ 数量也随之增加，导致水分下渗困难。由于入渗水的钠吸附比越高，对土壤的团粒结构的破坏越严重，使土壤通透性变差，导水能力降低。图 2.42（b）为湿润锋随入渗时间的变化规律，由图可知，相同入渗时间内 SAR=4.90（mmol/L）$^{0.5}$ 的湿润锋推进距最大，SAR=28.46（mmol/L）$^{0.5}$ 的湿润锋推进距离最小，即湿润锋推进距离随钠吸附比的升高而减小。这是因为供试土样的钠吸附比为 7.25（mmol/L）$^{0.5}$，当入渗水钠吸附比低于该值时，微咸水入渗对土壤导水能力

无显著影响,而当入渗水的钠吸附比高于该值时则会引起土壤导水能力下降,并导致土壤向钠质化方向发展。

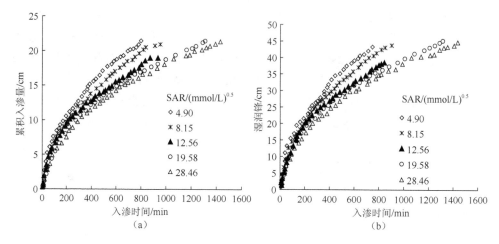

图 2.42 不同钠吸附比条件下累积入渗量和湿润锋随入渗时间的变化

2. 钠吸附比与土壤含盐量的关系

图 2.43 显示了矿化度为 3g/L 时 5 种不同钠吸附比的微咸水入渗后土壤剖面的含盐量变化情况。由图 2.43 可知,从整个剖面来看,在入渗水矿化度均为 3g/L、钠吸附比不同的情况下,0～5cm 表层含盐量比 5～35cm 略有升高,湿润锋附近含盐量达到最大值;随着入渗水钠吸附比的增加,整个湿润剖面上除了湿润锋处,其他各层含盐量随钠吸附比的变化不明显,该结果说明矿化度是土壤含盐量的主要影响因子,钠吸附比对非湿润锋处的土壤含盐量的影响较小;由 2.2.5.1 小节分析可知,尽管微咸水入渗能淋洗土壤上部盐分,但会导致土壤下层的盐分增加,

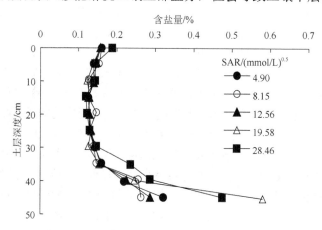

图 2.43 不同钠吸附比的微咸水入渗后土壤剖面的含盐量

且盐分的累积主要发生在 40cm 以下土层中，特别是湿润锋处盐分聚积明显，因此利用上述微咸水灌水时如果控制入渗水矿化度不超过 3g/L 不会导致主根区的积盐现象。结合前述分析，如果长期使用钠吸附比过高的微咸水灌溉，会导致土壤孔隙结构变化从而使土壤导水能力下降，最终使土壤向碱化的方向发展。因此，如果要保持土壤的可持续性利用，必须同时控制微咸水的矿化度和钠吸附比，达到保证作物水分需求的目的同时避免土壤发生次生盐渍化。

3. 微咸水钠吸附比对土壤中 Na^+、Mg^{2+}、Ca^{2+} 浓度的影响

矿化度为 3g/L 的不同钠吸附比的微咸水中 Na^+、Mg^{2+} 和 Ca^{2+} 浓度不同，因此有必要分析入渗后土壤湿润剖面的 Na^+、Mg^{2+} 和 Ca^{2+} 浓度的变化。土壤中 Ca^{2+} 和 Mg^{2+} 可以增加土壤通气透水，改善容水性能，有利于作物生长；而交换性钠则相反，Na^+ 含量过高可以引起土壤分散和膨胀，使土壤性质退化，出现表层土壤板结，通透性差，不利于作物出苗和生长。由交换性钠所引起大孔隙的微小变化，对土壤的渗透性产生很大影响[8]。不同灌溉水质对土壤物理性质影响程度不同，特别是 Na^+ 含量较高的水灌溉后可能造成土壤碱化[9]。

图 2.44 为不同入渗水钠吸附比条件下，入渗结束后土壤 Na^+、Mg^{2+}、Ca^{2+} 浓度的分布特征。由图可知，土壤 0~45cm 剖面中 Ca^{2+} 和 Mg^{2+} 几乎呈活塞式运动，以 30cm 为界线，整个剖面上部的 Ca^{2+} 和 Mg^{2+} 含量都低于土壤初始 Ca^{2+} 和 Mg^{2+} 含量，下部则高于初始值，Na^+ 的运移规律则与此相反，除了 SAR=4.90（mmol/L）$^{0.5}$ 的处理之外，整个剖面的 Na^+ 含量都高于土壤初始值，钠离子和钙镁离子在整个剖面上表现出此消彼长的同步变化。在土壤表层（0~15cm），由于入渗水中的 Na^+ 置换出了土壤胶体上的 $Ca^{2+}+Mg^{2+}$，从而使表层土壤中 Na^+ 浓度增加，$Ca^{2+}+Mg^{2+}$ 含量有所降低，出现了 Na^+ 的表聚现象；在土壤中层（15~30cm），Na^+ 和 $Ca^{2+}+Mg^{2+}$ 都相对稳定，出现了一个相对稳定的区域，该区域 Na^+ 含量高于土壤初始离子含量，而 $Ca^{2+}+Mg^{2+}$ 含量却低于土壤初始离子含量，钠离子仍然占优势。土壤中这两种离子含量在土壤中此消彼长的同步变化表明在土壤胶体中发生了离子交换。而在 30cm 以下土壤到湿润锋的范围内，微咸水带入土壤的 Na^+ 和 $Ca^{2+}+Mg^{2+}$ 经过上层土壤的淋洗累积到湿润锋附近，Na^+ 和 $Ca^{2+}+Mg^{2+}$ 含量均高于初始值，湿润锋附近发生了积盐现象。具体分析整个剖面上的 Na^+ 浓度可以看出，微咸水钠吸附比越高，剖面同一深度处土壤中 Na^+ 越大，相反 $Ca^{2+}+Mg^{2+}$ 浓度在该层随着被置换而降低，从离子浓度的增减幅度可以看出，在 0~15cm 深度处离子浓度较初始值的变化幅度最大，说明在该层离子置换强度较大，随着土壤深度增大，则置换强度逐渐减小，说明钠吸附比较高的微咸水入渗后对土壤表层的 Na^+ 和 $Ca^{2+}+Mg^{2+}$ 浓度影响较大，钠吸附比为 4.9（mmol/L）$^{0.5}$ 的微咸水入渗后钠离子在整个剖面的平均浓度为初始值的 98.58%，说明该水质的微咸水对钠离子有淋洗作用，而钠吸附比为 8.15（mmol/L）$^{0.5}$ 及以上的微咸水钠离子浓度分别为初始值

的 121.38%、152.90%、176.99%和 193.39%，当钠吸附比达到 28.46（mmol/L）$^{0.5}$ 时，钠离子在整个剖面的浓度几乎达到了初始值的 2 倍，离子浓度的这种变化导致土壤入渗特性的变化和透水性及透气性的变化，最终导致土壤理化性质的恶化。

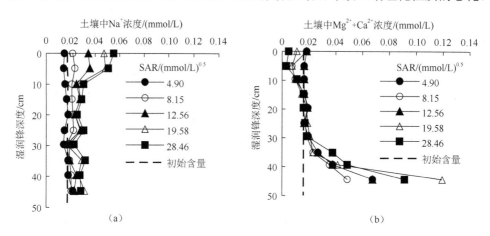

图 2.44　不同入渗水钠吸附比条件下入渗结束后土壤中 Na$^+$、Mg^{2+}、Ca^{2+}浓度的分布特征

2.2.6　微咸水入渗数学模型

2.2.6.1　Green-Ampt 模型

根据式（2.29）和式（2.30）对试验数据进行了分析处理，得出了不同矿化度条件下 k_s 和 S_f 的数值，如表 2.27 所示。由表 2.27 可以看出，随着入渗水矿化度的增加，土壤饱和导水率 k_s 先随着矿化度的增加而呈增大趋势，在矿化度为 2.996g/L 时 k_s 值达到最大，之后随着矿化度的增加，k_s 值反而下降，即在矿化度为 2.996g/L 时入渗能力有突变现象。而概化湿润锋处平均吸力 S_f 随矿化度的变化没有明显规律。因此，微咸水入渗过程显著改变了土壤饱和导水率，也改变了基质势和重力作用关系,利用 Green-Ampt 描述微咸水的入渗过程应考虑矿化度对模型参数的影响。

表 2.27　Green-Ampt 模型对不同矿化度处理的 k_s 和 S_f 数值

参数	矿化度/(g/L)					
	0	1.234	2.289	2.996	3.512	4.306
k_s/(cm/min)	0.0044	0.0048	0.0067	0.0076	0.0070	0.0058
S_f/cm	82.81	123.00	95.94	93.55	92.28	95.83
R^2	0.9814	0.9712	0.9145	0.9806	0.9991	0.9980

为了验证模型的适用性和精度，将表 2.27 中的参数代入式（2.29）所计算的累积入渗量理论值与实测值相比较，结果如表 2.28 所示。由表 2.28 的比较结果可

以看出，由 Green-Ampt 模型计算的累积入渗量的理论值和实测值之间误差范围为
0.19%～3.27%，其中蒸馏水入渗过程的误差最小，4.306g/L 的微咸水入渗时误差
最大，从误差大小来看，Green-Ampt 模型对于入渗过程的计算较为精确；从误差
的绝对值大小来看，当矿化度≤2.996g/L 时，理论值和实测值的误差较小，最高
误差为 2.45%，当矿化度>2.996g/L 时，误差的绝对值逐渐增大，说明 Green-Ampt
对淡水入渗的模拟精度高于微咸水，随着矿化度的升高，入渗水中的盐基离子对
土壤结构的改变使土壤的入渗能力发生改变，成为导致 Green-Ampt 模型误差增大
的主要原因，尽管如此，仍然可以认为 Green-Ampt 模型可以较为精确地描述微咸
水的入渗过程。

表 2.28　累积入渗量 Green-Ampt 模型理论值和实测值对比

项目	矿化度/(g/L)					
	0	1.234	2.289	2.996	3.512	4.306
I_t/I_a	1.0019	1.0143	0.9865	0.9755	0.9706	0.9673
误差/%	0.19	1.43	1.35	2.45	2.94	3.27

注：表中 I_t 为累积入渗量理论值，I_a 为累积入渗量实测值。

2.2.6.2　一维代数模型

1. 不同矿化度微咸水入渗

根据式（2.46）中 I 和 z_f 之间是线性关系，并且模型中只有一个参数即综合
形状系数 α，可由试验资料得到 α 值。将试验数据代入式（2.46），可得不同矿化
度微咸水入渗条件下累积入渗量公式中所包含的系数 α 值，结果如表 2.29 所示。
由表 2.29 可以看出，不考虑蒸馏水入渗，微咸水入渗情况下，形状系数 α 总体表
现随着入渗水矿化度的变化先增加后逐步趋于稳定，但二者相关系数比较高，说
明一维代数模型式（2.47）可以较好地反映微咸水的入渗特性。为了进一步比较
分析代数模型描述微咸水入渗过程的准确性，可利用一维代数模型所提供的土壤
含水量模型计算出土壤含水量的分布。将表 2.29 中的系数 α 分别代入式（2.47），
可计算出土柱剖面土壤含水量，同时将实测值也点绘在图上，结果如图 2.45 所示。
由图 2.45 可知，土壤实测含水量随着土层深度的增加逐渐减小，含水量剖面由陡
变缓，最后接近土壤初始含水量。不同矿化度微咸水入渗条件下，表层土壤含水
量基本达到饱和，随着土层深度的增加，土壤含水量的一维代数模型理论值和实
测值显现出差别。一维代数模型计算的土壤含水量理论值与实测值比较接近，但
在土壤表层处的含水量理论值均小于实测值，这与试验结束后取土时没有沥干积
水有一定关系，同时可能微咸水会改变土壤孔隙状况，不利于水分向深层渗透，
因此影响土壤表层含水量。对于矿化度 2.996g/L 以上的微咸水入渗，土层深度为
30cm 以下的土壤含水量实测值均大于理论值，这可能是因为一维代数模型是对于

淡水入渗的情况而言的，因为微咸水其中所含有的盐分离子导致了土壤结构的改变，增加了土壤的入渗能力和持水能力，所以一维代数模型在应用于较高矿化度的微咸水入渗时就会出现理论值比实测值偏小的现象。

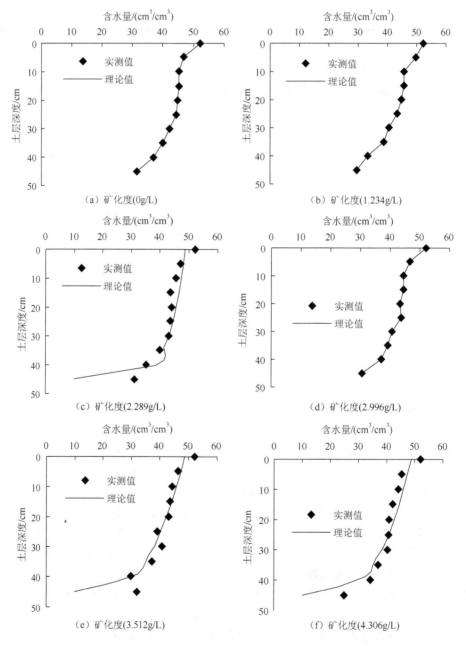

图 2.45　不同矿化度微咸水试验的剖面含水率一维代数模型计算值和实测值对比

表 2.29　一维代数入渗模型拟合的不同矿化度处理的 α 值及 R^2

参数	矿化度/(g/L)					
	0	1.234	2.289	2.996	3.512	4.306
α	0.1896	0.1177	0.1360	0.2720	0.2851	0.2850
R^2	0.9437	0.9765	0.9877	0.9623	0.9548	0.9379

为了评价模型的准确性，对一维代数模型对于入渗后土壤含水率的计算值和实测值之间进行对比，分析不同矿化度处理的误差。从表 2.30 的分析结果可以看出，对不同矿化度的水分入渗过程进行分析时，一维代数模型所造成的误差是不同的，随着矿化度的升高，含水率的计算值和实测值误差趋于增大，尤其是矿化度增大到 3.512g/L 和 4.306g/L 时，误差分别达到 15.27%和 16.58%，比蒸馏水的入渗误差高 88.52%~104.66%，因此在一维代数模型时对于矿化度较高的微咸水入渗过程进行模拟的时候必须对参数进行一定的修正，否则会造成误差偏大的问题。

表 2.30　一维代数模型关于不同矿化度处理下入渗后土壤含水率的计算值与实测值的误差

矿化度/(g/L)	0	1.234	2.289	2.996	3.512	4.306
含水率误差/%	8.10	8.30	8.80	9.90	15.27	16.58

利用式（2.42）计算出土壤饱和导水率 k_s，并根据斜率计算出土壤吸力分布系数 β 的值。计算结果列在表 2.31 中。由表可知，土壤饱和导水率 k_s 在矿化度低于 2.996g/L 时随着入渗水矿化度的增加而增加，而当矿化度高于 2.996g/L 时，呈递减趋势，土壤吸力分布系数 β 也呈相同变化趋势。这与图 2.37 中所示的矿化度为 2.996g/L 时，相同时间内累积入渗量最大的试验结果是一致的。说明一维代数模型对于微咸水的入渗过程描述是准确的。

表 2.31　一维代数入渗模型拟合的不同矿化度处理的饱和导水率值和
土壤吸力分布系数值

参数	矿化度/(g/L)					
	0	1.234	2.289	2.996	3.512	4.306
k_s/(cm/min)	0.0051	0.0054	0.0059	0.0083	0.0082	0.0062
β	0.0019	0.0022	0.003	0.0048	0.0042	0.0026
R^2	0.9307	0.9764	0.9933	0.9889	0.9817	0.9967

依据式（2.46）对一维代数模型计算的累积入渗量与实测值之间的误差进行分析。由表 2.32 分析的误差结果可知，采用一维代数模型计算得到的累积入渗量与实测值比较吻合，但与 Green-Ampt 模型相比误差较大，因此可以说一维代数模型对入渗水质的要求更为严格，对入渗水中的盐分离子导致的土壤结构改变更为敏感。由式（2.42）可知，根据入渗试验得到的入渗率及相应的湿润锋可以推导

出土壤饱和导水率 k_s，而饱和导水率是研究土壤入渗过程的重要参数，因此一维代数模型有着非常重要的实际意义。

表 2.32 一维代数模型关于累积入渗量的计算值与实测值的误差

项目	矿化度/(g/L)					
	0	1.234	2.289	2.996	3.512	4.306
I_t/I_a	0.9378	0.9447	0.9472	0.9395	0.952	0.9555
累积入渗量误差/%	4.45	4.80	5.28	5.53	6.05	6.22

由一维代数入渗模型与 Green-Ampt 模型可以看出，两模型都包含共同参数 k_s 值，从理论上讲，两公式所得到的参数应该相同，但由于各模型假定不同，往往造成所得的参数数值上存在差别。由表 2.33 所示结果可以看出，两模型所得到的 k_s 存在一定差异，两者误差为 6.45%～20%。

表 2.33 一维代数入渗模型和 Green-Ampt 模型计算的饱和导水率的比较

项目	矿化度/(g/L)					
	0	1.234	2.289	2.996	3.512	4.306
k_s-G/(cm/min)	0.0044	0.0048	0.0067	0.0076	0.0070	0.0058
k_s-A/(cm/min)	0.0051	0.0040	0.0059	0.0083	0.0082	0.0062
比值	0.8627	1.200	1.1356	0.9157	0.8536	0.9355

注：表中 k_s-G 为 Green-Ampt 模型计算出的 k_s 值，k_s-A 为一维代数入渗模型计算出的 k_s 值。

2. 不同钠吸附比微咸水入渗

利用一维代数模型对不同钠吸附比的微咸水入渗量随时间变化过程进行分析。表 2.34 显示了不同钠吸附比条件下综合形状系数 α 的值。由表可知，一维代数模型的回归系数 R^2 均高于 0.9155，表明对于 5 种钠吸附比的微咸水来说，随着微咸水钠吸附比的升高，综合形状系数 α 随钠吸附比的增加总体上呈现先增加后减少的变化规律。

表 2.34 一维代数模型对不同钠吸附比处理的拟合参数

SAR/(mmol/L)$^{0.5}$	4.90	8.15	12.56	19.58	28.46
α	0.2982	0.5562	0.6325	0.4258	0.4847
R^2	0.9155	0.9520	0.9192	0.9288	0.9354

利用式（2.47）可以得出剖面含水量分布。由图 2.46 可知，一维代数模型计算的土壤含水量理论值与实测结果比较吻合，但在土壤表层 0～5cm 和 30～45cm 深度则大部分存在实测值小于理论值的情况，表层实测值低于理论值可能有两方面原因，一是试验结束后表层积水没有完全沥干而导致表层含水量偏大，属于试验误差；二是微咸水入渗与淡水入渗的差别所导致，由于一维代数模型是针对淡

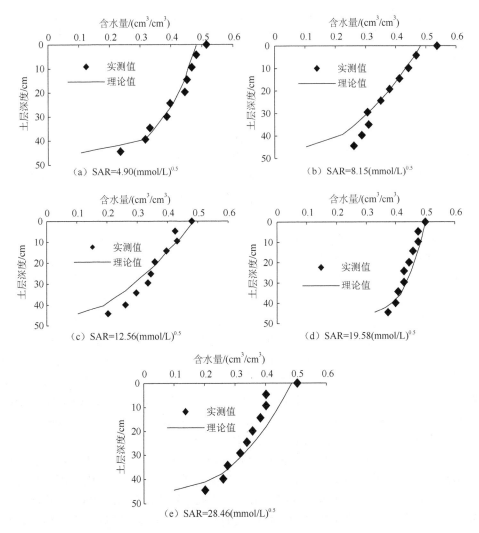

图 2.46 不同钠吸附比微咸水试验的剖面含水量一维代数模型计算值和实测值对比

水入渗的模型，对于微咸水入渗后导致的土壤团聚体和黏粒膨胀所引发的孔隙度减小等方面问题没有考虑，微咸水入渗的这种特点会改变土壤孔隙状况，不利于水分向深层渗透，即表现为土壤表层含水量偏大。对于不同的钠吸附比，土壤含水量理论值与实测值有不同的变化规律，除了表层含水量偏大以外，SAR 为 4.90 $(mmol/L)^{0.5}$ 和 8.15 $(mmol/L)^{0.5}$ 的处理，土壤含水量在 10~30cm 深度比理论值偏大，SAR 为 19.58 $(mmol/L)^{0.5}$ 和 28.46 $(mmol/L)^{0.5}$ 的微咸水该层含水量比理论值偏小，主要原因可能是微咸水入渗后土壤盐分浓度的提高有利于促进土壤颗粒的絮凝，增加其团聚性，使土壤渗透性增强。但是，随着入渗水钠吸附比的升高，虽然土壤含盐量增加不明显，但土壤溶液中的钠离子数量增多引起土壤颗粒收缩、胶体颗粒的分散和膨胀，最终影响土壤的渗透性。这些因素都是一维代数模型产生误差的原因，但总的来说该模型可以较为准确地描述土壤含水量的分布情况。

2.3　潜水蒸发条件下土壤水盐运移特征

　　为了分析干旱地区潜水蒸发规律，选用新疆地区水利厅昌吉潜水均衡观测实验站和叶尔羌河流域地下水均衡观测试验站观测资料，进行潜水蒸发影响因素及主要变化特征分析。新疆水利厅昌吉潜水均衡观测实验站和叶尔羌河流域地下水均衡观测试验站分别位于新疆的北疆准噶尔盆地南缘和南疆塔里木盆地西北缘，其潜水蒸发试验资料基本上可代表南疆和北疆的情况。本书选用的昌吉潜水均衡观测实验站和叶尔羌河潜水均衡观测实验站的潜水蒸发试验数据。

　　新疆水利厅昌吉潜水均衡观测实验站（以下简称昌吉站）位于昌吉地区水利厅水利土壤改良试验农场内，地处天山北麓准噶尔盆地南缘。场区为典型的北温带大陆性干旱气候，多年平均气温在 4.9～6.2℃，多年平均降水量为 125mm，多年平均蒸发量为 2170mm（20cm 蒸发皿计），蒸降比约为 17。该站的建立主要是针对天山北麓准噶尔盆地南缘一带的农业区条件设置的。该观测站的试验土样选用了六种，其中四种是从天山北坡昌吉、石河子、精河、奇台四个县（市）农业区采集的代表性土样；另外两种是粗颗粒试样，一组为粗砂，一组为砾石。试验设计的潜水埋深分别为 0m、0.25m、0.50m、0.75m、1.00m、1.50m、2.00m、2.50m、3.00m、3.50m、4.50m 和 5.50m，共 12 个深度。试验站建成于 1984 年初，本书选取了 1985～1990 年 6 年的试验观测资料。

　　叶尔羌河流域地下水均衡观测试验站（以下简称叶河站）位于新疆喀什地区莎车县，地处塔里木盆地的西北缘。该地区具有典型的南疆（天山以南）自然、气候条件，多年平均降水量为 44.7mm，多年平均蒸发量为 2644.8mm，蒸降比为50～70。试验土样选用了六种南疆地区具有代表性的土壤，即砂卵石、粉砂、粉砂土、砂壤土、轻壤土、中壤土。试验设计的潜水埋深分别为 0.25m、0.50m、0.75m、1.00m、1.50m、2.00m、2.50m、3.50m 和 4.00m，共 9 个深度。该站于 1993 年底建成，1994 年 4 月正式观测，本书选取了 1994～1997 年的 4 年试验观测资料。

2.3.1　潜水蒸发特征分析

2.3.1.1　水面蒸发特点分析

　　水面蒸发量综合反映大气蒸发能力，与太阳辐射、温度、湿度、风速和气压等因素有关，当然也与水面大小、水质和水深等因素有关。但在水体性质一定的情况下，水面蒸发主要取决于气象因素。对于干旱地区，空气湿度、气压和风速等因素一般足以满足水分向大气运动的所需条件，因此决定水面蒸发的主要因素应该是太阳辐射和气温，而太阳辐射强度同样与气温有关。由此看来，气温是影响干旱区水面蒸发的决定因素。以昌吉试验站 1985～1990 年 4～10 月实测资料进行分析。图 2.47 显示了 6 年月积温与月水面蒸发量之间的关系。由图可以看出，总体显示了月水面蒸发量（E_0）随月积温（T_0）呈现增加趋势。用幂函数进行拟合，结果为 $E_q=0.416T_0^{0.9944}$，而指数近似为 1，显示月水面蒸发量与月积温具有近似线性变化特征。一些研究表明蒸发量与特征温度间存在 0.5 次方关系。下面结合这种思路，利用月积温对月水面蒸发量进行处理，具体公式为

$$E_q = E_{min} + a\left[\frac{(T_0 - T_{0min})}{(T_0 + T_{0min})}\right]^{0.5} \tag{2.60}$$

式中，E_{min} 为最小月蒸发量（mm）；T_{0min} 为最小月积温（℃）。令 $E_1=E-E_{min}$，$T_{01}=[(T_0-T_{0min})/(T_0+T_{0min})]^{0.5}$，点汇 E_1 与 T_{01} 间关系见图 2.48，由图可以看出，E_1 与 T_{01} 间存在明显线性关系。利用线性函数拟合，结果 $E_1=0.3448T_{01}$。为进一步分析积温与蒸发量间关系，分析 6 年同一月平均积温（T_1）与平均月水面蒸发量（E_1）间关系，结果见图 2.49。由图可以看出，平均月积温与平均月水面蒸发量间存在显著的线性关系，线性关系为：$E_1= 0.4097T_1$。由此可以看出，对于干旱地区利用月积温可以反映水面蒸发的基本特征，也说明气温是决定水面蒸发的主要因素。

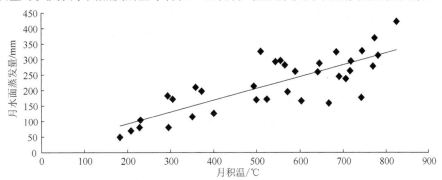

图 2.47　月积温与月水面蒸发量关系

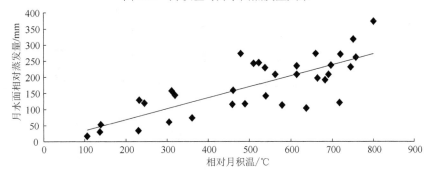

图 2.48　相对月积温与相对月水面蒸发量关系

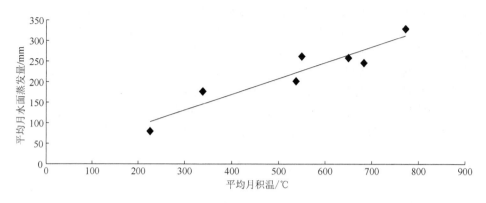

图 2.49　平均月积温与平均月水面蒸发量关系

2.3.1.2　气象因素对潜水蒸发的影响

在一定潜水埋深和土壤质地情况下，气象因素直接影响着潜水蒸发（气象因素包括气温、地温、气压、降水、日照、风速和风向等）。

1. 土壤温度对潜水蒸发的影响

潜水蒸发受到土壤导水能力和大气蒸发能力共同作用，对于干旱地区而言，一般大气蒸发能力比较强，潜水蒸发主要受到土壤供水能力的限制。图 2.50 显示了昌吉站粉壤土 1985～1990 年 6 年的日均潜水蒸发强度。从不同潜水埋深下的平均潜水蒸发过程可看出，6 月、7 月和 8 月的潜水蒸发强度为年内高峰期，春季和秋季蒸发较弱。大气蒸发能力与不同埋深潜水蒸发能力变化趋势基本相同，只是数值上存在差异。随着地下水埋深的增加，潜水蒸发量呈现降低的趋势。潜水蒸发值小于水面蒸发值，且与水面蒸发值有相关性。

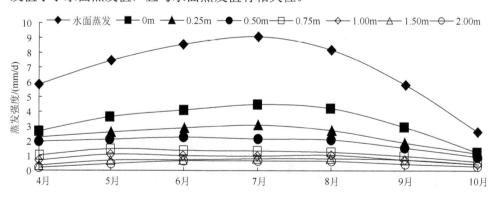

图 2.50　昌吉站粉壤土 6 年的日均潜水蒸发强度随时间的变化过程

当地下水埋深为 0m 时，由于水分存在于土壤孔隙和湿润的土体中，其蒸发面与水面蒸发存在差异，同时水分和土壤热容量也不同，必然导致水面蒸发与土面蒸发存在差异，而埋深为 0m 时可以总体反映土面蒸发与水面蒸发的主要差异特性。下面以水面蒸发为基础，分析土面蒸发与水面蒸发的关系。图 2.51 显示了昌吉站粉壤土 1985～1990 年 6 年的月均 0m 埋深情况下土面蒸发量（E_{s0}）与水面蒸发量（E_0）间关系。从图中可以看出，总体存在显著线性关系。

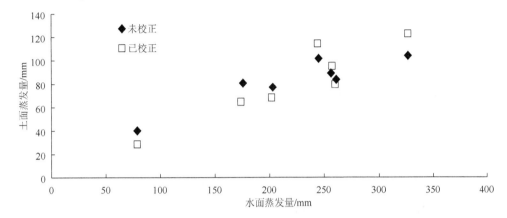

图 2.51　昌吉站粉壤土 6 年的水面蒸发量与埋深为 0 时土面蒸发量关系

利用线性函数进行拟合得到

$$E_{s0} = 0.3603E_0 \qquad R^2 = 0.64 \qquad (2.61)$$

由式（2.61）可以看出，相关系数仅为 0.64。由前面分析可知，土壤供水能力与土壤饱和导水率有关，而饱和导水率与水分运动黏滞系数有关。水分运动黏滞系数是温度的函数，为了消除温度对导水能力的影响，利用式（2.62）对导水能力进行校正。根据毛管束理论和 Hagen-Poiseuille 公式，导水率可表示为

$$k_s = \frac{P_1 e^2}{2ugh_d^2} \qquad (2.62)$$

式中，e 为表面张力（N/m）；u 为水运动黏滞系数（m²/s）；g 为重力加速度（m/s²）；P_1 为土壤连通性的参数。而水运动黏滞系数与温度有关，可以表示为

$$u = \frac{0.01995}{1 + 0.0337T + 0.0000221T^2} \qquad (2.63)$$

式中，T 为温度（℃）。

蒸发强度与饱和导水率成正比，因此输水能力与温度有关，按照式（2.62）对土面蒸发量进行校正，以消除温度对输水能力的影响。为了便于比较，以 25℃时的水运动黏滞系数为标准，对其他温度下的土面蒸发量进行计算，并将计算结果绘在图上，利用线性函数进行拟合，结果如下

$$E_{s01} = 0.3699E_0 \qquad R^2 = 0.86 \qquad (2.64)$$

由相关系数可以看出，通过校正导水率温度，土面蒸发量与水面蒸发量间关

系的相关系数显著提高，说明进行相关温度校正有利于消除温度对输水能力的影响。

图 2.52 显示了月土壤积温与埋深为 0m 时土面蒸发量间的关系。

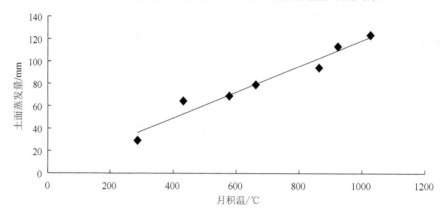

图 2.52　埋深为 0 时土面蒸发量与土壤月积温关系

由图 2.52 可以看出，月土壤积温（T_1）与土面蒸发量存在显著的线性关系，对实测数据的拟合结果为

$$E_{s01} = 0.1192T_1 \qquad R^2 = 0.95 \qquad （2.65）$$

埋深为 0m 情况下，地积温与土面蒸发量存在很好的线性相关性。将不同埋深情况下校正后的土面蒸发量与地积温关系点绘于图 2.53。由图 2.53 可以看出，随着埋深的增加曲线变化愈缓。利用线性关系进行拟合，结果如下

$$
\begin{aligned}
E_{m0} &= 0.1192T_0 \\
E_{m0.25} &= 0.0891T_0 \\
E_{m0.50} &= 0.0625T_0 \\
E_{m0.75} &= 0.0513T_0 \\
E_{m1.00} &= 0.0415T_0 \qquad （2.66）\\
E_{m1.50} &= 0.0274T_0 \\
E_{m2.00} &= 0.0175T_0 \\
E_{m2.50} &= 0.0098T_0 \\
E_{m3.00} &= 0.0035T_0
\end{aligned}
$$

式中，E_m 为月土面蒸发量（mm）；下标代表埋深（m）；T_0 为月土壤积温（℃）。不同埋深相关系数都大于 0.93。说明不同埋深月土面蒸发量与月地积温存在显著线性关系。可以利用积温来分析不同埋深潜水蒸发量。

将不同埋深下潜水蒸发积温系数与埋深关系点绘在图 2.54 上。由图可以看出，系数与埋深呈现明显的指数函数关系。利用指数函数拟合系数（A）与埋深关系：$A = 0.1214e^{-1.0756H}$，两者相关系数为 0.98，说明这种关系符合潜水蒸发的基本特征。

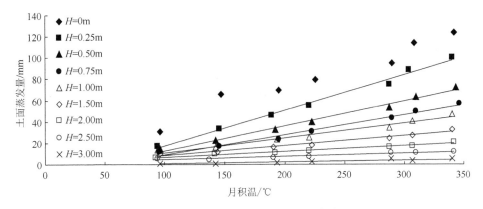

图 2.53　土面月蒸发量与月积温关系

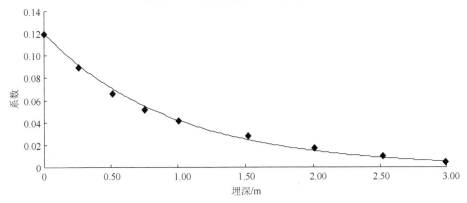

图 2.54　不同埋深下潜水蒸发积温系数与埋深关系

2. 水面蒸发强度对潜水蒸发的影响

诸多气象因子对潜水蒸发的影响综合反映在外界大气蒸发能力上，通常将水面蒸发强度 E_0 的大小表示外界大气蒸发能力[16,17]。大量的试验资料表明，表征大气蒸发强度 E_0 与潜水蒸发强度 ε 有明显的相关关系。这种相关性随着地下水埋深的由深变浅表现得更加明显与密切。表 2.35 和表 2.36 分别列出了 1985～1989 年昌吉站月平均水面蒸发量和奇台粉壤土月平均潜水蒸发量。由表 2.35 和表 2.36 对比可得，潜水蒸发值小于水面蒸发值，且与水面蒸发值有相关性，在埋深浅时这种相关性就越强，而随着埋深的增大，相关性逐渐变弱。根据表 2.35 和表 2.36 绘制的水面蒸发与潜水蒸发（不同埋深）逐月过程线图也可明显地显示这一规律（图 2.55）。

表 2.35　1985～1989 年昌吉站月平均水面蒸发量

月份	4	5	6	7	8	9	10
月平均水面蒸发量/mm	102.2	164.1	187.0	218.7	193.5	130.7	63.0

表 2.36　　1985～1989 年奇台粉壤土月平均潜水蒸发量

潜水埋深/m	月平均潜水蒸发量/mm						
	4 月	5 月	6 月	7 月	8 月	9 月	10 月
0.25	69.0	78.4	84.8	93.5	82.9	57.5	32.8
0.50	51.2	65.5	67.3	68.2	66.6	45.2	34.1
0.75	29.5	45.8	39.9	37.9	36.1	28.1	18.8
1.00	19.6	33.7	29.8	34.7	30.0	22.4	14.2
1.50	9.5	20.7	19.5	24.5	21.5	22.3	12.6
2.00	8.3	14.9	22.5	22.2	20.0	13.1	8.8
2.50	2.6	9.1	11.8	9.7	12.2	13.1	7.1
3.00	0.7	0.8	1.9	1.6	5.9	4.3	1.4

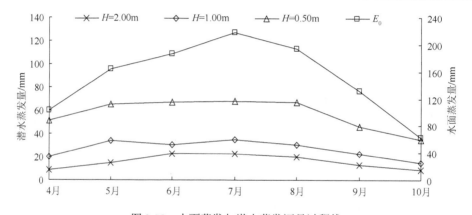

图 2.55　水面蒸发与潜水蒸发逐月过程线

为了进一步分析潜水蒸发与水面蒸发之间的关系,对叶河站 1994 年资料以旬为时段与水面蒸发进行相关分析,结果如表 2.37 所示。结果显示两者存在着明显线性相关关系。当潜水埋深浅时,相关程度密切,随着潜水埋深的增加,相关性逐步降低。这说明潜水蒸发强度 ε 的大小,不仅和水面蒸发量 E_0 有关,同时又受土壤的输水性能影响。所谓稳定的潜水蒸发,是在土壤水分剖面一定的情况下形成的,因此随着地下水的埋深由浅变深,实际的潜水蒸发强度所受到包气带土壤水分剖面的影响程度也随之加大。因此,当潜水埋深较浅时,潜水蒸发强度 ε 受土壤水分剖面的影响较小, ε 与 E_0 关系密切;当埋深较大时,潜水蒸发需经未饱和土壤运移到地表,两者在时间上会有个滞后过程,随着潜水埋深的增加,滞后影响的时间增长。据对实际观测资料的分析,一般滞后时间最大为 5 天。因此,在潜水蒸发试验资料分析中,除必须选取以 5 天为时段单元的情况外,均以旬或月为好,避免因气象因素的滞后作用而影响潜水蒸发规律性的分析。

表 2.37　潜水蒸发与水面蒸发相关系数（叶河站）

土壤质地	相关系数								
	0.25m	0.50m	0.75m	1.00m	1.50m	2.00m	2.50m	3.50m	4.00m
中壤	0.9915	0.9888	0.9229	0.8514	0.7942	0.6512	0.5451	0.4412	0.3972
轻壤	0.9930	0.9849	0.9415	0.8725	0.7645	0.7174	0.6748	0.6102	0.5472
粉壤	0.9925	0.9580	0.9187	0.8942	0.8517	0.4935	0.4514	0.4210	0.3817
粉砂土	0.9938	0.9617	0.9487	0.9242	0.8859	0.7712	0.6943	0.4722	—
粉砂	0.9993	0.9869	0.9162	0.8438	0.4735	—	—	—	—
砂卵石	0.9917	0.9872	0.9072	0.8617	0.5807	—	—	—	—

2.3.2　土壤输水特性对潜水蒸发的影响

2.3.2.1　土壤质地对潜水蒸发的影响

通过对实测资料的分析，在相同的潜水埋深情况下，土壤质地不同，土壤输水性能有很大的差异。土壤质地是土壤最基本的物理属性，它决定着土壤水分强烈上升高度及水量的通透性能，也决定着潜水蒸发速率及动态特点。不同土质的蒸发量是不相同的。表 2.38 列出昌吉站 3 种典型土样粉壤土、粗砂、砾石的日均蒸发量，表 2.39 列出叶河站 4 种典型土样中壤、轻壤、粉砂、砂卵石的日均蒸发量。

从表 2.38 及表 2.39 数据中可明显地看出，不同质地土壤其潜水蒸发特点是不同的。在水面蒸发 E_0 恒定，潜水埋深 H 接近地表时（0.50m 以上），不同土质土壤潜水蒸发量 E 较为接近；而随着潜水埋深 H 的增大，壤质土类的蒸发量比砂质土类显著要大；在潜水埋深在 2.50m 以下时，砂土类潜水蒸发量变得很微弱，而壤土类蒸发量在 3.50～4.00m 时还有一定的量值，因此壤土类停止蒸发深度 H_{max} 要比砂土类为大。此外，表 2.38 及表 2.39 表明，在一定埋深情况下，土壤质地越粗（壤土→砂土→砂卵石），潜水蒸发量越小；而有关文献也曾提出随着土壤黏性的加重（中壤→轻壤→黏土），潜水蒸发量逐渐变弱的结论[18-20]。由此可以得出初步结论：在不同质地土壤中，应该存在一种质地适中的土壤（或某一组成粒径）其潜水蒸发能力（土壤输水能力）最大。当然，对于这一结论还需进一步研究。

由表 2.38 和表 2.39 可得不同土质下，潜水蒸发量与埋深的变化图（图 2.56、图 2.57），从图中还可以看出，不同质地土壤蒸发量大小随埋深变化也有明显的不同。粗砂、砂卵石和粉砂等曲线变化较陡，在埋深接近地表时蒸发量较大，而随埋深增大蒸发量迅速降低，至 1.00～1.50m 时已变得很小；而中壤、轻壤和粉壤等壤土类曲线变化则较缓。因此，土壤质地对潜水蒸发有着重要影响，不同质地

表 2.38　不同土壤质地日均蒸发量对比表（E_0=4.75mm/d）（昌吉站）

潜水埋深/m	日均蒸发量/(mm/d)		
	粉壤土	粗砂	砾石
0.25	2.39	2.56	0.67
0.50	1.87	0.64	0.13
0.75	1.15	0.32	0.06
1.00	0.85	0.14	0.04
1.50	0.63	0.12	0.02
2.00	0.50	0.09	0.02
2.50	0.31	0.05	0.01
3.00	0.07	0.03	0.01
3.50	0.02	0.01	0.01
4.50	0.10	0	0

表 2.39　不同土壤质地日均蒸发量对比表（E_0=4.90mm/d）（叶河站）

潜水埋深/m	日均蒸发量/(mm/d)			
	中壤	轻壤	粉砂	砂卵石
0.25	3.91	4.02	4.23	4.20
0.50	3.61	3.71	3.70	3.77
0.75	3.26	3.06	2.49	2.22
1.00	2.96	2.51	1.29	1.02
1.50	1.86	1.90	0.06	0.16
2.00	1.00	1.31	0.01	0.04
2.50	0.65	1.13	0	0.01
3.50	0.24	0.48	0	0
4.00	0.14	0.13	0	0

土壤无论在蒸发能力上，还是在随埋深变化规律上都有显著的差异，潜水蒸发资料的引用要特别注意土壤岩性条件的差异性和地域性。

2.3.2.2　潜水埋深对潜水蒸发的影响

潜水埋深决定着潜水蒸发时水分向地表输送的距离，从而影响了潜水蒸发的速率。稳定潜水蒸发时，在水面蒸发强度一定的情况下，对于同一种土质，$k(\theta)$ 不变，潜水蒸发强度的大小取决于水势梯度的大小。潜水埋深越大，水势梯度越小，则潜水蒸发强度 ε 越小。如图 2.56～图 2.58 所示，无论在何地区、何种土壤岩性，潜水蒸发强度都随潜水埋深的增加而减少。但在不同的土质、水面蒸发强度等因素的影响下，潜水蒸发强度随潜水埋深增加而减少的变化有显著的差异（图 2.54～图 2.56）。分析不同质地土壤随埋深增大而潜水蒸发强度逐渐减小这

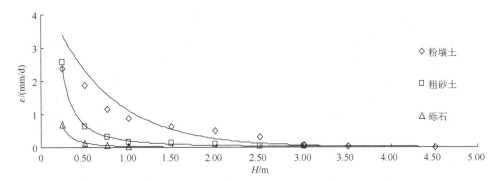

图 2.56　不同土壤质地下潜水蒸发强度 ε 与埋深 H 关系图（昌吉站）

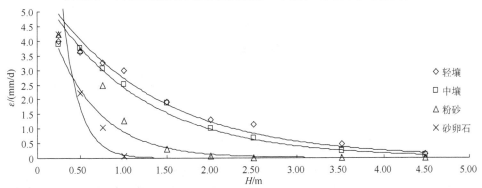

图 2.57　不同土壤质地下潜水蒸发强度 ε 与埋深 H 关系图（叶河站）

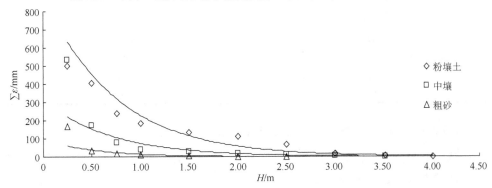

图 2.58　非冻结期潜水蒸发总强度 $\Sigma\varepsilon$ 与埋深 H 关系曲线（昌吉站）

一规律，其递减率是不同的。质地较粗的土壤递减率一般比质地较轻的土壤大，但都存在一个共同点，即在一定的潜水埋深时，下降曲线有一个较明显的拐点，在此埋深以下，曲线则变得较为平缓。这种存在明显拐点的埋深大致相当于土壤毛细管强烈上升高度。不同质地的土壤毛细管强烈上升高度有明显的差异，质地较粗的土壤毛细管强烈上升高度一般较小。如图 2.56 所示，粉壤土毛管水强烈上升高度约为 1.5m，粗砂约为 0.8m，而砾石则为 0.6m 左右。

在多数情况下，当埋深增大到一定深度后，潜水蒸发强度几乎不再随埋深的增大而减小，即递减率趋于零。一般把这一深度称为潜水蒸发的极限埋深（或停止蒸发深度）。潜水蒸发的停止蒸发埋深与土壤和气候等有较为密切的关系。从土壤水动力学角度来看，凡存在土壤水分向上运动的那个深度，都可能产生潜水蒸发。换言之，从理论上讲停止蒸发深度很难有一个明确的界限，实际上当地下水位埋深达到一定数值时，潜水蒸发已经非常微弱，可近似为零。因此，在实际生产中停止蒸发深度广泛使用，阿维里扬诺夫潜水蒸发关系式中就引用了停止蒸发深度 H_{max}。

不同质地土壤其停止蒸发深度也是不同的，对昌吉站和叶河站潜水蒸发试验资料进行分析，通过潜水埋深与潜水蒸发量的关系曲线，采用趋势延长法求得不同土壤质地的停止蒸发深度 H_{max}，如表 2.40 和表 2.41 所示。

表 2.40　不同土壤质地的停止蒸发深度 H_{max}（昌吉站）

土壤质地	停止蒸发埋深/m
粉壤土	4.00
粗砂	3.50
砾石	2.00

表 2.41　不同土壤质地的停止蒸发深度 H_{max}（叶河站）

土壤质地	停止蒸发埋深/m
中壤	4.50
轻壤	4.50
砂壤	4.00
粉砂土	4.00
粉砂	2.50
砂卵石	2.50

2.3.2.3　定水位下潜水极限蒸发强度 E_{max}

选用叶河站 1994 年的实测资料，绘制了不同土质、不同埋深下潜水蒸发强度与水面蒸发关系图 2.59～图 2.64。

从潜水蒸发强度与水面蒸发强度关系曲线中可明显看出，在一定埋深下，随着水面蒸发强度 E_0 的增大，潜水蒸发强度 ε 将稳定于某一最大值。特别是在埋深大于 0.75m 以下的曲线随水面蒸发逐渐增大而明显稳定，不再增大，因此通过图 2.59～图 2.64 可以直接求得某些埋深下的极限蒸发强度 E_{max}。由 Gardner（1958）推导得出潜水极限蒸发强度 E_{max} 与地下水埋深 H 的关系式，两者关系可概化为

$$E_{max} = AH^{-m} \tag{2.67}$$

式中，A、m 为随土壤而异的参数。

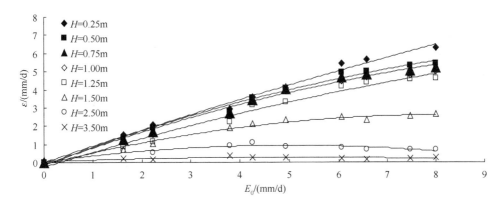

图 2.59   中壤潜水蒸发强度 ε 与水面蒸发强度 E_0 的关系

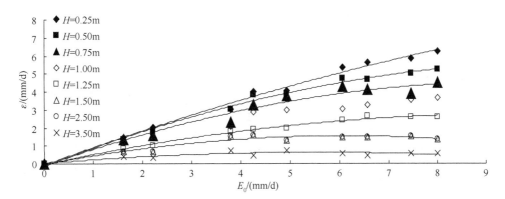

图 2.60   轻壤潜水蒸发强度 ε 与水面蒸发强度 E_0 的关系

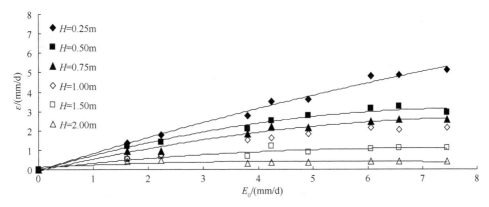

图 2.61   砂壤潜水蒸发强度 ε 与水面蒸发强度 E_0 的关系

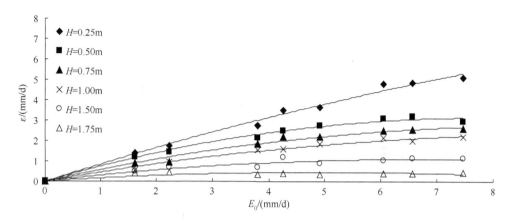

图 2.62　粉砂土潜水蒸发强度 ε 与水面蒸发强度 E_0 的关系

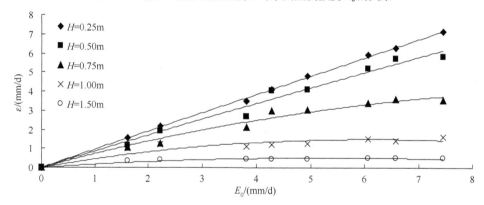

图 2.63　粉砂潜水蒸发强度 ε 与水面蒸发强度 E_0 的关系

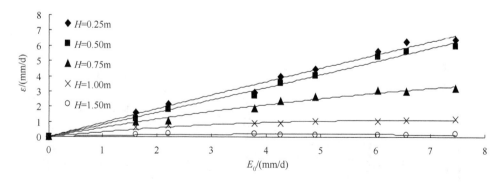

图 2.64　砂卵石潜水蒸发强度 ε 与水面蒸发强度 E_0 的关系

对式（2.67）取对数，变换可得

$$\ln E_{\max} = \ln A - m \ln H \tag{2.68}$$

　　由式（2.68）可知，E_{max} 与 H 在取对数的情况下是直线关系。因此，通过对图 2.57～图 2.62 分析，每种土质只要得到 2 种以上埋深的 E_{max} 值，即可建立 E_{max} 与 H 的关系式（2.69）。由式（2.69）可求出其他埋深（如 0.25m，0.50m）时 E_{max} 值。叶河站、昌吉站不同土质不同埋深时 E_{max} 见表 2.42 和表 2.43 所示。

$$中壤\ E_{max} = 7.714H^{-2.546}，轻壤\ E_{max} = 5.398H^{-1.676}$$
$$砂壤\ E_{max} = 2.369H^{-2.174}，粉砂土\ E_{max} = 7.553H^{-3.250} \quad (2.69)$$
$$中壤\ E_{max} = 1.600H^{-2.897}，砂卵石\ E_{max} = 1.097H^{-4.064}$$

表 2.42　不同埋深下的极限蒸发强度 E_{max}（叶河站）

土壤质地	不同埋深下极限蒸发强度/(mm/d)								
	0.25m	0.50m	0.75m	1.00m	1.50m	2.00m	2.50m	3.50m	4.00m
中壤	263.10	45.05	16.050	7.714	2.748	1.321	0.748	0.318	0.226
轻壤	55.12	17.25	8.742	5.398	2.736	1.689	1.162	0.661	0.529
砂壤	48.79	10.81	4.478	2.396	0.992	0.531	0.327	0.157	0.118
粉砂土	683.60	71.86	19.240	7.553	2.022	0.794	0.384	0.129	0.083
粉砂	88.77	11.92	3.682	1.600	0.494	0.215	0.112	0.042	0.029
砂卵石	306.90	18.35	3.531	1.097	0.211	0.066	0.026	0.007	0.004

表 2.43　不同埋深下的极限蒸发强度 E_{max}（昌吉站）

土壤质地	不同埋深下极限蒸发强度/(mm/d)							
	0.25m	0.50m	0.75m	1.00m	1.50m	2.00m	2.50m	3.00m	3.50m
粉壤土	8.14	3.28	1.93	1.32	0.78	0.53	0.40	0.31	0.26
粗砂	6.10	1.57	0.71	0.40	0.18	0.10	0.07	0.05	—
砾石	1.80	0.33	0.12	0.06	0.02	—	—	—	—

2.3.2.4　潜水蒸发公式的拟合

1. 潜水蒸发系数与埋深关系的分析

　　潜水蒸发强度 ε 的大小，主要取决于土壤的物理性状、潜水埋深 H 和同期水面蒸发强度 E_0。而在实际生产应用中，常将潜水蒸发强度 ε 和水面蒸发强度 E_0 的比值（$\gamma = \varepsilon / E_0$ 称为潜水蒸发系数）进行分析比较。

　　对于同一种质地的土壤，潜水蒸发系数 γ 随埋深 H 的增大而减小。不同的土质其潜水蒸发系数 γ 均随埋深 H 的增大而减小，但变化幅度是有差别的。对 1994 年叶河站实测资料进行整理，得到潜水蒸发系数 γ 随埋深 H 的变化图 2.65～图 2.70 及不同土质不同埋深潜水蒸发系数值（表 2.44）。

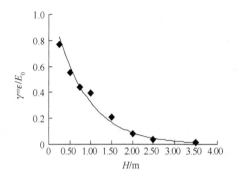

图 2.65　中壤 γ -H 关系图

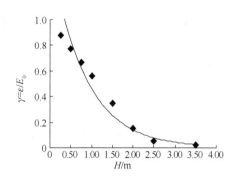

图 2.66　轻壤 γ -H 关系图

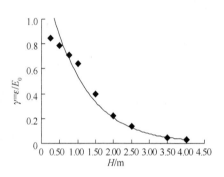

图 2.67　砂壤 γ -H 关系图

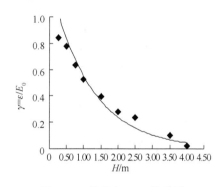

图 2.68　粉砂土 γ -H 关系图

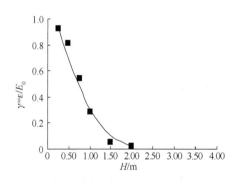

图 2.69　粉砂 γ -H 关系图

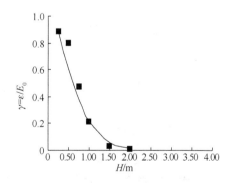

图 2.70　砂卵石 γ -H 关系图

表 2.44　不同潜水埋深情况下潜水蒸发系数均值（叶河站）

土壤质地	不同潜水埋深下潜水蒸发系数均值								
	0.25m	0.50m	0.75m	1.00m	1.50m	2.00m	2.50m	3.50m	4.00m
中壤	0.85	0.78	0.71	0.64	0.40	0.22	0.14	0.05	0.03
轻壤	0.85	0.78	0.64	0.53	0.40	0.28	0.24	0.10	0.03
砂壤	0.77	0.55	0.44	0.39	0.21	0.08	0.04	0.02	0.01

续表

土壤质地	不同潜水埋深下潜水蒸发系数均值								
	0.25m	0.50m	0.75m	1.00m	1.50m	2.00m	2.50m	3.50m	4.00m
粉砂土	0.88	0.77	0.67	0.56	0.35	0.15	0.05	0.02	0.01
粉砂	0.92	0.81	0.54	0.28	0.02	0.01	—	—	—
砂卵石	0.88	0.79	0.47	0.21	0.03	0.01	—	—	—

由图 2.65～图 2.70 可见，潜水停止蒸发埋深（γ 值趋近于零）轻壤土和中壤土约为 3.50m；粉砂土与砂壤土约为 4.00m；砂卵石与粉砂约为 2.00m。γ 值随埋深增大而减少的过程，砂卵石与粉砂的 γ 值递减快；粉砂土与砂壤次之；而轻壤土与中壤土则递减较缓慢，在 2.50m 时，γ 值仍维持在 0.1 左右。同样对昌吉站资料进行分析，也有相同的规律。昌吉站不同土质不同埋深下潜水蒸发系数如表 2.45 所示。由表 2.45 所示，昌吉站试样潜水停止蒸发深度，粉壤土约为 4.50m，粗砂约为 3.50m，而砾石样则约为 2.00m。

表 2.45　不同潜水埋深情况下蒸发系数均值（昌吉站）

土壤质地	不同潜水埋深下蒸发系数均值									
	0.25m	0.50m	0.75m	1.00m	1.50m	2.00m	2.50m	3.00m	3.50m	4.50m
粉壤土	0.492	0.411	0.253	0.183	0.136	0.106	0.058	0.025	0.012	0.004
粗砂	0.513	0.180	0.088	0.041	0.030	0.020	0.013	0.010	0.004	—
砾石	0.136	0.034	0.014	0.010	0.007	0.004	—	—	—	—

2. γ -H 关系的经验公式拟合

潜水蒸发系数 γ 是潜水蒸发强度和水面蒸发强度的比值，对同一种土壤，γ 值随埋深 H 增大而减小。对同一种土壤同一埋深 H，各时段的 γ 值一般不会相同，但应离散在一定范围之内，故可取其统计平均值。因此，通过潜水蒸发试验资料对每一种土壤均可绘制 γ -H 关系曲线（图 2.65～图 2.70）。

潜水蒸发系数与地下水埋深关系曲线（γ -H 线）是供生产中应用的定量曲线。例如，已知地下水埋深 H，就可从 γ -H 线中相应的土壤类别查出 γ 值，由水面蒸发强度 E_0 就可求得潜水蒸发强度 $\varepsilon = \gamma E_0$，由此可估算出当地的地下水垂直消耗量（潜水蒸发量）。另外，γ -H 曲线也可用经验公式或半经验半理论公式拟合。γ -H 关系曲线一般是根据实测资料拟合得到，因此大多带有地域性，在引用时应注意自然气候等因素的差异，否则，盲目地引用 γ -H 关系式则可能造成较大的误差。

无论何种土质，γ 值随 H 增大而递减，针对这一变化规律，根据表 2.44 和表 2.45 所列结果，选取线性式 $\gamma = A + BH$，对数式 $\gamma = A + \ln H$，指数式 $\gamma = Ae^{BH}$ 及幂数式 $\gamma = AH^B$ 等四种函数形式，对叶河站及昌吉站的实测资料，经过计算机进行回归分析，拟合出不同土质的最优 γ -H 关系式。其中，叶河站不同土质的 γ -H 关系式如表 2.46 所示。

表 2.46 不同土壤质地 γ-H 关系表（叶河站）

土壤质地	γ-H 关系	适用范围/m	相关系数
中壤	$\gamma = 1.36e^{-0.93H}$	0.5～4.0	0.9854
轻壤	$\gamma = 1.23e^{-0.80H}$	0.5～4.0	0.9931
砂壤	$\gamma = 1.01e^{-1.18H}$	0.25～3.5	0.9910
粉砂土	$\gamma = 1.60e^{-1.25H}$	0.25～3.5	0.9821
粉砂	$\gamma = 2.50e^{-2.20H}$	0.5～2.0	0.9801
砂卵石	$\gamma = 3.30e^{-2.80H}$	0.5～2.0	0.9940

由表 2.46 可见，叶河站各种土壤质地 γ-H 曲线以指数型函数规律拟合较好。昌吉站不同土壤质地的 γ-H 关系式如表 2.47 所示。

表 2.47 不同土壤质地 γ-H 关系表（昌吉站）

土壤质地	γ-H 关系	适用范围/m	相关系数
粉壤土	$\gamma = 0.226 - 0.193\ln H$	0.25～3.0	0.9205
粗砂	$\gamma = 0.0518\ln H - 1.68$	0.25～3.0	0.9989
砾石	$\gamma = 0.0114\ln H - 1.57$	0.25～2.0	0.9948

表 2.46 和表 2.47 中 γ-H 经验公式均由新疆本地地下水蒸发长期试验所得，因此可在新疆干旱地区范围内使用。其中，叶河站地处天山以南地区，自然气候条件具有典型性，六种试验土样也为该地区主要土质。因此，通过叶河站资料建立的 γ-H 经验公式可在南疆地区使用，而通过昌吉站资料建立的 γ-H 经验公式可在北疆地区使用。

2.3.3 潜水蒸发数学分析

潜水是埋藏在地表以下，具有自由表面的重力水。潜水蒸发是浅层地下水在土壤水吸力的作用下，向土壤包气带中输送水分，并通过土面蒸发和作物蒸腾进入大气的过程。潜水蒸发是地下水向土壤和大气输送水分的主要途径，潜水埋藏愈浅这些作用表现愈剧烈。潜水蒸发导致地下水中盐分向土壤表面聚集，可能导致土壤的次生盐碱化。人们对潜水蒸发进行了大量研究，并提出了多种模型进行描述。目前描述潜水蒸发过程的数学模型可分成两大类，即经验公式和物理基础数学模型[17]。常用的潜水蒸发经验公式包括阿维里扬诺夫公式、叶氏公式和雷志栋等提出的经验公式。随着人们对潜水蒸发过程的认识，依据土壤水动力学的理论描述潜水蒸发过程逐渐发展，比较有代表性的公式是 Gardern 潜水蒸发公式，但该公式所采用的土壤水力参数适用特定土壤，直接影响该公式的广泛应用。大量的数值模型的应用为潜水蒸发过程的模拟计算提供了有效手段，但由于数值模型无法给出影响潜水蒸发过程主要因素间的定量关系，不利于进一步认识潜水蒸发的内在机制。因此，有必要利用土壤水动力学理论分析潜水蒸发影响因素间的定量关系。

2.3.3.1　稳定潜水蒸发数学公式

根据土壤水动力学基本理论，稳定潜水蒸发通量方程可表示为

$$E = k(h)\left(\frac{dh}{dz} - 1\right) \tag{2.70}$$

式中，E 为潜水蒸发通量（cm/min）；$k(h)$ 为非饱和导水率（cm/min）；h 为吸力（cm）；z 为深度（cm）。当确定土壤非饱和导水率曲线后即可利用式（2.70）分析潜水蒸发过程。

当土壤非饱和导水曲线表示为

$$k(h) = k_s e^{-bh} \tag{2.71}$$

式中，k_s 为饱和导水率（cm/min）；b 为参数。

将式（2.71）代入通量方程，则有

$$z = h - \frac{1}{b}\ln\frac{k_s + Ee^{bh}}{k_s + E} \tag{2.72}$$

则稳定潜水蒸发通量表示为

$$E = \frac{k_s - k_s e^{b(h-z)}}{e^{b(h-z)} - e^{bh}} \tag{2.73}$$

由式（2.73）可知，当 $z=h$，则 $E=0$，说明土壤水分分布处于平衡状态，不存在水分运动。当 h 大于 z 才发生潜水蒸发。如果大气蒸发能力比较大，h 趋于无穷大时，潜水蒸发主要取决于土壤输水能力。将式（2.73）变形为

$$E = \frac{k_s(e^{-bh}) - k_s e^{b\left(1-\frac{z}{h}\right)}}{e^{b\left(1-\frac{z}{h}\right)} - 1} \tag{2.74}$$

由于 h 趋于无穷大，这样式（2.73）也可以表示为

$$E = \frac{k_s e^b}{1 - e^b} \tag{2.75}$$

这样极限蒸发强度与深度无关，因此利用这种形式土壤非饱和导水曲线无法有效分析极限蒸发强度。

如果利用 Brooks-Corey 模型描述土壤非饱和导水率，则有

$$k = k_s\left(\frac{h_d}{h}\right)^m \tag{2.76}$$

式中，h_d 为进气吸力（cm）；m 为参数。

由于

$$dk = \frac{-mkdh}{h} \tag{2.77}$$

代入蒸发通量方程为

$$\frac{\mathrm{d}z}{h} = \frac{\mathrm{d}k}{E+k} \tag{2.78}$$

两边积分得

$$\int_0^z -\frac{m}{h}\mathrm{d}z = \ln\frac{E+k}{E+k_\mathrm{s}} \tag{2.79}$$

令

$$\int_0^z \frac{1}{h}\mathrm{d}z \approx \frac{z}{ah_\mathrm{d}} \tag{2.80}$$

这样等式变为

$$\mathrm{e}^{-\frac{mz}{ah_\mathrm{d}}} = \ln\frac{E+k}{E+k_\mathrm{s}} \tag{2.81}$$

潜水蒸发通量表示为

$$E = \frac{k_\mathrm{s}\left(\mathrm{e}^{-\frac{mz}{ah_\mathrm{d}}} - \left(\frac{h_\mathrm{d}}{h}\right)^m\right)}{1 - \mathrm{e}^{-\frac{mz}{ah_\mathrm{d}}}} \tag{2.82}$$

由式（2.82）可以看出，随着深度增加，潜水蒸发通量逐渐降低。当地下水埋深一定时，随着地表 h 增加 E 逐步增加，并趋于稳定，达到最大值。由于 h 是含水量函数，而含水量与大气蒸发能力有关。当外界大气蒸发能力由小变大时，地表土壤含水量将随之降低，此时潜水稳定蒸发通量 E 也将随着向上的吸力梯度的增大而增加；同时，地表含水量的降低又使土壤非饱和导水率 $k(\theta)$ 迅速下降，因此潜水稳定蒸发通量 E 的增加又受到导水率下降的抑制，它的增加速率在不断减小。当地表处土壤风干时，表层土壤水的吸力趋于无穷大，稳定蒸发通量 E 则随着其变化速率的逐渐减小而趋于一个稳定的最大值。说明土壤在吸力梯度的作用下，土壤水向上的通量已达到最大，此时外界大气蒸发能力的继续增大对潜水稳定蒸发通量 E 的最大值不会产生影响，这个最大值即为潜水极限蒸发强度 E_max。

一般来说，对于干旱区，潜水极限蒸发强度 E_max 取决于土壤的输水能力，而土壤的输水能力仅决定于土壤特性和地下水位埋深。因此，当大气蒸发能力比较大，蒸发主要受控于土壤输水能力，表层土壤含水量比较低，吸力比较大，这样稳定蒸发强度就取决于土壤最大输水能力，潜水极限蒸发强度可以表示为

$$E_\mathrm{max} = \frac{k_\mathrm{s}\mathrm{e}^{-\frac{mz}{ah_\mathrm{d}}}}{1 - \mathrm{e}^{-\frac{mz}{ah_\mathrm{d}}}} \tag{2.83}$$

式中，a 为参数。

由式（2.83）可以看出，极限蒸发强度主要与土壤导水特征和埋深有关。而

公式分母在 z 一定变化范围内变化比较小，因此极限蒸发强度与埋深之间关系可近似认为呈现指数函数关系。当埋深一定情况下，蒸发强度与表层土壤吸力呈现幂函数关系。当 $z=h_d$ 时，土壤处于饱和状态，公式可以变为

$$E_{max} = \frac{k_s e^{-\frac{m}{a}}}{1-e^{-\frac{m}{a}}} \tag{2.84}$$

如取 $a=1$，则式（2.84）变为

$$E_{max} = \frac{k_s e^{-m}}{1-e^{-m}} \tag{2.85}$$

即使当土壤处于饱和状态，土壤蒸发强度也不同于水面蒸发强度，仍与土壤导水率有关。

2.3.3.2　潜水蒸发经验公式

2.3.3.1 小节分析了土壤输水特征与潜水蒸发间的关系，而气象因素也是决定潜水蒸发大小的主要因素之一。由于目前无法将大气蒸发能力引入潜水蒸发公式中，因此在实际生产中广泛采用潜水蒸发经验公式来分析潜水蒸发特征。虽然经验公式缺乏严格的理论基础，但其可以通过实测资料所得，结构简单，便于计算，在生产中尚广泛采用。本书在第 1 章已对潜水蒸发经验公式进行了阐述，具有代表性的公式如下。

1. 阿维里扬诺夫潜水蒸发公式

苏联学者阿维里扬诺夫（1956）提出了计算潜水蒸发通量的经验公式[18]为

$$E = E_0 \left(1 - \frac{H}{H_{max}}\right)^n \tag{2.86}$$

式中，E_0 为水面蒸发强度（或潜水埋深为零时的蒸发强度，mm/d）；H 为潜水埋深（m）；H_{max} 为潜水停止蒸发深度（也称地下水极限蒸发深度，m）；n 为与土壤质地和植被情况有关的经验常数，一般为 1~3。

2. 指数型经验公式

河海大学叶水庭等（1977）在进行地下水资源评价时，利用实测资料提出了潜水蒸发指数型公式[18]为

$$E = \mu \Delta h = E_0 e^{-\nu H} \tag{2.87}$$

式中，ν 为衰减系数；E_0 为水面蒸发强度（mm/d）；Δh 为计算时段内潜水位变幅；μ 为潜水变幅带土壤给水度。

3. 双曲型经验公式

徐州水科所沈立昌（1982）利用地下水长观资料分析提出了潜水蒸发双曲型经验公式[19]为

$$E = \mu \Delta h = E_0^{\alpha} (1 + H)^{-\beta k \mu} \tag{2.88}$$

式中，α、β 为经验指数；k 为标志土质、植被及水文地质条件等其他因素综合影响的经验常数；μ 为变幅带给水度。

张朝新（1984）在分析各地潜水蒸发实测资料的基础上也提出了双曲型经验公式[20]为

$$E = E_0 \frac{\alpha}{(H + N)^b} \tag{2.89}$$

式中，b 为指数；α 为经验常数；N 为对数转换而加的常数，反映水蒸发系数与地下水埋深的线型形状。

4. 雷志栋潜水蒸发公式

清华大学雷志栋等根据近代土壤水动力学的研究成果，提出了潜水蒸发通量的经验公式为[21]

$$E = E_{max} (1 - e^{-\eta E_0 / E_{max}}) \tag{2.90}$$

式中，η 为经验常数，与土质及地下水位埋深有关；E_{max} 为潜水埋深为 H 条件下的潜水极限蒸发强度（mm/d）；$E_{max} = AH^{-m}$，式中 A、m 为随土壤而异的参数。极限蒸发强度也可用唐海行等[22]根据土壤水动力学方法结合实测资料分析，提出的计算不同埋深下的潜水极限蒸发强度的关系式：$E_{max} = 10\alpha / [\exp(bH) - 1]$，其中 α、b 为与土壤有关的参数。同时，并给出了 η 值的经验表达式

$$\eta = e^{-\left(\frac{1}{E_{max}}\right)^{\beta}} \qquad \beta = 0.3 \sim 0.5 \tag{2.91}$$

2.3.4 潜水蒸发与盐分累积

2.3.4.1 土壤含盐量与地下水埋深关系

1. 耕地与荒地地下水埋深及土壤盐分分布特征

利用实测资料，对麦盖提、岳普湖、伽师、新和、英吉沙和温宿六县耕地和荒地地下水埋深间的关系进行了分析，如图 2.71 所示。耕地由于长期灌溉，地下水埋深均高于同期荒地的地下水埋深。这说明耕地的大量灌溉导致地下水水位上升，同时也显示不同地区由于灌溉水平、种植作物类型及水资源条件的不同，造成灌溉水量的不同，致使不同地区上升幅度有所不同，从而不同地区地下水水位也有所差别。综合分析了六县荒地的土壤盐分分布特征，总体表现为盐分具有明显的表聚性。土壤含盐量高，表聚性强，剖面分布呈典型的漏斗型：土壤剖面中盐分含量表层最高，下层迅速减少。表层 0～30cm 含量达 5.43%，盐分组成以硫酸盐为主，$[Cl^-]/[SO_4^{2-}]$ 小于 1，表层阳离子以 K^+ 和 Na^+ 为主，随着深度的增加 K^+ 和 Na^+ 含量迅速减少。由于灌溉和长期淋洗，耕地土壤盐分含量较低，耕作层盐分明显下移，剖面分布与荒地相反，呈现倒漏斗型。表层 0～30cm 含盐量仅为

0.98%。随着深度增加,耕作层 0～60cm 盐分开始积聚,60cm 以下积聚趋势减缓,但仍随深度的增加盐分含量逐渐增加。盐分组成以硫酸盐为主,$[Cl^-]/[SO_4^{2-}]$ 小于 1,阳离子以 Ca^{2+} 离子为主。

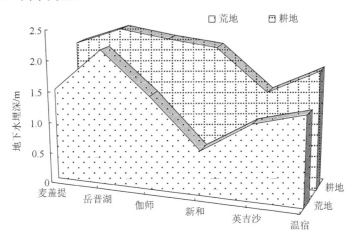

图 2.71　耕地和荒地地下水埋深间的关系

2. 土壤含盐量与地下水埋深和矿化度间关系

1）土壤含盐量与地下水埋深关系分析

在新疆等干旱地区,土壤积盐程度主要与大气蒸发能力、土壤岩性特征、地下水埋深和矿化度有着密切关系。在大气蒸发能力和土壤岩性一定的情况下,土壤积盐程度主要与地下水埋深和矿化度有关。为了分析三者的关系,选取位于新疆南疆地区的岳普湖县和麦盖提县,该两县均位于叶尔羌河中下游,气候环境及土壤质地结构相近,故选择两县的实测土壤含盐量、地下水埋深和地下水矿化度资料为例进行分析。

为了分析土壤含盐量与地下水埋深间关系,把实测地下水矿化度分成两组(7.0～8.0g/L 和 10.5～11.5g/L),如表 2.48,然后对各组资料单独分析。图 2.72显示了麦盖提县和岳普湖县实测地下水矿化度为 7.0～8.0g/L 时,0～30cm、0～60cm 和 0～100cm 土层土壤含盐量与地下水埋深关系,在矿化度基本相同情况下,土壤含盐量与地下水埋深存在明显的函数关系。

表 2.48　地下水埋深与土壤含盐量关系

矿化度/(g/L)	埋深/m	土壤平均含盐量/%		
		0～30cm	0～60cm	0～100cm
	2.55	0.371	0.297	0.218
	1.40	1.574	1.181	1.227
7.0～8.0	2.25	0.315	0.307	0.321
	1.27	1.772	0.999	0.809
	2.30	0.357	0.201	0.271

续表

矿化度/(g/L)	埋深/m	土壤平均含盐量/%		
		0~30cm	0~60cm	0~100cm
	3.00	0.212	0.289	0.316
	2.60	0.467	0.433	0.631
10.5~11.5	2.20	2.822	1.759	1.661
	2.30	2.051	1.161	0.873
	2.20	2.553	1.474	1.116
	2.70	0.719	0.563	0.496

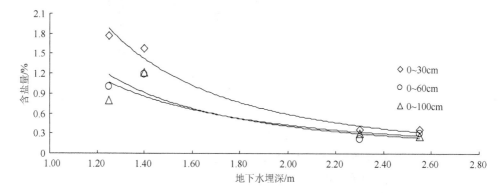

图 2.72　0~30cm、0~60cm、0~100cm 土层土壤含盐量与
地下水埋深关系（矿化度为 7.0~8.0g/L）

　　利用指数函数对其进行拟合，结果如表 2.49 所示。从图 2.73 可以看出，随着地下水埋深的增大，土壤含盐量减小的趋势减缓，当地下水埋深增加到一定程度时，土壤含盐量趋于恒定。在地下水矿化度相等时，表层（0~30cm）土壤含盐量随地下水埋深变化幅度最大，0~60cm 和 0~100cm 土壤含盐量随地下水埋深变化幅度依次减小。说明土壤表层盐分受地下水埋深的影响最大。由表 2.49 可见，相关系数均在 0.8 以上，说明在地下水矿化度和土壤质地基本相同的条件下，土壤含盐量与地下水埋深存在良好的指数关系，且表层土壤的含盐量与地下水埋深的相关关系最大。同时显示在同一矿化度下，随着土层深度增加，公式中系数依次减小，指数呈负值增加，说明拟合的数学关系式具有一定的物理意义。

表 2.49　0~30cm、0~60cm 和 0~100cm 土层土壤矿化度与土层深度的关系

矿化度/(g/L)	土层深度/cm	公式	R^2
	0~30	$\lambda = 109.43e^{-1.44H}$	0.935
7.0~8.0	0~60	$\lambda = 57.38e^{-1.29H}$	0.922
	0~100	$\lambda = 51.35e^{-1.24H}$	0.875

续表

矿化度/(g/L)	土层深度/cm	公式	R^2
	0～30	$\lambda = 28621e^{-3.18H}$	0.945
10.5～11.5	0～60	$\lambda = 1813.3e^{-2.18H}$	0.931
	0～100	$\lambda = 613.08e^{-1.77H}$	0.926

注：H 为地下水埋深（m），λ 为含盐量（%）。

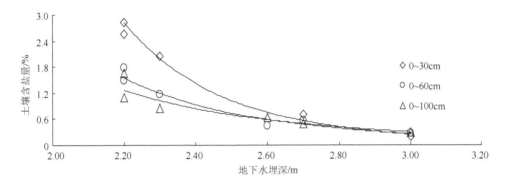

图 2.73　0～30cm、0～60cm、0～100cm 土层土壤含盐量与
地下水埋深的关系（矿化度为 10.5～11.5g/L）

2）土壤含盐量与地下水矿化度的关系

地下水中的可溶性盐是土壤盐分的重要来源，地下水矿化度的高低直接影响土壤含盐量。因此，地下水矿化度与土壤积盐明显相关。在气候和埋深相同的情况下，地下水矿化度越高，地下水向土壤输送的盐分越多，土壤积盐越重。为了分析土壤含盐量与地下水矿化度间关系，通过收集和实测的方式获取地下水矿化度与表层土壤积盐的关系数据（表 2.50）以及新疆南疆麦盖提县与岳普湖县的实测资料，按地下水埋深分组（1.40～1.50m、2.20～2.30m），如表 2.51 所示，然后对各组资料单独分析。图 2.75 显示了麦盖提县实测 0～30cm、0～60cm 和 0～100cm 土层土壤含盐量与地下水矿化度关系。由表 2.51 可知，在地下水埋深基本相同情况下，土壤含盐量与地下水矿化度存在明显的函数关系。

表 2.50　地下水矿化度与表层土壤平均含盐量关系

剖面号	矿化度/(g/L)	0～20cm 土壤平均含盐量/%
3-苏-6	1.70	1.07
农牧-3	6.08	1.45
八 5-7	10.95	1.91
北 3-1	19.73	2.88
农牧-4	32.31	8.67
农牧-5	34.17	19.8

表 2.51　地下水矿化度与土壤平均含盐量关系

地下水埋深/m	矿化度/(g/L)	土壤平均含盐量/%		
		0～30cm	0～60cm	0～100cm
	9.59	0.636	0.937	0.962
	30.26	5.673	3.397	2.787
	39.38	10.652	6.603	5.009
1.40～1.50	7.65	1.574	1.181	1.227
	5.05	0.108	0.132	0.134
	1.44	0.320	0.337	0.263
	3.18	0.132	0.129	0.135
	12.38	0.671	0.811	0.677
	7.68	0.315	0.307	0.321
2.20～2.30	17.94	0.707	1.016	0.805
	22.16	1.452	0.999	0.850
	24.03	1.301	1.134	1.112
	7.45	0.257	0.201	0.271

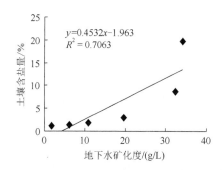 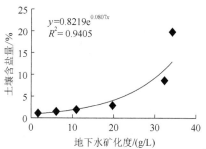

图 2.74　0～20cm 土层土壤含盐量与地下水矿化度关系

根据新疆土壤普查得出数据

　　关于土壤含盐量与地下水矿化度的关系，通过研究认为二者之间应为线性相关的关系，即随着地下水矿化度的增加，土壤含盐量也随之增加。但近年来，一些学者研究得出的结论是二者为指数关系。因此，研究中不仅利用实测资料，同时收集相关资料，如利用新疆土壤普查中的数据进行分析，如图 2.74 所示，发现利用该数据分别拟合的线性和指数关系，指数关系的 R^2 达 0.9405，而线性关系的 R^2 仅为 0.7063。从本数据可看出，矿化度和土壤含盐量的指数关系要优于线性关系。利用麦盖提县和岳普湖县的实测资料进行分析，在地下水埋深 1.50～1.60m 及 2.20～2.30m 时，0～30cm、0～60cm 和 0～100cm 的土层土壤含盐量与地下水矿化度的关系，如表 2.52 所示，从表中可看出线性关系的 R^2 均大于 0.93，而指

数关系的 R^2 多低于 0.9。说明矿化度和土壤含盐量的线性关系要优于指数关系，认为在埋深一定的情况下，矿化度和土壤含盐量之间应为线性关系。

表 2.52　0～30cm、0～60cm 和 0～100cm 土层土壤含盐量与地下水矿化度关系

地下水埋深/m	土层深度/cm	线性关系		指数关系	
		公式	R^2	公式	R^2
1.50～1.60	0～30	$\lambda = 2.626L - 8.933$	0.944	$\lambda = 1.869e^{0.108L}$	0.811
	0～60	$\lambda = 1.565L - 3.416$	0.940	$\lambda = 2.154e^{0.091L}$	0.783
	0～100	$\lambda = 1.184L - 1.306$	0.947	$\lambda = 2.154e^{0.085L}$	0.875
2.20～2.30	0～30	$\lambda = 0.707L - 2.125$	0.948	$\lambda = 1.525e^{0.10L}$	0.911
	0～60	$\lambda = 0.530L - 0.901$	0.932	$\lambda = 1.468e^{0.092L}$	0.848
	0～100	$\lambda = 0.445L - 0.239$	0.959	$\lambda = 1.817e^{0.076L}$	0.932

注：L 表示地下水矿化度。

利用实测的资料，对地下水埋深 1.50～1.60m 及 2.20～2.30m 时的矿化度与土壤含盐量进行线性拟合，如图 2.75 所示，从图中可以看出，随着地下水矿化度增

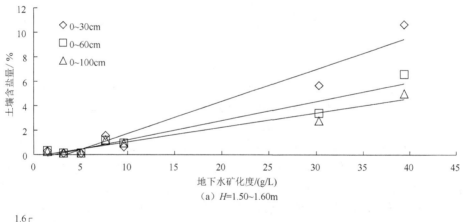

（a）H=1.50~1.60m

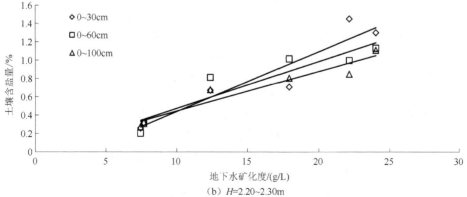

（b）H=2.20~2.30m

图 2.75　0～30cm、0～60cm 和 0～100cm 土层土壤含盐量与地下水矿化度关系

加，土壤含盐量也随之增大。地下水矿化度越高，对土壤含盐量影响越大。在地下水埋深基本相同时，表层土壤含盐量随地下水矿化度变化的幅度最大，0～60cm和0～100cm土层土壤含盐量随地下水埋深变化幅度依次减小，说明土壤表层的土壤含盐量对地下水矿化度变化最敏感，0～60cm其次，0～100cm敏感度最小。

3）土壤积盐量与地下水埋深和矿化度间关系

地下水埋深、地下水矿化度都是土壤含盐量的决定性因子，并且二者同时对土壤盐分累积起作用，因此综合分析此二者对土壤盐分的影响具有现实意义。

在新疆干旱地区，土壤积盐程度主要与大气蒸发能力、土壤岩性特征、地下水埋深和矿化度有着密切关系。在大气蒸发能力和土壤岩性一定的情况下，土壤积盐程度主要与地下水埋深和矿化度有关。前面分析可知，土壤含盐量与地下水矿化度之间为线性关系，而土壤含盐量与地下水埋深为指数关系。其公式表达分别为

$$\lambda = a_1 L \tag{2.92}$$

$$\lambda = a_2 e^{bH} \tag{2.93}$$

式中，a_1，a_2，b 为常数，H 为地下水埋深（m）；L 为地下水矿化度（g/L）。把式（2.92）与式（2.93）合并，就可以得到表层土壤含盐量与地下水埋深和矿化度之间的指数关系

$$\lambda = a_1 L a_2 e^{bH} \tag{2.94}$$

将式（2.94）作适当变换，两边除以地下水矿化度 m，则得到土壤盐分含量除以地下水矿化度的比值（M）与地下水埋深（H）间关系，其一般表达式为

$$M = \lambda / L = a e^{bH} \tag{2.95}$$

为了从区域角度探讨土壤盐分与地下水矿化度与埋深间关系，以塔里木盆地六县田间实测资料为例进行分析。在一定潜水蒸发量情况下，土壤表层盐分累积量（λ）与地下水矿化度（L）成正比，因此将实测土壤盐分含量除以地下水矿化度，建立土壤盐分含量除以地下水矿化度的比值（M）与地下水埋深（H）之间的关系。

（1）伽师县。在伽师县不同地区提取了土壤剖面0～30cm内土壤样品和地下水水样，测定土壤含盐量、地下水矿化度和埋深。土壤含盐量最大为1.9%，地下水最小埋深为1m，最大矿化度为19.21g/L。除去没有测定地下水埋深比较深的测点外，将32个测点的土壤盐分累积量（λ）与地下水矿化度（L）的比值（M）与地下水埋深（H）点绘成图2.76。利用指数函数拟合两者关系有

$$M = 6.928 e^{-1.109H} \qquad R^2 = 0.554 \tag{2.96}$$

结果显示土壤盐分含量（λ）与地下水矿化度（L）的比值（M）与地下水埋深（H）间存在指数关系。

（2）岳普湖县。在岳普湖县不同地区提取了棉花地土壤剖面0～30cm内土壤样品和地下水水样，测定土壤含盐量、地下水矿化度和埋深。土壤含盐量最大为

3.75%，地下水最小埋深为 1.35m，最大矿化度为 47g/L。将所测定的土壤盐分含量（λ）与地下水矿化度（L）的比值（M）与地下水埋深（H）点绘成图 2.77。利用指数函数拟合两者关系有

$$M = 2.054e^{-1.341H} \qquad R^2=0.615 \qquad (2.97)$$

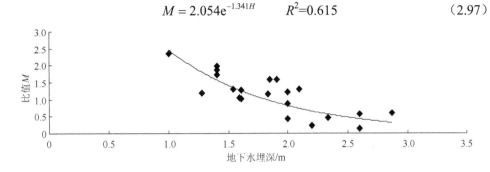

图 2.76　比值（M）与地下水埋深（H）关系（伽师县）

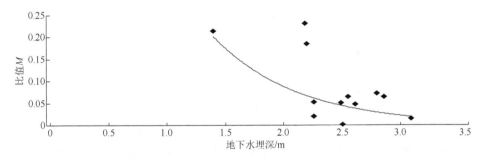

图 2.77　比值（M）与地下水埋深（H）关系（岳普湖县）

（3）温宿县。在温宿县不同地区提取了土壤剖面 0～40cm 内土壤样品和地下水水样，测定土壤含盐量、地下水矿化度和埋深。土壤含盐量最大为 0.68%，地下水最小埋深为 1.3m，最大矿化度为 21.1g/L。将测点的土壤盐分含量（λ）与地下水矿化度（L）的比值（M）与地下水埋深（H）点绘成图 2.78。利用指数函数拟合两者关系有

$$M = 5.307e^{-1.393H} \qquad R^2=0.554 \qquad (2.98)$$

（4）新和县。在新和县不同地区提取了棉花和小麦地土壤剖面 0～30cm 内土壤样品和地下水水样，测定土壤含盐量、地下水矿化度和埋深。土壤含盐量最大为 2.85%，地下水最小埋深为 1.5m，最大矿化度为 32.51g/L。将测点的土壤盐分累积量（λ）与地下水矿化度（L）的比值（M）与地下水埋深（H）点绘成图 2.79。利用指数函数拟合两者关系有

$$M = 24.972e^{-1.8544H} \qquad R^2=0.602 \qquad (2.99)$$

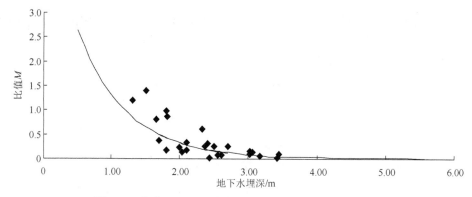

图 2.78　比值（M）与地下水埋深（H）关系（温宿县）

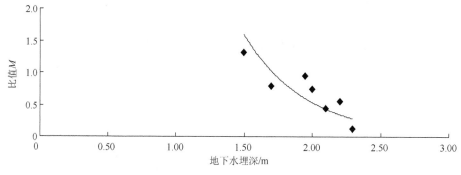

图 2.79　比值（M）与地下水埋深（H）关系（新和县）

（5）英吉沙县。在英吉沙县不同地区提取了棉花和小麦地土壤剖面 0～40cm 内土壤样品和地下水水样，测定土壤含盐量、地下水矿化度和埋深。土壤含盐量最大为 1.95%，地下水最小埋深为 0.3m，最大矿化度为 19.5g/L。将测点的土壤盐分累积量（λ）与地下水矿化度（L）的比值（M）与地下水埋深（H）点绘成图 2.80。利用指数函数拟合两者关系有

$$M = 3.567\mathrm{e}^{-1.392H} \qquad R^2 = 0.687 \qquad (2.100)$$

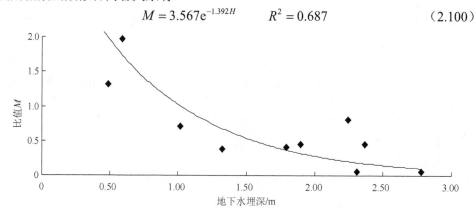

图 2.80　比值（M）与地下水埋深（H）关系

（6）麦盖提县。在麦盖提县的不同地区提取了棉花和玉米地土壤剖面 0～30cm
内土壤样品和地下水水样，测定土壤含盐量、地下水矿化度和埋深。土壤含盐量
最大为 1.92%，地下水最小埋深为 1.05m，最大矿化度为 38.36g/L。将测点的土壤
盐分累积量（λ）与地下水矿化度（L）的比值（M）与地下水埋深（H）绘成图 2.81。
利用指数函数拟合两者关系有

$$M = 8.053e^{-1.437H} \qquad R^2 = 0.587 \qquad (2.101)$$

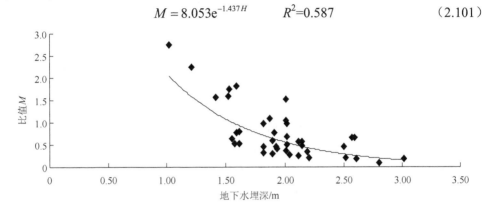

图 2.81　比值（M）与地下水埋深（H）关系

为了寻求新疆塔里木盆地统一的土壤含盐量与矿化度比值和地下水埋深的关
系，将上述六县的实测资料点绘成图 2.82。由图 2.82 可以看出，比值与埋深间存
在明显函数关系，并利用指数函数进行拟合，结果为

$$M = 8.853e^{-1.581H} \qquad R^2 = 0.524 \qquad (2.102)$$

拟合结果表明，用指数函数拟合土壤含盐量与矿化度比值（M）和地下水埋
深（H）关系曲线，在野外各种环境条件影响下，相关系数均在 0.5 以上，表明指
数函数可以较好地描述土壤表层含盐量与矿化度的比值（M）和地下水埋深（H）
的关系。因此，在干旱区灌溉农业地区，土壤含盐量与地下水矿化度和埋深关系

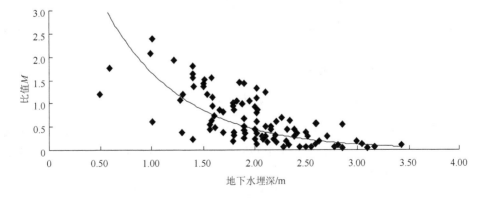

图 2.82　比值（M）与地下水埋深（H）关系

比较显著，可以不用单独考虑等地下水埋深和等地下水矿化度，可以直接利用上述关系进行计算和分析土壤含盐量，并且可以根据式（2.102）以及地下水矿化度、作物耐盐度确定地下水临界深度，为排水沟设计提供指导。

2.4　潜水蒸发与土壤盐分积累特性研究

2.4.1　试验设计

利用地下水均衡场非称重式蒸渗仪开展不同地下水矿化度的潜水蒸发试验。具体实施方案如表 2.53 所示，并分别定其为方案 A、B、C（共 9 个处理）。其中，方案 A、B 分别利用当地渠道水和井水（主要溶质为 NaCl）模拟地下水，方案 C 用化学试剂 KBr 粉末与渠道水配置溶液模拟地下水。

试验于 2012 年 5 月 15 日播种，棉花品种为新陆中 40，株距 10cm，行距 50cm，两行种植，每种处理共 10 株；依据库尔勒地区实际地下水埋深（1.0～2.5m）的实际情况，设置三种地下水埋深，即 1.5m、2.0m 和 2.5m。

表 2.53　潜水蒸发试验方案

方案	处理	潜水埋深/m	供水矿化度/(g/L)	下垫面条件
	1	1.5		
A	2	2.0	0.74	
	3	2.5		
	4	1.5		
B	5	2.0	2.65	不覆膜种植棉花
	6	2.5		
	7	1.5		
C	8	2.0	10.00	
	9	2.5		

2.4.2　土壤盐分积累特性研究

2.4.2.1　不同处理土壤剖面水分运动特征

土壤水分在土面蒸发和作物蒸腾作用下散失，导致土壤剖面水分分布发生变化。图 2.83（a）～（c）表示的是不同处理条件下土壤剖面含水量的变化。从图中可以明显看出，随着土层深度的增加，剖面含水量呈明显增大趋势；当埋深相同时，在地下水矿化度的影响下，各处理土壤剖面含水量分布特征稍有不同。图 2.83（a）显示，当地下水矿化度不同时，土壤剖面含水量也不相同，即在不同地下水矿化度影响下，土壤水运动特性不同，这可以归结为不同地下水矿化度影响土壤水上升高度的问题。可以看出，在地下水埋深 1.5m 时，2.65g/L 和 10.00g/L 土壤剖面含水量远远高于 0.74g/L，其中，2.65g/L 和 10.00g/L 相比，在 60cm 以上土层土

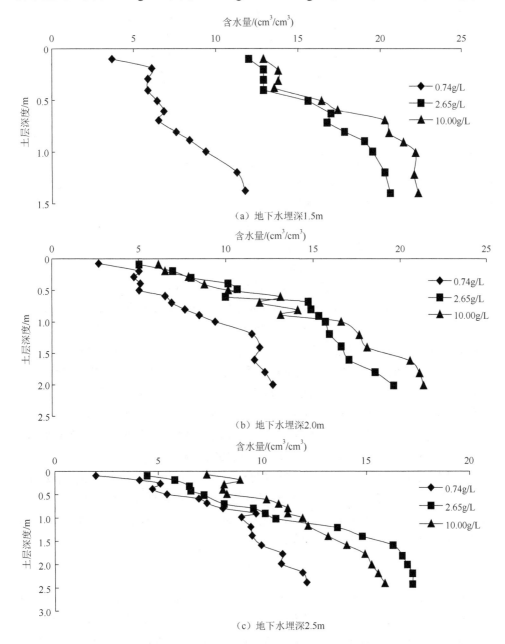

（a）地下水埋深1.5m

（b）地下水埋深2.0m

（c）地下水埋深2.5m

图 2.83　不同地下水埋深、矿化度条件下土壤剖面水分分布特征

壤剖面含水量几乎相等，而在 60cm 以下土层土壤剖面含水量有较大差异，且含水量大小为 2.65g/L > 10.00g/L。分析认为，高矿化度溶液其密度也较大，在蒸发过程中有溶质析出并附着于土壤颗粒表面，造成毛细管道变细，从而毛细吸力增加，因此高矿化度处理的土壤剖面含水量较高；但对于 10.00g/L 而言，该地下水矿化度过高，随着蒸发的进行，毛细管道逐渐被析出的溶质堵塞，便出现了 10.00g/L 土壤剖面含水量低于 2.65g/L 的现象，在 60cm 的土层土壤深度时，毛细水上升极为缓慢，因此 2.65g/L 和 10.00g/L 土壤剖面含水量差异较小。

图 2.83（b）与（a）相比，在地下水埋深为 2.0m 的情况下，三个不同矿化度处理在 1.0m 以下土层土壤剖面水分分布特征相似，即土壤剖面含水量随土层深度的增加而增大，且 2.65g/L > 10.00g/L > 0.74g/L；然而对 1.0m 以上土层而言，2.65g/L 和 10.00g/L 处理土壤剖面含水量基本无差异，且都大于 0.74g/L。究其原因，当毛细水上升至一定高度时，毛细管道堵塞逐渐加剧，但未完全堵塞，因此毛细水上升速度逐渐减缓，导致二者含水量差异也逐渐减小，而 0.74g/L 处理只有微量溶质析出（甚至无溶质析出），与另两者相比，其毛细管较粗，毛管吸力小，因此 2.65g/L 和 10.00g/L 剖面含水量大于 0.74g/L。

图 2.83（c）与（a）、（b）相比，在地下水埋深为 2.5m 的情况下，1.0m 以下土层土壤剖面水分分布特征相似，含水量大小为 2.65g/L>10.00g/L> 0.74g/L；然而对 1.0m 以上土层而言，2.65g/L 和 10.00g/L 处理的土壤剖面水分分布稍有差异，具体表现出 10.00g/L > 2.65g/L。形成这种不同现象的原因在于，随着蒸发的进行，因溶液饱和而析出的溶质逐渐堵塞毛细管道，当毛细水上升至约 1.0m 土层时，10.00g/L 毛细管道堵塞程度比 2.65g/L 严重，加之毛细水已上升至较高高度，此时毛细吸力小于重力，对于 2.65g/L 的处理而言，一方面受重力影响，另一方面受管道堵塞影响，与此同时，10.00g/L 的处理虽然亦受重力影响，但其管道接近完全堵塞，重力并未发挥出抑制土壤水上升的作用。因此，最终导致在 1.0m 以上土层，处理 9 土壤剖面含水量大于处理 6（表 2.53）。

分别对比处理 1~3、4~6 和 7~9 可以发现，浅层土壤含水量大小表现为处理 1 >处理 2 >处理 3、处理 4>处理 5>处理 6、处理 7>处理 8≈处理 9。当矿化度相同时，浅层土壤含水量并未完全表现出"随埋深增大而减小"的趋势，原因在于其忽略了高地下水矿化度的影响。

2.4.2.2　不同处理土壤剖面盐分迁移特征

对盐碱土而言，水分运动必然伴随盐分迁移。不同处理土壤盐分迁移特征如图 2.84（a）～（c）所示。由图可知，对于各埋深且矿化度不同条件，土壤剖面盐分分布形态相似，即随着土层深度的增加，土壤剖面含盐量呈减小趋势，处理 1~3（矿化度 0.74g/L）和处理 4~6（矿化度 2.65g/L）土壤含盐量基本相同，且明显小于处理 7～9（矿化度 10.00g/L）。由于潜水蒸发减小的速率常常小于因水溶液浓度增加而使土壤盐分增加的速率，且地下水矿化度的高低直接影响土壤的含盐量。因此，当地下水矿化度差异性较大时，造成土壤剖面含盐量差异的主要原因是地下水矿化度，土壤水分运动对盐分再分布的影响作用次之。图 2.84（a）与（b）土壤剖面盐分分布形态相同，在埋深 1.5m 和 2.0m 时，均明显表现出 10.00g/L> 2.65g/L > 0.74g/L。其中，从图 2.84（b）看出，随着蒸发的进行，在 1.0m 以上土层，土壤盐分上移速率减缓，这是由于水分上移速度逐渐减慢。从图 2.84（c）可以发现，在埋深 2.5m 时，土壤剖面亦呈现盐分含量随地下水矿化度的增加而增加的趋势，即 10.00g/L > 2.65g/L > 0.74g/L，但越接近地表，2.65g/L 和 0.74g/L 的处理含盐量越接近，而 10.0g/L 的处理则表现出相反趋势，即越接近地表，土壤含盐量增加越明显。分析其原因，当土壤水上升至约 1.0m 时，土壤溶液溶质不断析出，堵塞毛细管，最终在 1.0m 处形成盐分积累，而后在蒸发和根系吸水作用下向上运移，故土壤含盐量增加较快。

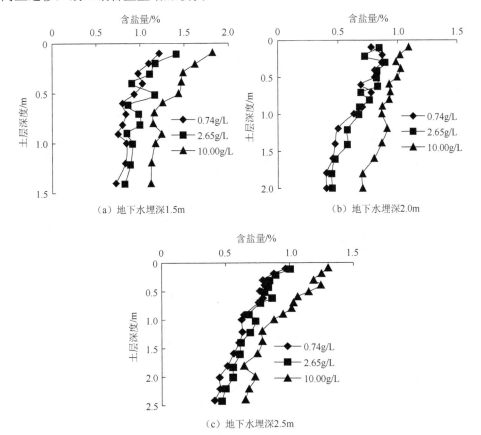

图 2.84　不同地下水埋深、矿化度条件下土壤剖面盐分分布特征

2.4.2.3 根系层土壤盐分累积特性

图 2.85 (a) ～ (c) 显示了地下水埋深为 1.5m、2.0m 和 2.5m 三种情况下棉花各生育期根系层盐分累积特征。以处理 7～9 为例，研究对象为 50cm 土层。由图 2.85 (a) ～ (c) 明显看出，在棉花生长的各生育期，随土层深度的增加，土壤含盐量逐渐减少；随着棉花的生长，土壤剖面含盐量表现出不同幅度的增加趋势，其中蕾期—花铃期土壤含盐量增加幅度最大，苗期—蕾期和花铃期—吐絮期增加幅度较小。分析其原因认为：①在强烈蒸发和根系吸水作用下，土壤水分向上移动，盐分逐渐在浅层积累，故随土层深度的减小土壤积盐量逐渐增加；②棉花各生育期需水量不同，其中花铃期需水量最大，因此在根系强烈的吸水作用下，花铃期盐分增加速度最快。在花铃期，均表现出深层土壤盐分含量增加较快，原因在于低端根密度较大且分布较广，吸水速率较大，同时更深层土壤盐分不断向上运移；而浅层土壤根系不是很发达，因此盐分积累主要来源于下层补给。图 2.85 (a) 显示，随着土层深度减小，盐分累积速度加快，除与根系吸水作用外，还与埋深有关。图 2.85 (b) 与 (c) 对比后发现，埋深 2.0m 处理根层盐分累积速度小于埋深 2.5m 处理。对于埋深 2.5m 而言，土壤水分上升路径长，加之在蒸发过程中土壤溶液不断有溶质析出堵塞毛管，因此土壤水在上升一定高度后毛管力

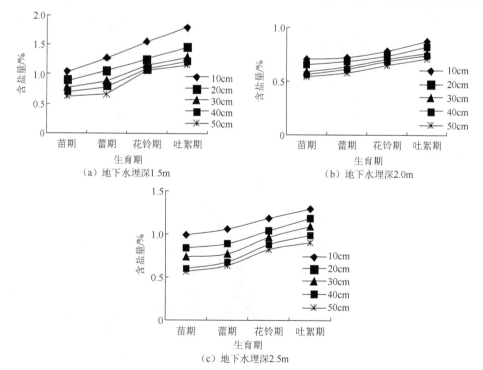

图 2.85　不同地下水埋深条件根系层土壤剖面盐分分布特征

小于重力，到达毛管水最大上升高度。在这种情况下，盐分在这个高度大量积累，而后在蒸发作用下逐渐表聚，导致表层土壤有大量盐分累积，甚至形成盐壳，这从图 2.85（b）和（c）也得到证实。

上述分析表明，虽然地下水埋深较大有助于减少土表返盐，但存在某一临界深度，称之为"适宜地下水埋深"，若超过此埋深，则会由于地下水盐分溶质析出而造成返盐更强烈的现象。本书建议将 2.0m 作为该地区适宜地下水埋深。

2.4.2.4 土表返盐量与潜水蒸发量的关系

土表返盐量与潜水蒸发量和地下水埋深有关，对蒸发过程中土表 2.0cm 含盐量与累积潜水蒸发量进行分析，以处理 8 为例绘图 2.86。

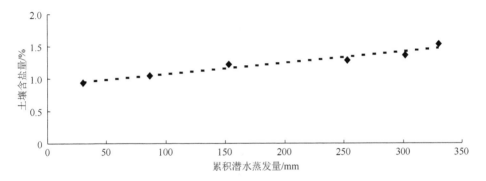

图 2.86 累积潜水蒸发量与表层 2.0cm 土壤含盐量的关系

从图 2.86 中可以明显看出，虽然土表形成的盐壳对潜水蒸发有一定的抑制作用，但土表含盐量与累积潜水蒸发量仍呈现较好的线性关系，说明均质土壤的盐分运动主要以对流为主。对二者进行回归分析，可得

$$\lambda_{2.0} = 0.00179\xi_{2.0} + 0.88905 \qquad R^2=0.9464 \qquad (2.103)$$

同理，可拟合出埋深 1.5m 和 2.5m 情况下的土表 2.0cm 含盐量和累积潜水蒸发量的关系，分别如式（2.104）、式（2.105）所示：

$$\lambda_{1.5} = 0.00375\xi_{1.5} + 0.9547 \qquad R^2=0.9552 \qquad (2.104)$$

$$\lambda_{2.5} = 0.00446\xi_{2.5} + 0.92123 \qquad R^2=0.8847 \qquad (2.105)$$

式中，λ 为表层 2.0cm 土壤含盐量（%）；ξ 为累积潜水蒸发量（mm）。

根据式（2.103）～式（2.105），已知均质土累积潜水蒸发量，即可预测不同埋深情况其土壤表层返盐情况。

2.4.2.5 根系层盐分积累与潜水蒸发量的关系

相关研究表明，盐分对棉花长势具有较大影响，盐分含量过大导致减产，因此分析棉花根系层含盐量具有重要意义。图 2.87 显示了棉花根系层 50cm 含盐量与累积潜水蒸发量的线性关系，以处理 8 为例。

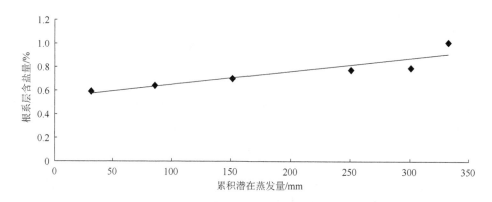

图 2.87 累积潜水蒸发量与棉花根系层 50cm 含盐量的关系

从图 2.87 中明显看出，棉花根系层含盐量与累积潜水蒸发量亦呈较好的线性关系，拟合结果如下：

$$\lambda'_{2.0} = 0.00107\xi_{2.0} + 0.56983 \qquad R^2=0.8275 \qquad (2.106)$$

同理，可拟合出埋深 1.5m 和 2.5m 情况下的根系层含盐量和累积潜水蒸发量的关系，分别如式（2.107）和式（2.108）所示：

$$\lambda'_{1.5} = 0.00186\xi_{1.5} + 0.67654 \qquad R^2=0.9397 \qquad (2.107)$$

$$\lambda'_{2.5} = 0.00181\xi_{2.5} + 0.64731 \qquad R^2=0.8981 \qquad (2.108)$$

式中，λ' 为根系层含盐量（%）；ξ 为累积潜水蒸发量（mm）。

根据式（2.106）～式（2.108），已知均质土累积潜水蒸发量，即可预测不同埋深情况下其根系层积盐情况。

2.4.2.6 地下水对棉花水分补给量的计算

棉花各生育期地下水对棉花的补给量（50cm 根层）如图 2.88 所示，以处理 7～9 为例。由图可以看出，对于埋深 1.5m 和 2.0m 而言，均明显表现出花铃期地下

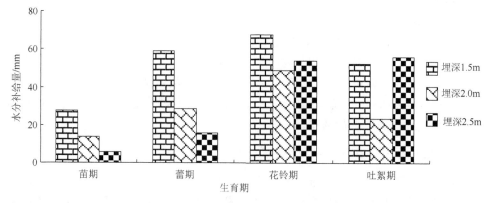

图 2.88 地下水对棉花的水分补给量

水对棉花根层的水分补给程度最大，蕾期和吐絮期相差不大，苗期最小。对于埋深 2.5m，由于有大量溶质析出堵塞毛管，经过一定时间毛管水上升至一定高度时完全失去重力作用，因此相当于抬高潜水位后再进行持续补给，造成其补给量较大，进一步印证了上述结论。由此可以看出，据新疆库尔勒地区地下水现状，若地下水埋深较大（2.5m 及以上），虽然前期对作物根系仍具有补给，但补给量甚微，而在后期补给中会携带大量盐分，对棉花生长不利。再次体现了将 2.0m 作为该地区适宜地下水埋深的正确性。

2.4.2.7　地下水对棉花根层盐分累积的影响分析

棉花根系层含盐量由母土含盐量和地下水携带两部分构成，为明确各生育期内由地下水携带进入根层的盐分含量，采用 Br^- 示踪法，原因在于所检测出的 Br^- 均来自地下水，而与母土无关。图 2.89 中显示了由地下水携带进入根层的盐分含量，以处理 7～9 为例。从图 2.89 可以看出，对于埋深 1.5m 和 2.0m 而言，在水分运动的影响下，盐分含量亦表现出花铃期地下水对棉花根层的水分补给程度最大，蕾期和吐絮期相差不大，苗期最小。对于埋深 2.5m，在某高度处盐分大量累积，即抬高潜水位后再进行持续补给，因此后期进入根层的盐分较多。

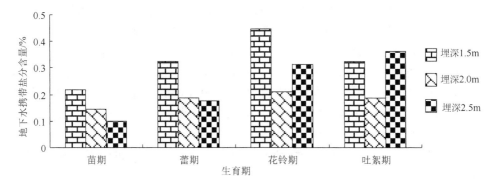

图 2.89　不同生育期地下水携带盐分含量

2.4.2.8　不同潜水条件棉花生长特征及产量差异研究

1. 株高变化特征

图 2.90 显示了各处理棉花株高在整个生育期内的变化。当供试地下水矿化度为 0.74g/L 时，棉花株高随埋深增大而减小，对于埋深 1.5m、2.0m 和 2.5m 的处理棉花株高分别为 45.3cm、41.7cm 和 34.1cm。原因在于，低矿化度对棉花生长不造成影响，水位越高，则对棉花补给越充分，因此当地下水矿化度不高时，高水位有利于棉花生长。当供试地下水矿化度为 2.65g/L 时，地下水埋藏越深，越有利于棉花生长，其中 2.0m 和 2.5m 埋深处理株高基本没有差异，对于埋深 1.5m、2.0m 和 2.5m 处理棉花株高分别为 36.5cm、46.1cm 和 45.7cm。分析认为，供试地

下水含有较高浓度的 Na^+ 和 Cl^-，对棉花生长具有抑制作用，埋深越浅，盐分表聚现象越严重，棉花长势则越差。

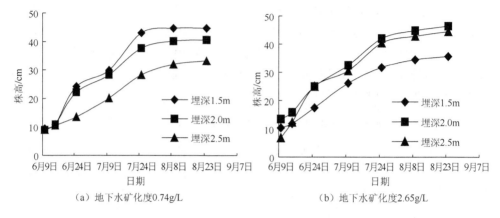

（a）地下水矿化度0.74g/L　　　　　　（b）地下水矿化度2.65g/L

图 2.90　生育期内棉花株高变化特征

2. 棉花茎粗变化特征

图 2.91 显示了各处理棉花茎粗在整个生育期内的变化。图中所示棉花茎粗变化特征与株高类似，均表现出"缓慢生长—快速生长—缓慢生长"的生长过程。当供试地下水矿化度为 0.74g/L 时，棉花茎粗随埋深增大而减小，对于埋深 1.5m、2.0m 和 2.5m 处理棉花茎粗分别为 10.550mm、9.485mm 和 7.615mm，这种差异在 7 月 10 日后逐渐变得明显。原因与上述相同，即对于低矿化度，水分补给对棉花生长具有明显促进作用。当供试地下水矿化度为 2.65g/L 时，棉花茎粗基本随埋深增大而增大，对于埋深 1.5m、2.0m 和 2.5m 处理棉花茎粗分别为 6.715mm、9.245mm 和 8.805mm，原因亦与上述相同，即高矿化度对棉花生长具有明显的抑制作用。在 7 月 10 日之前，1.5m 埋深处理棉花茎杆最粗，说明在这期间，棉花

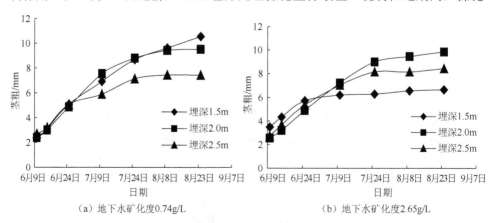

（a）地下水矿化度0.74g/L　　　　　　（b）地下水矿化度2.65g/L

图 2.91　生育期内棉花株高变化特征

具有良好的水盐生长环境，但随着蒸发的进行，土壤积累的盐分增多，不适宜棉花生长。2.0m 和 2.5m 处理棉花茎秆由细变粗的原因与此类似。

3. 棉花产量差异分析

图 2.92 显示了矿化度分别为 0.74g/L 和 2.65g/L 时的棉花籽棉产量。图 2.92 显示，当矿化度为 0.74g/L 时，棉花籽棉产量随埋深增大而减小，分别为 2080.35 kg/hm^2、1788.60kg/hm^2 和 1354.65kg/hm^2；当矿化度为 2.65g/L 时，棉花籽棉产量随埋深增大而增大，分别为 1279.20kg/hm^2、1909.35kg/hm^2 和 2311.35kg/hm^2。

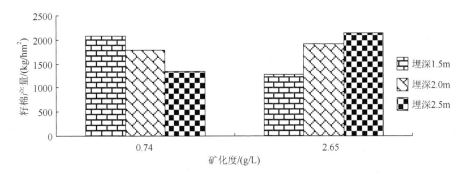

图 2.92　不同处理下棉花籽棉产量

2.4.2.9　不同下垫面条件潜水蒸发计算方法的探讨

1. 裸土条件潜水蒸发计算模型

阿维里扬诺夫潜水蒸发公式、叶水庭经验公式、雷志栋潜水蒸发公式三种公式是应用最为广泛的潜水蒸发经验模型，且均是基于裸土条件建立的。本部分基于以上研究成果，对上述三种经验模型在新疆地区的适用性进行探讨，旨在为潜水蒸发经验模型在南疆库尔勒地区的应用提供参考。

将参数 E_0、E_{max}、H_{max}、n、η 及 α 分别代入阿维里扬诺夫潜水蒸发公式、叶水庭经验公式和雷志栋潜水蒸发公式计算潜水蒸发经验公式，分别求出各模型在不同埋深条件的潜水蒸发强度，并与潜水蒸发强度实测资料进行比对，如表 2.54 所示。从表可以看出，对于不同埋深、粉砂壤土类型而言，潜水蒸发强度测量值与经验公式拟合值之间存在较大差异。在潜水埋深较浅时，阿维里扬诺夫潜水蒸发公式、叶水庭经验公式和雷志栋潜水蒸发公式拟合精度均较高，说明这三种经验公式对于埋深较浅的情况具有良好的适用性；但随着埋深的增加，阿维里扬诺夫潜水蒸发公式和叶水庭经验公式的拟合效果精度降低，其中阿维里扬诺夫潜水蒸发公式最为显著，这说明这两种公式对埋深较大的情况具有应用局限性，在适用时需慎重选择，而雷志栋潜水蒸发公式拟合精度仍较高，说明其可以应用于埋深较深的情况，该公式对于新疆库尔勒地区粉砂壤土类型土壤具有良好的适用性。

表 2.54　裸土条件下三种潜水蒸发计算经验模型计算值与测量值对比

埋深/m	测量值/(mm/d)	$E = E_0\left(1 - \dfrac{H}{H_{max}}\right)^n$		$E = E_0 \cdot e^{-\alpha H}$		$E = E_{max}\left(1 - e^{-\eta E_0/E_{max}}\right)$	
		计算值/(mm/d)	相对误差/%	计算值/(mm/d)	相对误差/%	计算值/(mm/d)	相对误差/%
1.0	2.487	2.730	9.78	2.587	4.02	2.416	2.83
1.5	1.260	1.203	4.52	1.324	5.06	1.314	4.29
2.0	0.783	0.439	43.99	0.677	13.49	0.825	5.35
2.5	0.505	0.118	76.64	0.347	31.36	0.542	7.50
3.0	0.350	0.018	94.88	0.177	49.32	0.326	6.93

2. 覆膜条件潜水蒸发计算模型

表 2.54 显示，三种潜水蒸发计算经验模型均适用于潜水埋深较浅的情况，因此在裸土计算基础上，引入"覆膜影响系数"，建立潜水蒸发强度与覆膜开孔率之间的函数模型，对阿维里扬诺夫潜水蒸发公式、叶水庭经验公式、雷志栋潜水蒸发公式进行适当改进。

通过研究发现，开孔率对潜水蒸发强度有较大影响，为定量分析开孔率对潜水蒸发强度的影响，以裸土条件下的潜水蒸发为基础，定义覆膜影响系数（ω）为覆膜稳定潜水蒸发强度（E_u）与裸土稳定潜水蒸发强度（ε）之比，如式（2.109）所示

$$\omega = E_u / \varepsilon \tag{2.109}$$

为使研究结果具有更广泛的适用性，将各参数进行无量纲化处理，对覆膜影响系数和开孔率的关系进行分析，如图 2.93 所示。由图可知，当开孔率趋于 0 时，覆膜影响系数趋于 0.2，随着开孔率的增大，覆膜影响系数亦不断增大，与实际相符。对二者关系进行拟合，得到如下关系

$$\omega = 0.9985u^{0.2826} \qquad R^2 = 0.9988 \tag{2.110}$$

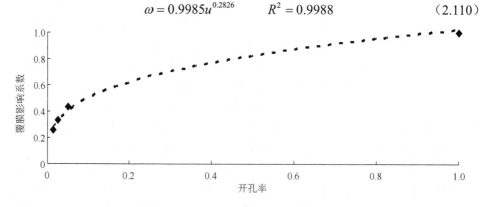

图 2.93　覆膜影响系数与开孔率的关系

利用实测数据对式（2.110）进行检验，见表 2.55，在各覆膜开孔率条件下，覆膜影响系数的计算值与实测值的相对误差均很小，拟合效果好，因此式（2.110）可以较好地反映覆膜对潜水蒸发的影响效果。将式（2.110）分别代入三个经验公式对不同覆膜开孔程度条件的潜水蒸发强度进行求解，并与实测资料进行对比，如表 2.56 所示，对于不同土表覆膜开孔程度而言，粉砂壤土潜水蒸发强度的实测值与各经验公式的拟合值之间存在一定差异。在综合考虑覆膜影响系数条件下，叶水庭经验公式和雷志栋潜水蒸发公式的拟合效果较好，相对误差均在允许范围内，但整体而言，叶水庭经验公式拟合精度较雷志栋潜水蒸发公式高，而阿维里扬诺夫潜水蒸发公式拟合精度偏低。这说明，在覆膜情况下，计算潜水蒸发时应优先考虑叶水庭经验公式或雷志栋潜水蒸发公式以提高计算精度，但雷志栋潜水蒸发公式参数较多且求解过程繁琐，因此在库尔勒地区计算覆膜条件潜水蒸发量时，应优先选取叶水庭经验公式进行计算。

表 2.55　覆膜影响系数实测值与计算值对比

u	ω 的实测值	ω 的计算值	相对误差/%
0.0078	0.2588	0.2533	2.13
0.0240	0.3318	0.3480	4.89
0.0500	0.4390	0.4283	2.46
1	1	0.9985	0.15

表 2.56　覆膜条件下三种潜水蒸发计算经验模型计算值与实测值对比

开孔率 /%	测量值 /(mm/d)	$E = CE_0\left(1-\dfrac{H}{H_{max}}\right)^n$		$E = CE_0 \cdot e^{-\alpha H}$		$E = E_{max}\left(1-e^{-\eta E_0/E_{max}}\right)$	
		计算值 /(mm/d)	相对误差/%	计算值 /(mm/d)	相对误差/%	计算值 /(mm/d)	相对误差/%
0.78	0.410	0.305	25.68	0.335	18.20	0.333	18.82
2.40	0.526	0.419	20.41	0.461	12.41	0.457	13.07
5.00	0.696	0.515	25.97	0.567	18.53	0.563	19.14

参 考 文 献

[1] WANG Q J, HORTON R, JAEHOON L. A simple model relating soil water characteristic curve and soil solute breakthrough curve[J]. Soil Science, 2002, 167(7): 436-443.

[2] 吕殿青, 王全九, 王文焰, 等. 一维土壤水盐运移特征研究[J]. 水土保持学报, 2000, 14(4): 91-94.

[3] GREEN R E, AHUJA L R, CHONG S K. Hydraulic conductivity, diffusivity, and sorptivity of unsaturated soil: Field methods[J]. Europe PMC, 1986, (1):771-798.

[4] MCBRIDE J F, HORTON R. An empirical function to describe measured water distributions from horizontal infiltration experiments[J]. Water Resources Research, 1985, 21:1539-1544.

[5] SHAO M, HORTON R. Integral method for estimating soil hydraulic properties[J]. Soil Science Society of America Journal, 1998, 62(3): 585-592.

[6] ZAYANI K, TARHOUNI J, VACHAUD G, et al. An inverse method for estimating soil core water characteristics[J]. Journal of Hydrology, 1991, 122:1-3.

[7] ZHANG R, VAN GENUCHTEN M T. New models for unsaturated soil hydraulic properties[J]. Soil Science, 1994, 158(2): 77-85.

[8] WANG Q J, HORTON R, SHAO M A. Horizontal infiltration method for determining Brooks-Corey model parameters[J]. Soil Science Society of America Journal, 2002, 66(6): 1733-1739.

[9] BRUCE R R, KLUTE A. The measurement of soil-water diffusivity[J]. Soil Science Society of America Journal, 1956, 20(4): 458-562.

[10] WANG Q J, SHAO M A, HORTON R. A simple method for estimating water diffusivity of unsaturated soils[J]. Soil Science Society of America Journal, 2004, 68(3): 713-718.

[11] GREEN W H, AMPT G A. Studies on soil physics:1. flow of air and water through soil[J]. Journal of Agriculture Science, 1911, 4(1): 1-24.

[12] PHILIP J R. The theory of infiltration :1 the infiltration equation and its solution[J]. Soil Science, 1957, 83(5): 345-357.

[13] PARLANGE J Y. Theory of water movement in soils:2 one dimensional infiltrations[J]. Soil Science, 1972, 111(3): 170-174.

[14] WANG Q J, HORTON R, SHAO M A. Algebraic model for one for one-dimensional infiltration and soil water distribution[J]. Soil Science, 2003, 168(10): 671-676.

[15] 乔玉辉, 宇振荣. 灌溉对土壤盐分的影响及微咸水利用的模拟研究[J]. 生态学报, 2003, 23(10): 2050-2056.

[16] 王全九, 邵明安, 郑纪勇. 土壤中水分运动与溶质运移[M]. 北京: 中国水利水电出版社, 2007: 12-14.

[17] 雷志栋, 胡和平, 杨诗秀. 土壤水研究进展与评述[J]. 水科学进展, 1999, 10(3): 311-318.

[18] 叶水庭. 相关分析在地下水资源平和预报中的应用[R]. 华东水利学院, 1977.

[19] 沈立昌. 利用长观测资料分析地下水资源的几个问题[J]. 水文, 1982, (s): 22-30.

[20] 张朝新. 潜水蒸发系数分析[J].水文, 1984, (6): 35-39.

[21] 雷志栋, 杨诗秀, 谢森传. 潜水稳定蒸发分析与经验公式[J]. 水利学报, 1984, (8): 60-64.

[22] 唐海行, 苏逸深, 张和平. 潜水蒸发的实验研究及其经验公式的改进[J]. 水利学报, 1989, 10: 37-44.

第3章 滴灌土壤水盐运移特征

淡水资源的缺乏严重影响农业的发展，但也促进了高效节水技术的发展，滴灌被认为是一种高效的节水抑盐灌溉技术。掌握滴灌条件下水盐的运移规律对合理滴灌系统的设计有着极其重要的作用。然而，水盐运移受到很多因素的影响，包括滴头流量、滴头间距、灌水量、土壤、种植作物以及施肥方式等因素的影响[1-16]。为了能够更好地掌握其规律，采取试验与数值模拟相结合的方法开展研究。

3.1 淡水滴灌土壤盐分分布特征

3.1.1 试验方法

为了分析不同滴灌交汇情况下的水盐分布规律，开展了滴头流量和间距、灌水量等因子的试验研究，具体试验方案如表 3.1 所示。试验在种植香梨的田间进行，试验前对土地进行了整平，尽可能与试验的初始条件一致。试验材料包括供水装置、滴头、秒表、土钻及卷尺。马氏瓶作为供水装置，与输液器连通，形成恒定的水头如图 3.1 所示。对水平湿润锋的变化过程进行观测。待试验完成后，提取土样，取样点的布置如图 3.2。利用烘干法测量土样的含水量。将土样碾磨后，按土水比 1：5 进行盐分的测定。试验地土质为砂土，0～60cm 内平均初始含水量和含盐量分别为 0.043cm³/cm³、0.042%。灌水的矿化度 0.8g/L。

表 3.1 试验方案

处理	滴头流量/(L/h)	滴头间距/cm	灌水量/L
1	2.2	40	8
2	2.2	40	10
3	2.2	40	12
4	2.2	30	10
5	1.5	40	10
6	3.2	40	10

图 3.1　试验装置

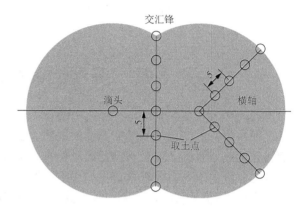

图 3.2　土壤取样点布置（单位：cm）

3.1.2　点源交汇条件下土壤水盐运移特征

3.1.2.1　湿润锋的运移特征

湿润锋的大小决定含水量分布、作物的长势及最终的产量。如滴头间距较大，不会出现湿润锋交汇的现象，这种情况被认为是单点源入渗。但对于像棉花这样种植间距相对较小的作物，随着灌水量的不断加大，湿润锋势必发生交汇，形成重叠区域。因此，了解该区域的水分是否能满足作物的生长需要也是非常重要的。湿润锋的大小受到很多因素的影响，如滴头流量、滴头间距和灌水量等[17, 18]。

为了能够很好地了解点源交汇条件下湿润锋的运移特征，进行了试验研究，结果如图 3.3～图 3.5 所示。由图 3.3 可以看出，随着滴头流量的增加，交汇时间变短。说明滴头流量越大时，地表积水面积越大，水平湿润半径推进速度越快，有利于水平半径的扩展。随着灌水量越大，湿润锋推进距离越大，说明灌水量的增加有利于湿润范围的增加。从图 3.5 中可以看出，滴头间距小，交汇时间短，湿润锋的推进速度快。

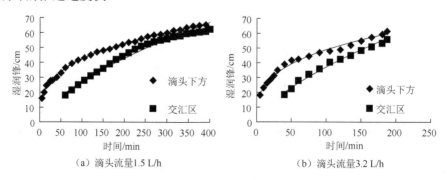

（a）滴头流量1.5 L/h　　　　　　　　（b）滴头流量3.2 L/h

图 3.3　不同滴头流量条件下湿润锋随时间变化

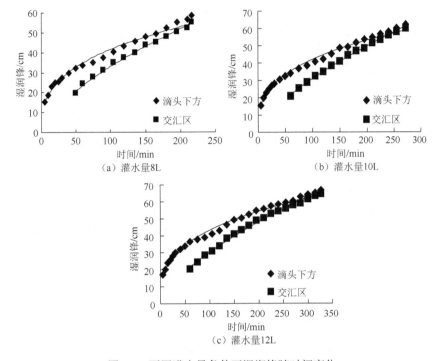

图 3.4　不同灌水量条件下湿润锋随时间变化

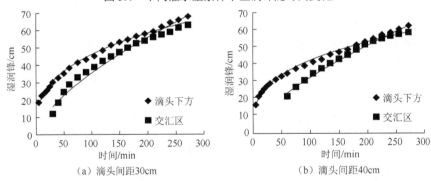

图 3.5　不同滴头间距条件下湿润锋随时间变化

3.1.2.2　不同滴头流量交汇条件下土壤水盐分布

滴头流量决定了水平推进的速度，也决定了交汇时间，最终决定了湿润体的范围及土壤水盐的分布。因此，了解不同滴头流量交汇下的土壤水盐分布，可以为合理地选择滴头流量提供基本的依据。图 3.6 显示了灌水结束后，滴头流量 1.5L/h 与 3.2L/h 交汇条件下土壤含水量等值线图。由图可见，滴头流量越大，滴头下方和交汇区的含水量越高。水平方向上，滴头流量 3.2L/h 的含水量都高于 1.5L/h，而在垂直方向这种规律却相反。这说明滴头流量越大，有利于水分在水平方向的运移，而不利于垂直方向上水分的入渗。

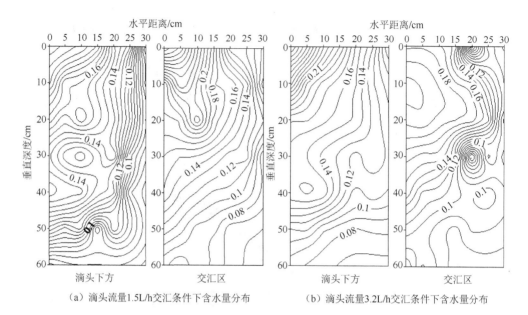

（a）滴头流量1.5L/h交汇条件下含水量分布　　　（b）滴头流量3.2L/h交汇条件下含水量分布

图3.6　不同滴头流量交汇条件下土壤含水量（cm³/cm³）的分布

从图 3.7 显示的土壤含盐量等值线可以看出，滴头下方的盐分明显低于交汇区，这说明灌水将盐分淋洗到交汇区。水平方向上，3.2L/h 的脱盐范围明显高于1.5L/h。而垂直方向上相同位置则是滴头流量较小的盐分低。而在实际中，对于种植间距较大的作物应选择较大的滴头流量，而对于作物根系较深的作物则应该选择较小的滴头流量。

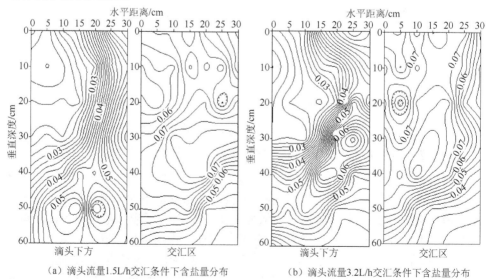

（a）滴头流量1.5L/h交汇条件下含盐量分布　　　（b）滴头流量3.2L/h交汇条件下含盐量分布

图3.7　不同滴头流量交汇条件下土壤含盐量（%）的分布

3.1.2.3　不同灌水量交汇条件下的土壤水盐分布

图 3.8 显示了灌水量为 8L 和 12L 交汇条件下土壤含水量等值线图。从图中可以看出，不论是滴头下方还是交汇区，灌水量为 12L 的湿润体范围都大于 8L，这说明灌水量越大，越有利于水平方向和垂直方向湿润锋的扩展。同一空间位置的含水量 12L 高于 8L。

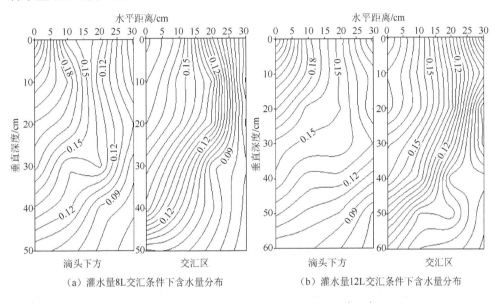

（a）灌水量8L交汇条件下含水量分布　　　　　（b）灌水量12L交汇条件下含水量分布

图 3.8　不同灌水量交汇条件下不同位置含水量（cm³/cm³）的分布

图 3.9 显示了不同灌水量交汇条件下土壤盐分分布的等值线图。从图中可以看出，不论在滴头下方还是在交汇区，水平方向上盐分均随着距离滴头下方和交汇区中心距离的增加而增加，垂直方向也符合相同的变化规律。而在交汇区处，盐分的值明显高于初始值，这说明水将盐分携带到交汇区处，但由于水量不足而未能将盐分淋洗到更深的土层，造成盐分在土壤上层形成积盐。灌水量 12L 的盐分明显的低于 8L，这说明灌水量越大，越有利于将盐分淋洗到更深的土层中，这样会为作物的正常生长提供良好的环境。增大灌水量也是降低盐分的一种有效方法。

3.1.2.4　不同滴头间距交汇条件下的土壤水盐分布

滴头间距的大小直接决定着湿润锋交汇的时间及湿润锋推进的速度，并最终影响整个湿润体内水盐的分布。图 3.10 为不同滴头间距交汇条件下土壤含水量分布的等值线图。从图 3.10 中可以明显看出，间距为 30cm 的含水量明显高于 40cm。图 3.11 显示了土壤含盐量分布的等值线。从图中可以看出，间距为 30cm 滴头下

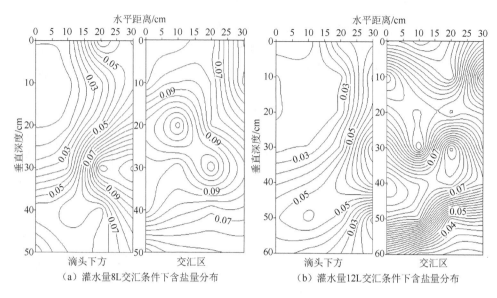

（a）灌水量8L交汇条件下含盐量分布　　　（b）灌水量12L交汇条件下含盐量分布

图 3.9　不同灌水量交汇条件下不同位置含盐量（%）的分布

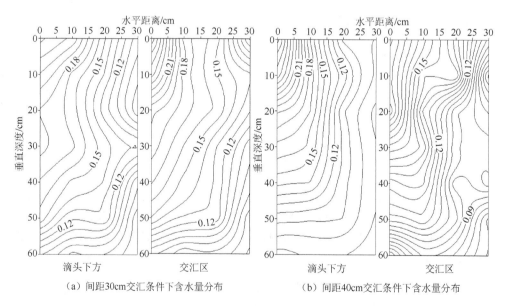

（a）间距30cm交汇条件下含水量分布　　　（b）间距40cm交汇条件下含水量分布

图 3.10　不同滴头间距交汇条件下土壤含水量（cm³/cm³）的分布

方和交汇区盐分含量明显低于间距为 40cm 的盐分含量。为了更好地说明两者的差异，利用脱盐系数评价，结果列于表 3.2。从表 3.2 可以看出，随着滴头间距的减小，水平和垂直脱盐系数都在增加。

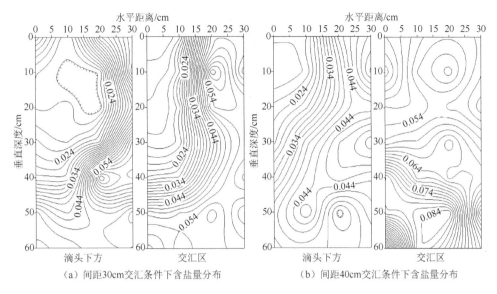

图 3.11　不同滴头间距交汇条件下土壤含盐量（%）的分布

表 3.2　不同滴头间距下脱盐范围与脱盐效果

滴头间距/cm	位置	水平脱盐系数	垂直脱盐系数
30	滴头下方	0.78	0.86
	交汇区	0.73	0.81
40	滴头下方	0.70	0.81
	交汇区	0	0

3.1.2.5　交汇条件下水盐运移的模拟分析

1. 模型特点

1）模型的原理

HYDRUS-3D 是 Šimůnek 等 2006 年研发的一种可以模拟地表及地下滴灌土壤水运动、热量传输以及根系吸水的二维和三维运动的有限元计算机模型[19]。用修改过的 Richards 方程表达饱和或非饱和达西水流控制方程，对于溶质及热运动采用对流弥散方程，为了考虑植物根系吸水问题嵌入汇源项。模拟水流区域本身既可以为规则的水流边界，也可以是不规则水流边界，土壤的结构组成可以是均质或非均质。

2）土壤水分运动基本方程

在该模型中，用修改过的 Richards 方程表示水分运动方程：

$$\frac{\partial \theta}{\partial t} = \frac{\partial}{\partial x_i}\left[k\left(K_{ij}^A \frac{\partial h}{\partial x_j} + K_{iz}^A \right) \right] - \theta \tag{3.1}$$

式中，θ 为体积含水量（cm^3/cm^3）；h 为压力水头（cm）；t 为时间（min）；x_i（$i=1$，2，3)为空间坐标（cm）；K_{ij}^A、K_{iz}^A 为无量纲的各向异性张量 K^A 组成部分，k 为非饱和导水率（cm/min）；θ 为根系汇源项。

土壤水分特性曲线模型和水力学参数用 van Genuchten（1980）的土壤水力性能函数表示，如式（3.2）～式（3.4）[20]。

$$\theta(h) = \begin{cases} \theta_r + \dfrac{(\theta_s - \theta_r)}{(1 + |\alpha h|^n)^m} & h < 0 \\ \theta_s, & h \geqslant 0 \end{cases} \tag{3.2}$$

$$K(h) = \begin{cases} k_s S_e^l \left[1 - \left(1 - S_e^{1/m}\right)^m \right]^2 & h < 0 \\ k_s, & h \geqslant 0 \end{cases} \tag{3.3}$$

$$S_e = \frac{\theta - \theta_r}{\theta_s - \theta_r}, \quad m = 1 - \frac{1}{n} \tag{3.4}$$

式中，θ_s 为饱和含水量（cm^3/cm^3）；θ_r 为滞留含水量（cm^3/cm^3）；k_s 为饱和导水率（cm/min）；α 为进气吸力倒数（cm^{-1}）；n、l 为形状系数；m 为形状系数；S_e 为有效饱和度。

3）盐分运移方程

用对流弥散方程表示盐分运移，具体表示为

$$\theta \frac{\partial c}{\partial t} = \frac{\partial}{\partial x_i} \left(\theta D_{ij}^w \frac{\partial c}{\partial x_j} \right) - \frac{\partial q_i c}{\partial x_i} \tag{3.5}$$

式中，c 为盐分浓度（g/L）；D_{ij}^w 为扩散度（cm^2/min）；q_i 为水流通量。其他参数所表示的含义与前面相同。

4）模拟内容

利用 HYDRUS-3D 模型对田间试验结果进行模拟分析，并利用模型所带参数评价了不同灌水量、滴头流量、滴头间距及不同土壤质地对交汇区水盐运移的影响。试验设计及土壤的性质如表 3.3 和表 3.4 所示。

表3.3 模拟方案

模拟	土壤类型	滴头间距/cm	滴头流量/(L/h)	灌水量/L	初始含水量/(cm^3/cm^3)	含盐量/%
I	壤土	30	1.8	8, 10, 12	0.15	1
II	壤土	40	1.8, 2.4, 3.0	12	0.15	1
III	壤土，壤砂土	30	1.8	12	0.15	1

表 3.4　土壤的水力参数[21]

土壤类型	θ_r/(cm³/cm³)	θ_s/(cm³/cm³)	α/cm⁻¹	n	k_s/(cm/min)	l	D_L/cm	D_T/cm
壤土	0.078	0.43	0.036	1.56	0.0173333	0.5	0.5	0.1
壤砂土	0.057	0.41	0.124	2.28	0.243194	0.5	0.5	0.1

注：D_L 为纵向弥散度，D_T 为横向弥散度。

2. 点源交汇条件下湿润锋的模拟

图 3.12～图 3.18 为不同点源交汇条件下，滴头下方和交汇区湿润锋实测值和模拟值的对比。利用相关系数和均方根误差 RMSE 进行评价精度。评价的结果如表 3.5 所示，相关系数 R^2 的值都在 0.96 以上，说明两者的相关性非常好。RMSE 值的分析看出，范围为 1.68～6.91cm，这些结果说明了模拟结果的可靠性，也证明了该模型能够很好地模拟点源交汇条件下的湿润锋运移情况。

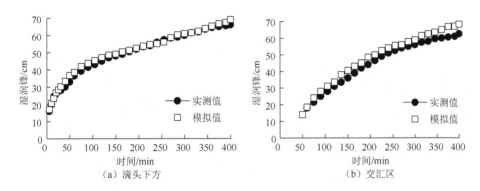

图 3.12　滴头流量为 1.5L/h 时滴头下方和交汇区湿润锋实测值和模拟值的对比

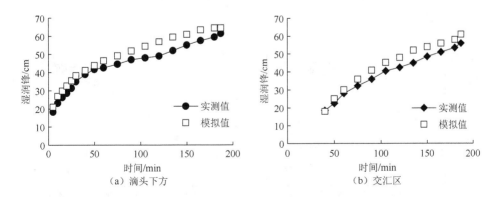

图 3.13　滴头流量为 3.2L/h 时滴头下方和交汇区湿润锋实测值和模拟值的对比

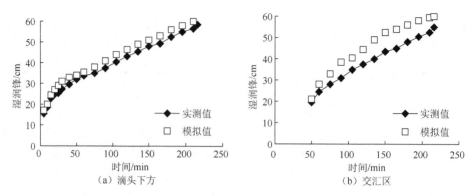

图 3.14　灌水量为 8L 时滴头下方和交汇区湿润锋实测值和模拟值的对比

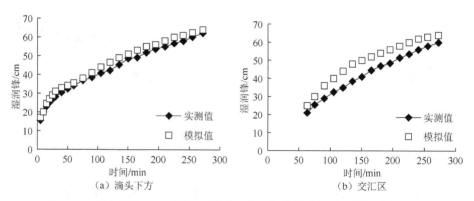

图 3.15　灌水量为 10L 时滴头下方和交汇区湿润锋实测值和模拟值的对比

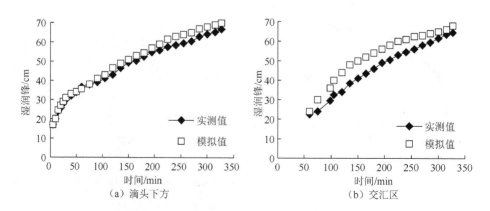

图 3.16　灌水量为 12L 时滴头下方和交汇区湿润锋实测值和模拟值的对比

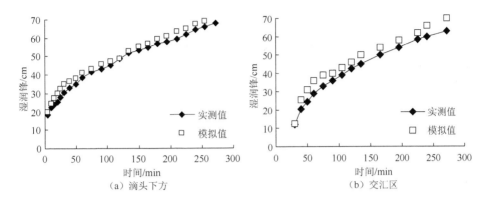

（a）滴头下方　　　　　　　　　　　（b）交汇区

图 3.17　滴头间距为 30cm 时滴头下方和交汇区湿润锋实测值和模拟值对比

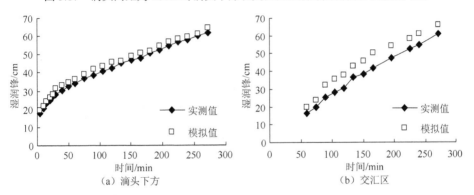

（a）滴头下方　　　　　　　　　　　（b）交汇区

图 3.18　滴头间距为 40cm 时滴头下方和交汇区湿润锋实测值和模拟值对比

表 3.5　不同条件下的模拟值和实测值的分析评价

位置	滴头流量/(L/h)	灌水量/L	滴头间距/cm	R^2	RMSE/cm
滴头下方	1.5	10	40	0.98	1.68
	2.2	8	40	0.99	3.00
	2.2	10	40	0.99	2.62
	2.2	12	40	0.99	2.68
	3.2	10	40	0.97	4.77
	2.2	10	30	0.99	3.06
	2.2	10	40	0.99	2.15
交汇区	1.5	10	40	0.99	3.89
	2.2	8	40	0.99	6.82
	2.2	10	40	0.98	6.91
	2.2	12	40	0.98	6.72
	3.2	10	40	0.96	4.58
	2.2	10	30	0.99	4.98
	2.2	10	40	0.98	6.50

3. 不同灌水量点源交汇条件下交汇区水盐分布模拟

图 3.19～图 3.21 显示了不同灌水量交汇条件下，交汇区含水量实测值和模拟值对比。图 3.22～图 3.24 为不同灌水量交汇条件下，交汇区含盐量实测值和模拟值对比。

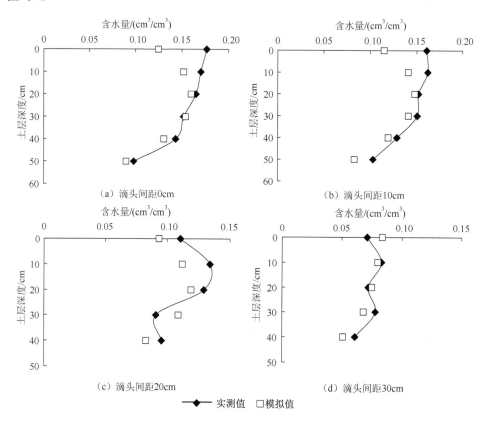

（a）滴头间距0cm　　　　　　　（b）滴头间距10cm

（c）滴头间距20cm　　　　　　　（d）滴头间距30cm

◆—— 实测值　□ 模拟值

图 3.19　灌水量 8L 交汇区含水量实测值和模拟值的对比

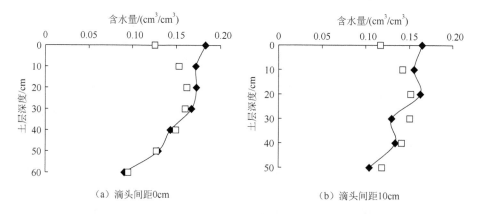

（a）滴头间距0cm　　　　　　　（b）滴头间距10cm

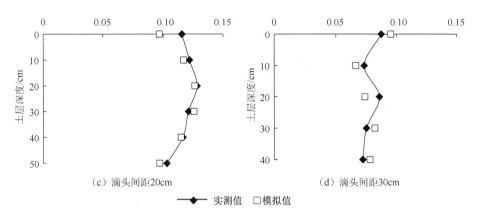

图 3.20　灌水量 10L 交汇区含水量实测值和模拟值的对比

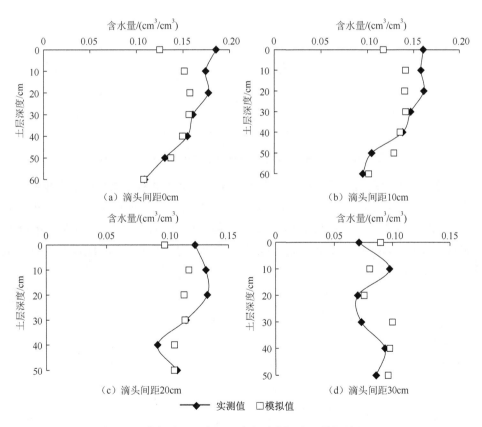

图 3.21　灌水量 12L 交汇区含水量实测值和模拟值的对比

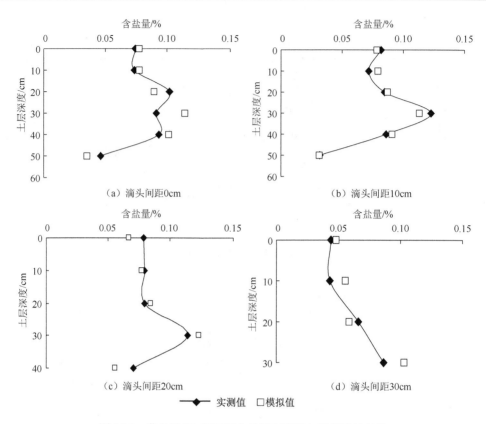

图 3.22　灌水量 8L 交汇区含盐量实测值与模拟值的对比

从图 3.19～图 3.24 可以看出，实测含水量、含盐量和模拟结果基本相同。为了评价模型模拟的可靠性，进行了统计分析，结果如表 3.6 所示。从表中可以看出，R^2 的范围为 0.86～0.92，含水量和含盐量的 RMSE 范围分别为 0.0146～0.018cm^3/cm^3，0.087%～0.092%。这些统计结果证明 HYDRUS-3D 能够很好模拟空间上的水盐分布。

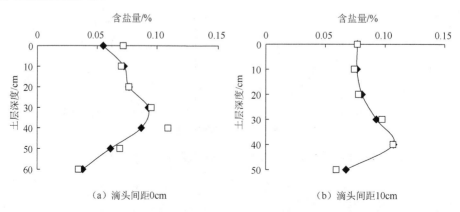

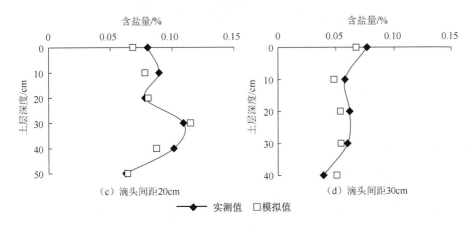

图 3.23　灌水量 10L 交汇区含盐量实测值与模拟值的对比

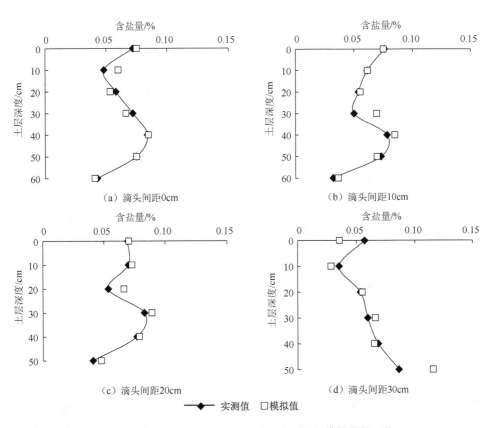

图 3.24　灌水量 12L 交汇区含盐量实测值与模拟值的对比

表 3.6　不同灌水量实测值和模拟值的对比

评价内容	灌水量/L	R^2	RMSE
含水量	8	0.92	0.017cm^3/cm^3
	10	0.88	0.015cm^3/cm^3
	12	0.86	0.015cm^3/cm^3
含盐量	8	0.92	0.005%
	10	0.90	0.004%
	12	0.87	0.005%

4. 交汇区水盐分布特征

1) 不同灌水量对交汇区水盐分布的影响

根据模拟的结果可知，交汇区湿润范围随着灌水量的增加而增加。交汇区脱盐范围的大小直接影响作物的生长发育，模拟的结果如图 3.25 所示。脱盐区范围和灌水量间存在幂函数关系。

$$y = 10.488x^{1.2596} \qquad R^2 = 0.951 \qquad (3.6)$$

式中，y 为脱盐范围（cm^2）；x 为灌水量（m^3）。

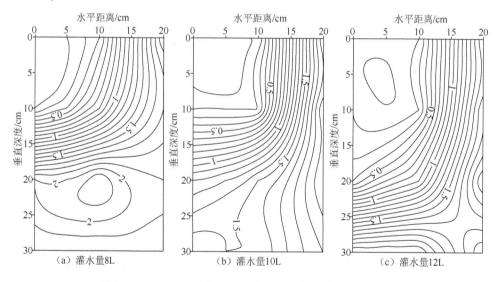

图 3.25　不同灌水量交汇区脱盐范围及含盐量（%）的分布

2) 不同滴头流量对交汇区水盐分布的影响

滴头流量的大小影响积水范围及交汇时间，最终会对交汇区分布产生重要的影响。图 3.26 为不同滴头流量条件下湿润范围，由图可以看出，湿润范围随着滴头流量的增加而增加。通过分析发现交汇区湿润面积和滴头流量呈现幂函数的关系式（3.7），通过该关系式可以计算不同滴头流量下的湿润范围。

$$y = 120097.1x^{0.8842} \qquad R^2 = 0.976 \qquad (3.7)$$

水平距离/cm
垂直深度/cm
1.8L/h
2.4L/h
3.0L/h

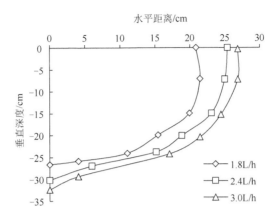

图 3.26　不同滴头流量交汇区湿润范围

图 3.27 为不同滴头流量下交汇区盐分的分布情况，脱盐区范围和滴头流量存在指数函数关系：

$$y = 269.72\ln x - 159.02 \qquad R^2 = 0.9995 \tag{3.8}$$

水平距离/cm
垂直深度/cm
(a) 滴头流量1.8L/h
(b) 滴头流量2.4L/h
(c) 滴头流量3.0L/h

图 3.27　不同滴头流量交汇区脱盐范围与含盐量（%）的分布

3）不同土壤质地对交汇区水盐分布的影响

图 3.28 为不同质地土壤交汇区湿润锋的范围，可以看出，随着饱和导水率的增加，水平湿润锋的距离在不断减少，垂直湿润锋在不断地增加。此外，对于粗质土壤，垂直湿润锋的湿润范围要远远大于水平湿润锋；而对于细质土壤，水平湿润锋和垂直湿润锋的距离基本上相等。脱盐区的规律与湿润锋规律基本相同。从图 3.29 可以看出，壤土的水平和垂直脱盐区基本相同，壤砂土的垂直脱盐范围要远高于水平方向。

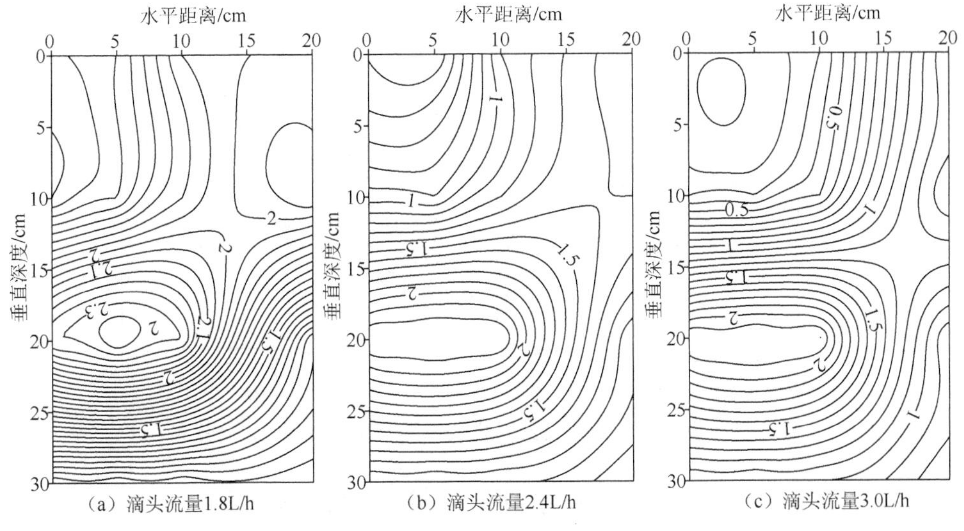

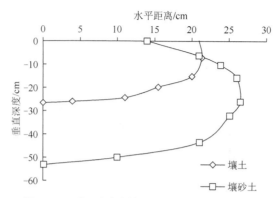

图3.28 不同质地土壤交汇区湿润范围的对比

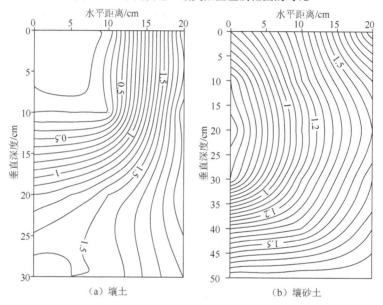

（a）壤土 （b）壤砂土

图3.29 不同土壤质地交汇区脱盐范围及含盐量（%）的分布

3.2 微咸水滴灌土壤水盐运移

微咸水由于其自身含有盐分，滴入土壤后水中的离子可以与土壤胶体中的离子发生反应，致使土壤中的水盐分布复杂性增加，同时微咸水的利用与当地气候及土壤盐碱状况紧密相关，因此针对不同气候、土壤等条件开展研究，才能全面地了解微咸水点源入渗的基本特征。

3.2.1 试验方法

试验所用滴灌水来自渠水、井水及排渠水，其水质分别为 0.74g/L（淡水）、

2.65g/L 和 4.41g/L，试验所需 3.50g/L 的水是由渠水与排渠水兑配而成。试验内容包括滴头流量为 2.7L/h 和灌水量为 8L 下，不同灌水水质 0.74g/L（淡水）、2.65g/L、3.50g/L、4.41g/L 的点源入渗试验；滴头流量为 2.7L/h 和灌水量为 10L 下，淡水和 3.50g/L 微咸水点源入渗试验。试验之前测定的初始含水量及含盐量见表 3.7。

表 3.7　土壤初始含水量和含盐量

土层深度/cm	淡水区		3.50g/L 微咸水区	
	含水量/(cm³/cm³)	含盐量/%	含水量/(cm³/cm³)	含盐量/%
10	6.48	0.352	6.18	0.171
20	7.18	0.200	7.83	0.122
30	8.35	0.225	8.49	0.127
40	9.66	0.489	9.68	0.156
50	8.73	0.147	10.44	0.938

3.2.2　灌水矿化度对土壤水盐分布的影响

3.2.2.1　灌水矿化度对土壤水分分布的影响

微咸水入渗带入一定数量的盐分离子与土壤胶体颗粒间发生着物理化学变化，影响土壤结构，表现在影响了土壤剖面内的水盐分布。图 3.30 显示了不同矿化度下滴头正下方垂直（a）和表层水平方向上（b）的含水量分布。在垂直方向 0cm 处土层含水量变化较小，接近饱和，并且随着土层深度的增加土壤含水量在减小；20cm 以上土层内随着矿化度的升高基本上是土层含水量在增大，矿化度 4.41g/L 比矿化度 0.74g/L、2.65g/L、3.50g/L 的平均含水量分别高出 3.25%、3.17% 和 2.76%；20cm 以下高矿化度下含水量降低幅度较大。在地表水平方向上，随着距离滴头距离的增加含水量也在迅速的递减，在距离滴头 25cm 处降至最小；随

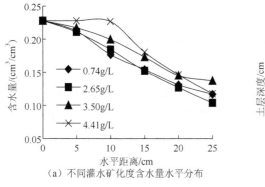
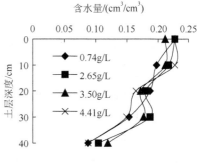

（a）不同灌水矿化度含水量水平分布　　　（b）不同灌水矿化度含水量垂直分布

图 3.30　不同矿化度下土壤含水量分布图

着矿化度的升高，地表水平方向的含水量较高，在距离滴头水平方向 10cm 以内表现明显，矿化度 4.41g/L 比矿化度 0.74g/L、2.65g/L 和 3.50g/L 的平均含水量分别高出 5.51%、4.87% 和 2.68%。综合比较可知，在滴头附近即在地表水平方向 10cm 及垂直土层深度 20cm 土壤剖面范围内土壤含水量受灌溉水质的影响较大。

3.2.2.2　灌水矿化度对土壤表层盐分分布的影响

图 3.31 显示了在试验结束时不同水质下土壤表层盐分水平方向上的分布。由图 3.31 可知，水平方向上距滴头 5cm 范围内，随矿化度的升高盐分含量增加；距滴头 10cm 内盐分变化幅度相对较小，而大于此水平距离上，小于 3.50g/L 矿化度的盐分增加明显高于大于 3.50g/L 矿化度下的盐分值，表明在同样的灌水定额下在 25cm 水平距离内高矿化度的水洗盐效果明显，且盐分在湿润锋处积累；而 4.41g/L 高矿化度下水平方向的盐分含量在整个表层高于 3.50g/L 矿化度下的盐分含量。综合比较看，在当地的土壤质地状况下，灌水水质为 3.50g/L 是试验处理的一个拐点，可能是微咸水适宜灌溉的上线。为比较分析 3.50g/L 微咸水在当地土壤质地下是否适用于滴灌，接下来讨论淡水和矿化度为 3.50g/L 的微咸水在灌水量 10L 滴灌情况下对土壤耕作层内水盐分布情况的影响。

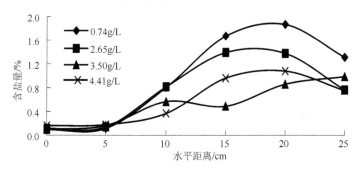

图 3.31　不同矿化度表层盐分分布

3.2.2.3　淡水和 3.50g/L 微咸水入渗下土壤水盐分布特征

1. 淡水和 3.50g/L 微咸水入渗下土壤含水量分布

图 3.32 给出的是在同一灌水量（10L）和同一滴头流量（2.7L/h）下淡水和微咸水含水量的分布。由图 3.32 可知，微咸水滴灌土壤剖面的含水量大于淡水滴灌，在水平方向和垂直方向 25cm 以上土层表现明显。在垂直 40cm 以上土层剖面内，3.50g/L 微咸水滴灌下剖面内的平均含水量比淡水条件下的平均含水量增加 2.31%。说明微咸水点源入渗可以改变土壤的物理结构，一定程度上增加了土壤水扩散率和饱和导水率，同一剖面内的含水量升高。

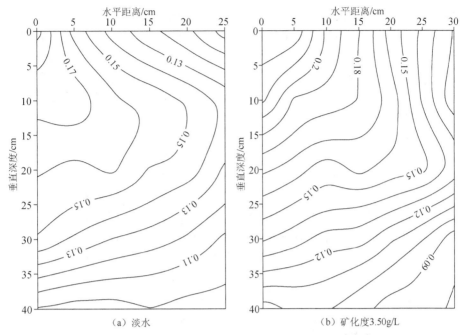

图 3.32　淡水和 3.50g/L 微咸水入渗下土壤含水量（cm³/cm³）分布

2. 淡水和 3.50g/L 微咸水入渗下土壤盐分分布

图 3.33 显示了淡水和 3.50g/L 微咸水在湿润体剖面内盐分分布。由图 3.33 知。

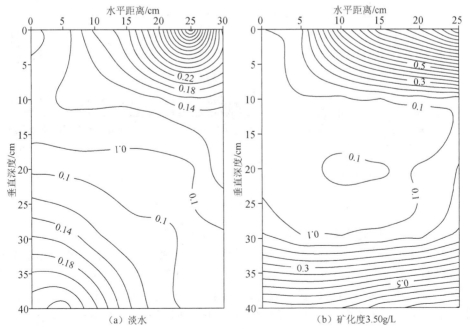

图 3.33　淡水与 3.50g/L 微咸水土壤剖面内含盐量（%）分布

除去距离滴头水平 5cm 内的表层含盐量较低外，40cm 垂直土层处含盐量均较高。一方面是土壤表层土壤盐分初始值较大，随滴灌入渗时间的延长，湿润范围扩大，盐分在表层湿润锋处积聚较多，另一方面是上层淋洗下的盐分在土壤底层 40cm 处聚集；10～30cm 垂直土层间各水平方向上的含盐量变化稳定，基本维持在 0.2% 以下，是主要的脱盐区。由表 3.7 知，淡水比 3.50g/L 微咸水试验的土壤盐分初始值大，为消除各处理初始含盐量不一致所产生的影响，选用试验结束后盐分增加量进行分析。

　　图 3.34 显示了淡水和 3.50g/L 微咸水盐分分布规律。由图 3.34（a）知，在滴头正下方垂直土层内，10L 灌水量下淡水在 34cm 以内土层一直处于脱盐状态，而 3.50g/L 微咸水则在土层 23cm 以内脱盐，以下土层处于积盐状态。从图 3.34（a）中盐分增加量的数值看，淡水的脱盐能力远高于微咸水，淡水入渗情况下滴头正下方垂直 40cm 土层内平均盐分降低值为 0.589%，3.50g/L 微咸水入渗情况下则为 0.039%；由盐分平衡可知，滴头正下方的盐分降低，盐分则随水向四周移动至湿润锋处聚集，土壤初始含盐量大，湿润锋处的盐分值也就较高。与柱状图 3.34（b）相比除去土壤初始值的影响，淡水条件下滴头正下方洗盐效果高于微咸水条件下。滴灌条件下作物不可能完全种植在滴头下方，湿润体范围内的适合的水盐含量是作物高产的前提。

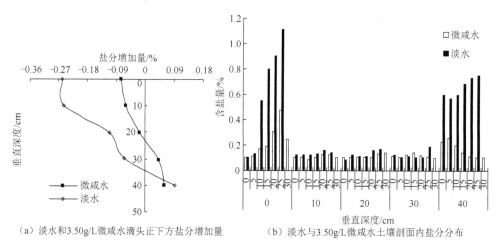

（a）淡水和3.50g/L微咸水滴头正下方盐分增加量　　　（b）淡水与3.50g/L微咸水土壤剖面内盐分分布

图 3.34　淡水和 3.50g/L 微咸水盐分分布规律

3. 淡水和 3.50g/L 微咸水滴灌下土体剖面内盐分累积情况分析

　　灌溉水质不同，盐分在土壤剖面内的累积状况也有差异。表 3.8 给出了灌水前和灌水后湿润体剖面上 40cm 以内土层含盐量均值，在 0～40cm 土层剖面内使用淡水和矿化度为 3.50g/L 的微咸水进行滴灌，试验结束时淡水比灌水前盐分增加为 0.31%，而微咸水则为 1.33%；在 10～40cm 剖面内的含盐量均值来看，淡水和微咸水滴灌结束后的含盐量均低于灌前含盐量，且淡水试验结束后比滴水前盐分减少 19.3%,微咸水减少 8.33%。由此可以看出,不论是在 0~40cm 还是在 10~40cm 土层剖面内,淡水的脱盐效果都要好于 3.50g/L 微咸水。原因是淡水滴灌只考虑存在土壤盐分的淋洗过程,而微咸水滴入土壤,带入一部分盐分,水质中的离子与土壤中的离子发生相互作用,影响着土壤盐分的淋洗过程。同时也看出,在当地的土质下使用 3.50g/L 的微咸水进行滴灌在 10~40cm 耕作层内不积盐,按湿润半径为 30cm,把 10L 水折合成灌水定额则为 23m³/亩,满足棉株在耕作层的生长。

表 3.8 淡水和微咸水(3.50g/L)滴灌湿润体剖面上 40cm 以内土层含盐量均值

水质	淡水	3.5g/L 微咸水
灌水前 0~40cm 土层内含盐量均值/%	0.323	0.150
灌水结束时 0~40cm 土层内含盐量均值/%	0.324	0.152
灌水结束时比灌前含盐量减少百分比/%	-0.310	-1.330
灌水前 10~40cm 土层内含盐量均值/%	0.316	0.144
灌水结束时 10~40cm 土层内含盐量均值/%	0.255	0.132
灌水结束时比灌前含盐量减少百分比/%	19.300	8.330

注:"-"代表含盐量增加。

综上所述,淡水和 3.50g/L 微咸水单点源入渗过程中对含盐量的影响较为明显,微咸水水平湿润距离较大,3.50g/L 微咸水滴灌条件下洗盐效果低于淡水,然而在此灌水量下 3.50g/L 微咸水滴灌 10~40cm 以内土层剖面内不积盐,根据折合的灌水定额及棉花不同生育期的生长抗性,可以避开棉花苗期使用 3.50g/L 微咸水进行滴灌而不在耕作层内积盐,需注意微咸水表层积盐明显,新疆地区的日蒸发量大,保护地膜抑制蒸发也不容忽视。

3.3 滴灌施加改良剂对土壤盐分分布影响

盐碱土当中含有大量的 Na^+,Na^+ 的存在严重影响土壤结构,使土壤的通气透水性降低,抑制土壤中水、肥的迁移,使作物营养不良,甚至死亡。通过在盐碱土中施加不同种类的改良剂如硝酸钙、硝酸钾等,从而提高置换吸附在土壤颗粒表面上的 Na^+,改善土壤结构,增加土壤的团粒结构,使土壤的通气透水性能提高,为作物的生长发育提供适宜的水、肥、气环境。然而对于改良剂的用量、施入方式对土壤盐分分布的影响则有待研究。

3.3.1 试验方法

选择两种改良剂,即硝酸钙和硝酸钾。施量浓度和施入方式如表 3.9、表 3.10 所示。试验在库尔勒试验站进行。

表 3.9　施钙试验方案

编号	滴头间距/cm	施钙浓度/(mg/L)	施钙方式	灌水量/L
1	30	400	连续	10
2	30	600	连续	10
3	30	800	连续	10
4	30	1000	连续	10
5	30	800	W-Ca	10
6	30	800	Ca-W	10
7	30	800	W-Ca-W	10
8	30	800	Ca-W-Ca	10

注：W 表示灌水；Ca 表示施硝酸钙。

表 3.10　施钾试验方案

编号	滴头流量/(L/h)	施钾浓度/(mg/L)	施钾方式	灌水量/L
1	1.0	400	连续	10
2	1.0	600	连续	10
3	1.0	800	连续	10
4	1.0	1000	连续	10
5	1.0	1500	连续	10
6	1.0	2000	连续	10
7	3.2	400	连续	10
8	3.2	800	连续	10
9	3.2	1000	连续	10
10	3.2	1000	K	10
11	3.2	1000	W-K	10
12	3.2	1000	K-W	10
13	3.2	1000	K-W-K	10
14	3.2	1000	W- K-W	10

注：W 表示灌水；K 表示施硝酸钾。

3.3.2　随水滴钙对土壤水盐运移特征研究

3.3.2.1　施钙浓度对土壤水平湿润半径的影响

图 3.35（a）显示了相同的滴头流量（1L/h）和灌水量（4L）下不同施钙浓度的地表水平湿润锋半径的对比图，图 3.35（b）显示了相同的滴头流量和灌水量下不同施钙浓度的湿润锋半径随时间的变化过程。

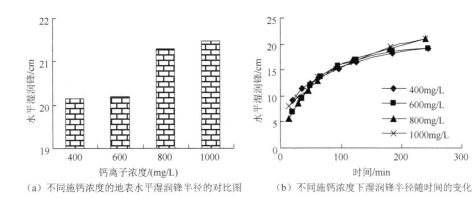

（a）不同施钙浓度的地表水平湿润锋半径的对比图　　　（b）不同施钙浓度下湿润锋半径随时间的变化

图 3.35　不同施钙浓度水平湿润锋半径的对比及随时间的推进过程

由图 3.35（a）可见，水平湿润半径随施钙浓度的增加而增大，特别是在钙离子浓度大于 800mg/L 时，水平湿润半径明显增大。这主要是钙离子的增加改善了土壤的团聚结构，团粒结构的发育一方面增加了土壤的容水能力，提高了植物的有效水分含量；另一方面钙离子的增加使团聚体之间的孔隙发育，提高了土壤的导水能力。对图 3.35（b）中的水平湿润锋半径实测点用幂函数进行拟合，其幂函数表达式为

$$R = At^B \tag{3.9}$$

式中，R 为水平湿润锋半径（cm）；t 为入渗时间（min）；A，B 为拟合值，结果见表 3.11。从相关系数来看，R^2 都在 0.96 以上，拟合效果很好。用幂函数能够很好地说明水平湿润锋的推进情况。以 800mg/L 为界，小于等于此浓度的幂函数系数 A 随浓度的升高而减小，而指数 B 在升高；在 1000mg/L 时幂函数的系数升高，指数降低。从曲线的变化趋势来看，由 400mg/L、600mg/L 和 800mg/L 变化趋势越来越陡，也就是湿润锋半径的推进速度随浓度的升高而加快。从湿润深度来看，随着浓度的升高湿润深度逐渐变浅，这与土壤容水能力随施钙浓度增加而提高是一致的。

表 3.11　不同滴灌施钙浓度的水平湿润锋半径拟合结果

浓度/(mg/L)	A	B	R^2
400	3.8820	0.2996	0.9978
600	2.2941	0.4091	0.9649
800	1.8264	0.4623	0.9763
1000	2.8705	0.3684	0.9889

3.3.2.2　施钙浓度对滴灌湿润体含水量的影响

图 3.36 为不同施钙浓度下土壤含水量等值线图。由图可见，随施钙浓度的增

加，在空间同一位置含水量增加。这就说明 Ca^{2+} 的存在可以改善土壤的结构性能，提高土壤的保水能力，减少深层渗漏，增加作物的有效吸收水分。以 30cm 深层内的平均含水量对比湿润体的蓄水能力，400mg/L 时平均含水量为 12.93%，600mg/L 为 14.33%，800mg/L 为 14.66%，1000mg/L 为 14.70%，说明盐碱土上增加 Ca^{2+} 含量，可以改善土壤结构，提高土壤蓄水能力。

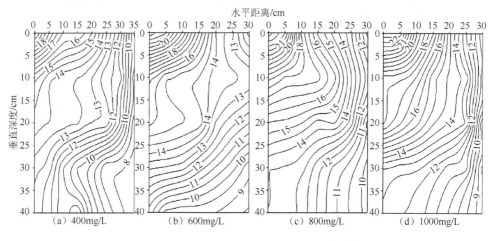

图 3.36　不同施钙浓度下土壤湿润体含水量（cm^3/cm^3）等值线图

3.3.2.3　施钙浓度对滴灌湿润体含盐量的影响

图 3.37 显示了在滴头流量为 1L/h，灌水量为 4L 滴头下方土壤含盐量变化。由图可见，在地表滴头下的含盐量相差不大；在 0～30cm 的土层内，含盐量明显的低于初始含盐量，具有明显的脱盐效果。在脱盐层范围内，施钙浓度为 800mg/L 时土壤含盐量最低。土壤含盐量的变化趋势分为两种情况，一是在施钙浓度低于等于 800mg/L 的情况下，土壤含盐量随浓度的升高而降低；二是在施钙高于 800mg/L 的情况下，土壤含盐量随施钙浓度的升高而升高。同时脱盐区范围也随着施钙浓度增加而逐渐降低。在各种浓度下平均脱盐率分别为 56.56%、55.17%、53.79% 和 42.72%。从脱盐程度来看，在施钙改良盐碱地时施钙浓度不易过高。在试验的盐碱地之上，综合脱盐区范围和脱盐程度，施钙浓度 800mg/L 可能比较合理的，以免引入更多的钙离子造成含盐量的升高，出现植物吸水困难而影响作物的正常生长。从水平含盐量的变化趋势来看，与垂直方向的变化趋势是一致的，在 800mg/L 时含盐量是最低的。不同施钙浓度的水平脱盐距离与脱盐系数见表 3.12，在施钙浓度为 800mg/L 时脱盐距离与脱盐系数均达到最大。

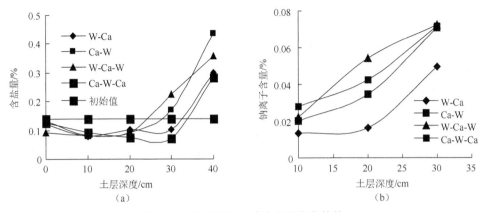

图 3.37　垂直方向土壤含盐量变化趋势

表 3.12　不同施钙浓度下水平脱盐距离与脱盐系数

评价内容	施钙浓度/(mg/L)			
	400	600	800	1000
脱盐距离/cm	26.5	25.0	28.0	18.0
脱盐系数	0.76	0.77	0.80	0.51

3.3.2.4　间歇施钙方式下土壤含水量的分布

通过分析不同施钙方式下湿润体的含水量分布来分析不同施钙方式下钙离子对土壤结构的改善效果。图 3.38 为不同施钙方式下滴灌湿润体的含水量等值线图。在滴头下含水量最高，远离水平与垂直方向含水量逐渐降低。每个湿润体的含水量之间差别不是很明显。在 40cm 之内含水量平均值分别为：W-Ca 为 14.96%，Ca-W 为 14.88%，W-Ca-W 为 14.68%，Ca-W-Ca 为 15.07%，即为土壤的储水能力之间的差异。从含水量的角度考虑，不同的施钙方式中 Ca-W-Ca 的效果最好。

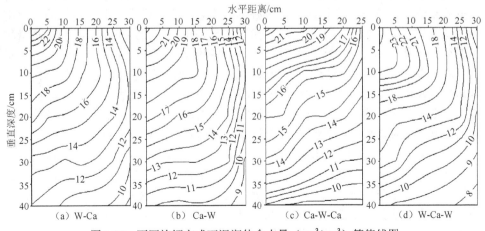

图 3.38　不同施钙方式下湿润体含水量（cm³/cm³）等值线图

3.3.2.5　间歇施钙方式下土壤含盐量的分布

不同施钙方式决定着钙离子置换钠离子作用时间不同，产生淋洗钠离子的方式不同，从不同施钙方式下土壤含盐量分布的角度来分析施钙方式的优劣。图 3.39 为在相同施钙浓度 800mg/L 时不同土层深度的土壤含盐量与土壤钠离子含量的变化趋势。从总盐角度分析土壤含盐量可见，在 20cm 之内不同施钙方式土壤含盐量之间没有明显的差异。20cm 以下不同施钙方式对盐分淋洗效果出现不同，W-Ca 与 Ca-W-Ca 两种施钙方式效果较好，Ca-W-Ca 施钙方式略好于 W-Ca。从淋洗 Na$^+$ 效果来分析，Ca-W 与 Ca-W-Ca 的效果好于其他两种。从淋洗盐分效果分析施钙方式为 Ca-W-Ca 的效果最好。

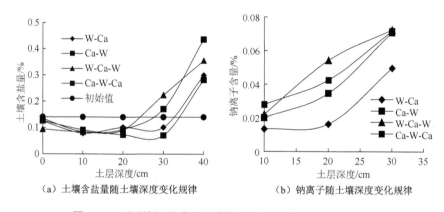

（a）土壤含盐量随土壤深度变化规律　　　（b）钠离子随土壤深度变化规律

图 3.39　不同施钙方式下土壤含盐量与 Na$^+$ 含量的变化趋势

3.3.2.6　两种施钙方式对比分析

膜下滴灌不仅需要根据作物需水规律适时适量的向作物供水，而且还需要淡化主根区的盐分，为植物创造一个易于生长的水盐环境。因为灌水结束后土壤含盐量的高低是评价一个土壤改良效果好坏的重要指标。灌水前后含盐量的变化可以通过土壤脱盐率的大小来反映，土壤脱盐率是指灌水前后土壤减少的含盐量与土壤初始含盐量的比值。比较两种施钙方式的优劣主要通过土壤含水量、含盐量以及脱盐率三方面进行分析。针对土壤 40cm 土层深度范围内的土壤平均含水量、含盐量以及脱盐率三项指标进行对比分析，具体分析结果见表 3.13。从表 3.13 可知，间歇性施钙的含水量比连续施钙的略小，除浓度为 600mg/L 外，间歇施钙的含盐量低于连续施钙的含盐量，脱盐效率也明显得好于连续施钙。

图 3.40 显示了在相同的施钙浓度的情况下，土壤含盐量变化情况。从两种不同的施钙方式下含盐量的分布来看，在 Ca-W-Ca 的间歇施钙方式下盐分淋洗效果明显的好于连续施钙的情况下，在土壤 40cm 的深度范围内，连续施钙与间歇施钙的脱盐率分别为 58.12% 和 62.44%。从土壤引入钙离子的量来看，连续施钙比间歇施钙多一倍，这也是造成土壤脱盐效率低于间歇施钙的原因。

表 3.13　不同施钙方式下含水量、含盐量以及脱盐率的分析

施钙浓度 /(mg/L)	连续施钙			间歇施钙		
	含水量/(cm³/cm³)	含盐量/%	脱盐率/%	含水量/(cm³/cm³)	含盐量/%	脱盐率/%
400	10.31	0.46	61.86	10.21	0.34	71.78
600	10.46	0.53	55.91	8.96	0.62	48.62
800	7.96	0.50	58.12	8.58	0.45	62.44
1000	9.64	0.52	56.83	9.61	0.45	62.37
1500	11.37	0.77	35.90	10.58	0.46	61.61
2000	11.44	0.78	35.07	10.79	0.76	36.73

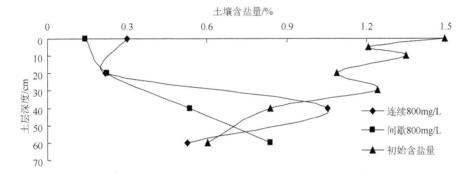

图 3.40　连续施钙与间歇施钙含盐量对比

3.3.3　随水滴钾对土壤水盐运移特征研究

3.3.3.1　施钾浓度对水平湿润锋的影响

　　土壤溶液中提高钾离子的浓度，增加钾离子的置换能力，由置换方程可看出，土壤胶体吸附的钠离子量与土壤溶液中的钾离子含量之间存在一个平衡关系，如果提高土壤溶液中的钾离子含量，使钾离子的交换能力提高，更多的置换土壤胶体吸附的钠离子。钾离子是一价阳离子，交换能力小于二价阳离子，因此置换能力不如钙离子强。图 3.41 表示不同施钾浓度对水平湿润锋推进过程的影响，在不同的浓度下水平湿润锋推进之间没有明显的区别。在施钾浓度为 2000mg/L 时湿润锋相对其他浓度较大，为 66cm。

3.3.3.2　施钾浓度对土壤含水量的影响

　　土壤中钾离子浓度的大小决定着钾离子交换钠离子能力的大小。通过在盐碱地上施入不同浓度的钾离子溶液来置换钠离子，分析在试验地块上施钾对盐碱地的改良效果。图 3.42 为不同施钾浓度下滴灌湿润体内含水量分布等值线图。由图可见，以滴头处含水量最高，向外含水量逐渐减小。施钾浓度为 400mg/L 时湿润

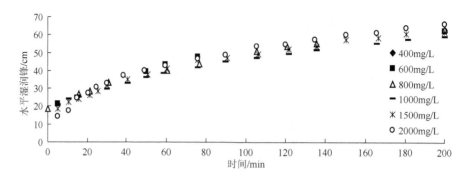

图 3.41　不同施钾浓度下水平湿润锋随时间的推进过程

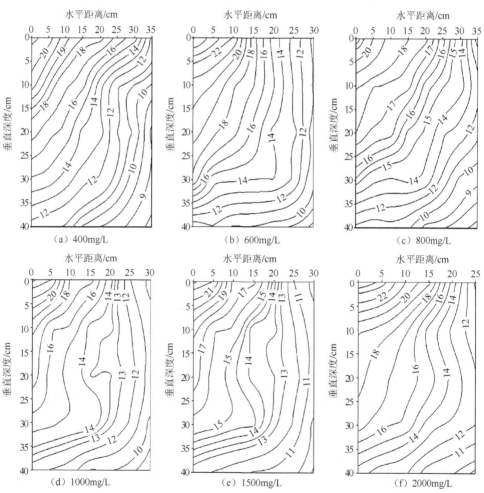

图 3.42　不同施钾浓度下滴灌湿润体内土壤含水量（cm³/cm³）等值线图

体内同一空间位置含水量最低，而 2000mg/L 的施钾浓度在湿润体内同一空间位置含水量最高，40cm 深度之内平均含水量为 15.31%，600mg/L、800mg/L 和 1000mg/L

之间含水量变化不明显。这就说明钾离子在浓度较低的情况下阳离子交换能力还是有限，不能把土壤当中的钠离子从土壤胶体颗粒上置换下来，没有根本上改善土壤结构性能。到施钾浓度在 1500mg/L 时土壤含水量开始提高，说明在钾离子浓度达到 1500mg/L 时，钾离子的置换能力才开始大于钠离子的吸附能力，因此再提高钾离子的浓度，就能明显改善土壤结构，增加土壤团粒结构，提高土壤储水能力。

3.3.3.3　施钾浓度对土壤含盐量的影响

在盐碱地上施加钾离子溶液，一方面可以置换土壤颗粒上的钠离子，另一方面也引入了钾离子。从总盐分析含盐量变化很难反映出土壤有害离子的分布情况，需要从钠离子的含量与钠吸附比两个量上来分析土壤中盐分的运移特征。由于土壤溶液中的钠吸附比不易得到，利用土水比 1∶5 的浸提液测出的钠吸附比来反映交换性钠离子的变化趋势。图 3.43 为三种施钾浓度下 Na$^+$ 含量变化趋势。由图可见，在土层深度 30cm 内钠离子含量随施钾浓度的增加而减小，施钾浓度为 1000mg/L 下钠离子的含量明显的低于其他两种浓度。在土层深度 30cm 处钠离子有积盐趋势。这说明随着施钾浓度的提高脱钠效果明显提高。400mg/L 的钠离子含量比 1000mg/L 的含量高出 22.57%；800mg/L 的钠离子含量比 1000mg/L 的含量高出 5.75%。说明随着土壤溶液钾离子浓度的提高土壤中的钠离子的含量明显降低。图 3.44 为 0～10cm 土层当中土壤 Na$^+$ 含量在水平方向的变化趋势。由图可见，在距滴头 10cm 以内，土壤钠离子含量随施钾浓度的升高而降低，在 20cm 之内施钾浓度 1000mg/L 的钠离子含量明显的低于其他两种浓度下的含量。在施钾浓度较低的情况下钾离子置换钠离子的能力很弱，随着施钾浓度的提高，置换能力逐渐增强，将吸附在土壤表面的钠离子置换到土壤水分当中，随水一起运移到湿润体边缘。在 20cm 之内，施钾浓度为 1000mg/L 的钠离子含量比 400mg/L 低 46.07%，比 800mg/L 低 45.16%。

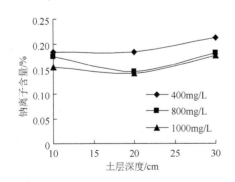

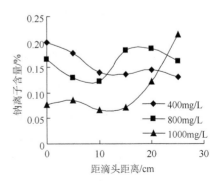

图 3.43　不同施钾浓度下钠离子垂直方向变化　　图 3.44　0～10cm 水平方向钠吸附比变化

3.3.3.4 施钾浓度对土壤钠吸附比的影响

钠吸附比（SAR）是描述钠离子相对钙离子与镁离子的含量。土壤溶液中钠吸附比太高将影响土壤结构，破坏土壤团粒结构，降低土壤的导水性与容水性，另一方面直接影响作物的生长与产量。因此，分析土壤溶液的钠吸附比是判断土壤结构与土壤水溶液优劣的依据。图 3.45 为在不同施钾浓度下钠吸附比在滴头垂直方向上变化趋势。由图可见随着施钾浓度的增加，钠吸附比逐渐减小。这就说明在盐碱地上施钾离子提高土壤溶液的钾离子浓度，可以降低土壤中钙、镁、钠离子的相对含量，降低钠离子的相对浓度，提高钙离子在土壤当中的作用，改善土壤结构，提高土壤的导水性与通气性。在 30cm 深处的钠吸附比值，1000mg/L 比施钾浓度 400mg/L 的值降低 52.42%，比 800mg/L 的值降低了 46.27%。 图 3.46 为 0～10cm 土层中在不同施钾浓度下距离滴头不同距离的钠吸附比的变化趋势。由图可见，在距滴头 20cm 之内施钾浓度 1000mg/L 的钠吸附比明显的低于 400mg/L 和 800mg/L 的钠吸附比。在 20cm 处钠吸附比有积累趋势。在 10cm 之内钠吸附比随施钾浓度的增加而降低。在 20cm 之内施钾浓度 1000mg/L 的钠吸附比比施钾浓度 400mg/L、800mg/L 的钠吸附比分别降低了 24.95% 与 31.06%。在 20cm 之外钠离子在土壤阳离子当中的比例提高。综合图 3.45 与图 3.46 可知，在滴头附近的湿润体内部的钠吸附比值随施钾浓度的增加而降低，这将为作物的生长提供适宜的水盐环境，改善土壤结构为作物创建疏松的土壤条件。

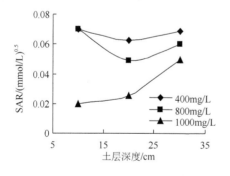 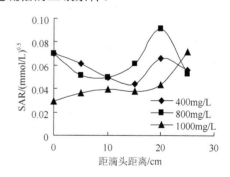

图 3.45 不同施钾浓度下垂直方向钠吸附比变化　　图 3.46 0～10cm 水平方向钠吸附比变化

3.3.3.5 施钾方式对土壤含水量的影响

图 3.47 为不同施钾方式下滴灌湿润体的含水量分布等值线图。由图可见湿润体的含水量分布为以滴头为中心向外逐渐降低，滴头下含水量最高。不同施钾方式下含水量之间差异不是很大。在 40cm 深度之内，W-K、K-W、W-K-W 和 K-W-K 的平均含水量分别为 14.36%、14.58%、14.66% 和 14.22%，平均含水量由高到低依次为 W-K-W> K-W >W-K>K-W-K。

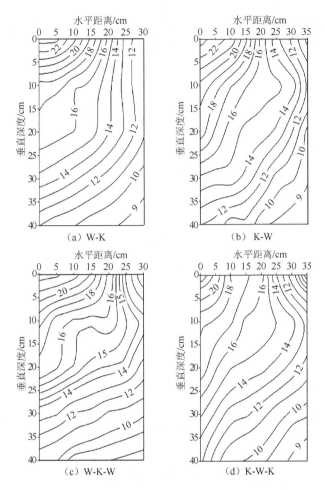

图 3.47 不同施钾方式下滴灌湿润体含水量（cm³/cm³）分布等值线图

图 3.48 为不同施钾方式下滴头处垂直方向各土层钠吸附比的变化趋势。由图可见，在 20cm 深度之内不同施钾方式的钠吸附比具有明显的区别，从小到大依次为 K-W<W-K<K-W-K<W-K-W。每个施钾方式下以滴头处钠吸附比最小，20cm 达到最大。这说明在滴头下的代换性钠离子在阳离子中所占的比例距滴头逐渐升高。在 30cm 土层深度内 W-K-W、K-W-K 和 W-K 分别比 K-W 的钠吸附比高出 36.22%、19.16%和 11.87%。

3.3.3.6 施钾方式对水平方向土壤钠吸附比的影响

图 3.49 为 0~10cm 土层在不同施钾方式下距离滴头不同距离的钠吸附比变化趋势。由图可见，不同施钾方式下钠吸附比的变化趋势不是很明显，在距滴头 20cm 之内 K-W 的钠吸附比最小，其次为 W-K。在距滴头 30cm 以内 W-K-W、K-W-K

和 W-K 的土壤钠吸附比值比 K-W 的土壤钠吸附比值分别高出 40.73%、19.09%和
9.04%。综合分析水平与垂直方向的钠吸附比的变化趋势，可知在滴头附近钠吸附
比值最小，以滴头为中心向周围逐渐增大。这为作物的生长提供了适宜的水盐环境。

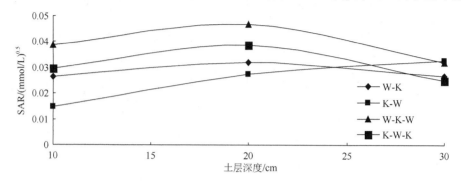

图 3.48　垂直方向钠吸附比变化趋势

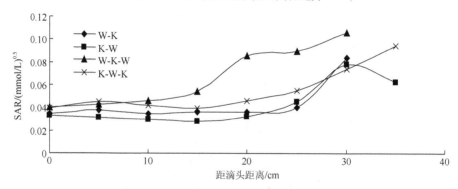

图 3.49　不同施钾条件下钠吸附比变化趋势

3.3.3.7　不同施 K 浓度下纵剖面离子分布特征

1. 不同施 K 浓度下阳离子含量垂直分布特征

为分析盐分离子的变化，选取滴头正下方垂直土层的盐分离子进行研究。
图 3.50 给出的是 Ca^{2+}、Mg^{2+}、Na^+ 在纵剖面 0～30cm 土层内的分布：不同施 K 浓
度下，从剖面分布态势看，各施 K 浓度下大致呈随土层深度的增加土壤溶液中
Ca^{2+} 含量增加的趋势；0～10cm 土层随施 K 浓度的增加 Ca^{2+} 含量在减小，在 20～
30cm 又有增加，可能是由于高施 K 浓度有利于增加土壤的孔隙度，使上层土壤
溶液中的离子向下淋洗。与初始值相比，各施 K 浓度下土壤中 Ca^{2+} 含量均升高，
升高的幅度较大，从初始值的 0.024%～0.045%升至 0.068%～0.148%，占可溶性
阳离子总量的质量分数由平均初始值的 33.9%升高至不同施 K 浓度下平均值的
72.8%，说明钾肥的施入使肥液中的 K^+ 与土壤胶体中 Ca^{2+} 进行了交换，使较多的
Ca^{2+} 析出进入土壤溶液，从而显著的增加了土壤溶液中 Ca^{2+} 含量，其中在 30cm

土层处 800mg/L 施 K 量下 Ca^{2+} 浓度高于施 K 浓度 1000mg/L 下的 Ca^{2+} 浓度。各土层 Mg^{2+} 含量相对较小，含量在 0.007%～0.015%，与初始值 0.002%～0.008% 相比较有增加，各施 K 浓度下的 Mg^{2+} 含量变化幅度不大，均在 30cm 处有增加。由于 Na^+ 是土壤离子中比较活跃的离子，在土层中的分布较散乱，在 0～20cm 土层中随着施 K 浓度的增加土壤中 Na^+ 含量在减小，则在 30cm 土层中 1000mg/L 的 Na^+ 含量最大；Na^+ 含量占耕作层纵剖面上可溶性阳离子总量的质量分数由初始值的 38.7%，下降至 400mg/L、800mg/L 和 1000mg/L 下的 12.7%、11.2% 和 7%，说明在 0～20cm 土层高施 K 浓度脱钠效果好，表现出 Na^+ 易随水移动的现象，也说明加入的 K^+ 与胶体上的盐基离子 Ca^{2+}、Mg^{2+} 和 Na^+ 发生交换作用，另一方面也与 NO_3^- 不容易被土壤固相吸附而存在于土壤溶液中，受电化学平衡支配，土壤溶液要维持电中性，使 Ca^{2+}、Mg^{2+} 和 Na^+ 更多的解析出来，Ca^{2+} 含量大于 Mg^{2+} 可能是 Ca^{2+}、Mg^{2+} 在土壤中的转化机理不同，Na^+ 在耕作层内含量降低表明交换出的 Na^+ 易随水移动，积钠区在耕作层以下；同时 Ca^{2+} 浓度显著升高，也增大了其淋失的风险。

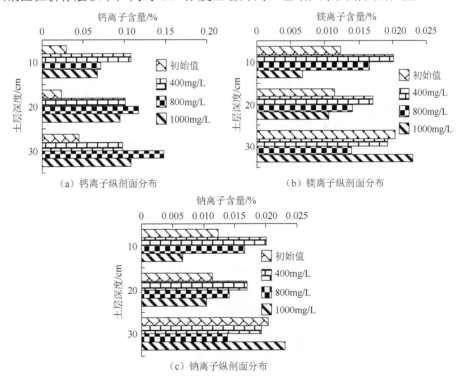

图 3.50　不同施 K 浓度下阳离子纵剖面分布

2. 不同施 K 浓度下阴离子含量垂直分布特征

土壤中纵剖面上主要阴离子的分布特征如图 3.51 所示。由图知，HCO_3^- 在纵剖面上的变化与初始值相差不大，各施 K 浓度下 HCO_3^- 的变化幅度也不是很大，浓度大都在 0.019%以下，说明在当地的土质下土壤中 HCO_3^- 的含量不大，施 K 浓度对其的改变也不是很明显。Cl^- 是土壤中对作物危害较大的阴离子，与土壤初始值相比较，400mg/L、800mg/L、1000mg/L 施 K 浓度下 30cm 土层内的 Cl^- 总量除 400mg/L 稍有升高外其他均下降，下降比率分别为 15%和 38%；在耕作层剖面上，随着施 K 浓度的增加 Cl^- 含量在降低，在土层 30cm 处有升高，这在 1000mg/L 施 K 浓度下表现最明显，说明高施 K 量有利于减少 Cl^- 含量。在图 3.51 中显示 0～30cm 耕作层内 SO_4^{2-} 在主要阴离子中含量最高，最高含量达到 3.4g/kg，400mg/L、800mg/L、1000mg/L 各施 K 浓度下 SO_4^{2-} 含量占可溶性阴离子的百分比分别为 92.3%、93.15%、89.9%，比初始值的 78.7%高出十多个百分点；在土层剖面上随着深度的增加 SO_4^{2-} 含量在升高；随着施 K 浓度的增加 SO_4^{2-} 含量有减小趋势，在 800mg/L 施 K 浓度下 SO_4^{2-} 含量有增加，可能是土壤空间变异性所致；说明施 K 可以增加土壤的 SO_4^{2-} 含量，SO_4^{2-} 易分布在湿润体边缘。

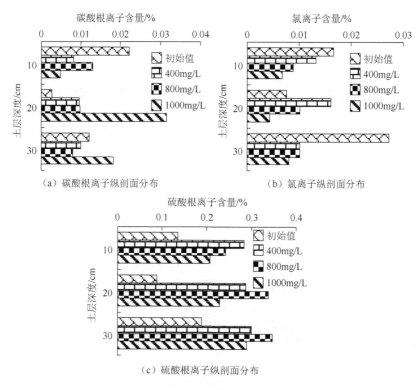

图 3.51　不同施 K 浓度下阴离子纵剖面分布

3. 不同施 K 浓度下[Cl^-]/[SO_4^{2-}]比值垂直分布特征

由表 3.14 可知，不同施 K 浓度下[Cl^-]/[SO_4^{2-}]比值的均值均比初始值下降，

400mg/L、800mg/L、1000mg/L 施 K 浓度下的下降比率分别为 60%、71%和 74%；在土层剖面上随着施 K 浓度地增加，$[Cl^-]/[SO_4^{2-}]$ 在逐渐地减小，在 0～20cm 内土层表现明显，而在土层 30cm 处各施 K 浓度下 $[Cl^-]/[SO_4^{2-}]$ 比值相差不大，在 0.03 左右。说明随着外源 K 浓度的升高，耕作区内 Cl^- 所占比例在减小，持续脱盐效果较好。增加的 SO_4^{2-} 易被棉株吸收，但是过多也容易造成土壤酸性增加。综合分析可知，三种 K 浓度下 1000mg/L 对土壤脱盐最有利。

表 3.14　不同施 K 浓度下 $[Cl^-]/[SO_4^{2-}]$ 比值的变化

土层深度/cm	初始值	不同施 K 浓度下 $[Cl^-]/[SO_4^{2-}]$		
		400mg/L	800mg/L	1000mg/L
0～10	0.116	0.047	0.037	0.036
10～20	0.078	0.057	0.029	0.020
20～30	0.146	0.033	0.028	0.031

4. 不同施 K 方式下 $[Cl^-]/[SO_4^{2-}]$ 比值垂直分布特征

对不同施 K 方式下的 $[Cl^-]/[SO_4^{2-}]$ 比值进行分析，由表 3.15 可知，剖面内 $[Cl^-]/[SO_4^{2-}]$ 比值的分布与 SAR 的分布相似，五种施 K 方式下 $[Cl^-]/[SO_4^{2-}]$ 比值均低于初始值，在垂直土层上有沿土层深度的增加 $[Cl^-]/[SO_4^{2-}]$ 比值减小的趋势，说明与连续施 K 方式相比较，不同的施 K 方式有利于深层次的脱盐；土层剖面内的平均 $[Cl^-]/[SO_4^{2-}]$ 比值表现为：W-K<K-W<连续<K-W-K<W-K-W，其中 W-K 方式下的平均 $[Cl^-]/[SO_4^{2-}]$ 比值比连续方式下的 $[Cl^-]/[SO_4^{2-}]$ 比值下降了 12%，说明 Cl^- 在剖面内所占阴离子的比例减低，SO_4^{2-} 浓度比值升高，对盐害降低明显。综合比较可知，在 1000mg/L 施 K 浓度下，W-K 这种施 K 形式在土壤耕作区内脱盐效果较好。

表 3.15　不同施 K 方式下 $[Cl^-]/[SO_4^{2-}]$ 比值的变化

土层深度/cm	初始值	不同处理下 $[Cl^-]/[SO_4^{2-}]$				
		连续	W-K	K-W	W-K-W	K-W-K
0～10	0.116	0.028	0.036	0.037	0.050	0.041
10～20	0.078	0.033	0.019	0.027	0.063	0.036
20～30	0.146	0.033	0.028	0.022	0.035	0.019

参 考 文 献

[1] 张振华, 蔡焕杰, 郭永昌, 等. 滴灌土壤湿润体影响因素的实验研究[J]. 农业工程学报, 2002, 18(2): 17-20.

[2] COELHO F E, OR D. Applicability of analytical solutions for flow from point sources to drip irrigation management[J]. Soil Science Society of America Journal, 1997, 61(5): 1331-1341.

[3] BRESLER E. Analysis of trickle irrigation with application to design problems [J]. Irrigation Science, 1978, 1(1): 13-17.

[4] 汪志荣, 王文焰, 王全九, 等. 点源入渗土壤水分运动规律实验研究[J]. 水利学报, 2000, 1(6): 39-44.

[5] 张振华, 杨润亚, 蔡焕杰, 等. 土壤质地、密度及供水方式对点源入渗特性的影响[J]. 农业系统科学与综合研究, 2004, 20(2): 81-85.

[6] 陈渠昌, 吴忠渤, 佘国英, 等. 滴灌条件下沙地土壤水分分布与运移规律[J]. 灌溉排水学报, 1999, 18(1): 28-31.

[7] 费良军, 谭奇林, 王文焰, 等. 充分供水条件下点源入渗特性及其影响因素[J]. 土壤侵蚀与水土保持学报, 1999, 5(2): 70-74.

[8] 谭奇林. 充分供水条件下的点源入渗实验研究[D]. 西安: 西安理工大学, 1998.

[9] 吴军虎. 膜孔灌溉入渗特性与技术要素实验研究[D]. 西安: 西安理工大学, 2000.

[10] 王文焰, 谭奇林, 缴锡云, 等. 膜孔灌溉点源入渗模型的建立与验证[J]. 水科学进展, 2001, 12(3): 300-306.

[11] 张振华, 蔡焕杰, 杨润亚, 等. 点源入渗等效半球模型的推导和实验验证[J]. 灌溉排水学报, 2004, 23(3): 9-13.

[12] 孙海燕, 李明思, 王振华, 等. 滴灌点源入渗湿润锋影响因子的研究[J]. 灌溉排水学报, 2004, 23(3): 14-17.

[13] 王志成, 杨培岭, 任树海, 等. 保水剂对滴灌土壤湿润体影响的室内实验研究[J]. 农业工程学报, 2006, 22(12): 1-6.

[14] 孙海燕, 王全九, 刘建军. 施钙浓度对滴灌盐碱土水盐运移特征研究[J]. 水土保持学报, 2008, 22(1): 20-23.

[15] 刘建军, 王全九, 张江辉. 滴灌施钙土壤水盐运移特征的田间试验研究[J]. 土壤学报, 2010, 47(3): 568-573.

[16] 王春霞, 王全九, 刘建军. 滴灌施钾肥土壤水盐分布特征的田间试验[J]. 农业工程学报, 2010, 26(3): 25-31.

[17] 郑园萍, 吴普特, 范兴科. 双点源滴灌条件下土壤湿润锋运移规律研究[J]. 灌溉排水学报, 2008, 27(1): 28-30.

[18] 李发文, 费良军. 膜孔灌多点源交汇入渗影响因素试验研究[J]. 农业工程学报, 2001, 17(6): 26-30.

第4章 作物耐盐特征分析

由于土壤所含盐分降低土壤水分溶质势，破坏土壤结构，同时个别离子具有较强毒性，直接影响作物的正常生长。但不同作物对于盐分忍耐程度不同，即作物具有的耐盐度或耐盐阈值不同。大量研究表明，盐分胁迫会导致作物播种后出现发芽率低、出苗时间延迟、发育不良和产量下降等问题[1-10]。为了更好地了解不同作物的耐盐程度，分别对棉花、玉米、冬小麦、油葵和紫花苜蓿等五种作物耐盐特征进行研究。

4.1 棉花耐盐特征

4.1.1 试验材料与方法

为了分析不同条件下棉花的耐盐性进行棉花耐盐性试验，包括盒栽试验、盆栽试验及大田试验。试验在新疆库尔勒重点灌溉试验站进行，供试棉花品种为当地普遍使用的"新陆中21号"。试验土样取自试验站上1#试验地0～20cm土层混合样，风干过1mm土筛，土样颗粒组成具体为：砂粒88.87%，粉粒9.41%，黏粒1.72%，土壤质地为砂土。

4.1.1.1 微咸水对棉花种子发芽影响试验

选取净种子50粒，置于培养皿，用纸上法发芽，土壤初始含盐量为0.22%。试验按照矿化度设计0.47g/L（淡水）、1.03g/L、2g/L、2.75g/L、3.4g/L、4g/L和5g/L 7个处理，每个处理设4个重复。在每个培养皿中准确加入配好的盐溶液25mL，称重后，置于温度为（30±1）℃恒温培养箱中发芽，每隔1天用称重法补充缺失水分，以控制培养皿内盐分浓度的恒定。

分别于第3天和第7天统计发芽势和发芽率，以对照发芽率为基数计算相对发芽率，相对发芽率=处理发芽率/对照发芽率×100%；以胚根长度为基础计算活力指数（VI），VI=幼根长×∑（发芽数/发芽日数）[11]。

4.1.1.2 微咸水和土壤含盐量对出苗影响试验

试验采用上下直径分别为25cm、30cm，高为30cm的聚乙烯塑料桶，盆底有直径为10mm的6个排水孔。试验过程中，土壤含盐量小于0.33%的土壤直接取自试验地,大于 0.33%的土壤采用含盐量少的土壤与不等数量磨碎的盐结皮混合而成。每桶装土 25kg,装好土的试验桶埋于试验地,以使试验条件接近实际情况。尿素(481.5kg/hm^2)、有机复合肥(450kg/hm^2)全部基施。播前加水使桶内土壤含水率达到田间持水率的 85%。每桶播入棉花种子 20 粒,播种深度为 3~5cm,播后在土表覆膜。棉花 1~2 片真叶时间苗,3 叶期定株,每桶留 4 株。

试验分 2 年进行,2008 年进行了只考虑不同灌水矿化度作底墒水单因素影响下的棉花耐盐性试验,供试土壤含盐量为 0.22%,灌水矿化度为 1.03g/L、2g/L、2.75g/L、3.4g/L、4g/L、5g/L、6g/L 和 7g/L,每个处理重复 3 次。7 月 29 日播种,播种后每隔 3 天观察出苗情况,2 周后计算出苗率,40 天后用直尺测定株高和叶面积,游标卡尺测定直径,叶面积采用叶长×叶宽×0.84 计算。为对比分析灌水矿化度与土壤所含盐分对棉花出苗的影响,2009 年进行了灌水矿化度与不同土壤含盐量两因素影响下的棉花耐盐性试验,试验设计见表 4.1,每个处理重复 3 次,共 54 桶。5 月 14 日播种,播种后每隔 3 天观察出苗情况,2 周后计算出苗率,同时分层取土样(0~10cm,10~20cm),用电导法测定土壤含盐量,烘干法测定土壤含水量。

表 4.1　2009 年盆栽试验设计

灌水矿化度/(g/L)	土壤含盐量/%						
	0.17	0.33	0.50	0.60	0.71	0.80	1
淡水	√	√	√	√	√	√	√
3	√	√	√	√	√	—	—
5	√	√	√	—	—	—	—
7	√	√	—	—	—	—	—
9	√	—	—	—	—	—	—

注:"√"表示设计的试验,"—"表示未设计此实验方案。

4.1.1.3　大田棉花出苗特征试验

试验田种植棉花均采用膜下滴灌的形式,大田出苗率调查则选择在相邻的 1#、2#和 3#试验田,供试田块的土壤容重在 1.59~1.63g/cm^3,土壤为砂土-砂壤土,由于土壤盐分的空间变异性较大,1#、2#和 3#试验田中 0~20cm 土层的平均含盐量为 0.17%~1%。田间采用 1 膜 1 管 4 行(既 1 条滴灌带布置在膜中间,滴灌带的两边种植 4 行棉花)布置方式,宽行 40cm,窄行 20cm,株距 10cm。1#试验田有冬灌水,2#、3#试验田采用干播湿出的耕作方式。

试验于 2009 年进行,田间于 4 月 30 日采用机械播种,播种后 20d 根据田间的出苗情况,取 1m^2 面积上出苗数/出苗孔数(认为每个出苗孔生长 1 棵苗即认为出苗）计算出苗率，同时在此面积上的窄行内选择 2 个点分层取土样（0～10cm，>10～20cm），用电导法测定土壤含盐量，烘干法测定土壤含水量。

4.1.2　棉花种子发芽期耐盐性

表 4.2 为不同灌水矿化度对棉花种子发芽率的影响。由表 4.2 知，随着灌水矿化度的增加，棉花种子的发芽势、发芽率及相对发芽率均降低，矿化度越高降低越显著，矿化度至 5g/L 时虽有 1%的发芽势，但是在播种 7 天后统计发芽率时具有发芽势的种子已经萎缩，发芽率为 0。说明盐分浓度越高对棉花种子发芽的抑制作用越大。当溶液矿化度大于 2g/L，其棉花种子的相对发芽率迅速降低至 41.77%以下，对相对发芽率与溶液矿化度进行回归分析，两者呈显著负相关，其关系式为

$$X = -23.227C + 99.225 \qquad R^2 = 0.9175 \qquad (4.1)$$

式中，X 为相对发芽率（%）；C 为溶液矿化度（g/L）；R^2 为相关系数。根据参考文献[2]令相对发芽率分别为 75%、50%和 0 为棉花萌发期耐盐的适宜值、临界值和极限值，代入式（4.1）得到棉花种子室内萌发的不同灌水矿化度适宜值、临界值和极限值分别为 1.05g/L、2.12g/L 和 4.28g/L。

活力是指种子的健壮度，包括迅速、整齐萌发的发芽潜力、生长潜势及生产潜势[13]。萌发活力指数综合考虑了发芽率和幼苗的长势情况。由表 4.2 可得，棉花种子的萌发活力指数随灌水矿化度的升高降低的幅度较发芽率大，至矿化度为 2g/L 时是对照的 23%，说明溶液矿化度不仅影响种子的发芽潜势，也影响发芽后的生长潜势。

表 4.2　不同灌水矿化度对棉花种子发芽率的影响

灌水矿化度/(g/L)	发芽势/%	发芽率/%	相对发芽率/%	萌发活力指数/cm
0.47（对照）	60.00	79.00	100.00	14.32
1.03	33.00	63.50	80.38	7.12
2	17.50	33.00	41.77	3.27
2.75	14.00	20.50	25.95	2.08
3.4	3.50	8.50	10.76	0.50
4	2.00	2.00	2.53	0.23
5	1.00	0.00	0.00	0.00

4.1.3　土培棉花出苗的耐盐性

4.1.3.1　灌溉水矿化度对棉花出苗的影响

土壤底墒水含盐量越高，带入土壤中的盐分也相对较多，对棉花出苗必定产生影响。图 4.1 为 2008 年不同灌水矿化度作为底墒水时对棉花出苗的影响。由图 4.1 知，灌水矿化度分别为 1.03g/L、3.4g/L、7g/L 时棉花出苗率分别为 90%、

65%和0，通过拟合分析可知，灌水矿化度与棉花出苗率两者呈显著线性负相关，关系式如式（4.1）和式（4.2）所示。

$$C_g = -0.0552X' + 7.0413 \qquad R^2 = 0.9683 \qquad (4.2)$$

$$X' = -17.539C_g + 125.3 \qquad R^2 = 0.9683 \qquad (4.3)$$

式中，X' 为相对出苗率（%）；C_g 为灌水矿化度（%）；R^2 为相关系数。

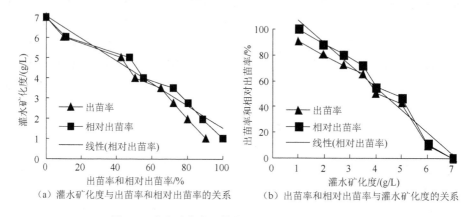

（a）灌水矿化度与出苗率和相对出苗率的关系　　（b）出苗率和相对出苗率与灌水矿化度的关系

图 4.1　灌水矿化度对棉花出苗的影响（2008 年）

造成这一现象的原因是，随着灌水矿化度的增加，出苗日期推迟，且后期的死苗现象严重，灌水矿化度至 4g/L 时有 5%的死苗率，灌水矿化度至 6g/L 时有 33%的死苗率。相比来说高矿化度水做底墒水出苗及保苗能力减弱，导致统计出苗率日期时棉的出苗率低。依据参考文献[12]，令相对出苗率为 75%、50%和 0 时分别为棉花苗期耐盐的适宜值、临界值和极限值（下同）。由图 4.1 拟合出的矿化度与棉花出苗率的线性关系式计算，底墒水矿化度的适宜值、临界值和极限值分别为 2.87g/L、4.28g/L、7.04g/L。

4.1.3.2　灌水矿化度对棉苗生长的影响

株高、直茎及叶面积是表征作物地上部分的生育指标，它反映作物生长状态。从表 4.3 可以看出，随着灌水矿化度的升高，株高、直茎及叶面积均有明显的下降，棉苗表现出生长慢、苗矮小、子叶面积小的现象。灌水矿化度小于 4g/L 时，各项生育指标均处于较高的水平；灌水矿化度至 4g/L 时，株高、直茎及叶面积比淡水（1.03g/L）条件分别下降了 39.51%、15.15%及 37.53%；灌水矿化度高于 4g/L 时，株高及叶面积下降 50%以下，灌水矿化度达到 7g/L 时棉苗素质为 0，这与 4.1.3.1 小节得到的底墒水矿化度的临界值和极限值 4.28g/L、7.04g/L 相对应，表明用高矿化度的水作为播种前的底墒水对棉苗素质有显著的抑制作用，故在严重缺水的轻质盐碱土地上可以考虑用底墒水极限值内的 4～6g/L 的水作为播种前的底墒水。

表 4.3　灌水矿化度对棉苗素质的影响（2008 年）

灌水矿化度/(g/L)	株高/cm	直茎/cm	叶面积/cm^2
1.03	12.150	0.495	9.894
2	10.950	0.480	9.202
2.75	9.720	0.450	7.704
3.4	8.250	0.429	7.358
4	7.350	0.420	6.181
5	6.150	0.405	5.221
6	4.950	0.390	4.058
7	0.000	0.000	0.000

注：棉花叶面积为子叶叶面积。

4.1.3.3　土壤含盐量对出苗的影响

2008 年的棉花出苗试验中只考虑不同灌水矿化度的影响，由于土壤含盐量与灌水矿化度是两种不同的盐分胁迫方式，其值的大小均会影响棉花出苗的情况，但是这两种因素哪个影响棉花出苗的作用大些，也是需要研究的问题，故 2009 年在 2008 年试验的基础上组合灌水矿化度及不同土壤含盐量进行棉花耐盐性试验。表 4.4 给出了组合试验对棉花出苗的影响。由表 4.4 可见，淡水处理中随着土壤盐分的增加出苗率降低，当土壤含盐量为 0.6%时出苗率为 25%，土壤含盐量大于 0.71%时则不出苗；灌水矿化度条件下随着土壤含盐量的增加对出苗率的影响也加大，在土壤含盐量为 0.17%时，矿化度 3g/L 的水比淡水浇灌下棉花出苗率降低 14%，而土壤含盐量达到 0.5%时，3g/L 水下的出苗率比淡水降低 40%；而同一含盐量下灌水矿化度对出苗的影响与 2008 年试验（土壤含盐量 0.22%）趋势一致，此时在灌水矿化度为 5g/L 时，出苗率为 42.5%，介于 2009 年试验中土壤含盐量为 0.17%和 0.33%下的 55%和 15%出苗率之间。故综合两年试验情况比较可知,土壤含盐量在 0.33%以下,灌水矿化度不超过 5g/L;土壤盐质量分数在 0.33%～0.5%时灌水矿化度不超过 3g/L；土壤含盐量大于 0.5%时应采用淡水灌溉。

表 4.4　灌水矿化度与土壤含盐量组合对棉花出苗的影响（2009 年）

灌水矿化度/(g/L)	不同土壤含盐量（%）的出苗率/%						
	0.17	0.33	0.50	0.60	0.71	0.80	1.00
淡水	95	80	65	25	0	0	0
3	81	45	25	0	0	0	0
5	55	15	0	0	0	0	0
7	0	0	0	0	0	0	0
9	0	0	0	0	0	0	0

用不同矿化度的水做底墒水，会给土壤带入一定量的盐分。为更精确的对比土壤含盐量与出苗率的关系，在进行测定棉花出苗率的同时在每个土桶内分层取土样（0～10cm，10～20cm）监测土壤含盐量，利用算术平均取 0～20cm 土层的含盐量作为影响出苗的盐分值。图 4.2 显示了灌水矿化度与土壤含盐量组合下得到的土壤含盐量与出苗率的关系。由图 4.2 知，土壤含盐量与棉花出苗率呈显著负相关，当棉花出苗率分别为 95%、70% 和 10% 时，对应的土壤含盐量为 0.174%、0.310% 和 0.632%。土壤含盐量与相对出苗率的拟合关系式为

$$\lambda = -0.004956X' + 0.6676 \qquad R^2 = 0.8693 \qquad (4.4)$$

$$X' = -175.39S + 124.15 \qquad R^2 = 0.8693 \qquad (4.5)$$

式中，X' 为相对出苗率（%）；λ 为土壤含盐量（%）；R^2 为相关系数。由此计算出棉花出苗时土壤含盐量的适宜值、临界值和极限值分别为 0.28%、0.42% 和 0.71%。

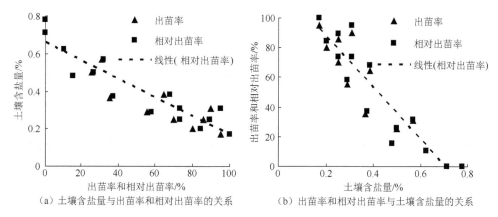

（a）土壤含盐量与出苗率和相对出苗率的关系　　　（b）出苗率和相对出苗率与土壤含盐量的关系

图 4.2　土壤含盐量与出苗率的关系（2009 年）

4.1.3.4　底墒水与土壤含盐量对棉花出苗影响对比

为了分析土壤初始含盐量、入渗水矿化度与土壤入渗后含盐量的相互关系，先将入渗水矿化度转化成土壤含盐量。假设土壤孔隙被入渗水饱和，入渗水矿化度即为饱和提取液浓度，那么相应的土壤含盐量值为

$$C_1 = C_s \left(\frac{1}{B} - \frac{1}{\rho} \right) \qquad (4.6)$$

式中，C_s 为饱和提取液浓度（mg/L）；C_1 为土壤可溶性离子含量（mg/kg）；B 为土壤容重（g/cm³）；ρ 为土壤密度（g/cm³），一般取值 2.65g/cm³。

利用式（4.6）计算得入渗水矿化度带入土壤的盐分与淡水带入土壤的盐分之差，数值列于表 4.5。表 4.5 和表 4.6 分别列出了不同灌水矿化度及土壤含盐量对出苗率降低比率的影响。以美国盐渍土盐化程度分级，分析不同灌水矿化度及不同土壤含盐量对出苗率的影响。由表 4.5 知，对于轻度盐碱土，土壤含盐量为

0.17%～0.33%，1.03～7g/L 灌水矿化度相比淡水带入土壤增加的含盐量为 0～
0.14%，出苗率降低 15%～100%；由表 4.6 知，在土壤含盐量不同处理中，当土
壤含盐量为 0.16%，出苗率降低 16%～73%，灌水矿化度影响出苗率的降低比率
幅度大。对于中度盐碱土，土壤含盐量 0.33%～0.50%，1.03～7g/L 灌水矿化度相
比淡水带入土壤增加的含盐量 0～0.14%，出苗率降低 44%～100%；在土壤含盐
量不同处理中，当土壤含盐量增加 0.17%，出苗率降低 32%～100%，灌水矿化度
影响出苗率的降低比率幅度大。对于重度盐碱土，土壤含盐量≥0.6%，淡水情况
下出苗困难，用高矿化度的水作为棉花出苗的底墒水，意义不大。综合比较可知，
对于中度及以下盐碱土中，用不同矿化度的水做底墒水对出苗的影响较土壤含盐
量的影响大。

表 4.5　不同灌水矿化度对出苗率降低比率的影响（2009 年）

灌水矿化度/(g/L)	不同灌溉水矿化度带入土壤增加的含盐量/%	不同土壤基础含盐量（%）的出苗率降低比率/%				
		0.17	0.33	0.50	0.60	0.71
淡水	0	0	0	0	0	0
3	0.047	−15	−44	−67	−100	—
5	0.094	−42	−81	−100	−100	—
7	0.141	−100	−100	−100	−100	—
9	0.188	−100	−100	−100	−100	—

注：以淡水灌水矿化度作为对照，土壤增加的盐分是指灌水矿化度与淡水带入土壤的盐分之差。

表 4.6　不同土壤含盐量对出苗率降低比率的影响（2009 年）

灌水矿化度/(g/L)	不同土壤含盐量增加值（%）的出苗率降低比率/%				
	0	0.16	0.33	0.43	0.54
淡水	0	−16	−32	−74	−100
3	0	−44	−69	−100	−100
5	0	−73	−100	−100	−100
7	0	—	—	—	—

注：以土壤含盐量 0.17%作为对照。

4.1.4　大田棉花出苗状况及耐盐性分析

4.1.4.1　土壤含盐量对棉花出苗的影响

由于田间土壤盐分空间变异性较大，即使在同一块地，相同的耕作条件下棉
花出苗的差异性也较大，为此在播种后的 2 周对相邻的 1#、2#、3#田块进行出苗
及土壤盐分的调查。调查点选择在出苗情况有差异的地方，面积取 1m²，取样点
选择在此面积窄行中间，选择 2 个点分层取的土样（0～10cm，10～20cm）利用

算术平均取 0~20cm 土层的平均含盐量作为调查出苗的盐分值。根据调查结果，田间出苗率与 20cm 内的平均含盐量关系如图 4.3 所示。由图 4.3 可知，随着土壤盐分含量的增加，棉花出苗率降低，当土壤含盐量在 0.75%、0.40%及 0.17%时对应的出苗率分别为 21%、60%及 100%；土壤含盐量与出苗率两者也呈明显的直线负相关，关系式如式（4.7）和式（4.8）。由两者拟合的关系式计算得出棉花出苗时土壤含盐量的适宜值、临界值和极限值分别为 0.37%、0.58%和 1.01%。相比盆栽试验的结果看，这 3 个指标均高于盆栽试验，其中土壤含盐量适宜值及临界值分别增加 0.07%及 0.16%。主要由于盆栽小环境下，边壁效应增大，影响土体内水-盐之间的相互调节作用，致使相同含盐量条件下对盆栽出苗的抑制性加大。

$$\lambda = -0.00823X' + 0.9921 \qquad R^2=0.9541 \qquad (4.7)$$
$$X' = -115.95S + 117.44 \qquad R^2=0.9541 \qquad (4.8)$$

式中，X' 为相对率出苗率（%）；λ 为土壤含盐量（%）；R^2 为相关系数。

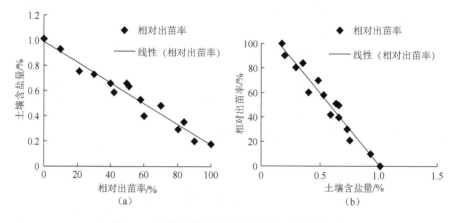

图 4.3　田间土壤含盐量与相对出苗率的关系

4.1.4.2　土壤溶液浓度对出苗率的影响

含盐土壤中水是盐分载体，盐随水运动，水-盐相互作用影响着作物的生长。即使土壤含盐量相同，如果土壤含水率不同，那么对作物产生的盐害程度也不一致。土壤溶液浓度则指土壤含盐量与体积含水量的比值，是表征土壤水-盐联合胁迫的综合评定指标。图 4.4 显示了大田及盆栽条件下土壤溶液浓度与出苗率的关系。由图 4.4 可知，随着土壤溶液浓度的升高棉花出苗率降低，土壤溶液浓度大于 20g/L 时棉花出苗率降低的速度大。在盆栽试验中土壤溶液浓度为 12.70g/L、21.78g/L 和 48.46g/L 对应的棉花的出苗率分别为 100%、57%和 0。原因是土壤溶液浓度过高，会对棉花种子产生渗透胁迫或离子毒害，造成其生理过程受抑制，从而使棉花的出苗及保苗困难。通过试验数据拟合可见，土壤溶液浓度与出苗率间呈线性负相关，具体关系式为

$$X' = -2.1144C_{盆栽} + 118.44 \qquad R^2 = 0.824 \qquad (4.9)$$

$$X' = -1.4350C_{大田} + 96.779 \qquad R^2 = 0.796 \qquad (4.10)$$

综合盆栽与大田中土壤溶液浓度与出苗率间的关系，得到

$$X' = -1.7472C_{综合} + 106.45 \qquad R^2 = 0.785 \qquad (4.11)$$

式中，X' 为相对出苗率（%）；$C_{盆栽}$、$C_{大田}$、$C_{综合}$ 分别为盆栽土壤溶液浓度、大田土壤溶液浓度和综合土壤溶液浓度（g/L）；R^2 为相关系数。

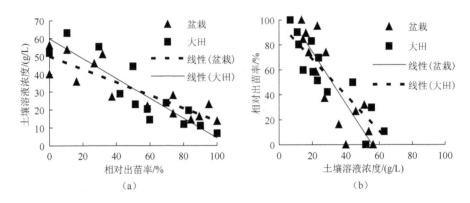

图 4.4　土壤溶液浓度与相对出苗率的关系

比较盆栽与大田的拟合直线关系可知，当出苗率大于 47.99% 时，大田土壤溶液浓度小于盆栽，当出苗率小于 47.99% 时，则相反。计算得到的土壤溶液浓度的适宜值、临界值和极限值分别为：22.38g/L、32.12g/L、51.61g/L（盆栽）；17.92g/L、31.79g/L、59.52g/L（大田）。与上述比较可知，除适宜值外，大田中出苗的含盐量均高于盆栽，而影响出苗的临界值土壤溶液浓度与盆栽相当，说明田间含盐量增加，相应的大区域间的含水率也增加，土壤溶液浓度没有显著增加，对出苗伤害减轻。由综合关系式得到土壤溶液浓度临界值为 32.31g/L。

4.2　灌溉水矿化度与土壤含盐量对作物及牧草生长的影响

4.2.1　试验方法

试验是在天津静海进行的，试验共选择三种作物和一种牧草进行研究，供试作物分别为玉米（京单 28）、冬小麦（京冬 1 号）和油葵（G101），牧草为紫花苜蓿（金皇后）。试验全部采用盆栽方式，在防雨棚内进行，所采用的种植容器为直径 20cm，深 20cm 的陶土盆。每盆播种 20 粒，播种后灌水，各处理灌水量均为 2L/盆，试验期间不再进行灌溉。播种后 20 天进行株高测定后，试验结束。

为了减小灌溉水带入土壤盐分而引起的差异，本次试验的淡水选择了试验地经过淡化处理的深层地下水，矿化度为 0.3g/L。一般而言，玉米耐盐性较差，冬小麦略强，油葵耐盐性高，牧草的耐盐性最高。根据每一种作物耐盐性的高低，分别对其设定试验方案。三种作物及牧草灌溉水矿化度各设置为 4 个水平（采用当地深层地下淡水和浅层地下咸水配置而成），土壤含盐量各设置为 4 个水平（根据当地土壤以及灌溉水的盐分组成，在天然土的基础上加入适量的盐分配置而成）。当采用不同矿化度的微咸水进行灌溉时，土壤均为天然土，即含盐量为 0.8%；当土壤初始含盐量不同时，灌溉水均采用淡水，即矿化度为 0.3g/L。总体设计依据为采用设计矿化度微咸水灌溉后，土壤的含盐量与设计土壤含盐量的值大小相等，如采 2L 2g/L 的微咸水灌溉后陶土盆中的土壤含盐量为 0.125%；2L 3g/L 的微咸水灌溉后陶土盆中的土壤含盐量为 0.15%，如此一一对应。具体试验方案列于表 4.7。另外，为了减小提高试验的准确度，每个处理设置 3 个重复。

表 4.7 试验方案

作物/牧草	灌溉水矿化度水平/(g/L)				土壤含盐量水平/%			
	水平一	水平二	水平三	水平四	水平一	水平二	水平三	水平四
玉米	0.3	2	3	4	0.08	0.125	0.150	0.175
冬小麦	0.3	3	4	5	0.08	0.150	0.175	0.200
油葵	0.3	4	6	8	0.08	0.175	0.225	0.275
苜蓿	0.3	4	7	9	0.08	0.200	0.250	0.300

观测项目主要包括出苗情况和株高。出苗率及出苗时间按下列公式计算：

$$\eta = \frac{G}{N_s} \times 100\% \tag{4.12}$$

$$T = \frac{\sum_{i=1}^{n} G_i T_i}{\sum G} \tag{4.13}$$

式中，η 为出苗率（%）；G 为出苗数；N_s 为种子数；T 为出苗天数（d）；G_i 为播种日至出苗终止日间的逐日出苗数；T_i 为与 G_i 所对应的天数（d）；n 为出苗终止天数（d）。

出苗观测结束后，玉米和油葵每盆选择长势一致的 10 株留苗；冬小麦和苜蓿不间苗。每盆选具有代表性的 5 株进行测定。测定时间为播种后 20 天。

4.2.2 灌溉水矿化度和土壤含盐量对作物及牧草出苗情况的影响

盐分胁迫抑制种子正常萌发，这是妨碍作物在盐碱地上立苗的实践性问题[14]。大量研究表明，在盐渍化土壤中作物播种后会出现发芽率低、出苗时间延迟以及生长不整齐等问题[15]。但目前对于微咸水灌溉后作物出苗率、出苗时间及生长状况的定量关系研究相对较少。针对上述问题，主要研究不同初始土壤含盐量情况下以及采用不同矿化度的微咸水灌溉后，对玉米、冬小麦、油葵以及苜蓿出苗率和出苗时间的影响。

4.2.2.1　玉米出苗率及出苗时间变化特征

图 4.5 显示了玉米的出苗率及出苗时间随灌溉水矿化度的变化情况，图 4.6 显示了玉米的出苗率及出苗时间随土壤初始含盐量的变化情况。从图中可以看出，随着灌溉水矿化度和土壤初始含盐量的增大，玉米的出苗率逐渐降低，出苗时间逐渐延长。

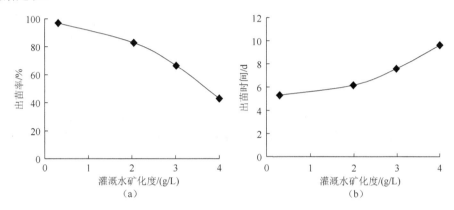

图 4.5　灌溉水矿化度对玉米出苗率及出苗时间的影响

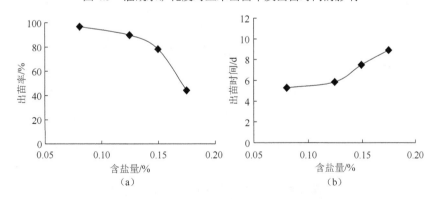

图 4.6　土壤初始含盐量对玉米出苗率及出苗时间的影响

表 4.8 显示了不同灌溉水矿化度水平和不同土壤初始含盐量水平下玉米的出苗率及出苗时间显著性分析结果。由表中可以看出，各个处理之间均达到了 5% 显著性水平上的差异；在同一水平下，灌溉水矿化度对玉米出苗率的影响要大于土壤初始含盐量对其的影响，在灌溉水和土壤初始含盐量较低的水平（水平二和水平三）下，这种差别较显著；但当灌溉水矿化度达到 4g/L 时，相对应的土壤初

始含盐量也达到了 0.175%，在这种情况下，土壤初始含盐量对玉米出苗率的影响依然略大于灌溉水矿化度对其的影响，但二者之间的差异不显著。另外，在同一水平下，灌溉水矿化度对玉米出苗时间的影响要大于土壤初始含盐量对其的影响，但各水平上的差异均不显著。

表 4.8　不同灌溉水矿化度及土壤初始含盐量水平对玉米出苗情况的影响

项目	灌溉水矿化度水平				土壤初始含盐量水平			
	水平一	水平二	水平三	水平四	水平一	水平二	水平三	水平四
出苗率/%	96.7a	83.3bB	66.3cB	43.7dA	96.7a	90.0bA	78.3cA	45.0dA
出苗时间/d	5.31a	6.12bA	7.64cA	9.60dA	5.31a	5.89bA	7.51cA	8.94dA

注：小写字母表示同行数值在 0.05 水平上的显著性；大写字母表示同列同类数据在 0.05 水平上的显著性。表 4.9～表 4.11 同。

4.2.2.2　冬小麦出苗率及出苗时间变化特征

图 4.7 显示了冬小麦的出苗率及出苗时间随灌溉水矿化度的变化情况，图 4.8 显示了冬小麦的出苗率及出苗时间随土壤初始含盐量的变化情况。从图中可以看来，随着灌溉水矿化度和土壤初始含盐量的增大，冬小麦的出苗率逐渐减低，出苗时间逐渐延长。

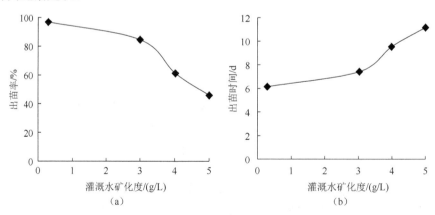

图 4.7　灌溉水矿化度对冬小麦出苗率及出苗时间的影响

表 4.9 显示了不同灌溉水矿化度和土壤初始含盐量下冬小麦的出苗率及出苗时间显著性分析结果。从表中可以看出，各个处理之间均达到了 5%显著性水平上的差异。随着土壤初始含盐量的增大，冬小麦的出苗率呈现逐渐减小的趋势，但土壤初始含盐量由水平一增大至水平二时，冬小麦的出苗率却不变，随着土壤初始含盐量的继续增大，冬小麦的出苗率开始逐渐减小。随着灌溉水矿化和土壤初始含盐量的增大，冬小麦出苗时间逐渐变长，这与玉米的情况相同。但不同的是，

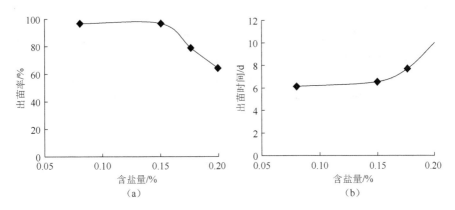

图 4.8   土壤初始含盐量对冬小麦出苗率及出苗时间的影响

灌溉水矿化度对冬小麦出苗率及出苗时间的影响要大于土壤初始含盐量对其的影响，且冬小麦在各水平上均达到了 5%显著性水平上的差异。

表 4.9   不同灌溉水矿化度及土壤初始含盐量水平对冬小麦出苗情况的影响

项目	灌溉水矿化度水平				土壤初始含盐量水平			
	水平一	水平二	水平三	水平四	水平一	水平二	水平三	水平四
出苗率/%	96.7a	85.0Bb	61.7cB	46.3dB	96.7a	96.7aA	78.7bA	63.7cA
出苗时间/d	6.14a	7.42bB	9.52cB	11.12dB	6.14a	6.53bA	7.71cA	10.08dA

4.2.2.3   油葵出苗率及出苗时间变化特征

图 4.9 显示了油葵的出苗率及出苗时间随灌溉水矿化度的变化情况，图 4.10 显示了油葵的出苗率及出苗时间随土壤初始含盐量的变化情况。表 4.10 列出了不同灌溉水矿化度和土壤初始含盐量水平下油葵的出苗率及出苗时间显著性分析结果。结合图 4.9、图 4.10 及表 4.10 可以看出，随着灌溉水矿化度和土壤初始含盐

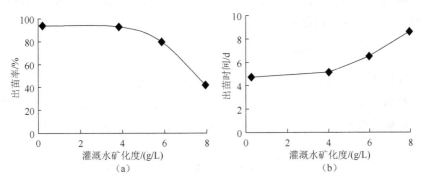

图 4.9   灌溉水矿化度对油葵出苗率及出苗时间的影响

量的增大，油葵的出苗率呈逐渐减小的趋势，但在灌溉水矿化度和土壤初始含盐量较低的水平上，这种变化不显著。对于灌溉水矿化度，当其达到水平三时，油葵的出苗率显著降低；而对于土壤初始含盐量，当其达到水平四时，这种变化才显著。对于灌溉水矿化度和土壤初始含盐量对油葵出苗时间的影响，与玉米和冬小麦的变化规律相同，即随着灌溉水矿化度和土壤初始含盐量的增大，油葵出苗时间显著变长。

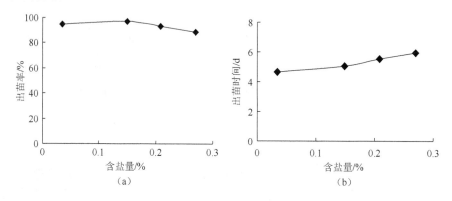

图 4.10 土壤初始含盐量对油葵出苗率及出苗时间的影响

表 4.10 不同灌溉水矿化度及土壤初始含盐量水平对油葵出苗情况的影响

项目	灌溉水矿化度水平				土壤初始含盐量水平			
	水平一	水平二	水平三	水平四	水平一	水平二	水平三	水平四
出苗率/%	95.0a	93.3aA	80.0bB	41.7cB	95.0a	96.7aA	93.3aA	88.3bA
出苗时间/d	4.65a	5.12bA	6.45cB	8.60dB	4.65a	5.03bA	5.56cA	5.99dA

在灌溉水和土壤初始含盐量较低的水平（水平二）下，灌溉水矿化度和土壤初始含盐量对油葵出苗率和出苗时间的影响差别不显著，随着灌溉水和土壤初始含盐量的增大，这种差别变得显著，即相同水平下，采用微咸水灌溉的油葵的出苗率显著低于土壤初始含盐的处理，出苗时间则是前者显著长于后者。

4.2.2.4 苜蓿出苗率及出苗时间变化特征

图 4.11 显示了苜蓿的出苗率及出苗时间随灌溉水矿化度的变化情况。图 4.12 显示了苜蓿的出苗率及出苗时间随土壤初始含盐量的变化情况。表 4.11 给出了不同灌溉水矿化度水平和不同土壤初始含盐量水平下苜蓿的出苗率及出苗时间显著性分析结果。结合图 4.11、图 4.12 及表 4.11 可以看出，随着灌溉水矿化的增大，苜蓿的出苗率逐渐减小，各个处理之间均达到了 5%显著性水平上的差异。随着土壤初始含盐量的增大，苜蓿的出苗率呈逐渐减小的趋势，但除水平四较水平一和水平二显著减小外，其余处理之间的差异均不显著。对于灌溉水矿化度对苜蓿出

苗时间的影响，与前面三种作物的变化规律相同，即随着灌溉水矿化度的增大，苜蓿出苗时间显著变长；但对于土壤初始含盐量对苜蓿出苗时间的影响，土壤初始含盐量由水平一增大至水平二时，苜蓿的出苗时间略有增大，但变化不显著，随着土壤初始含盐量的继续增大，苜蓿的出苗时间开始逐渐增长，这与前几种作物略有不同。另外，在各个水平下，采用微咸水灌溉的苜蓿的出苗率都显著低于土壤初始含盐的处理，出苗时间则都是前者显著长于后者。

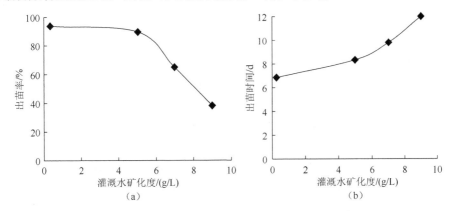

图 4.11　灌溉水矿化度对苜蓿出苗率及出苗时间的影响

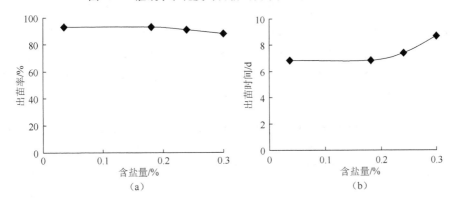

图 4.12　土壤初始含盐量对苜蓿出苗率及出苗时间的影响

表 4.11　不同灌溉水矿化度及土壤初始含盐量水平对苜蓿出苗情况的影响

项目	灌溉水矿化度水平				土壤初始含盐量水平			
	水平一	水平二	水平三	水平四	水平一	水平二	水平三	水平四
出苗率/%	93.3a	90.0bB	65.0cB	38.7dB	93.3a	93.3aA	91.7abA	88.3bA
出苗时间/d	6.78a	8.35bB	9.80cB	11.95dB	6.78a	6.84aA	7.35bA	8.69cA

4.2.2.5 灌溉水矿化度与土壤含盐量对作物及牧草出苗情况影响综合分析

为了消除种子发芽率以及不同作物种子之间发芽出苗时间长短不同的影响，在此特定义相对出苗率与相对出苗时间的概念。相对出苗率是以淡水灌溉天然土壤的处理（即水平一）的出苗率作为参照，其他水分及盐分处理的出苗率占水平一的百分数作为相对出苗率。相对出苗时间是以淡水灌溉天然土壤的处理（即水平一）的出苗时间作为参照，其他水分及盐分处理的出苗时间占水平一的百分数作为相对出苗时间。

由前人的研究经验可知，上述几种作物和牧草的耐盐性次序为玉米<冬小麦<油葵<苜蓿。由表 4.8～表 4.11 计算可知，随着灌溉水矿化度的增大，几种作物和牧草的相对出苗率逐渐减小，相对出苗时间逐渐增大，灌溉水矿化度水平四所对应的几种作物及牧草的相对出苗率均在 45% 左右，相对出苗时间在 180% 左右。此时，所对应的灌溉水矿化度分别为玉米 4g/L，冬小麦 5g/L，油葵 7g/L，苜蓿 9g/L。由此可以得出，作物或牧草的耐盐性越好，其种子对微咸水灌溉适应性就越强，即可以选择用以造墒的微咸水矿化度的范围越大。从表 4.8～表 4.11 整体看来，采用微咸水灌溉的油葵的出苗率都普遍低于土壤初始含盐的处理，前者出苗时间普遍长于后者。为了进一步分析灌溉水矿化度与土壤初始含盐量二者对几种作物及牧草出苗率及出苗时间影响的差异性，图 4.13 拟合了不同灌溉水矿化度水平与不同初始含盐量水平下相对出苗率之间的关系，图 4.14 拟合了不同灌溉水矿化度水平与不同初始含盐量水平下相对出苗时间之间的关系，拟合结果列于表 4.12 及表 4.13 中。

表 4.12 不同灌溉水矿化度水平与不同初始含盐量
水平下相对出苗率之间的关系拟合结果

研究对象	玉米	冬小麦	油葵	苜蓿
拟合结果	$\eta_s = 0.75\,\eta_w + 25$	$\eta_s = 0.50\,\eta_w + 50$	$\eta_s = 0.10\,\eta_w + 90$	$\eta_s = 0.08\,\eta_w + 92$
相关系数 R^2	0.897	0.887	0.875	0.952

注：η_w 为不同灌溉水矿化度水平下的相对出苗率，%；η_s 为不同土壤初始含盐量水平下的相对出苗率，%。

表 4.13 不同灌溉水矿化度水平与初始含盐量下相对出苗时间之间的关系拟合结果

研究对象	玉米	冬小麦	油葵	苜蓿
拟合结果	$T_s = 0.86T_w + 14$	$T_s = 0.63T_w + 37$	$T_s = 0.40T_w + 60$	$T_s = 0.29T_w + 71$
相关系数 R^2	0.992	0.888	0.875	0.839

注：T_w 为不同灌溉水矿化度水平下的相对出苗时间，%；T_s 为不同土壤初始含盐量水平下的相对出苗时间，%。

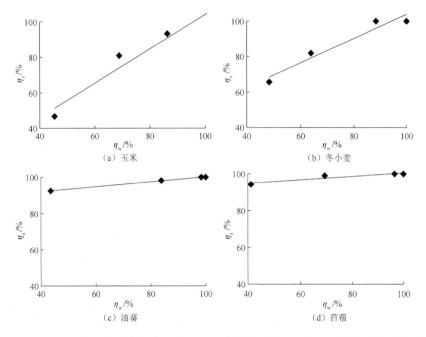

图 4.13　不同灌溉水矿化度水平与不同初始含盐量水平下相对出苗率之间的关系

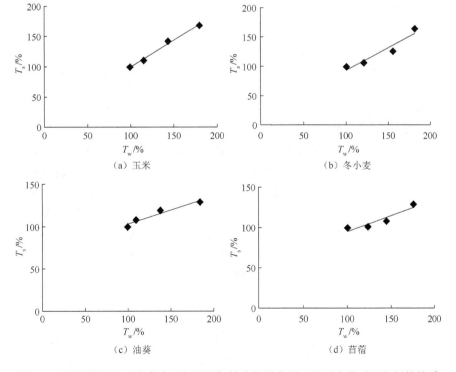

图 4.14　不同灌溉水矿化度水平与不同初始含盐量水平下相对出苗时间之间的关系

　　表 4.12 所采用的拟合公式 $\eta_s = a\eta_w + b$ 中，拟合系数 a 反应了相同水平下灌溉水矿化度与土壤初始含盐量二者对相对出苗率影响的大小。当 $a>1$ 时，表示相同水平下采用微咸水灌溉作物或牧草的出苗率要大于土壤初始含盐的情况；当 $a=1$ 时，相同水平下采用微咸水灌溉作物或牧草的出苗率与土壤初始含盐的情况下的出苗率相等；当 $a<1$ 时，表示相同水平下采用微咸水灌溉作物或牧草的出苗率小于土壤初始含盐的情况，且 a 越小，二者之间的差异越大。由表 4.12 可知，盐分水平相当时，采用无论对于耐盐性较差的玉米还是耐盐性较好的苜蓿，灌溉水矿化度对其出苗率的影响都大于土壤初始含盐量对其的影响，且作物耐盐性越强，这种差别越明显。

　　表 4.13 所采用的拟合公式 $T_s = aT_w + b$ 中，拟合系数 a 反应了相同水平下灌溉水矿化度与土壤初始含盐量二者对相对出苗时间影响的大小关系。即当 $a>1$ 时，表示相同水平下采用微咸水灌溉作物或牧草的出苗时间比土壤初始含盐的情况短；当 $a=1$ 时，相同水平下采用微咸水灌溉作物或牧草的出苗时间与土壤初始含盐的情况下的出苗时间相同；当 $a<1$ 时，表示相同水平下采用微咸水灌溉作物或牧草的出苗时间比土壤初始含盐的情况长。且 a 越小，二者之间的差异越大。因此，由表 4.13 可知，盐分水平相当时，无论对于耐盐性较差的玉米还是耐盐性较好的苜蓿，灌溉水矿化度对其出苗时间的影响都大于土壤初始含盐量对其的影响，且作物耐盐性越强，这种差别越明显。灌溉水中的含盐量对作物的影响要大于土壤中的含盐量，因此对于矿化度较高的微咸水资源，不可以作为底墒水进行灌溉。

　　土壤溶液浓度是反映土壤水盐状况的综合指标。由于盆栽试验播种深度均在 5cm 左右，因此认为地表以下 0～10cm 土层土壤的水盐状况对作物及牧草出苗状况起主导作用。图 4.15（a）显示了不同矿化度微咸水灌溉条件下 0～10cm 土层土壤溶液浓度与灌溉矿化度之间的关系，图 4.15（b）显示了不同土壤初始含盐量条件下 0～10cm 土层土壤溶液浓度与土壤初始含盐量之间的关系，式（4.13）和式（4.14）给出了拟合结果，拟合的相关系数均较高，说明试验区天然土壤（$C_p=0.08\%$）采用等量的微咸水灌溉，灌溉后土壤溶液浓度与灌溉水矿化度呈明显的线性递增关系；土壤初始含盐量不同的条件下，采用等量的淡水灌溉，灌溉后土壤溶液浓度与土壤初始含盐量呈明显的线性递增关系。

$$C_s = 1.12C_w + 2.90 \qquad R^2 = 0.998 \qquad (4.14)$$

$$C_s = 35.1C_p + 0.63 \qquad R^2 = 0.994 \qquad (4.15)$$

式中，C_s 为土壤溶液浓度（g/L）；C_w 为灌溉水矿化度（g/L）；C_p 为土壤初始含盐量（%）。

　　计算不同灌溉水矿化度及土壤初始含盐量处理 0～10cm 土层土壤溶液浓度，不追究土壤中的盐分到底是来自于灌溉水还是土壤本身，单从土壤溶液浓度对作物及牧草的出苗状况的影响角度出发，图 4.16 给出了不同土壤溶液浓度对作物及

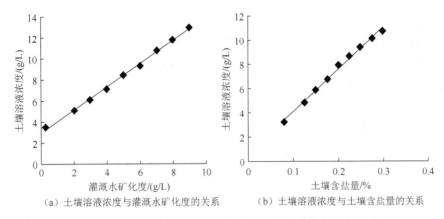

（a）土壤溶液浓度与灌溉水矿化度的关系 （b）土壤溶液浓度与土壤含盐量的关系

图 4.15 土壤溶液浓度与灌溉水矿化度、土壤初始含盐量之间的关系

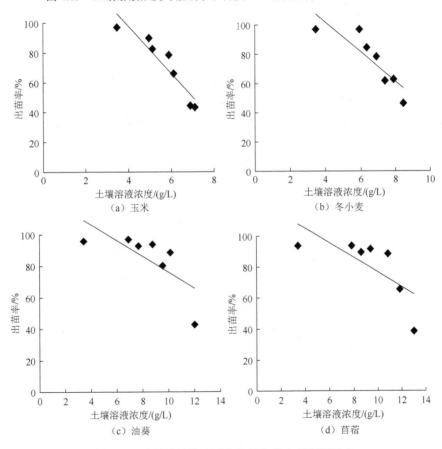

图 4.16 土壤溶液浓度对作物及牧草出苗率的影响

牧草出苗率的影响。从图中可以看出，随着土壤溶液浓度的增大，作物和牧草的出苗率呈逐渐减小的趋势。对土壤溶液浓度与出苗率之间的关系采用线性拟合，

拟合结果列于表 4.14 中。结合图 4.16 及表 4.14 可以看出，对于耐盐性较差的玉米，其出苗率与土壤溶液浓度呈较好的线性递减关系，拟合的相关系数达到 0.870；随着耐盐性的增强，作物及牧草出苗率随土壤液浓度的线性拟合的相关系数逐渐减小，对于耐盐性较好的油葵及苜蓿，其拟合的相关系数仅为 0.502 和 0.519。这说明对于耐盐性较差的作物，其种子萌发及出苗对土壤溶液浓度较为敏感，土壤溶液浓度增大，出苗率减小；而耐盐性较好的作物及牧草，其种子的萌发对土壤溶液浓度的敏感性较差，土壤溶液浓度增大，出苗率变化不明显，直至土壤溶液浓度达到某一阈值时，作物及牧草的出苗率才显著降低。

表 4.14　出苗率与土壤溶液浓度之间的关系拟合结果

研究对象	玉米	冬小麦	油葵	苜蓿
拟合结果	$\eta = -15.44\,C_s + 159.56$	$\eta = -10.26\,C_s + 143.63$	$\eta = -5.09\,C_s + 126.49$	$\eta = -4.75\,C_s + 124.25$
相关系数 R^2	0.870	0.759	0.502	0.519

注：C_s 为土壤溶液浓度，g/L；η 为出苗率，%。

图 4.17 显示了不同土壤溶液浓度对作物及牧草出苗时间的影响。从图中可以看出，随着土壤溶液浓度的增大，作物和牧草的出苗时间呈逐渐变大的趋势。对土壤溶液浓度与出苗时间之间的关系采用线性拟合，拟合结果列于表 4.15 中。结

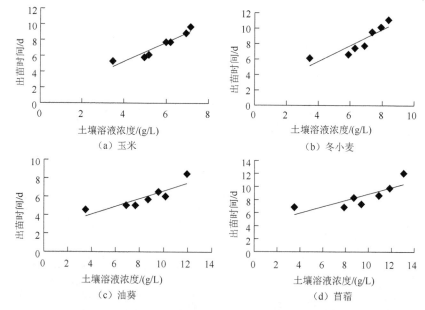

图 4.17　土壤溶液浓度对作物及牧草出苗时间的影响

合图 4.17 及表 4.15 可以看出，作物及牧草出苗时间与土壤溶液浓度呈线性递增关系，玉米拟合的相关系数达到 0.911，随着耐盐性的增强，作物及牧草出苗时间率

随土壤液浓度的线性拟合的相关系数逐渐减小，即使是耐盐性相对最好的苜蓿，其拟合的相关系数仍然达到了 0.683。

表 4.15　出苗时间与土壤溶液浓度之间的关系拟合结果

研究对象	玉米	冬小麦	油葵	苜蓿
拟合结果	$T = 1.20 C_s + 0.46$	$T = 1.02 C_s + 1.59$	$T = 0.42 C_s + 2.45$	$T = 0.49 C_s + 4.00$
相关系数 R^2	0.911	0.779	0.711	0.683

注：C_s 为土壤溶液浓度，g/L；T 为出苗时间，d。

4.2.2.6　灌溉水矿化度与土壤初始含盐量对作物及牧草苗期生长的影响

株高是反映幼苗生长的一个有效指标，图 4.18 显示了不同灌溉水矿化度与土壤初始含盐量水平下几种作物及牧草的株高情况。由图中可以看出，随着灌溉水矿化度和土壤初始含盐量的增大，几种作物及牧草的株高均呈现逐渐降低的趋势。相同盐分水平下，灌溉水矿化度和土壤初始含盐量对玉米株高的影响基本一致，对冬小麦、油葵和苜蓿株高的影响则表现为采用微咸水灌溉的株高低于土壤初始含盐的处理，且含盐量水平越高，这种差距越显著。株高的这种变化趋势主要有

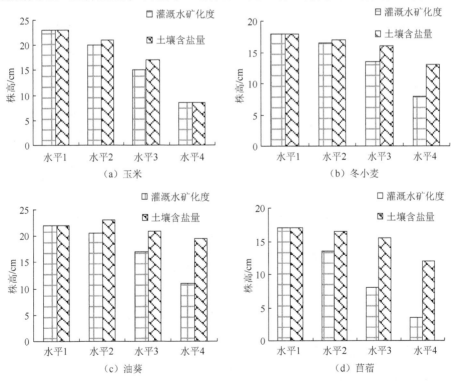

图 4.18　不同灌溉水矿化度和土壤初始含盐量对作物及牧草株高的影响

两方面原因：一方面是测定株高时间统一为播种后 20 天，而灌溉水矿化度和土壤初始含盐量对作物及牧草的出苗时间有一定的影响，致使高盐水平处理出苗后的生长期较低盐水平处理短，致使相应的作物及牧草株高较低；另一方面是对于高盐水平的处理，其盐分胁迫致使作物及牧草出苗后长势较低盐处理差。

　　图 4.19 显示了不同土壤溶液浓度对作物及牧草生物量的影响。从图中可以看出，随着土壤溶液浓度的增大，作物和牧草的株高出苗率呈逐渐减小的趋势。对土壤溶液浓度与株高之间的关系采用线性拟合，拟合结果列于表 4.16 中。由表 4.16 可以看出，作物及牧草的株高与土壤溶液浓度呈线性递减关系。玉米拟合的相关系数最大，达到 0.875，油葵拟合的相关系数最小，为 0.567。

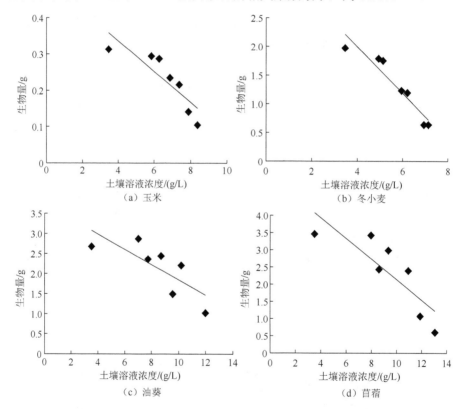

图 4.19　土壤溶液浓度对作物及牧草生物量的影响

表 4.16　株高与土壤溶液浓度之间的关系拟合结果

研究对象	玉米	冬小麦	油葵	苜蓿
拟合结果	$H = -4.10\,C_s + 31.33$	$H = -1.95\,C_s + 27.58$	$H = -1.07\,C_s + 27.78$	$H = -1.36\,C_s + 25.09$
相关系数 R^2	0.875	0.748	0.567	0.717

注：C_s 为土壤溶液浓度，g/L；H 为作物及牧草株高，cm。

图 4.20 显示了不同灌溉水矿化度与土壤初始含盐量水平下几种作物及牧草播种后 20 天对生物量的影响。由图中可以看出，随着灌溉水矿化度和土壤初始含盐量的增大，几种作物及牧草的生物量均呈现逐渐降低的趋势。相同盐分水平下，灌溉水矿化度和土壤初始含盐量对玉米生物量的影响基本一致。对于冬小麦、油葵和苜蓿株高的影响则表现为采用微咸水灌溉的生物量低于土壤初始含盐的处理，且含盐量水平越高，这种差距越显著。

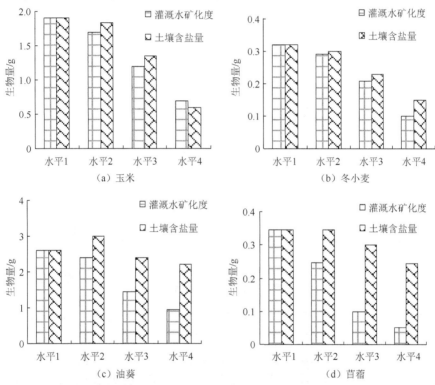

图 4.20　不同灌溉水矿化度与不同土壤初始含盐量对生物量的影响

图 4.21 显示了不同土壤溶液浓度对作物及牧草播种后 20 天生物量的影响。从图中可以看出，随着土壤溶液浓度的增大，作物和牧草的生物量呈逐渐减小的趋势。对土壤溶液浓度与生物量之间的关系采用线性拟合，拟合结果列于表 4.17 中。结合图 4.21 及表 4.17 可以看出，作物及牧草的生物量与土壤溶液浓度呈较明显的线性递减关系，拟合的相关系数均大于 0.7。

表 4.17　生物量与土壤溶液浓度之间的关系拟合结果

研究对象	玉米	冬小麦	油葵	苜蓿
拟合结果	$W = -0.41 C_s + 3.64$	$W = -0.04 C_s + 51$	$W = -0.19 C_s + 3.75$	$W = -0.03 C_s + 0.51$
相关系数 R^2	0.906	0.748	0.705	0.714

注：C_s 为土壤溶液浓度，g/L；W 为作物及牧草的生物量，g。

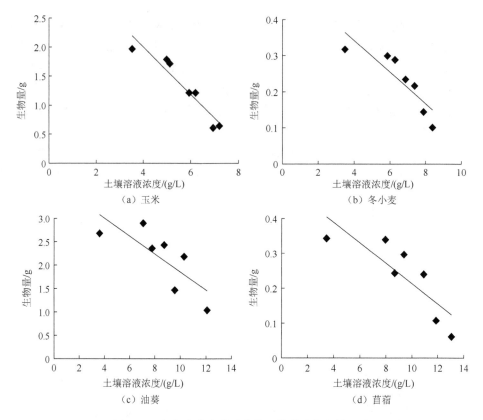

图 4.21　土壤溶液浓度对作物及牧草生物量的影响

　　此外，研究结果也表明，对于淡水灌溉天然土壤，作物及牧草幼苗的长势均较好，除株高明显高于其他处理外，幼苗较粗壮，植株颜色嫩绿，早晨还能观察到吐水现象；而微咸水灌溉及土壤初始含量处理，作物及牧草的幼苗长势略差，尤其是高盐水平的处理，还出现叶片发黄、萎蔫，甚至是死苗现象。采用 8g/L 微咸水灌溉的油葵，虽然出苗率达到 40%多，但其油葵长势较差，陆续出现死苗现象，待到播种后 20 天观测株高时，三个重复仅剩 10 株幼苗。9g/L 微咸水灌溉苜蓿后，死苗现象也较严重，测定株高时，每盆剩苗 5 株左右。

参 考 文 献

[1] HOFFMAN G J, RAWLINS S L, GARGER M J, et al. Water relation and growth of cotton as influenced by salinity and relative humidity[J]. Agronomy Journal, 1971, 63(6): 822-826.

[2] SHARMA S K, GUPTA I C. Saline Environment and Plant Growth[M]. India: Agro Botanical Publishers, 1986: 172.

[3] 贾玉珍, 朱禧月, 唐予迪, 等. 棉花出苗及苗期耐盐性指标的研究[J]. 河南农业大学学报, 1987, 21(1): 30-41.

[4] 罗宾, 主编. 棉花生理学[M], 陈恺元, 张名恢, 周行, 等译. 上海: 上海科学技术出版社, 1980: 114-120.

[5] 莫文萍, 李春, 郑元元, 等. 盐胁迫下解盐促生菌对棉花种子发芽过程的影响[J]. 农业工程学报, 2006, 22(8): 260-263.

[6] 孙三民, 蔡焕杰, 安巧霞. 新疆阿拉尔灌区棉花苗期耐盐度研究[J]. 人民黄河, 2009, 31(4): 81-82.

[7] 董合忠, 辛承松, 李维江, 等. 山东滨海盐渍棉田盐分和养分特征及对棉花出苗的影响[J]. 棉花学报, 2009, 21(4): 290-295.

[8] 孙肇君, 李鲁华, 张伟, 等. 膜下滴灌棉花耐盐预警值的研究[J]. 干旱地区农业研究, 2009, 27(4): 140-145.

[9] 王春霞, 王全九, 刘建军, 等. 灌水矿化度及土壤含盐量对南疆棉花出苗率的影响[J]. 农业工程学报, 2010, 26(9): 28-33.

[10] 冯棣, 孙景生, 马俊永, 等. 不同矿化度咸水造墒对棉花出苗及幼苗生长的影响[J]. 灌溉排水学报, 2011, 3: 51-55.

[11] 李永发. 小麦种子活力生理测定[J]. 种子, 1981, (1): 61-64.

[12] 郝志刚, 胡自治, 朱兴运. 碱茅耐盐性的研究[J]. 草业科学, 1994, 3(3): 27-36.

[13] 傅家瑞. 种子生理[M]. 北京: 科学出版社, 1985: 231.

[14] 余叔文, 汤章城. 植物生理与分子生物学[M]. 北京: 科学出版社, 1998: 752-769.

[15] 赵旭, 王林权, 周春菊, 等. 盐胁迫对不用基因型冬小麦发芽和出苗的影响[J]. 干旱地区农业研究, 2005, 23(4): 108-112.

第5章 排水地段土壤盐分分布特征

随着世界人口的增加、土地资源的减少及土地质量的退化，提高现有土地的生产能力和改良与开发利用盐碱地，防治灌区土壤次生盐碱化已成为实现土地资源可持续利用和农业可持续发展的重要内容。就盐碱地开发利用和次生盐碱化的防治而言，主要是通过土壤盐分淋洗和积累机制的研究，调节和控制土壤水盐运移过程以达到改善土壤水、盐、肥状况，使土壤的物理化学特征向着有利于作物正常生长的方向发展，提高土地的生产能力[1,2]。对于干旱地区（如新疆地区）所具有的特殊地理、环境、气候条件，较高的大气蒸发能力和地下水矿化度是形成盐碱地和发生次生盐碱化的重要因素[3-6]，农田排水作为干旱区改良盐碱地的主要方法，分析排水条件下土壤水盐分布特征[7]，为排水系统合理设计提供指导。

5.1 排水地段基本特征和试验系统布设

为了揭示旱区盐碱地水盐运移的内在机制以及各种因素对水盐运移规律的影响，本书选择新疆作为旱区典型代表，根据北疆地区的地理、气候、水资源状况以及土壤盐碱化类型特点，将沙湾县尚户地乡西梁村确定为研究试验地，开展排水地段土壤水盐运移特征研究，为利用排水措施改良盐碱地提供参考。

5.1.1 试验地基本情况

试验地位于天山北坡，准噶尔盆地南缘，古老冲积平原的下游地带。距沙湾县城东北 60 多公里，北靠古尔班通古特沙漠，呼图壁至克拉玛依公路横穿柳毛湾乡和老沙湾乡腹部。地势东南高西北低，海拔 360～400m，地面坡度 1.0‰。试验区属于玛纳斯河流域西岸大渠灌区，利用西岸大渠对作物进行灌溉，其矿化度为0.2～0.6g/L，是良好的用于农田灌溉的水质。

5.1.2 排水系统布设

为了分析排水条件下土壤水盐分布特征，寻求合理的排水系统设计参数，根据当地实际情况，进行了排水系统布设。同时测定了试验地段土壤和地下水基本物理化学特性。

排水系统的设计主要结合现有的灌排系统，根据农田排水系统设计的有关研究成果，结合当地实际情况，确定相应的排水沟深度和间距。

1. 排水沟深度和间距确定

在一年中地面蒸发最强烈的季节，不致引起土壤表层开始积盐的地下水埋深称之为地下水临界深度，用公式表示为

$$H_k = H + D_h \tag{5.1}$$

式中，H_k 为地下水临界深度（m）；H 为土壤毛管水强烈上升高度（m）；D_h 为安全超高（m）。

根据邻近的柳毛湾乡农田排水系统设计和实际运行情况，并结合当地实际特点，分别确定了地下水临界深度和排水沟深度分布选取 H 为 1.8m 和 D_H 为 0.3m。田间排水沟深度计算公式表示为

$$D = H_k + D_h + d \tag{5.2}$$

式中，D 为开挖排水沟深度（m）；D_h 为两沟之间的中段地下水位与沟水位的差值（m）；d 为排水沟水深（m）。本设计取 d 为 0.2m 和 D_h 为 0.2m，因此排水沟深度定为 2.5m。

由于农田排水沟流量较小，排水沟坡度设为 0.1%，与地面坡度相同。为了通过田间试验确定合理的排水沟深度和间距，排水沟间距确定为 150～300m。

2. 排水系统的布设

整个试验田被中西排一分为二，在中西排两侧分别布设了数条农沟。在西侧布设了新一、新二、新三、新四、十斗、十一斗和十二斗七条农沟，在东侧布设了六斗、七斗、八斗和九斗四条农沟。布设在西侧的农沟由南向北的排列顺序为新一、十斗、新二、十一斗、新三、新四、十二斗，排水沟间距如表 5.1 所示。布设在东侧的农沟由南向北排列顺序为六斗、七斗、八斗、九斗，它们的间距如表 5.2 所示。

表5.1 布设在西侧的农沟间距

农沟	新一～十斗	十斗～新二	新二～十一斗	十一斗～新三	新三～新四	新四～十二斗
间距/m	169	199	226	164	155	231

表5.2 布设在东侧的农沟间距

农沟	六斗～七斗	七斗～八斗	八斗～九斗
间距/m	170	200	231

5.1.3 排水地段土壤理化特性

5.1.3.1 土壤质地

在试验田提取一定的土样，在室内利用筛分法和吸管法，进行了土壤颗粒组

成的测定,测定结果如表 5.3~表 5.5 所示。根据国际土壤分类标准,三种土壤分别为粉质壤土、黏壤土和壤质黏土,基本属于壤土类。

表 5.3　101 排水地段土壤颗粒组成

粒径/mm	<2	<1	<0.5	<0.25	<0.1	<0.05	<0.025	<0.01	<0.005	<0.002
占比/%	98.4	97.6	94.5	90.9	84.3	77.7	61.3	40.53	28.56	12.91

表 5.4　102 排水地段土壤颗粒组成

粒径/mm	<2	<1	<0.5	<0.25	<0.1	<0.05	<0.025	<0.01	<0.005	<0.002
占比/%	99.9	99.9	99.8	99.7	99.7	73.8	60.0	35.1	27.4	13.5

表 5.5　112 排水地段土壤颗粒组成

粒径/mm	<2	<1	<0.5	<0.25	<0.1	<0.05	<0.025	<0.01	<0.005	<0.002
占比/%	99.7	98.6	98.5	98.4	96.7	81.0	68.3	52.1	35.2	3.7

5.1.3.2　土壤盐化类型

土壤盐化类型直接影响排盐的难易程度,确定土壤盐化类型是采取合理措施进行盐碱地改良的基础和前提,为此对排水地段的土壤含盐量状况进行了实地测定。由于本试验地主要种植棉花,进而采用了覆膜种植的方式。有关研究成果表明了覆膜种植具有提高土壤表层地温的功能。由于植物根系有向暖性,使植物根系发育主要集中在土壤表层 40cm 处。因此,本书主要就土壤表层 40cm 土壤含盐量状况进行分析,并以此确定土壤盐化类型。表 5.6 显示了 1998 年灌前土壤盐分组分情况。由表 5.6 可知,虽然三地段各种成分的比值有一定的差别,但这种差别比较小。同时三地段相互联结,并属于一个排水系统,因此土壤盐化类型将根据三地段的平均含盐组分来确定。根据表 5.6 可知,本试验区的土壤盐化类型属于硫酸盐-氯化物-钙-钠型盐碱土。

表 5.6　灌溉前土壤盐分组分　　　　　　　　　　　　（单位：%）

地块	$[Cl^-]/[SO_4^{2-}]$	$[Na^++K^+]/[Ca^{2+}+Mg^{2+}]$	$[Mg^{2+}]/[Ca^{2+}]$
101	2.28	1.44	1.11
102	1.61	0.97	0.94
112	1.18	1.92	0.51
平均值	1.69	1.44	0.85

5.1.4　地下水观测井布设与地下水埋深与矿化度

为了了解地下水基本特征,在试验地段布设了地下水水位观测井,并通过取样方法测定地下水矿化度。

5.1.4.1 地下水观测井的布设

根据开挖排水沟情况，选择新一～十斗、十斗～新二、新二～十一斗所形成的三个地段作为田间试验主要地段，并在三地段布设了地下水观测井，用于测定地下水位变化过程和通过取样方法测定地下水水质。原设计新一～十斗、十斗～新二为不等深沟，而新二～十一斗为等深沟。故在新一～十斗、十斗～新二地段分别布设 7 个观测井，在新二～十一斗地段布设 5 个观测井。各观测井的编号和间距分别列在表 5.7～表 5.9。同时将新一～十斗地段称为 101 地段，十斗～新二地段称为 102 地段，新二～十一斗地段称为 112 地段。

表 5.7　新一～十斗地段观测井间距

名称	新一～ 101-1	101-1～ 101-2	101-2～ 101-3	101-3 ～101-4	101-4～ 101-5	101-5～ 101-6	101-6～ 101-7	101-7～ 十一斗
间距/m	20	34.5	10	10	10	20	44.5	20

表 5.8　十斗～新二地段观测井间距

名称	新一～ 101-1	101-1～ 101-2	101-2～ 101-3	101-3 ～101-4	101-4～ 101-5	101-5～ 101-6	101-6～ 101-7	101-7～ 十一斗
间距/m	20	50	10	10	10	20	39	20

表 5.9　新二～十一斗地段观测井间距

名称	新一～ 101-1	101-1～ 101-2	101-2～ 101-3	101-3 ～101-4	101-4～ 101-5	101-5～ 101-6	101-6～ 101-7	101-7～ 十一斗
间距/m	20	73	20	20	53	20	20	73

5.1.4.2 灌溉前地下水位和矿化度

在排水系统建成后，通过观测井测定排水地段地下水水位变化过程，通过取样的方式测定地下水矿化度。并通过不同位置观测井水位变化情况，判定地下水的比降以及确定地下水走向。经过对灌前地下水水位变化分析，得到地下水比降为 0.1%，基本与地表坡度相同。1998 年灌前各排水地段的地下水埋深如表 5.10～表 5.12 所示。由表 5.10～表 5.12 可以看出，在非灌溉期排水地段的地下埋深基本在 1.5～1.8m。1999 年地下水埋深在 1.5～2.3m，每个排水地段的地下水埋深都未达到设计的地下水临界深度，这主要是排水沟未挖到设计深度所致。

表 5.10　101 地段灌前地下水埋深

观测井号	101-1	101-2	101-3	101-4	101-5	101-6	101-7
埋深/m	1.653	1.604	1.531	1.561	1.525	1.579	1.675

表 5.11　102 地段灌前地下水埋深

观测井号	101-1	101-2	101-3	101-4	101-5	101-6	101-7
埋深/m	1.660	1.809	1.715	1.810	1.747	1.702	1.727

表 5.12　112 地段灌前地下水埋深

观测井号	101-1	101-2	101-3	101-4	101-5	101-6	101-7
埋深/m	1.710	1.634	1.674	1.696	1.572	1.710	1.634

　　在非灌溉期地下水含盐量可以认为不随深度和观测井的位置而变化,因此在各排水地段选取一个观测井提取水样。1998 年各观测井矿化度和主要离子含量如表 5.13～表 5.15 所示。由表 5.13～表 5.15 可看出,三个排水地段的地下水矿化度在 15.78～43.1g/L。实测 1999 年地下水矿化度在 15.84～37.44g/L,较 1998 年略有下降,但矿化度仍相当高,这显示在蒸发剧烈的季节,地下水返盐相当严重。由于本地段地下水埋深较浅,地下水中的盐分易于随着潜水蒸发进入上层土壤,土壤盐分与地下水中存在的盐分有着直接联系,可以通过地下水矿化度高低判定相应地块的土壤含盐量状况。

表 5.13　101-5 观测井所选取的水样化学成分(pH=8.01,矿化度=23.29g/L)

离子	$[HCO_3^-]$	$[Cl^-]$	$[SO_4^{2-}]$	$[Ca^{2+}]$	$[Mg^{2+}]$	$[K^++Na^+]$
浓度/(g/L)	0.35	5.72	7.64	0.53	0.79	4.62

表 5.14　102-5 观测井所选取的水样化学成分(pH=8.24,矿化度=15.78g/L)

离子	$[HCO_3^-]$	$[Cl^-]$	$[SO_4^{2-}]$	$[Ca^{2+}]$	$[Mg^{2+}]$	$[K^++Na^+]$
浓度/(g/L)	0.31	4.17	4.62	0.59	0.58	3.04

表 5.15　112-3 观测井所选取的水样化学成分(pH=8,矿化度=43.1g/L)

离子	$[HCO_3^-]$	$[Cl^-]$	$[SO_4^{2-}]$	$[Ca^{2+}]$	$[Mg^{2+}]$	$[K^++Na^+]$
浓度/(g/L)	0.38	12.06	12.77	0.56	1.27	9.51

　　为了分析地下水水质与土壤含盐量间关系,进而确定土壤盐化特性,对地下水盐分类型进行确定,表 5.16 所列是各地段地下水盐分组成特征。由表 5.16 可知,

三个观测井的[Cl$^-$]/[SO$_4^{2-}$]在2.03～2.56，都大于2，故地下水属于氯化物型；而
[K$^+$+Na$^+$]/[Ca^{2+}+Mg^{2+}]值同样都大于2，因此属于钠盐型，地下水属于氯化物–钠盐
型。这种类型似乎与土壤盐化类型并不相同，但可能由于种前压盐，氯离子比硫
酸根离子迁移的快，使土壤中较多的Cl$^-$被淋洗所致。

表 5.16　各地段地下水类型

井号	[Cl$^-$] /(cmol/L)	[SO$_4^{2-}$] /(cmol/L)	[Ca^{2+}] /(cmol/L)	[Mg^{2+}] /(cmol/L)	[K$^+$+Na$^+$] /(cmol/L)	[Cl$^-$] /[SO$_4^{2-}$]	[K$^+$+Na$^+$]/ [Ca^{2+}+Mg^{2+}]	[Mg^{2+}]/ [Ca^{2+}]
101-5	161.30	79.63	13.16	32.64	200.85	2.03	4.39	2.48
102-5	117.77	48.10	14.73	24.20	132.24	2.45	3.41	1.63
112-3	340.25	133.00	13.90	52.19	413.44	2.56	6.26	3.75

5.1.4.3　已开挖的排水沟深度和排水沟水质

在排水沟开挖后，测量排水沟沟底高程，进而计算排水沟深度，1998年和1999
年各排水沟深度如表5.17所示。由表5.17可知，1998年四个排水沟的深度在2.04～
2.35m，未达到设计深度。1999年排水沟深度达到设计要求，但在灌溉过程中，
排水沟边坡塌落和局部淤积使排水沟深度在实际排水过程中减小20～30cm。

表 5.17　各排水沟深度

| 年份 | 排水沟深度/m | | | |
	新一	十斗	新二	十一斗
1998	2.150	2.350	2.040	2.240
1999	2.472	2.722	2.673	2.512

灌溉前，在各排水沟提取了水样，并测定了各排水沟矿化度和化学组成，
表5.18～表5.20所示为1998年的测定结果。由表5.18～表5.20可看出，各排水
沟水样矿化度在24.73～61.88g/L，大于地下水矿化度。说明土壤中盐分通过排水
进入排水沟，排水系统具有排出土壤盐分的功能。

表 5.18　十斗排水水样盐分离子浓度（pH=8.2，矿化度=44.95g/L）

离子	[HCO$_3^-$]	[Cl$^-$]	[SO$_4^{2-}$]	[Ca^{2+}]	[Mg^{2+}]	[K$^+$+Na$^+$]
浓度/(g/L)	0.31	12.83	12.32	0.62	1.61	9.52

表 5.19　新二排水水样盐分离子浓度（pH=8.86，矿化度=61.88g/L）

离子	[HCO$_3^-$]	[Cl$^-$]	[SO$_4^{2-}$]	[Ca^{2+}]	[Mg^{2+}]	[K$^+$+Na$^+$]
浓度/(g/L)	0.07	17.35	18.63	0.64	1.84	13.65

表 5.20　十一斗排水水样盐分离子浓度（pH=8.31，矿化度=24.73g/L）

离子	[HCO$_3^-$]	[Cl$^-$]	[SO$_4^{2-}$]	[Ca^{2+}]	[Mg^{2+}]	[K$^+$+Na$^+$]
浓度/(g/L)	0.17	6.64	7.73	0.62	0.74	5.18

5.1.5　灌溉方案

试验地段所属农田 1998 年全年共进行三次灌溉，7 月 10 日进行头水灌溉，7 月 25 日进行第二次灌溉，8 月 11 日进行第三次灌溉。根据试验地段灌水时间和灌水渠道流量，计算了各地段的灌水水量，如表 5.21 所示。1999 年灌水二次，但由于当地发生洪水，致使整个试验区灌水不均一，不能反映试验区灌水特点，着重以 1998 年试验情况进行分析。

表 5.21　各地段灌水量

项目	灌水量/m^3		
	第一次灌水	第二次灌水	第三次灌水
101 地段	3125	1782	5594
102 地段	4241	6534	2398
112 地段	5580	7128	2930
总灌水量	12946	15444	10822

5.2　排水系统排水效果分析

5.2.1　排水地段地下水水位变化特征

当灌溉水进入试验田以后，地面积水开始渗入土壤，进入土壤的水分开始补充土壤的缺水，并且随着入渗过程的进行，土壤逐渐饱和，入渗水分逐步补充地下水，从而地下水位逐步上升。同时在排水沟排水和蒸发的共同作用下，地面积水逐步消退，地下水位逐步回落。各排水地段头水后地下水水位回降过程如图 5.1～图 5.3 所示。由图 5.1～图 5.3 可知，在排水过程中，随着排水时间的增加，地下水位逐步回落，并距排水沟越近，回降越多，由地下水位过程线可知，三个排水地段都未形成等深沟，因此三个排水地段均属于不等深沟。

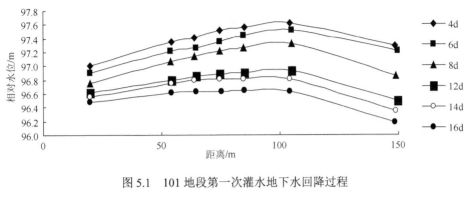

图 5.1　101 地段第一次灌水地下水回降过程

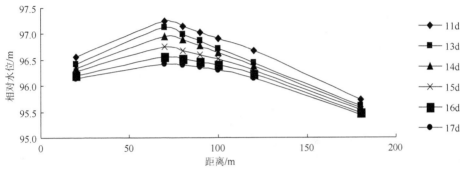

图 5.2　102 地段第一次灌水地下水回降过程

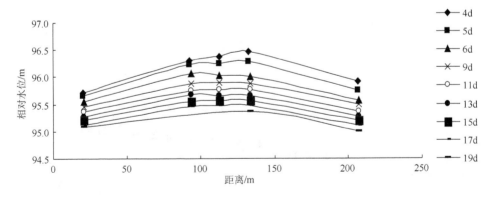

图 5.3　112 地段第一次灌水地下水回降过程

5.2.2　排水沟影响范围分析

排水地段地下水位的下降速度决定于排水沟的深度和间距，而且两者相互关联，相互约束。对于一定的排水沟深度而言，在满足排水要求的条件下，只能有一定的排水沟间距与其一致，而不能任意增加排水沟间距。因此，对于排水沟深度一定的情况下，排水沟间距的选择应使排水沟处于有效的位置。根据相关规范，排水沟有效的标准为：排水地段中间的地下水水位达到要求的控制水位；因灌溉而抬高的地下水位能在 10 天内回落到要求的控制水位；冲洗后的 15～20 天，地下水埋深普遍降至 1m 以下；耕层土壤稳定脱盐。根据以上标准，就目前排水沟深度条件的影响范围进行评价。图 5.4 和图 5.5 分别显示了 1998 年新一斗和新二斗排水沟深度条件的影响范围。本试验田的灌溉水既用于补充作物所需的水分，又作为淋洗土壤盐分的水源，因此选取以灌后 10 天水位降至 1m 以下为指标，对排水沟的有效性进行简要评价。由图 5.4 和图 5.5 可知，新一斗的有效范围在 75m 左右，而新二在 90m，而实际开挖的排水沟深度基本相同，1999 年实验资料表明，新一斗的影响范围为 80m，新二斗为 100m，因此对于实验地段，目前排水沟深度相应的影响范围在 75～100m。

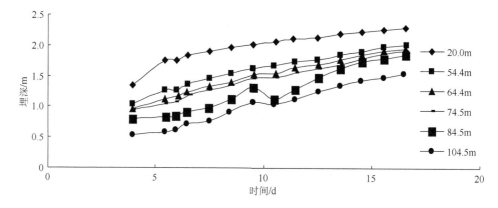

图 5.4　新一斗排水沟深度条件的影响范围

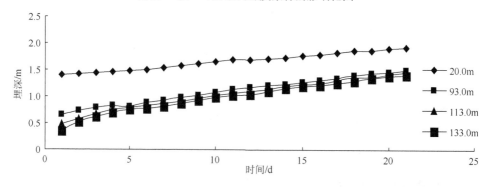

图 5.5　新二斗排水沟深度条件的影响范围

5.2.3　排水沟深度与间距关系分析

在有作物种植的排水地段上，地下水位下降速度实际上是由潜水蒸发、排水沟、植物对地下水的利用三者共同作用的结果。即

$$v = v_e + v_c + v_d \tag{5.3}$$

式中，v 为地下水位下降速度（m/d）；v_e 为由蒸发所造成的地下水位下降速度（m/d）；v_c 为由植物利用而造成的地下水位下降速度（m/d）；v_d 为由排水沟作用所造成的地下水位下降速度（m/d）。

目前，排水试验地段尚无足够的潜水蒸发及植物对地下水利用的资料可供分析，因此本次排水试验资料分析将突出排水沟的影响作用，将上述两项影响因素以及土壤、水文地质等条件作为一项综合因素进行分析研究。当沟底在不透水层上，地下水向两侧排水沟所排的流量可描述为

$$q = \frac{2k(h^2 - h_0^2)}{L} \tag{5.4}$$

式中，q 为排水流量（m/d）；k 为土壤渗透系数（m/d）；h 为地下水作用水头（m）；h_0 为排水沟水深（m）；L 为排水沟间距的一半（m）。

当地下水由于排水沟的影响而在 dt 时段内降落 dh 时，其应满足以下水量平衡关系，即

$$-mLdh = qdt \tag{5.5}$$

式中，m 为土壤、水文地质、蒸发及植物对地下水利用等的一个综合影响系数；t 为时间。

将式（5.4）和式（5.5）联合求解可得到地下水位降落速度表达式为

$$v = \frac{2k}{m}\left(\frac{h^2 - h_0^2}{L^2}\right) \tag{5.6}$$

式中，v 为地下水位下降速度（m/d）。

如果排水沟水深相对较小，则式（5.6）简化为

$$v = \frac{2k}{m}\left(\frac{h}{L}\right)^2 \tag{5.7}$$

如令 $a = 2k/m$，则排水地段地下水位下降速度与水力坡度的函数关系式为

$$v = a\left(\frac{h}{L}\right)^2 \tag{5.8}$$

式中，综合系数 a 反映了土壤导水特性及影响排水因素的综合特征，可根据当地排水试验地段地下水动态实测资料的整理分析求得。通过对试验地段资料分析可以获得各试验地段地下水降落速度的表达式。

101 地段地下水降落方程为

$$v = 351\left(\frac{h}{L}\right)^2 \tag{5.9}$$

由于以上三个排水试验地段所处的条件基本相同，故可取三者的平均值表示为

$$v = 325\left(\frac{h}{L}\right)^2 \tag{5.10}$$

$$v = 375\left(\frac{h}{L}\right)^2 \tag{5.11}$$

$$v = 350\left(\frac{h}{L}\right)^2 \tag{5.12}$$

利用 1999 年试验资料进行分析，三试验地段综合系数 a 的平均值为 354。在取得适用于本地区地下水峰下降速度与水力坡度间关系后，即可获得合理排水沟深与间距的关系式为

$$D = \sqrt{\frac{4ah_1h_2t}{h_1 - h_2}} \tag{5.13}$$

式中，h_1 为灌溉冲洗后地下水所具有的最大水头（m），当地下水位与地面相同时为排水沟沟深（m）；h_2 为根据排水标准的要求，地下水位在 t 天后所要降至的水头值（m）；D 为排水沟间距（m）。

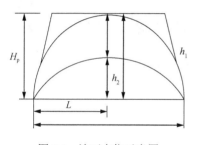

图 5.6　地下水位示意图

如果假定在一次灌水或冲洗结束后，地下水位处于农田表面，此时可以认为地下水埋深 $H_1=0$，而地下水位的作用水头 h_1 接近等于排水沟的深度 H_p（图 5.6），则在式（5.13）的基本关系上，经过数学变化可以得到以下基本关系式。

（1）在排水沟间距及排水标准已定情况下，要求在灌后将地下水位在 t 天内由地表降至临界深度 h_k，合理的排水沟深度为

$$H_p = \frac{h_k + \sqrt{h_k^2 + \dfrac{D^2h_k}{at}}}{2} \tag{5.14}$$

（2）如果地下水位 h_1 与地面相同，则 h_1 可以认为是排水沟深度，同时 h_2 可认为是要求的地下水位，则有

$$T = \frac{D^2h_k}{4ah(h - h_k)} \tag{5.15}$$

其中，$h_k = h - h_2$。

（3）在排水沟深 H_p 已定情况下，要求确定在灌水后将地下水位在 T 天内由地表降至临界深 h_k 的合理间距为

$$D = \sqrt{\frac{4ah(h - h_k)T}{h_k}} \tag{5.16}$$

（4）在排水沟深 H_p 与间距 D 已定情况下，要求确定在 T 天内地下水位由地表所能下降的埋深 H_2 为

$$H_2 = H_p - \frac{H}{1 + 4aHT / D} \tag{5.17}$$

因此，在获得排水试验地段综合系数 a 以后，根据排水标准就可以计算合理的排水沟深度和间距，同时也可根据式（5.14）～式（5.17）对排水沟进行评价。

5.3 排水地段土壤含盐量与地下水淡化特征

5.3.1 土壤含盐量变化特征

土壤含盐量变化特征主要分析整个灌溉期土壤脱盐和积盐过程，并分析排水沟对土壤脱盐的影响。同时通过土壤盐分变化来判定覆膜控制土壤盐分累积方面的作用。

土壤含盐量变化特征是判定排水效果的一个重要内容。以 102 地段土壤盐分变化为例来分析排水效果。表 5.22 列出了根区土壤平均含盐量。由表可以看出，土壤盐分变化没有明显的规律，这可能是由于取样地点的变化以及蒸发剧烈所致，距灌水前后不同的取样时间同样会引起较大的误差。因此，单从土壤盐分资料目前无法判断排水系统的效果。

表 5.22 102 地段根区土壤平均含盐量

时间	第一次灌水前	第一次灌水后	第二次灌水前	第二次灌水后	第三次灌水前	第三次灌水后
含盐量/%	0.498	0.800	0.882	0.297	0.301	0.911

5.3.2 土壤含盐量与地下水埋深间关系

在 102 地段距排水沟不同距离提取和分析 0～60cm 土层深度土壤含盐量，并以此分析不同地下水埋深对土壤含盐量的影响，结果如图 5.7～图 5.9 所示。

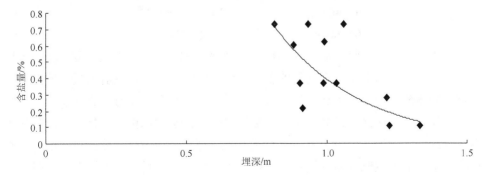

图 5.7 0～20cm 土层深度土壤含盐量与埋深关系

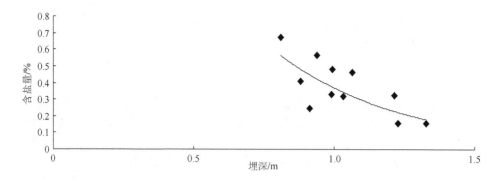

图 5.8　0～40cm 土层深度土壤含盐量与埋深关系

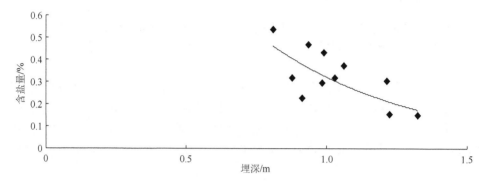

图 5.9　0～60cm 土层深度土壤含盐量与埋深关系

　　由图 5.7～图 5.9 可以看出，三个土层深度内土壤含盐量与埋深之间都呈现递减过程，随着地下水埋深增加土壤含盐量逐步减小。由于该地区土壤盐分主要来源于地下水蒸发，潜水蒸发强度与土壤含盐量应存在密切关系。通过分析发现稳定潜水蒸发强度与地下水水位存在指数函数关系。利用指数函数对资料进行拟合，结果如下

$$0～20cm \qquad \lambda = 12.147e^{-3.4506H} \qquad （5.18）$$

$$0～40cm \qquad \lambda = 2.6706e^{-2.0382H} \qquad （5.19）$$

$$0～60cm \qquad \lambda = 1.6234e^{-1.6623H} \qquad （5.20）$$

式中，λ 为土壤含盐量（%）；H 为地下水埋深（m）。由拟合结果可知，随着土层厚度的增加，埋深对土壤含盐量的影响减小。同时地下水埋深对表层土壤含盐量影响最为剧烈。如果将上述结果代入计算排水沟深度公式就可建立含盐量与排水沟深度间关系。从而可以通过土壤含盐量来确定排水沟深度，这样大为简化排水沟深度的确定方法。但由于上述资料仅属 102 地段，同时仅是依据二水前、三水前和三水后的土壤取样结果进行的分析，不能代表整个排水地段情况。同时不同灌溉冲洗时间使得土壤脱盐和地下水淡化程度有很大差别，致使相同的地下水埋

深条件出现不同的土壤含盐量状况。因此，需分析土壤含盐量与埋深和矿化度之间的关系，将地下水矿化度对土壤积盐的影响加以考虑，形成具有相同地下水矿化度条件的埋深与土壤含盐量关系。

5.3.3　土壤含盐量与氯离子和硫酸根离子含量关系

由于土壤和地下水存在大量的氯离子和硫酸根离子，同时它们基本与土壤的含盐量同步增加，它们之间存在着一定关系。如果同时知道其关系，便可根据土壤含盐量来估算各离子含量。将实测的土壤含盐量与氯离子和硫酸根离子含量的关系点绘成图 5.10 和图 5.11。由图可以看出，土壤含盐量与氯离子、硫酸根离子含量存在很好的线性关系，利用线性函数拟合其关系，结果如下

$$W_{Cl} = 0.2206\lambda \tag{5.21}$$
$$W_{SO} = 0.3341\lambda \tag{5.22}$$

式中，W_{Cl} 为氯离子含量（%）；λ 为土壤含盐量（%）；W_{SO} 为土壤硫酸根离子含量（%）。

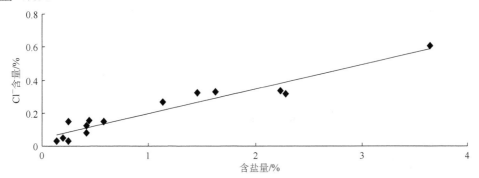

图 5.10　土壤含盐量与氯离子含量关系

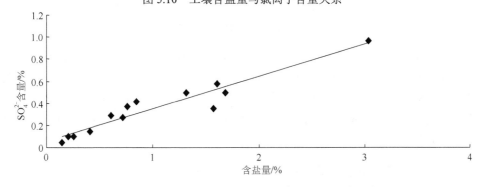

图 5.11　土壤含盐量与硫酸根离子含量关系

为了进一步分析覆膜条件下，土壤含盐量与氯离子和硫酸根离子含量间关系，将试验点绘成图 5.12 和图 5.13，并利用线柱拟合两者关系，结果如下

$$W_{fCl} = 0.1599W_{fs} \tag{5.23}$$
$$W_{fSO} = 0.4119W_{fs} \tag{5.24}$$

式中，W_{fCl}、W_{fSO} 分别为覆膜土壤中氯离子和硫酸根离子含量（%）；W_{fs} 为覆膜土壤含盐量（%）。

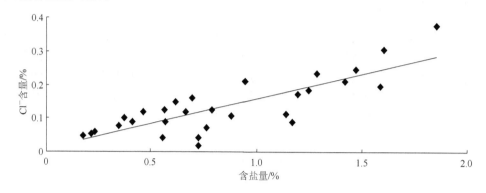

图 5.12　土壤含盐量与氯离子含量关系

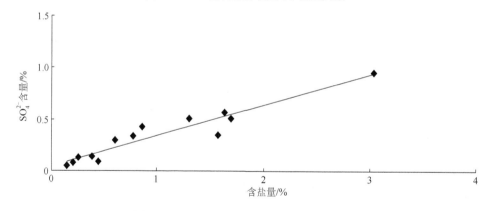

图 5.13　土壤含盐量与硫酸根离子含量关系

根据式（5.23）和式（5.24）计算结果可以看出，在覆膜条件下，氯离子在土壤含盐量中所占的比例减小，而硫酸根离子比值增加。主要氯离子迁移速度比硫酸根离子快，因此在脱盐过程中上层土壤中氯离子比硫酸根离子向下迁移的数量多。覆膜作用抑制了盐分的向上迁移，因此氯离子的比值较小。这些说明了覆膜具有抑制盐分的作用。

5.3.4　覆膜种植抑制盐分的效果分析

为了分析覆膜种植对抑制地下水返盐的作用，在灌水前后试验地段以 0～5cm、5～20cm、20～40cm 为间隔同时提取覆膜种植和未覆膜土壤样品，有膜和无膜土壤含盐量见图 5.14～图 5.16。利用线性函数拟合关系，结果如下

$$0\sim5\mathrm{cm}　　　　　　W_{\mathrm{fs}} = 0.5795W_{\mathrm{ws}} \tag{5.25}$$

$$5\sim20\mathrm{cm}　　　　　W_{\mathrm{fs}} = 0.7379W_{\mathrm{ws}} \tag{5.26}$$

$$20\sim40\mathrm{cm}　　　　W_{\mathrm{fs}} = 0.7687W_{\mathrm{ws}} \tag{5.27}$$

式中，W_{fs} 为覆膜土壤含盐量（%）；W_{ws} 为无膜土壤含盐量（%）。由拟合结果可知，就土壤表层含盐量而言，覆膜是无膜的 58%，而在下层也仅为 75% 左右，说明了覆膜种植有利于抑制土壤积盐。

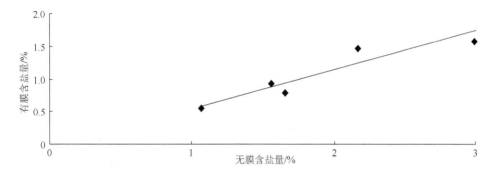

图 5.14　0～5cm 覆膜与无膜土壤含盐量比较

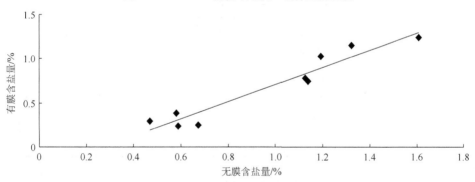

图 5.15　5～20cm 覆膜与无膜土壤含盐量比较

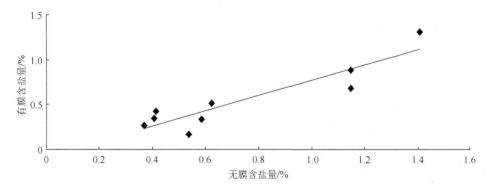

图 5.16　20～40cm 覆膜与无膜土壤含盐量比较

5.3.5　地下水矿化度变化特征

1998 年在每次灌水前后提取地下水水样，测定其矿化度，结果列于表 5.23～表 5.25。由表可知，在 101-5 地段地下水淡化明显，淡化深度较大，而 102-5 和 112-3 地段虽然地下水得到淡化，但因土壤中含盐量较大致使淡化不太明显。这可能与排水沟深度不够、地下水矿化度高有关。

表 5.23　101-5 观测井地下水矿化度

取样时间	不同埋深下地下水矿化度/(g/L)					
	0.5m	1.0m	1.5m	2.0m	2.5m	3.0m
头水前	14.29	6.49	7.32	7.56	9.65	8.33
头水后	20.65	5.72	8.9	11.47	11.46	—
二水前	—	7.99	8.01	8.02	8.00	7.89
二水后	2.28	11.44	11.98	12.25	12.4	—
三水前	7.84	1.78	5.73	8.56	8.79	8.67
三水后	2.12	6.49	7.32	7.56	9.65	8.33

表 5.24　102-5 观测井地下水矿化度

取样时间	不同埋深下地下水矿化度/(g/L)					
	0.5m	1.0m	1.5m	2.0m	2.5m	3.0m
头水前	15.78	—	—	—	—	—
头水后	—	—	—	—	—	—
二水前	—	—	8.01	7.69	7.94	—
二水后	9.53	11.55	11.98	11.90	12.26	11.84
三水前	12.94	12.81	5.73	12.34	—	12.30
三水后	11.31	11.92	7.32	11.83	11.77	11.92

表 5.25　112-3 观测井地下水矿化度

取样时间	不同埋深下地下水矿化度/(g/L)					
	0.5m	1.0m	1.5m	2.0m	2.5m	3.0m
头水前	43.10	—	—	—	—	—
头水后	38.58	39.86	41.86	41.58	41.34	39.63
二水前	41.10	42.23	42.38	—	—	—
二水后	29.61	32.80	37.02	39.73	38.80	—
三水前	36.08	38.45	39.21	39.38	—	—
三水后	35.21	37.24	38.14	37.60	—	—

5.3.6　土壤含盐量与埋深和地下水矿化度的关系

灌溉冲洗将使土壤脱盐和地下水得到淡化，由前面地下水淡化资料可知，随着地下水深度的增加，淡化程度减小。而在潜水蒸发过程中，土壤的积盐首先来自表层地下水所含的盐分，因此土壤中的含盐量应与表层地下水矿化度密切相关。同时由于灌水前后不同的土样提取时间，地下水矿化度有很大差别，会造成资料的不一致。图 5.17 显示了不同地段、不同时间土壤含盐量与埋深间关系。从图 5.17 可以看出，土壤含盐量与埋深间没有明显关系。由于灌溉冲洗将使土壤脱盐和地下水得到淡化，由前面地下水淡化资料可知，随着地下水深度的增加，淡化程度减小。利用地下水矿化度对土壤含盐量进行校正，并使土壤含盐量资料与地下水埋深间关系得以一致。以深层地下水矿化度为标准，将深层的地下水矿化度除以表层地下水矿化度，并以此作为土壤含盐量的校正系数。利用实测的土壤含盐量乘以校正系数，并以此与地下水埋深建立关系。

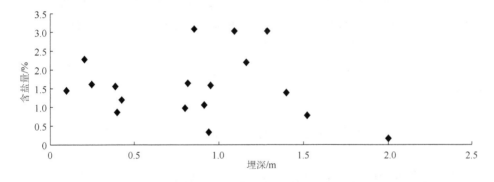

图 5.17　土壤含盐量与埋深关系

在本实验区水面下 3m 处的地下水矿化度在整年的排水实验过程中基本保持为常数，因此可取水面下 3m 处的地下水矿化度作为标准。利用此方式对实验地段三个取样点在三次灌水冲洗前后土壤含盐量和埋深进行校正，处理结果如图 5.18 所示。

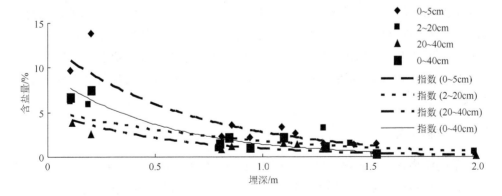

图 5.18　校正后的土壤含盐量与地下水埋深关系

利用指数函数对上述数据进行拟合，结果如下

$$0\sim5\text{cm} \qquad W_1 = \lambda \times \left(\frac{K_d}{K_s}\right) = 14.008\exp(-1.8148h) \qquad (5.28)$$

$$5\sim20\text{cm} \qquad W_1 = \lambda \times \left(\frac{K_d}{K_s}\right) = 5.3621\exp(-1.3144h) \qquad (5.29)$$

$$20\sim40\text{cm} \qquad W_1 = \lambda \times \left(\frac{K_d}{K_s}\right) = 3.8802\exp(-1.2254h) \qquad (5.30)$$

$$0\sim40\text{cm} \qquad W_1 = \lambda \times \left(\frac{K_d}{K_s}\right) = 8.4531\exp(-1.7343h) \qquad (5.31)$$

式中，W_1 为校正后的土壤含盐量（%）；K_d、K_s 分为深层和表层地下水矿化度（g/L）；h 地下水埋深（m）。这样根据当时表层地下水矿化度和地下水埋深可以计算土壤含盐量。同样可以利用上述分析结果代入排水沟深度计算公式，建立排水沟深度与土壤含盐量和地下水矿化度间关系。这种关系较为全面地反映了影响排水沟深度的所有因素。

5.4　地下水允许深度和合理排水沟深度确定

地下水临界深度是传统农田排水系统设计的基本参数，但地下水临界深度一般认为是地下水停止蒸发深度，这样没有考虑地下水矿化度和植物的耐盐特征，致使设计排水沟深度与具体土壤积盐特征和种植情况缺乏有机联系。而排水沟深度确定应该考虑作物耐盐性、地下水埋深、地下水矿化度以及种植方式等[8-19]。作物耐盐性一方面取决于作物本身特性，同时与种植方式、土壤含水量状况有关。就覆膜种植而言，由于抑制了土面蒸发，致使在上层土壤一定深度内，土壤维持比较高且均匀的含水量状况，这种高含水量相对降低了土壤盐分的浓度，相对增加了作物的耐盐性。综合考虑影响作物生长、土壤含盐特征、地下水埋深和矿化度等因素对排水沟深度确定的影响，提出允许地下水深度概念，并定义为在一定的自然条件和农业措施下，作物根区含盐量不超过作物耐盐度下的地下水埋深。

5.4.1　作物耐盐性

不同作物具有不同耐盐性，应根据研究区主要种植作物的耐盐特性，选取相对合理的作物耐盐度或平均耐盐度进行分析。研究地段主要种植棉花，因此主要针对棉花进行分析。根据有关研究，棉花在苗期耐盐度为 0.5%左右。

5.4.2 地下水允许深度确定

根据前面分析的土壤含盐量与埋深和矿化度间的关系，可以确定土壤含盐量，用公式表示为

$$W_1 = 14.008 \exp(-1.8148h) \tag{5.32}$$

式中，$W_1 = W_n / D_m$，W_n 可以看成作物耐盐度（%）；D_m 为深层地下水矿化度与表层地下水矿化度之比值，在确定临界深度方面可以取 1，h 可以看成地下水临界深度。这样作物耐盐度表示为

$$W_n = 14.008 \exp(-1.8148h) \tag{5.33}$$

地下水临界深度表示为

$$h = -\ln(W_n / 14.008) / -1.8148 \tag{5.34}$$

将作物耐盐度代入式（5.34），可以计算出地下水临界深度，即 h=1.836m。这一数据与初步设计所取的 1.8 m 相一致。说明初步设计所选用的数据是正确的，在此基础上加上 30cm 安全超高。地下水临界深度为 2.136m，可近似取 2.1m。

5.4.3 排水沟深度

根据常规设计，在地下水临界深度基础上加上沟水深和地下水峰与沟水位之差，就可计算出排水沟深度。前两项均为 20cm，排水沟深度为 2.5m。

5.4.4 排水沟间距

前面已分析的排水沟深度和排水沟间距关系，即

$$D = \sqrt{\frac{4aH_p(H_p - H_k)T}{H_k}} \tag{5.35}$$

如果排水标准选在地面落干后 10 天，地下水降落 1m 以下，根据 1998 年的研究结果合理排水沟间距为 229m，1999 年为 230m，这一结果与前面分析的排水沟有效范围是一致的。说明利用土壤含盐量可以有效确定排水系统的设计参数。

参 考 文 献

[1] 吕殿青, 王全九, 王文焰. 滴灌条件下土壤水盐运移特性的研究现状[J]. 灌溉排水学报, 2001, 12(1): 107-112.

[2] 王全九, 王文焰, 汪志荣, 等. 排水地段土壤盐分变化特性分析[J]. 土壤学报, 2001, 38(2): 271-276.

[3] 张蔚榛. 在有蒸发情况下地下水排水沟的计算方法[J]. 武汉水利电力学院学报, 1963, (1): 1-11.

[4] 阿维里扬诺夫. 防治灌溉土地盐渍化的水平排水设施[M]. 娄溥礼, 译. 北京: 中国工业出版社, 1963.

[5] 瞿兴业, 陶炳炎. 利用排水设施防治灌溉土壤盐渍化[M]. 北京: 中国工业出版社, 1964.

[6] 戴同霞, 瞿兴业, 张友义. 考虑蒸发影响和脱盐要求的田间排水沟(管)间距计算[J]. 水利学报, 1981, (5): 1-11.

[7] 沙金煊. 农田地下水排水计算[M]. 北京: 中国水利水电出版社, 1983.

[8] 沙金煊. 农田排水沟(管)间距的综述[J]. 水利学报, 1985, (6): 14-18.

[9] 赵华, 张友义. 地下水蒸发影响下农田排水沟(管)间距的非稳定渗流数值解[J]. 水利学报, 1986, (11): 22-27.

[10] 王文焰, 李智录, 沈冰. 对考虑蒸发影响下农田排水沟(管)间距计算的探讨[J]. 水利学报, 1992, (7): 23-28.

[11] 王伦平, 陈亚新. 内蒙古河套灌区灌溉排水与盐碱化防治[M]. 北京: 中国水利水电出版社, 1993.

[12] 滕凯, 曲新艳, 刘继忠. 对潜水影响下农田排水沟(管)间距计算方法的探讨[J]. 水利学报, 1996, (6): 81-86.

[13] 陈亚新, 史海滨, 田存旺. 地下水与土壤盐渍化关系的动态模拟[J]. 水利学报, 1997(5): 77-83.

[14] 郭占荣, 刘花台. 西北内陆灌区土壤次生盐渍化与地下水动态调控[J]. 农业环境保护, 2002, 21(1): 44-48.

[15] 王文焰. 明沟排水试验资料的整理与分析[M]. 北京: 中国三峡出版社, 2003.

[16] 刘丰, 董新光, 王水献. 新疆平原灌区综合排水措施与模式[J]. 干旱区研究, 2006, 23(6): 588-591.

[17] 马英杰, 沈冰, 虎胆·吐马尔拜. 蒸发影响下农田排水沟(管)间距的计算[J]. 水利学报, 2006, 37(10): 1264-1269.

[18] 黄国成, 马文敏. 农田排水沟(暗管)计算程序设计与应用[J]. 农业科学研究, 2007, 28(39): 86-88.

[19] 王少丽, 翟兴业. 盐渍兼治的动态控制排水新理念与排水沟(管)间距计算方法探讨[J]. 水利学报, 2008, 39(11): 1204-1210.

第6章　膜下滴灌棉花生长与土壤水盐调控

原生盐碱地的开发利用与次生盐碱化的防治成为土地资源可持续利用的重要内容。在干旱半干旱地区，随着对生态环境建设的日益重视和水资源的短缺，传统的原生盐碱地的改良和次生盐碱化防治的排水方法受到挑战。采取何种措施来合理开发和利用盐碱地以及土地次生盐碱化防治成为新的研究课题。新疆膜下滴灌技术在盐碱地成功的应用实践表明，将覆膜种植技术与先进的滴灌节水技术结合起来，不仅可以大大减少棵间蒸发，抑制盐分上移，而且在滴灌的淋洗作用下，可以为作物主根系创造良好的水盐环境。这就为盐碱地的开发和利用与次生盐碱化防治提供了新的研究思路和方法[1-4]。在作物全生育期内，膜下滴灌不仅需要根据作物需水规律适时适量地向作物进行供水，而且还需要淡化主根区的盐分，从而为植物创造一个易于生长的水盐环境[5-9]。为了创造良好的水盐环境，需要与其他改良措施有机结合，改善土地质量和实现土地可持续利用[10-23]。

6.1　微咸水滴灌棉田土壤水盐分布与棉花生长特征

为了分析微咸水滴管条件下棉田水盐分布特征以及对棉花生长的影响，开展了微咸水滴灌棉田水盐分布特征和棉花生长试验研究。

6.1.1　试验方法

试验是在新疆库尔勒进行的。试验区采用 1 膜 2 管 4 行的种植方式，宽行、窄行和膜间距离分别为 40cm、20cm 和 30cm，滴灌带分别铺设在两个窄行中间，具有一定代表性。滴灌带的滴头流量为 1.8L/h，滴头间距为 40cm（图 6.1）。微咸水灌溉采用地下井水，其矿化度为 1.87～2.01g/L；淡水灌溉采用地表渠水，其矿化度为 0.83～1.03g/L。

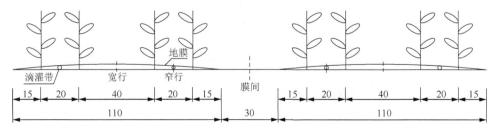

图 6.1　田间棉花种植及滴灌带布设（单位：cm）

灌溉共设 6 个处理，每个处理 2 个重复，随机选择田块开展试验，每个处理田块长 10m，宽 4m，处理间设置 2m 宽度作为缓冲区。试验中每个生育期灌水量根据棉花需水特性确定，其灌溉方案见表 6.1。

表 6.1　生育期内灌水量设计

灌溉次数	日期	生育期	灌水量/(m³/亩)	灌水比例/%
1	6月18日		2	
2	6月30日	蕾期	25	21.88
3	7月6日		25	
4	7月12日		25	
5	7月16日	花期	25	25.00
6	7月22日		30	
7	7月29日		30	
8	8月5日		35	
9	8月10日	铃期	35	46.87
10	8月15日		25	
11	8月21日		25	
12	9月6日	吐絮期	20	6.25

为了研究微咸水不同灌溉模式下土壤水盐分布与棉花生长特征，灌溉分为对照处理（SSS、FFF）、轮灌（SSF、SFS、FSS）和混灌（SF），灌溉水量均为 4950m³/hm²。其中对照处理包括淡水对照和微咸水对照，其中淡水矿化度为 0.83～1.03g/L，微咸水矿化度为 1.87～2.01g/L。混灌为微咸水和淡水按照水量 1∶1 混合进行灌溉，其矿化度为 1.38～1.43g/L。具体方案见表 6.2。

表 6.2　灌溉处理设计

灌溉方式		不同时期的灌溉措施		
		6.18～7.12	7.16～8.50	8.10～9.60
		灌溉次数（1～4）	灌溉次数（5～8）	灌溉次数（9～12）
对照	SSS	S	S	S
	FFF	F	F	F
轮灌	SSF	S	S	F
	SFS	S	F	S
	FSS	F	S	S
混灌	SF	S+F	S+F	S+F

6.1.2　微咸水轮灌与混灌对土壤水分分布及耗水量的影响

6.1.2.1　灌溉前后土壤水分分布特征

图 6.2 显示了第 12 次灌水前后 1m 剖面内土壤含水量的剖面平均值（即宽行、

窄行、膜间处的平均值）随深度变化的分布特征。由图可知，各处理灌溉前后垂直剖面上水分的变化规律基本一致，随深度增加，各处理的体积含水量主要表现为先增加再减小最后大体稳定的趋势，其中 SF 和 SSS 的含水量在 80cm 左右达到最大，而 SSF、SFS、FSS 和 FFF 的含水量则在 40cm 处达到最大。产生该现象的原因可能是由于土壤结构存在变异性，使得水分存在差异。

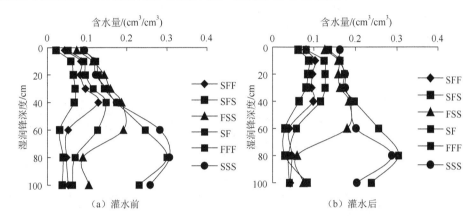

图 6.2　第 12 次灌水前后 1m 剖面内土壤含水量随深度变化情况

为了解不同时刻灌水条件下水分分布的动态变化，以微咸水对照为例，分析不同时间段内水分空间分布的变化。图 6.3 显示了微咸水对照处理第 12 次灌水灌前 2 天、灌后 2 天和灌后 9 天 1m 剖面土壤水分分布，可以反映一个灌溉周期内土壤水分大致迁移特征及其过程，灌后 2 天滴头下方处形成较高含水量的湿润区域并向四周扩散，如图 6.3（b）所示，其深度在 0~60cm，灌后 9 天土面蒸发和作物根系吸水使得水分总体降低，如图 6.3（c）所示，但在 60~100cm 与灌溉前 2 天和灌后 9 天变化不大，仍维持较高的含水量。一般田间滴灌条件下湿润范围为 30~40cm，而受滴灌影响较大的土壤深度范围一般为 0~60cm，因此在该灌溉周期内水分分布是合理的。

6.1.2.2　生育期内剖面水分变化特征

一般情况下，滴灌棉花根系分布较浅，主要分布在 60cm 以上土层[1-3]。因此，本书以 60cm 为分界层，将 100cm 土体划分为两部分，即 0~60cm 的土壤根区及 60~100cm 的根底层[3]。图 6.4 显示了生育期内不同灌溉处理下（SSF、SFS、FSS、SF、FFF 和 SSS）0~60cm、60~100cm 及 0~100cm 土层水分的动态变化，其中各生育期取土均为 1 次，且时间均在灌水前 2 天，吐絮期含水量为最终灌水后第 9 天取土。由图可知，各处理的初始含水量（播种前）均不相同，且各土层体积含水量在整个灌水时期内变化较大。原因是试验区内土壤结构差异较大，土壤颗

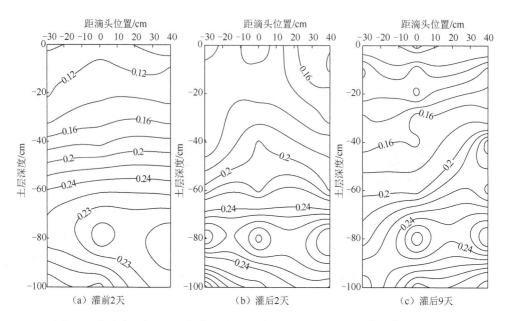

图6.3 微咸水处理第12次灌水前后1m剖面土壤含水量（cm³/cm³）动态变化

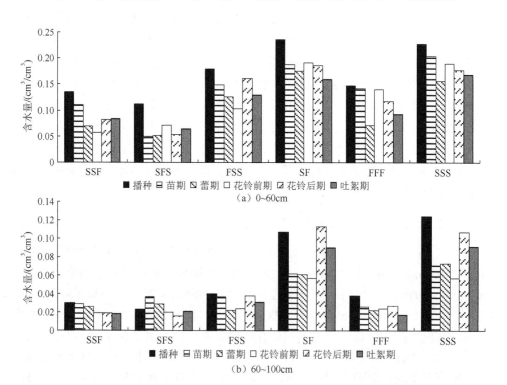

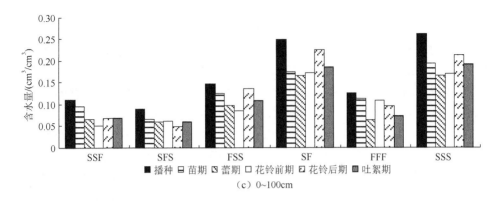

（c）0~100cm

图 6.4　不同土层内含水量的动态变化

粒分布不均匀，加之受到地表覆盖物、温度、微地形和灌溉情况的影响[4]。播种前土壤含水量均较高，主要是因为 4 月中旬进行春灌压盐（灌水量为 250~300mm），土体储水量较高，4 月到 5 月气温较低，土壤水分蒸发量小。随着时间的推移，各处理的含水量开始出现差异，播种前到苗期结束，棉花主要处于苗期，该阶段耗水较小，土壤水分消耗主要表现为土面蒸发，主要受土壤质地、微地形等方面的影响。后期由于作物生长需水量和环境温度的增加，虽按试验方案进行灌水，但土壤含水量仍出现下降趋势。对比各土层含水量可知，各处理在 0~60cm、60~100cm 和 0~100cm 土层含水量均表现为大致下降的趋势，其中 SF 和 SSS 在根底层（60~100cm）的波动较根底层（0~60cm）大，而其他 4 个处理则表现为 0~60cm 土壤根区层较根底层波动性小，说明前两个处理中根底层水分受灌溉的影响较大，而后 4 个处理受灌溉影响较小。虽然取土时间均在灌水前，但 SSF 和 SFS 处理各生育期内及 FFF 处理蕾期内 0~60cm 和 0~100cm 土壤体积含水量均接近于凋萎系数，说明在该期间需加大灌水量，避免造成水分胁迫。

6.1.2.3　棉花耗水量变化特征

由于研究区内土壤结构存在较大变异性，为减小土壤结构对灌溉处理的影响，本书采用生育阶段作物耗水量来比较各处理的差异。通过以下水量平衡方程求出各处理对应的作物耗水量：

$$\mathrm{ET_a} = P + I_g + G - R - \mathrm{SI} \pm \Delta W \tag{6.1}$$

式中，$\mathrm{ET_a}$ 为作物生育期内实际蒸散量即实际耗水量（mm）；P 为降水量（mm）；I_g 为灌水量（mm）；G 为作物生育期内的地下水补给量（mm）；R 为地表径流量（mm）；SI 为深层渗漏量（mm）；ΔW 为土层内土壤储水量的变化（mm）。由于生育期内研究区几乎无降水，地下水位超过 5m，可不考虑降水和地下水对作物的补给，加之灌溉方式为滴灌，几乎不产生深层渗漏和地表径流。因此，式（6.1）可简化为

$$\mathrm{ET_a} = I_\mathrm{g} \pm \Delta W \qquad\qquad (6.2)$$

通过水量平衡计算生育期内不同灌溉处理下的耗水情况。由表 6.3 可知，各处理 0～100cm 和 0～60cm 的总耗水量均大于实际灌水量（517.55mm），说明棉花生育期内，不仅消耗了实际灌溉的水量，也消耗了一部分土壤中储存的水量。在根区（0～60cm），SSF、SFS、FSS、SF、FFF 和 SSS 消耗土壤中的水分分别为 22.07mm、19.12mm、20.63mm、36.47mm、23.74mm 和 25.78mm。水分消耗主要集中在 0～60cm 的根区，而根底层的水分消耗较小，苗期时，各处理耗水量较小，主要是棉花种子萌发需水量小，水分主要由土面蒸发的形式消耗；而随着棉花生育期的推移，棉花生长需水量增加，加之气温逐渐升高，灌水量加大，花铃期棉花耗水量最大；到吐絮期，棉花需水量减少，灌水量减小，因此耗水量减小。

对比各灌溉处理下生育期耗水量可知，在 0～60cm 土层内，SF 耗水量最大，其他 4 个处理的耗水量均小于 SSS 处理，但值较为接近。可能由于土壤含水量较低，含盐量较高，导致土壤溶液浓度较大，存在盐分胁迫，导致作物根系吸水能力较弱，从而使得耗水量降低。

表 6.3　生育期内耗水量

土层深度/cm	处理	实际灌水量/mm	耗水量/mm					总耗水量/mm
			苗期 5.3～6.14	蕾期 6.15～7.5	花铃前期 7.6～7.29	花铃后期 7.30～8.29	吐絮期 8.29 以后	
0～100	SSF	517.55	15.76	107.57	271.08	126.58	30.11	551.09
	SFS	517.55	22.81	86.10	254.16	156.23	18.90	538.19
	FSS	517.55	21.21	107.96	268.14	93.15	57.00	547.46
	SF	517.55	73.49	88.01	250.76	89.13	69.10	570.49
	FFF	517.55	14.26	127.25	212.58	153.74	53.86	561.69
	SSS	517.55	66.63	107.12	251.98	99.59	51.54	576.86
0～60	SSF	—	14.46	104.79	263.79	126.90	29.68	539.62
	SFS	—	37.16	78.27	244.48	152.60	24.17	536.67
	FSS	—	17.58	93.64	269.54	107.32	50.10	538.18
	SF	—	28.61	86.85	246.66	145.32	46.57	554.02
	FFF	—	3.15	123.08	213.86	156.99	44.22	541.29
	SSS	—	13.58	108.63	236.11	149.77	35.23	543.33
60～100	SSF	—	1.30	2.78	7.29	-0.33	0.43	11.47
	SFS	—	-14.35	7.83	9.68	3.62	-5.26	1.51
	FSS	—	3.63	14.32	-1.40	-14.17	6.90	9.27
	SF	—	44.88	1.16	4.09	-56.19	22.53	16.47
	FFF	—	11.11	4.18	-1.28	-3.26	9.64	20.39
	SSS	—	53.05	-1.51	15.87	-50.18	16.31	33.53

6.1.2.4　垂直方向土壤含盐量及浓度变化

图 6.5 显示了宽行、窄行、膜间及三个位置平均的各灌前盐分的剖面平均值随深度的变化曲线。从图 6.5（a）～（d）可知，各处理的含盐量在垂直方向上的变化趋势基本一致，均随深度增加，在 0～30cm 处含盐量减小，而 30～40cm 处盐分增加，40cm 以下含盐量降低。40cm 处含盐量较大是由于一般灌溉湿润范围为 30～40cm，盐分受到水分淋洗，使得该处含盐量较大，虽然蒸发作用会使盐分随水分向地表迁移，但因受毛管水作用 40cm 以下的土壤水分会向上补给，导致 40cm 左右的含盐量仍处于较高值。对比图 6.5（a）～（d）可知，膜间和宽行的含盐量均大于窄行。主要是膜间蒸发容易积盐，而宽行是由于盐锋交汇使得宽行含盐量较大，而窄行由于处于滴灌带附近，灌溉期间受到水分淋洗，使之含盐量较小。

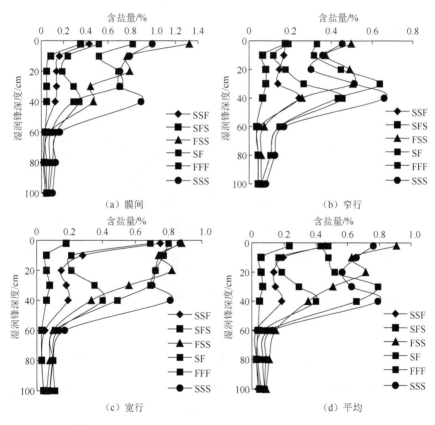

图 6.5　灌溉处理下垂直方向含盐量分布

一般情况下，作物在含盐量较高的土壤生长能力较差，但如果土壤含水量较高，盐分可能对作物生长的影响减小，实际上主要影响作物生长的因子为土壤溶液的浓度。因此，引入盐分浓度比较各处理下土壤水盐环境的差异可对作物生长情况提供参考。图 6.6 显示了不同位置下的 1m 剖面土壤溶液浓度变化情况。由图 6.6 可知，各处理的溶液浓度均表现为表层浓度最大，根区层浓度大于根底层浓度。主要原因是根区受灌溉的影响较大，水分受到蒸发、根系吸水等因素消耗，导致盐分在该层累积，根区土壤溶液浓度较大；对于根底层，由于该层盐分含量较低，受根系吸水影响较小，含水量相对较高，从而该层溶液浓度较低。对比不同位置剖面的溶液浓度可知，大致表现为膜间＞宽行＞窄行。

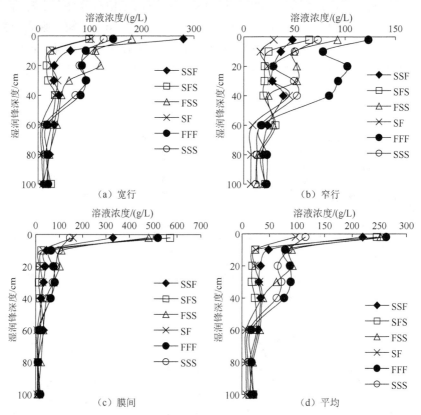

图 6.6　不同位置 1m 剖面土壤溶液浓度分布

6.1.2.5　灌溉前后土壤盐分剖面分布特征

滴灌下土壤水分运动分为湿润体形成过程以及水分再分布过程，而盐分则在这两个过程中随水分运动而运移。以微咸水对照处理为例，对一个灌溉周期内土壤盐分的分布情况进行分析（图 6.7）。灌后 2 天滴头下方形成湿润体，在水分的驱动下，盐分向两侧运移，形成盐分相对较高的区域，滴头位置为淋洗淡化区；灌后 9 天，由于水分再分布，其盐分表现为更大范围的积盐区，并在 40～60cm 表现为更显著的积盐情况。与灌后 2 天相比，根区盐分增加，而根底层盐分变化不大。对于溶液浓度来说，表现与盐分变化特征类似，在根区层浓度较高，根底层浓度变化不大。以上结果说明，在灌溉周期内根区盐分存在脱盐、聚盐的过程。在湿润体形成过程中，根区土壤盐分被淋洗迁移至湿润体边缘。在水分再分布过程中，根区层受到根系吸水作用，水分向根区运动，水分被根系吸收，盐分在根层累积；在膜间则受到土面蒸发作用，水分进入大气，盐分留在根区。滴灌湿润范围一般为 30~40cm，因此根底层盐分变化较小。

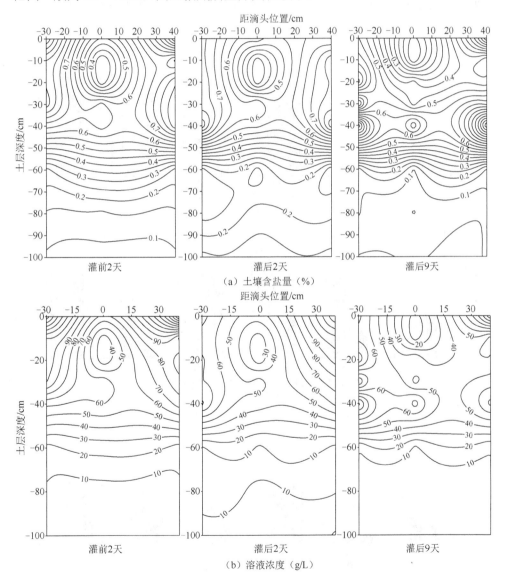

图 6.7　微咸水处理第 12 次灌水前后 1m 土层盐分及溶液浓度动态变化

6.1.2.6 生育期内土壤盐分变化特征

图 6.8 显示了生育期内 0～60cm、60～100cm 及 0～100cm 土体灌前剖面平均盐分。由图可知，各处理 0～60cm（根区层）、60～100cm（根底层）和 0～100cm 大部分表现为随生育期的推移，含盐量呈波浪式上升的趋势，其中除 SSF 处理生育期内 60～100cm 含盐量变化幅度低于 0～60cm 外，其他 5 组处理均表现为 60～100cm 土壤含盐量的变化幅度较 0～60cm 含盐量的变化幅度大。说明在生育期内，

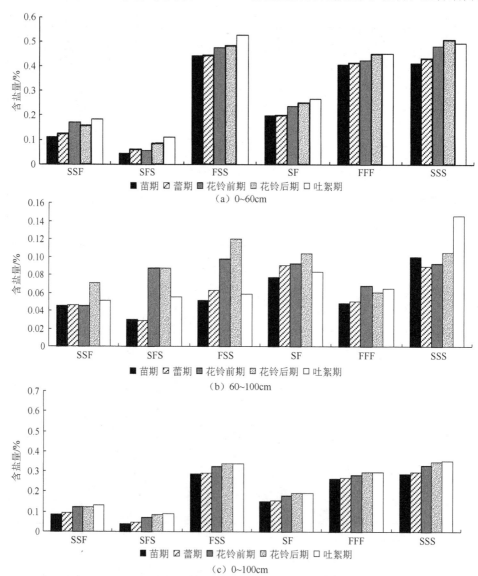

图 6.8　灌溉处理下生育期内盐分的动态变化

除 SSF 处理根底层受灌溉影响小外，其他 5 组处理均表现为根底层的土壤含盐量受灌溉的影响较大。从图 6.8（c）可知，生育期内 0～100cm 各处理土壤盐分大小分别表现为 SSS＞FSS＞FFF＞SF＞SSF＞SFS。由于土壤本底值存在一定差异，加之灌水过程中水质和水量不同，使得盐分变化也不太相同。

为了消除土壤盐分空间变异性的影响，以苗期盐分作为参考，利用相对含盐量对生育期内各处理的 0～100cm 含盐量变化幅度进行分析（图 6.9），结果表明，各处理 0～100cm 土壤相对含盐量的变化大小依次为 SFS＞SSF＞SF＞SSS＞FSS＞FFF。其中，SFS、SSF 和 SF 的变化幅度较大。

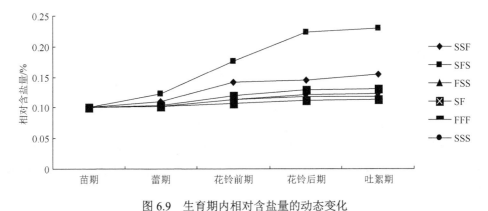

图 6.9　生育期内相对含盐量的动态变化

以 $1m^2$ 作为一个滴灌土体单元，计算该单元内不同灌溉处理下土壤含盐量在生育期内的变化，结果见表 6.4。在 0～100cm 土体内，除 FFF 表现为正平衡外，其他 5 组处理均表现负平衡，但各处理间输入盐量与土体储盐量变化差异均在误差范围之内（$p＞0.05$），说明土体内增加盐量与灌溉输入盐量相当。从根区层（0～60cm）和根底层（60～100cm）的盐分平衡可以看出，SSF、SFS、FSS 和 SF 处理其盐分主要在根区层积聚，而 FFF 和 SSS 处理的盐分主要集中在根底层。

表 6.4　单元土体含盐量变化

深度/cm	处理	输入盐量/g	播种前土壤储盐量/g	灌水结束后土壤储盐量/g	土壤储盐量变化/g	占输入比例/%
0～100	SSF	698.74	1290.33±228.35	1980.56±233.70	690.22	98.8
	SFS	778.46	589.49±67.19	1356.62±69.47	767.12	98.5
	FSS	816.33	3855.35±870.90	4661.58±874.05	807.71	98.8
	SF	695.44	2195.24±229.49	2884.53±221.00	688.74	99.1
	FFF	460.33	3987.18±620.02	4463.28±647.75	476.10	103.4
	SSS	960.25	5234.48±1036.58	6291.88±1055.04	1057.40	110.1
0～60	SSF	—	1014.76±234.62	1667.75±217.33	652.99	—
	SFS	—	410.75±34.93	1021.47±87.87	610.72	—

续表

深度/cm	处理	输入盐量/g	播种前土壤储盐量/g	灌水结束后土壤储盐量/g	土壤储盐量变化/g	占输入比例/%
0~60	FSS	—	3542.54±870.90	4304.08±874.05	761.54	—
	SF	—	1763.27±191.76	2430.22±188.22	666.95	—
	FFF	—	3692.99±636.51	4094.61±565.08	401.62	—
	SSS	—	4707.19±1056.46	5524.40±1146.46	817.21	—
60~100	SSF	—	275.57±5.45	312.81±40.28	37.24	—
	SFS	—	178.75±40.28	335.15±154.80	156.40	—
	FSS	—	312.81±0.00	357.49±0.00	44.69	—
	SF	—	431.97±65.46	454.32±83.85	22.34	—
	FFF	—	294.19±17.07	368.67±87.25	74.48	—
	SSS	—	580.93±22.34	821.12±87.25	240.19	—

对比各处理，虽然轮灌和混灌处理较微咸水输入土体的盐量在一定程度上减少，但在试验灌水定额内（4950m³/hm²，灌水周期约 7 天）仍会增加土壤根区的盐分，因此在实际生产中应注意加大水量或"浅灌勤灌"。在采用微咸水灌溉的时候，需增大水量以保证作物水分需求，一方面能将盐分淋洗到深层，另一方面避免根区土壤盐分的累积。

6.1.2.7　微咸水灌溉对棉花生长及产量的影响

1. 微咸水灌溉对株高的影响

图 6.10 显示了不同灌溉处理下株高的变化情况。从图中可以看出，生育期内不同灌溉方式下株高随时间的变化趋势大致相同，均为随时间增加而增加之后趋于稳定，但各处理之间存在一定的差异，主要表现为 SSS 和 SF 处理较其他 4 组处理差异显著，而 SSF、SFS、FSS 和 FFF 处理之间的差异不显著。

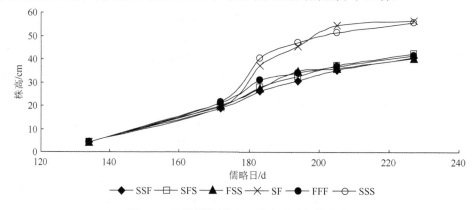

图 6.10　不同灌溉处理下株高随时间的变化

为进一步了解生育期内轮灌和混灌对株高的影响，本书引入生育阶段内相对株高日增长率（G_{height}）来分析微咸水灌溉处理对棉花株高的影响，其表达式为

$$G_{height} = \frac{(H_{i+1} - H_i)/H_i}{t}$$　　　　　　　（6.3）

式中，G_{height} 为生育阶段相对株高日增长率（d^{-1}）；H_i 某个生育期阶段开始的株高（cm）；H_{i+1} 为该生育期阶段结束的株高（cm）；t 为 H_i 到 H_{i+1} 所经历的天数（d）。

表 6.5 列出了灌溉处理下各生育阶段内各处理的相对株高日增长率。由表可知，各处理 G_{height} 大致表现为随生育期的推移呈减小的趋势。对比各处理，SF 处理在打顶结束前的 G_{height} 均明显高于 SSS。而其他 4 个处理在蕾期阶段，G_{height} 均明显低于 SSS。SSF 和 SFS 在花铃前期和打顶的 G_{height} 均高于 SSS，FSS 的 G_{height} 仅在花铃前期高于 SSS，FFF 则在这两个时期与 SSS 无明显差异。比较生育期内 G_{height} 的平均值可知，SF＞SSS＞SFS＞SSF＞FSS＞FFF。

表6.5　各生育阶段内相对株高日增长率　　　　　　　（单位：d^{-1}）

处理	蕾期	花铃前期	打顶	平均值
SSF	0.036	0.015	0.021	0.024
SFS	0.040	0.015	0.019	0.025
FSS	0.034	0.025	0.010	0.023
SF	0.084	0.020	0.015	0.040
FFF	0.042	0.010	0.013	0.022
SSS	0.081	0.014	0.012	0.036

2. 微咸水灌溉对叶片数的影响

图 6.11 显示了生育期内不同灌溉处理下叶片数随时间的变化曲线。由图可知，生育期内各处理的叶片数随时间的变化趋势相类似，均表现为随时间的增长，叶片数先增加后减小。主要原因是生育期前期，棉花主要处于营养生长的阶段，叶

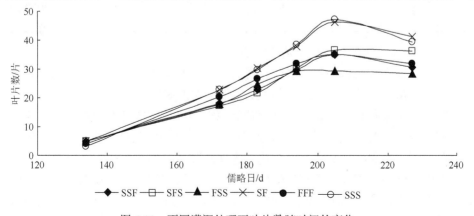

图 6.11　不同灌溉处理下叶片数随时间的变化

片数呈现增长的趋势；当进入花铃期时，棉花主要处于生殖生长阶段，但还存在着营养生长，该阶段伴随叶片、花铃等器官脱落，老叶脱落，新叶出现，新老叶交替等现象，导致后期叶片数下降。各处理的叶片数大小依次为 SF＞SSS＞SFS＞SSF＞FSS＞FFF。

为进一步了解生育期内轮灌和混灌对叶片数的影响，引入生育阶段相对叶片数日增长率（G_{leaf}）来分析微咸水灌溉处理对叶片数的影响，其表达式为

$$G_{leaf} = \frac{(N_{i+1} - N_i) / N_i}{t} \tag{6.4}$$

式中，G_{leaf} 为生育阶段相对叶片数日增长率（d^{-1}），为正表示增长，为负表示衰减；N_i 为某个生育期阶段开始的叶片数（片）；N_{i+1} 为该生育期阶段结束的株高（片）；t 为 N_i 到 N_{i+1} 所经历的天数（d）。

表 6.6 列出了各生育阶段内的相对叶片数日增长率。由表可知，各处理的 G_{leaf} 大致表现为随生育期呈逐渐减小的趋势，表明随生育期的推移叶片数增长幅度逐渐减小，而到花铃后期叶片数开始衰减。SSF、SFS、FSS、SF 和 FFF 处理在花铃后期 G_{leaf} 均高于 SSS，但在其他生育阶段的 G_{leaf} 则表现不一致。SSF、SFS 在花铃前期的 G_{leaf} 均高于 SSS，而 FSS 和 SF 均在蕾期高于 SSS，而 FFF 则是在蕾期和花铃中期高于 SSS。各处理生育阶段内 G_{leaf} 的平均值大小关系为 SFS＞SSS＝SF＞SSF＞FFF＞FSS，其中 SSS 和 SF、FFF 和 FSS 间的差异不明显。

表 6.6　灌溉处理各生育阶段内相对叶片数日增长率　　　　（单位：d^{-1}）

处理	蕾期	花铃前期	花铃中期	花铃后期	平均值
SSF	0.023	0.028	0.016	-0.006	0.015
SFS	0.023	0.036	0.018	0.000	0.019
FSS	0.036	0.016	0.001	-0.002	0.013
SF	0.029	0.023	0.021	-0.005	0.017
FFF	0.028	0.018	0.023	-0.004	0.013
SSS	0.028	0.027	0.021	-0.008	0.017

3. 微咸水灌溉对叶面积指数的影响

由于初期受到气象因素等影响，导致各小区棉花出苗率不同，影响小区棉花分布密度，从而影响小区叶面积指数。为将各处理放在同一水平上比较，假设小区内棉花出苗率和存活率相同，从而计算每个小区对应的叶面积指数，其他处理小区同样进行类似处理。图 6.12 显示了叶面积指数随时间的变化。由图可知，不同灌溉处理下叶面积指数随时间变化均表现出类似的趋势，在 190 天前叶面积指数随时间的增加而增加，其变化幅度较大，而当天数到大于 190 天并小于 205 天时，叶面积指数开始出现缓慢衰减的趋势，而到 205 天后，衰减幅度变大。对比各灌溉方式处理，叶面积指数大小依次为 SF＞SSS＞SSF＞FFF＞SFS＞FSS。

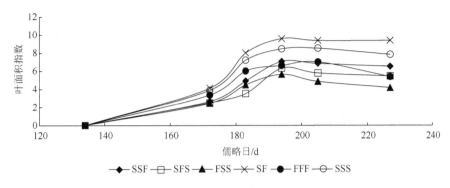

图 6.12　灌溉处理下叶面积指数随时间的变化

棉花生长初期受自然因素的影响较大，为减小其影响，探究各处理对棉花叶片数是否存在促进或抑制作用，采用生育阶段内相对叶面积指数日增长率（G_{LAI}）来进行灌溉处理对棉花叶片数影响分析，结果列于表 6.7。

$$G_{LAI} = \frac{(A_{i+1} - A_i)/A_i}{t} \tag{6.5}$$

式中，G_{LAI} 为相对叶面积指数日增长率（d^{-1}），为正表示叶面积指数呈增加的趋势，为负表示叶面积指数开始衰减；A_i 为某个生育期开始的叶面积指数；A_{i+1} 为该生育期结束的叶面积指数；t 为 A_i 到 A_{i+1} 所经历的天数（d）。

表 6.7　各阶段生育期内相对叶面积指数日增长率　　　　（单位：d^{-1}）

处理	蕾期	花铃前期	花铃中期	花铃后期	平均值
SSF	0.077	0.040	-0.003	-0.002	0.028
SFS	0.037	0.073	-0.008	-0.003	0.025
FSS	0.077	0.023	-0.013	-0.006	0.020
SF	0.085	0.027	-0.004	-0.004	0.026
FFF	0.071	0.009	0.000	-0.008	0.018
SSS	0.077	0.016	0.001	-0.005	0.022

由表 6.7 可知，各处理的 G_{LAI} 均大致表现为逐渐减小的趋势，说明各处理叶面积指数随生育期变化的增加幅度逐渐减小。其中 SSF、FSS 和 SF 的 G_{LAI} 在蕾期和花铃前期均明显高于 SSS，SFS 的 G_{LAI} 在花铃前期高于 SSS，而 FFF 处理在蕾期的 G_{LAI} 与 SSS 差异较小。说明相对 SSS 处理，SSF、FSS 和 SF 处理在蕾期和花铃前期对叶面积指数具有促进作用，SFS 则表现在花铃前期，而 FFF 无明显促进作用；在花铃后期和吐絮期，各处理的 G_{LAI} 差异较小，说明相对微咸水对照，各处理在后期对叶面积指数的影响较小。蕾期已灌水 2 次，从结果可以看出，除 SFS 外，SF、SSF 和 SSS 总体上较 FFF 和 FSS 的 G_{LAI} 大，其中 SF 对叶面积指数的影响最大。说明灌溉水中存在的盐分可能促进叶面积指数的增长。蕾期到花铃

前期，同样灌水 2 次（第 3 水和第 4 水），该阶段采用 SF、SSF、SFS 和 SSS 的 G_{LAI} 较全淡水（FFF）大，说明在蕾期和花铃前期阶段，微咸水中的盐分可能促进叶面积指数的增长。而到花铃前期，FFF 对叶面积指数的促进作用逐渐明显，但仍低于 SSS。花铃中期，叶面积指数开始衰减，其中 FSS 的 G_{LAI} 最小。以上结果说明，利用咸淡交替轮灌和咸淡水混灌可能在一定程度上提高叶面积指数的增长速率，其中以 SF 和 SSF 处理的效果较为明显。

4. 微咸水灌溉对产量及水分利用效率的影响

水分利用效率是作物对水分吸收利用过程效率的一个评价指标，为作物单位面积产量与作物腾发量的比值。以 $1m^2$ 内土体的耗水量计算各处理的水分利用效率，表 6.8 列出了不同灌溉处理对应的产量及水分利用效率。由表可知，除 SF 外，其他 4 组产量均较 SSS 产量低，该 4 组处理含水量低，但土壤盐分含量相对较高，从而使得这 4 组处理土壤中盐分浓度较高，导致棉花产量受到影响，从而使水分利用效率较低。各处理的产量大小关系为 SF＞SSS＞SSF＞FSS＞FFF＞SFS。由于产量受到影响，水分利用效率同样也降低，表现为除 SF 处理的水分利用效率高于 SSS 外，其他 4 组处理的水分利用效率均低于微咸水对照，大小关系与产量关系一致，即 SF＞SSS＞SSF＞FSS＞FFF＞SFS。

表 6.8　不同灌溉处理下的产量和水分利用效率

处理	灌水量/mm	耗水量/mm	产量/(kg/hm²)	水分利用效率/(kg/m³)	灌水利用效率/(kg/m³)
SSF	517.55	551.09	4274.25	0.78	0.83
SFS	517.55	538.19	3633.75	0.68	0.70
FSS	517.55	547.46	4090.80	0.75	0.79
SF	517.55	570.49	5806.20	1.02	1.12
FFF	517.55	561.69	3880.65	0.69	0.75
SSS	517.55	576.86	5420.85	0.94	1.05

6.2　化学改良对棉田土壤水盐分布与棉花生长影响

6.2.1　试验方法

试验是在新疆库尔勒进行的。试验选择 PAM、旱地龙、石膏 3 种改良剂，2009 年每种改良剂各选择 3 种施量，共 9 种组合；在 2009 年试验的基础上，2010 年稍微调整了改良剂的施量，增加 2 个小施量试验处理，共 11 种组合；同时选择一个不施加任何改良剂的小区作为对照区，每个试验处理为一个试验小区；试验小区面积 5m×10m，每个小区设计一个重复，试验处理见表 6.9。每种改良剂的试验小区均沿滴灌支管方向布置，支管长 40m。

表 6.9　试验处理

改良剂种类	试验区号	施量/(kg/hm²)		灌溉总量 不加出苗水/(m³/hm²)	灌溉频度/d
		2009 年	2010 年		
PAM	1#	7.5	7.5		7
	2#	15	15	4425	7
	3#	45	30		7
旱地龙	4#	750	750		7
	5#	1500	1500	4425	7
	6#	3750	3000		7
	11#	—	375		7
石膏	7#	1995	1995		7
	8#	4005	4005	4425	7
	9#	5340	5010		7
	12#	—	1005		7
对照	10#	0	0	4425	7

注："—"代表没有设计此试验。

6.2.2　化学改良对表层土壤容重的影响

在盐碱较重的土壤上作物不能正常生长，一个重要的原因是土壤物理性质较差，表现为质地紧密、孔隙度小、空气含量低、储水能力差等，从而影响作物的吸水和吸肥等生理活动，导致作物生长不良。土壤容重是土壤物理性质的一个重要指标，可以充分反应土壤结构的松紧情况，容重大，孔隙度小，土壤的黏粒含量相对大，土壤的通透性就差，影响土壤对水分的渗透速率，不容易使土壤盐分得到淋洗。土壤中添加化学改良剂，土壤物理性质发生了一定的变化，容重得到不同程度地降低。

图 6.13 显示了土壤表层 5cm 内容重在不同试验年份的变化情况。由图 6.13 可知，随着施加改良剂试验年份的增加，试验区内一方面经过棉花生育期内的灌水，固体改良剂得以充分的溶解，其改良土壤的效果逐渐明显，另一方面棉花生长过程中根系与土壤中微生物的相互作用也起到松土的效果，故试验区土壤容重逐年降低，而施加改良剂试验区土壤容重降低效果更加明显。为消除初始容重的影响，用容重降低比率[(本底值容重–试验结束时容重)/本底值容重]来表示各试验区内土壤容重的变化情况。由图 6.13 可知，至第二年试验结束时，对照区容重降低比率为 3.33%，而改良剂试验区容重降低比率在 5.83%～13.29%，其平均容重降低比率比对照区提高了 5.87%。不同改良剂试验区中，容重降低比率最大的为 3#、6#和 9#试验区，降低比率分别为 11.21%、9.81%和 13.29%，同时这 3 个

试验区内容重的初始值也最高；反之，初始容重较低的2#、5#和8#试验区容重的降低比率较低，分别为7.74%、5.83%和7.89%，表明土壤容重的变化与土壤初始容重有关，初始容重较大时，经过改良后土壤容重降低较明显，反之则较小。比较分析同一种改良剂量对容重降低比率的影响发现，PAM、旱地龙试验区随施量的增加容重降低比率呈先减小后增大的趋势，在石膏试验区则呈现随施量增大容重降低比率增加。

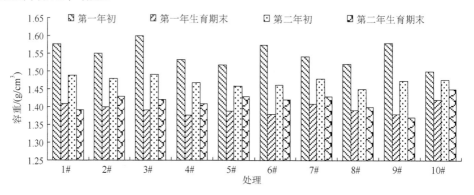

图6.13　试验区不同年份土壤容重的变化情况

第一年初指试验将要开始的时期，也即测定土壤本底值的时期；

第二年初指试验进行一年后第二年试验将要开始的时期

6.2.3　化学改良对土壤含水量的影响

6.2.3.1　棉花生育期内土层平均含水量的变化特征

图6.14给出了棉花生育期内土层平均含水量分布。由图6.14可见，各试验区的本底值大小各不相同，说明田间试验环境的变化较大，很难找到一个均质的土壤试验条件。其中在棉花的整个生育期内3#、6#和9#试验区内平均含水量低于其他试验区，且灌水前后的含水量变化幅度较小，这也是改良效果较差的一个表现。试验区内棉花在整个生育期过程中经过相同的灌水定额及田间管理措施，各土层平均含水量的变化趋势基本一致：灌水前后40cm以下土层含水量随生育期的变化最剧烈，40～60cm土层含水量变化较大，而在60cm以上土层土壤含水量在整个生育期内变化幅度较小，这是由滴灌性质决定的，滴灌是多频少量的灌水模式，依靠滴头下水势的作用使灌溉水在土壤中扩散，一方面灌溉水全部滴入作物周围土壤防止使用水的浪费，另一方面每次的灌水量较小，土壤湿润范围较小，故能保证作物根层内含水量较充足。

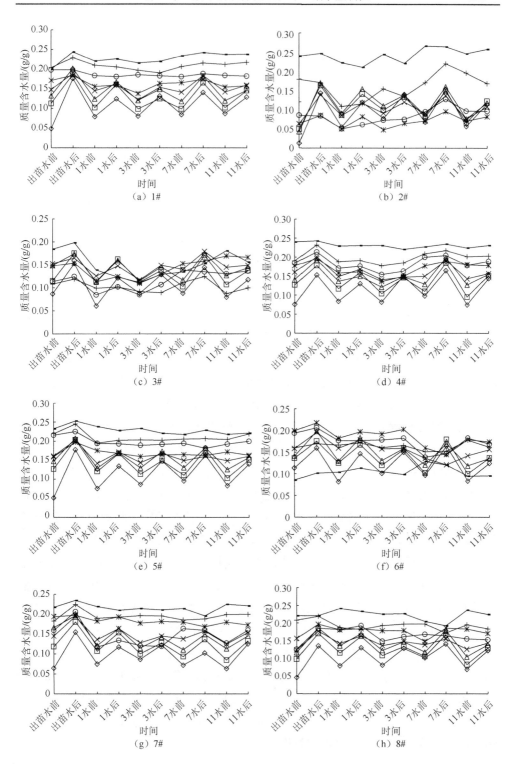

（a）1#　　　　　　　　　（b）2#

（c）3#　　　　　　　　　（d）4#

（e）5#　　　　　　　　　（f）6#

（g）7#　　　　　　　　　（h）8#

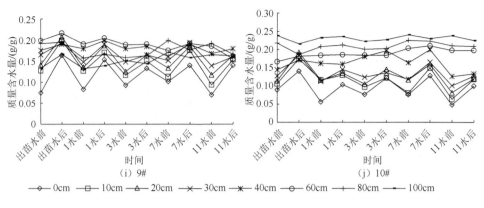

图 6.14　生育期内土层平均含水量分布

6.2.3.2　水平方向上土壤含水量分布特征

试验区水平方向取样点分布在宽行（距滴头 30cm 处）、窄行（滴头位置）、膜间（距滴头 40cm 处）。棉花整个生育期内根据其不同生育阶段对水分的需求进行了多个灌水周期不同灌水量的滴灌过程，当仅在一次滴灌结束时，那么滴灌形成的湿润体同点源入渗形成的湿润体，但是在田间结合棉花生长吸收湿润体内的水分，经过一个灌水周期后滴灌湿润体内含水量发生了很大变化。图 6.15 显示了棉花生育期内一次灌水较少（苗期～1 水前）和灌水最大（花铃期～7 水前）时水平方向土壤含水量分布。由图 6.15 可知，各试验区苗期时（1 水前）土壤含水量表现在宽行＞窄行＞膜间；花铃期时（7 水前）土壤含水量则表现为膜间＞宽行＞窄行。产生这种状况的原因是棉田播种采用干播湿出，播种后马上滴出苗水（600m³/hm²），故在 1 水前取样时土体已经有滴灌点源入渗湿润体形成，此段时期内一方面由于膜间得到滴灌出苗水量小，另一方面棉株较小，膜间土壤裸露于空气中，故土面蒸发量大，膜间的含水量则最小；而窄行虽然是滴灌带布设处，但是距离棉行较近，棉花的发芽及生长均需要吸收大量的水分，故至 1 水前窄行土壤含水量小于宽行。而花铃期是棉花由营养生长向生殖生长转化的关键时期，棉花需要充足的水分保证棉铃生长的能量，故在滴灌湿润体内棉行附近土壤水分是棉花生长的主要水源，经过一个灌水周期后窄行内土壤水分消耗最多，窄行土壤含水量最低；由于此时的棉株基本长成，致使膜间郁闭，土面蒸发很小，另外棉花进入花铃期灌水量加大，在频繁的灌水周期内膜间得到一定的水分，造成此时膜间土壤含水量最大。由此可见，膜下滴灌的优势很明显，即能够在棉花的整个生育期内，根据棉花的生长阶段调节滴灌水量，从而使棉花能够充分利用滴灌湿润体内的水分而达到节水保收的效果。

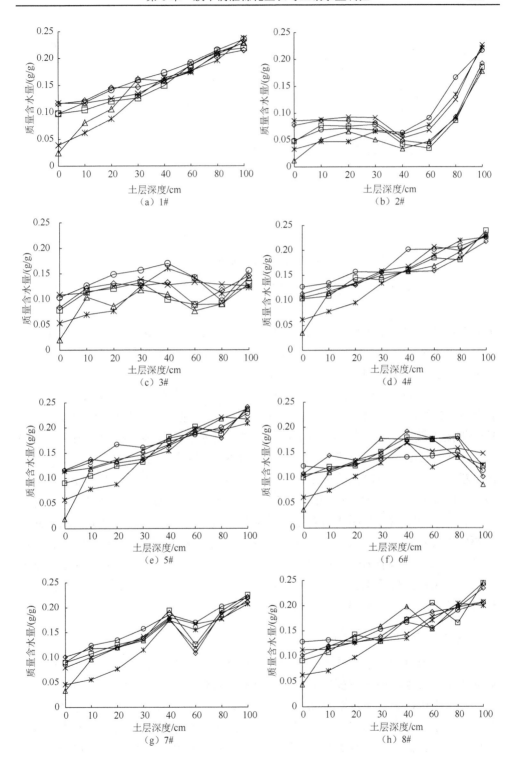

（a）1#

（b）2#

（c）3#

（d）4#

（e）5#

（f）6#

（g）7#

（h）8#

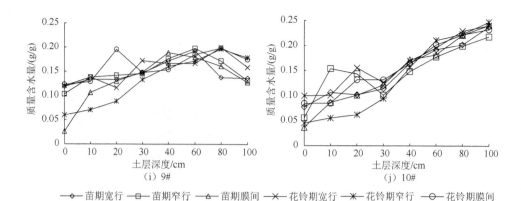

图 6.15　水平方向土壤含水量分布

6.2.3.3　滴头下方垂直剖面土壤含水量分布特征

滴头下方土壤接触灌水的时间最长，得到滴灌供给的水分也就越多，同时距离棉行越近，棉株"就近吸水"越显著，故滴头下方土壤剖面上含水量在一次滴灌前及滴灌结束时均表现出明显的变化。图 6.16 显示了棉花不同的生育期滴头下方灌前及灌后土壤含水量分布，苗期、蕾期、花铃期和吐絮期分别代表的灌水频次为 1 水、3 水、7 水和 11 水。由图 6.16 知，同一生育期内一次灌水前后土层含水量变化很明显；不同的生育期内一次灌前和灌后土壤含水量变化幅度又有不同，花铃期（7 水）最大，蕾期（3 水）最小，这是由不同生育期的灌水量不同造成的，花铃期灌水量最大，虽然苗期（1 水）理论上灌水量应最小，但考虑头水压盐的效果，致使 1 水的灌水定额较大，3 水为棉花现蕾初期，故灌水量较小；试验小区在棉花不同的生育阶段均表现出灌前和灌后在 0～40cm 土层内土壤含水量变化最大，而 40～60cm 土层含水量变化较小，60cm 以下土层含水量变化最小。对比各试验区灌前灌后过程中土壤含水量的变化发现，对照区垂直土层上含水量的变化幅度相对较大，并且上层土壤含水量变化幅度明显低于改良剂试验区，表明对照区上层土壤蓄水能力较差；改良剂试验区土壤含水量则主要集中在 40cm 以内土层，这是滴灌棉花生长的主根层区，而对照区则表现出深层下渗较大，作物主根区的含水量较小，不利于棉花的生长。

6.2.3.4　0～40cm 主根层土壤保水性分析

盐碱地改良的目的是改善土壤的物理形状，一方面增加土壤孔隙度，提高土壤的透水通气性，另一方面就是提高土壤的保水性，使作物根区能够得到较长时间的水分供给，降低土壤盐分胁迫。前文分别进行了试验区土层平均含水量、土壤含水量水平分布及垂直分布的描述，下面就大田化学改良剂试验对土壤含水量的影响进行分析。由于各试验小区的初始含水量各不相同，为消除初始值的影响，用生育期内平均含水量的增加值与初始值的比率来比较土层内平均含水量的保持效果，并将此定义为保水率。

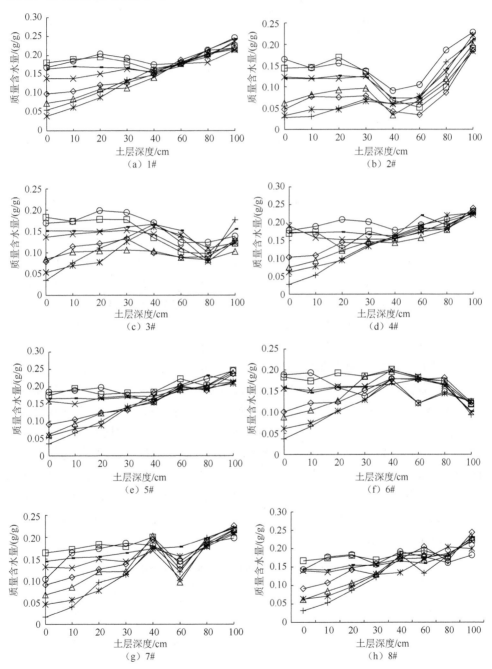

（a）1#

（b）2#

（c）3#

（d）4#

（e）5#

（f）6#

（g）7#

（h）8#

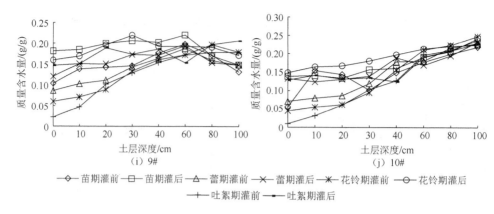

图 6.16　滴头下方土壤含水量分布

土壤含水量的主要变化范围为棉花主根层 40cm 以内的土层，由膜下滴灌棉花的生长特点，此土层水分是棉花生长所需水分的"源"，故研究比较这一土层内的土壤保水性有显著的意义。表 6.10 给出了各试验区 0～40cm 主根层内土壤保水率。由表 6.10 可知，第一年（2009 年）改良试验后对照区的保水率为 12.99%，改良剂试验区的保水率则在 16.59%～53.81%；经过 2 年改良后即在 2010 年对照区的保水率为 18.08%，改良剂试验区的保水率则在 20.57%～132.92%，与对照区相比，改良剂试验区平均保水率增加值由第一年改良后的 13.22% 升至第二年改良后的 21.82%，表明随改良时间的延长，改良效果趋于明显。同一种改良剂不同施量下的保水效果在 2009 年规律不显著，而至 2010 年试验结束时，同种改良剂则随施量的增加均呈现先增大后减小的趋势，PAM、旱地龙、石膏试验区分别表现为：2#>1#>3#、5#>4#>6#、8#>9#>7#，2#试验区由于砂性较重，土壤含水量初始值较小，致使保水率较大，保水剂效果较明显。不同改良剂间比较可知，至改良剂撒施两年后，PAM 试验区平均保水率为 61.59%，旱地龙试验区平均保水率为 26.12%，石膏试验区平均保水率则为 31.97%，故从保水效果看 PAM>石膏>旱地龙，从改良剂施量上看：PAM 试验区 2#（15kg/hm²）处理的保水率最大为 132.92%，旱地龙试验区 5#（1500kg/hm²）处理保水率最大为 30.99%，石膏试验区 8#（4005kg/hm²）处理保水率最大为 45.66%。

表 6.10　0～40cm 主根层土壤保水率分析

试验区	试验区号处理	2009 年				2010 年			
		初始值/%	生育期内平均质量含水量/%	质量含水量变化值/%	保水率/%	初始值/%	生育期内平均质量含水量/%	质量含水量变化值/%	保水率/%
PAM	1#	14.66	17.38	2.72	18.57	12.24	16.06	3.83	31.27
	2#	7.11	10.94	3.83	53.81	4.50	10.48	5.98	132.92
	3#	11.41	16.08	6.67	40.94	12.50	15.07	2.57	20.57

续表

| 试验区 | 试验区号处理 | 2009 年 | | | | 2010 年 | | | |
		初始值/%	生育期内平均质量含水量/%	质量含水量变化值/%	保水率/%	初始值/%	生育期内平均质量含水量/%	质量含水量变化值/%	保水率/%
旱地龙	4#	14.02	17.55	3.54	25.25	13.35	16.56	3.21	24.08
	5#	15.21	18.31	3.10	20.39	12.89	16.89	3.99	30.99
	6#	15.69	18.30	2.60	16.59	13.47	16.61	3.14	23.30
石膏	7#	14.76	17.37	2.61	17.71	12.56	15.52	2.97	23.63
	8#	14.45	17.73	3.29	22.75	10.83	15.77	4.94	45.66
	9#	15.79	18.94	3.14	19.92	13.65	17.28	3.63	26.62
对照	10#	13.70	15.48	1.78	12.99	12.33	14.56	2.23	18.08

6.2.4　化学改良措施下土壤盐分分布特征

6.2.4.1　棉花生育期内土层平均含盐量的变化特征

土壤平均含盐量为距离滴头不同水平位置取样点相同深度土壤含盐量的算术平均值。图 6.17 显示了棉花生育期内土层平均含盐量分布。由图 6.17 可知，土壤表层（0cm）含盐量在各个试验区垂直土层内均为最大值，且没有明显的变化

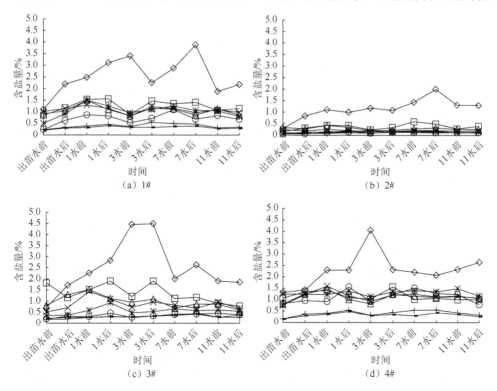

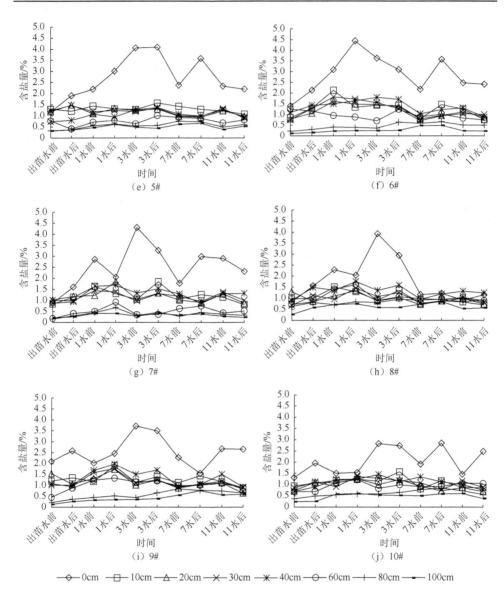

图 6.17 棉花生育期内土壤平均含盐量分布

规律。一方面原因是一个灌水周期内，土壤水分在水势梯度作用下运动（包括下行的入渗和上行的蒸发两个过程），灌水周期前，由于滴灌刚结束，上层土壤水势大，土壤水分以下行为主，土壤盐分则以淋洗为主，返盐为辅；随滴灌灌后日期的延长，土壤上层水分在作物根系吸收及土壤热蒸发作用下逐渐减小，上层土壤水势梯度降低，土壤水分以上行为主，土壤盐分以返盐为主，淋洗为辅，故土壤盐分表聚在一个灌水周期内不间断进行，易在土壤表层形成一层白色的"盐壳"；

另一方面,土壤平均含盐量数值的计算是距离滴头不同水平距离取样点的平均值,由于土壤盐分的不均一性,在距离滴头较远处的湿润体边缘上由湿润中心带来的土壤盐分累积量及表层土壤盐分含量的大小不确定,故实测的土壤表层盐分含量的变化无规律性。各试验区 80~100cm 土层含盐量在棉花整个生育期内均较稳定,随灌水前后的进行变幅不大,而 10~60cm 各土层平均含盐量随灌水过程的进行变化幅度明显,说明滴灌对 60cm 以上土层内含盐量影响较大,60cm 土层以下则较小。各试验区土层平均含盐量生育期末相比第一次灌前减小或者是相当。

6.2.4.2 水平方向上土壤含盐量分布特征

点源入渗过程中,土壤盐分随土壤水分的运动而在土壤湿润体边缘聚集,距离滴头不同水平位置处土壤剖面上盐分含量不同。田间膜下滴灌受棉花生长及覆膜程度的不同,一次滴灌周期内土壤水分水平运移发生变化,相应的土壤盐分移动也发生改变。当灌水量大时,土壤剖面内上层盐分淋洗及下层累积较明显,故选择在棉花生育期内一次最大灌水结束时,观察土壤含盐量水平方向分布(图6.18)。以滴头为 0 点,膜内方向为"-",膜间方向为"+",则宽行取样点位置为-30cm,膜间取样点位置为 40cm,在 10cm、-10cm 位置处则为棉花生长位置,分别称为外行、内行。由图 6.18 知,各试验区滴头 0cm 位置剖面处等值线最稀疏,表征滴头下方剖面土壤含盐量最低;以滴头 0cm 位置分别向膜内(-方向)及膜间(+方向)等值线越来越密集,且距离滴头 0cm 相同的水平位置处,膜间方向的等值线密于膜内方向,表征一次滴灌结束后土壤含盐量在膜间方向聚集较多;由于大于 25cm 位置处为土壤表面,无薄膜覆盖,属于裸地,随不同灌溉期土壤湿润体带至的盐分,加上土面蒸发土壤上移聚集的盐分,致使土壤裸地上盐分增加较大,随

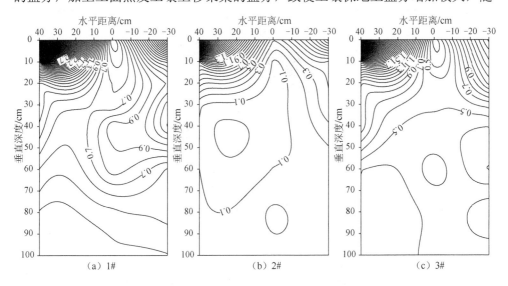

(a) 1#   (b) 2#   (c) 3#

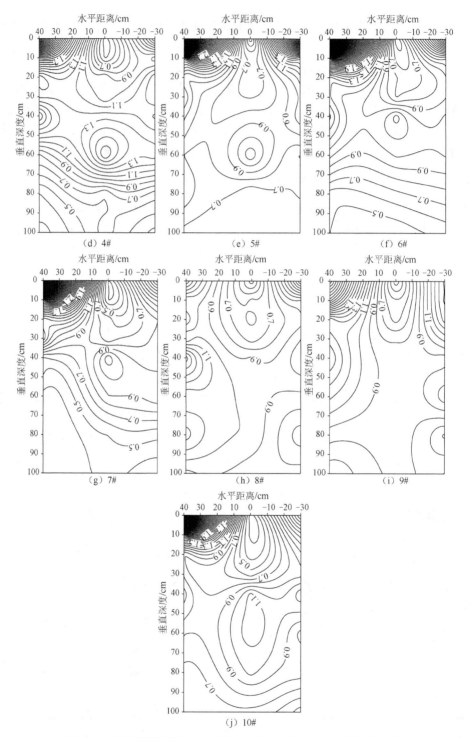

图 6.18　花铃期滴灌后（7 水后）土壤含盐量（%）水平方向分布

棉花生育时间的延长，整个膜间方向相互渗透的盐分含量高于膜内方向；土壤含盐量等值线除在 0～10cm 垂直土层内的水平取样点位置（40cm、-30cm）处聚集外，在垂直土层 40～60cm 剖面上密集，说明土壤含盐量在 40～60cm 垂直土层累积，主要是上层淋洗的盐分，在整个水平取样点所形成的 1m 垂直土层剖面内，经过一次滴灌后，形成一个以滴头位置为中心，上口约以棉行宽度为直径，底为水平取样宽度，高度约为 40cm 的"瓶形"脱盐区。

6.2.4.3　滴头下方垂直剖面上土壤含盐量分布特征

滴头下方垂直剖面是接收灌水历时最长、灌水量最大的位置，故滴头下方盐分的移动规律较明显。图 6.19 显示不同生育期滴头下方灌水前后土壤含盐量分布。由图 6.19 可知，不论在灌前还是在灌后，土壤含盐量的曲线主要在垂直土层 40～60cm 处有突变，表明滴灌条件下最大土壤含盐量主要集中在 40～60cm 土层处；棉花生育过程中每一次灌水后，40cm 以上土层为主要的脱盐深度，表征土壤含盐量的曲线灌前低于灌后；随棉花生育期的不同，滴灌后的脱盐深度不同，各试验区均表现出在花铃期灌水后（7 水后）脱盐深度最大，蕾期灌水后（3 水后）脱盐深度最小，这是由棉花生育期内滴灌水量的不同影响的，花铃期时灌水量最大为 525m³/hm²，而花蕾初期（3 水后）灌水量为 300m³/hm²；随棉花生育进程的增加，滴头下方 40cm 以内土层土壤含盐量有逐渐降低的趋势，一方面是不断滴水使此土层内盐分得到不同程度的淋洗，另一方面是随棉花植株的生长，棉花根系吸收一部分土壤盐分。由此可见，滴头下方土壤剖面 40cm 以内土层是主要的脱盐区，棉花根系则在此土层内生长，为棉花主根生长区。

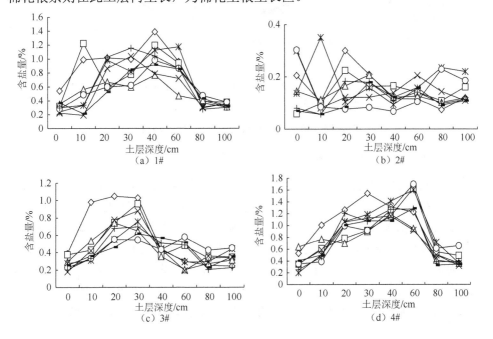

（a）1#　　　　　　　　　　（b）2#
（c）3#　　　　　　　　　　（d）4#

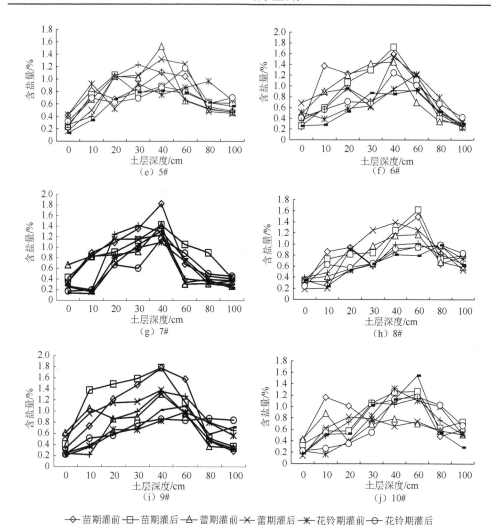

图 6.19 滴头下方灌水前后土壤含盐量分布

6.2.4.4 两年改良后土壤脱盐情况对比分析

膜下滴灌的灌水特点是少量多频,在棉花整个生育期内灌水次数较多。灌水前,土壤盐分受膜孔及膜间裸地蒸发的影响,土壤中的盐分随土壤水分上移而聚集在土壤上层,同时土壤水分在重力及土壤基质势的作用下又向土壤深层移动,带着一部分土壤盐分下移,由于灌水前气温高蒸发严重,土壤盐分上移作用明显,表现为积盐;灌水结束后,土壤盐分则随灌水移至土壤下层,滴头一定范围内会形成明显的脱盐区;至下一次灌水前,土壤盐分又重复上述变化,如此循环至生育期结束。土壤中盐分易受外界条件的影响,其运移过程复杂多变,稳定性较差;

化学改良措施下同样也影响到土壤中盐分的运动，故考虑生育始末的盐分变化，对整体上定量把握盐分的变化有一定帮助。

表 6.11～表 6.13 分别列出了 0～40cm、0～60cm 和 0～100cm 土层内滴头下方垂直剖面上棉花生育期始末平均含盐量累积情况。由表 6.11～表 6.13 可知，各试验区内的初始含盐量差异非常大，简单按生育期结束时土壤含盐量的大小来表征化学改良效果欠合理，故使用脱盐率来表示各试验区生育始末土壤含盐量的变化程度；脱盐率定义为生育期结束时土壤含盐量与初始值的差值（盐分累积量）与初始值的比值，"-"代表经过棉花的一个生育期过程土壤脱盐，其绝对值越大脱盐效果越好，"+"则代表土壤积盐。

表 6.11　0～40cm 土层内盐分累积情况　　　　　　（单位：%）

项目	PAM 区			旱地龙区			石膏区			对照
	1#	2#	3#	4#	5#	6#	7#	8#	9#	10#
初始值	0.82	0.19	0.87	0.97	1.11	0.87	0.93	0.96	1.20	0.80
生育期结束	0.63	0.11	0.50	0.92	0.65	0.63	0.80	0.55	0.74	0.80
盐分累积量	-0.192	-0.083	-0.372	-0.055	-0.459	-0.238	-0.136	-0.405	-0.466	0.002
脱盐率	-23.50	-42.98	-42.53	-5.66	-41.23	-27.28	-14.60	-42.26	-38.70	0.27

注：表中正数代表土壤积盐，因为是正值，所以表中省去了"+"，表 6.12～表 6.13 同。

表 6.12　0～60cm 土层内盐分累积情况　　　　　　（单位：%）

项目	PAM 区			旱地龙区			石膏区			对照
	1#	2#	3#	4#	5#	6#	7#	8#	9#	10#
初始值	0.70	0.17	0.74	0.94	1.04	0.95	0.78	0.91	1.05	0.77
生育期结束	0.67	0.12	0.51	0.99	0.68	0.69	0.79	0.60	0.81	0.95
盐分累积	-0.030	-0.046	-0.232	0.047	-0.363	-0.254	0.013	-0.310	-0.244	0.174
脱盐率	-4.35	-27.56	-31.50	5.03	-34.82	-26.79	1.62	-34.00	-23.18	22.52

表 6.13　0～100cm 土层内盐分累积情况　　　　　　（单位：%）

项目	PAM 区			旱地龙区			石膏区			对照
	1#	2#	3#	4#	5#	6#	7#	8#	9#	10#
初始值	0.56	0.15	0.58	0.72	0.84	0.72	0.61	0.78	0.80	0.64
生育期结束	0.59	0.11	0.44	0.80	0.66	0.61	0.65	0.66	0.69	0.80
盐分累积量	0.025	-0.031	-0.140	0.086	-0.181	-0.109	0.045	-0.121	-0.107	0.158
脱盐率	4.42	-21.54	-23.92	12.07	-21.57	-15.13	7.34	-15.50	-13.35	24.72

由上述分析可知，滴头下方 40cm 以内土层是土壤盐分主要的脱盐区，也是膜下滴灌棉花根系生长的主要活动层，如果此区域内土壤水盐环境适宜，则是保

证棉花顺利生长的关键条件。表6.11给出0~40cm土层内棉花生育始末盐分累积情况。由表6.11可知,化学改良试验区盐分累积量均为负值,表现为经过棉花的一个生育期后盐分均降低,而对照试验区则在棉花生育期结束时土壤含盐量与初始值相当,表明对照区在此土层内淋洗和增加的土壤含盐量基本一致,没有形成大的脱盐区。土壤盐分初始值较高的试验区,盐分累积量的绝对值大,如5#土壤盐分初始值最大为1.11%,盐分累积累量则为-0.459%,降低的盐分较多。根据脱盐率的大小,脱盐效果为2#>3#>8#>5#>9#>6#>1#>7#>4#>10#,从此土层内整体脱盐效果看,PAM试验区>石膏试验区>旱地龙试验区。同一种改良剂试验区内,PAM试验区2#脱盐率最大为-42.98%、旱地龙试验区5#脱盐率最大为-41.23%、石膏试验区则8#脱盐效果最大为-42.26%。0~60cm、0~100cm土层内各改良剂试验区随着土层深度的增加,其脱盐率的绝对值减小,脱盐效果逐渐减低,在1#、4#、7#试验区积盐明显,表明40cm以下土层内盐分聚集量逐渐增大;在10#对照区盐分积盐显著,由0~40cm土层内的0.27%的脱盐率至0~60cm土层内的22.52%再到0~100cm土层内24.72%。

6.2.4.5　化学改良措施对土壤盐分离子含量的影响

1. K^+和Na^+含量分布特征

钠离子是土壤中容易移动的离子,受灌水的影响较显著,图6.20给出2010年棉花生育期内K^+和Na^+的分布。由图6.20可知,在播前随土层深度的增加各试验区内的K^+和Na^+分布呈减小趋势,0~20cm表层K^+和Na^+含量最高,而在生育期结束时0~20cm表层K^+和Na^+含量最低;相比播前0~40cm土层内平均K^+和Na^+含量降低比率为49.3%,相应的K^+和Na^+含量累积主要集中在40~60cm土层,表明随生育期灌水的进行,土壤中淋洗出的K^+和Na^+向作物主根层下移动,有利于降低主根区钠离子的危害,有助于棉花的生长。

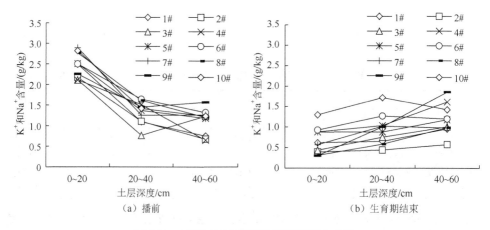

图6.20　K^+和Na^+含量随生育期的变化曲线

经过两年时间的改良，由于各试验区的初始盐分离子不相同，降低比率表示为

$$\varepsilon = \frac{(i_e - i_b)}{i_b} \times 100\% \tag{6.6}$$

式中，ε 为离子含量降低比率（%）；i_b 为试验开始时离子含量（g/kg）；i_e 为试验结束时离子含量（g/kg）。

利用式（6.6）计算改良两年后土壤 0～60cm 内 K^+ 和 Na^+ 降低比率，如图 6.21 所示。由图 6.21 可知，各试验区处理中对照区（10#）K^+ 和 Na^+ 降低比率最小，为 32.98%；同一种改良剂下，随施量的增大呈先增大后减小趋势。PAM 试验区，处理 2#的离子降低比率最大为 78.73%，旱地龙试验区处理 5#离子降低比率最大为 55.69%，石膏试验区则是处理 8#离子降低比率最大为 71.53%；不同改良剂间相比较为 PAM 试验区离子降低效果最大，其次是石膏试验区，最小为旱地龙试验区。

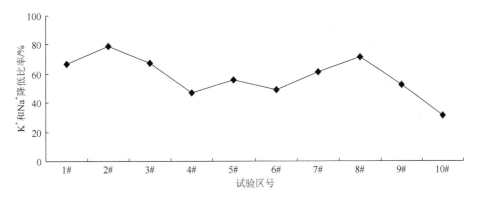

图 6.21　改良两年后土壤 0～60cm 内 K^+ 和 Na^+ 降低比率

2. Ca^{2+} 含量分布特征

钙离子一方面能够改良盐碱地的原因是置换土壤中钠离子，使土壤结构得到一定程度的改善；另一方面钠离子的水合能力远低于钙离子，因此被钙离子置换出的钠离子在土壤水分即使很低的时候，也能移动至下层土壤。钙离子使土壤颗粒保持相当的膨胀性，使土壤维持在一种相对稳定的状态。图 6.22 显示了 2010 年棉花生育期内 Ca^{2+} 离子的分布。由图 6.22 可知，棉花生育期前后，土层中的钙离子分布趋势一致，随土层深度的增加大致呈先增大后减小趋势，在 20～40cm 土层内的钙离子含量较高；随棉花生育期内灌水及改良剂效果的发挥至生育期末土层钙离子含量比播前均增加，增加幅度较大的是在 0～40cm 土层，平均增加比率为 20.53%。

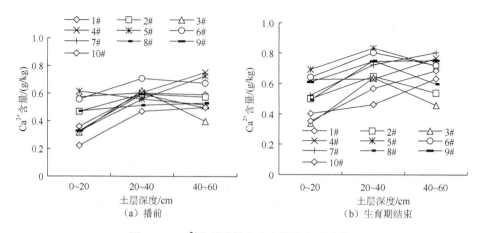

图 6.22　Ca^{2+}含量随棉花生育期的变化曲线

由图 6.23 可知，经过两年时间的改良，各试验区土壤中钙离子增加比率不同，PAM 试验区钙离子增加比率较小，可能与 PAM 的性质有关。由于 PAM 的分子链很长，吸水性较强，它的酰胺基能与多种物质亲和形成氢键，同时钙离子水合性较强，PAM 能亲和部分钙离子，故土壤中自由移动的钙离子少，钙离子的增加比率较低；旱地龙试验区钙离子增加比率最大，由于旱地龙含有黄腐酸，具有活化钙镁盐类及增加土壤盐分离子溶解度的性质，使土壤中钙离子增加比率较大。PAM、旱地龙试验区随其施量的增加，钙离子增加比率呈先增大后减小趋势，而在石膏试验区，钙离子增加比率则随施量的增加而增加，这是因为随石膏施量的增加，土壤供给给土壤中的钙离子也多。

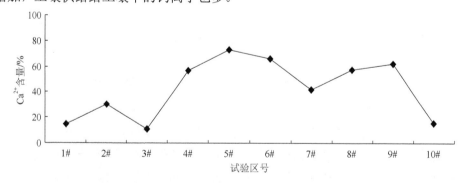

图 6.23　改良两年后土壤 0～60cm 内 Ca^{2+} 含量增加比率

6.2.4.6　化学改良措施对阳离子之比的影响

阳离子之比指的是土壤中 K^++Na^+含量占 Ca^{2+}、Mg^{2+}含量总和的比值，即

$$\partial = \frac{i_{Na+K}}{i_{Mg} + i_{Ca}} \tag{6.7}$$

式中，∂ 为阳离子之比；i_{Na+K}、i_{Mg} 和 i_{Ca} 分别为 Na^++K^+含量、Mg^{2+}含量和 Ca^{2+}

含量（g/kg）。

　　盐碱土中存在的有害离子钠离子含量高，作物所需要的营养离子钙离子和镁离子含量相对就少，为整体分析改良剂盐碱土壤中阳离子的变化情况，用阳离子之比来表征改良效果。表 6.14 给出了改良两年后土壤 0~60cm 土层平均阳离子之比的情况。由表 6.14 可知，改良剂试验区内的阳离子之比均小于对照区，经过改良后钠离子占营养离子的比率减少，说明钠离子含量在减小，营养离子含量相对上升；不同改良剂试验区内，2#、5#和8#处理的阳离子之比最小，分别为0.83、1.21 和 0.87；由于石膏试验区施加的石膏供给给土壤的钙离子较多，经过两年的改良后，石膏试验区内的阳离子之比最小，PAM 试验区的次之，旱地龙试验区最大。

表 6.14　改良两年后土壤 0~60cm 土层平均阳离子之比

项目	PAM 试验区			旱地龙试验区			石膏试验区			对照区
	1#	2#	3#	4#	5#	6#	7#	8#	9#	10#
i_{Na+K} /(g/kg)	0.74	0.47	0.73	1.18	0.98	1.13	0.86	0.63	1.06	1.48
i_{Ca} /(g/kg)	0.50	0.56	0.48	0.67	0.75	0.72	0.68	0.61	0.70	0.54
i_{Mg} /(g/kg)	0.04	0.01	0.04	0.11	0.06	0.06	0.11	0.11	0.12	0.13
∂	1.37	0.83	1.41	1.51	1.21	1.44	1.09	0.87	1.29	2.24

6.2.4.7　改良剂试验区棉花非生育期内土壤水盐变化特征

1. 棉花非生育期内土壤水盐含量对比分析

　　表 6.15 显示了棉花非生育期内土壤水盐的变化。由表 6.15 可知，各试验小区含水量的增加值基本上为负值，即表示至第二年播种前，土壤含水量在减小，相应的土壤墒情在减弱；土壤含盐量基本上是在增加（8#、9#除外），含盐量最大增加了 0.42%，主要集中在旱地龙试验区与对照区，盐分增加最小的分布在石膏试验区。经过一个冬天返盐，棉花非生育期内土壤盐分的增加比较明显。

表 6.15　棉花非生育期内土壤水盐的变化值

试验区号	含水量增加值/%	含盐量增加值/%
1#	0.00	0.37
2#	-7.51	0.02
3#	-3.70	0.18
4#	-1.70	0.38
5#	-1.30	0.42
6#	-0.34	0.42
7#	-3.25	0.02
8#	-3.70	-0.33
9#	-3.14	-0.10
10#	-2.18	0.35

注：含水量、含盐量均为 1m 土层内的平均值。

2. 连续两年无冬春灌水土壤水盐初始值对比分析

2009 年的土壤初始值是没有采用过任何化控措施时的土壤初始值，2010 年土壤初始值是指进行了一年改良后，在第二年播前所取的土样。表 6.16 给出了试验进行两年内土壤初始值的变化。由表 6.16 知，2010 年含水量比 2009 年含水量增加值为负，含盐量增加值除处理 2#、8#外其他为正，说明连续两年无冬灌或者春灌下棉田的墒情减弱，棉田的含盐量在增加，且增加幅度在 0.02%～0.44%。在没有任何改良措施下的对照区盐分增加量最大为 0.44%，增加比率为 64.41%，有改良措施的条件下，平均盐分增加比率为 31.77%，盐分增加比率按与试验年限呈线性计算，有、无改良措施条件下分别在 4.15 及 2.56 年后土壤盐分翻倍，虽然施加化学改良剂试验区比对照区大约能减缓 1.5 年使非生育期土壤初始含盐量达到 100%的盐分增加比率，但是在高含盐量区，持续大于 4 年后棉田不进行大水洗盐（春灌或者是冬灌），棉田的盐分累积将迅速超过棉花的耐盐性，棉田产量受限。

表 6.16 试验进行两年内土壤初始值的变化

试验区号	2009 年本底值		2010 年本底值		2010 年比 2009 年的增加值	
	含水量/%	含盐量/%	含水量/%	含盐量/%	含水量/%	含盐量/%
1#	17.32	0.36	16.86	0.75	-0.46	0.39
2#	9.82	0.47	6.49	0.25	-3.33	-0.21
3#	12.48	0.40	13.60	0.42	1.12	0.02
4#	16.55	0.38	16.20	0.77	-0.35	0.39
5#	17.77	0.56	15.69	0.86	-2.08	0.30
6#	17.02	0.78	15.13	1.02	-1.89	0.24
7#	16.70	0.68	15.55	0.78	-1.15	0.10
8#	17.29	0.90	15.04	0.84	-2.25	-0.06
9#	18.30	0.89	15.94	1.08	-2.36	0.19
10#	16.09	0.69	14.87	1.13	-1.22	0.44

3. 改良剂对棉花出苗率的影响

施加化学改良剂是为了改善盐碱土壤的盐分环境，为作物的生长提供一个较适合的生长环境。其中棉花的出苗情况是一个很明显的反映改良效果的直观的指标，资料表明棉花苗期与花铃期是棉花对盐分胁迫较敏感的时期，尤其是苗期，保苗效率高，为以后的棉花丰产打下基础。2009 年采用的是 1 膜 1 管的布置形式，2010 年采用的是 1 膜 2 管的布置形式，2009 年的出苗水为 450m³/hm²，2010 年出苗水为 600m³/hm²。从表 6.17 可知，2010 年的出苗率大于 2009 年的出苗率，对照区（10#）出苗率增加 3%。由上述分析可知，经过一个冬天的休耕，试验区没有进行任何的洗盐措施，致使盐分累积明显，故虽然改变了田间耕作形式、增加了出苗水量，但是出苗率不如预期增加明显。由于试验田灌水措施一致，把对照区出苗率增加值简单看成灌水因素引起的出苗率增加，故各试验区采用相对出苗增加比率[（各改良剂区出苗率增加值−对照区出苗率增加值）/各试验区 2009 年出苗率]表征两年试验区的出苗率情况，这样就除去两年不同的出苗水造成的影响，除 2#与 6#相对出苗率增加比率为负值外，其他各试验区的相对出苗增加比率均为正值，说明除去 2#与 6#外，改良剂试验区在经过 1 年的改良后，第二年的棉花出苗率增加值均高于对照区出苗率增加值，且初始盐斑较重的试验区 3#和 9#改良效果最明显，相对出苗率增加比率分别达到 14.78%和 27.52%。

表 6.17 盐分调控措施对出苗率的影响 （单位：%）

试验区号	2009 年出苗率	2010 年出苗率	2010 年比 2009 年出苗率增加值	2010 年比 2009 年相对出苗增加比率
1#	60	64.50	4.50	3.06
2#	60	62.50	2.50	−0.28
3#	53	63.50	10.50	14.78
4#	57	70.50	13.50	19.01
5#	51	63.50	12.50	19.28
6#	58	58.00	0.00	−4.60
7#	47	57.50	10.50	16.67
8#	41	51.00	10.00	17.89
9#	43	57.50	14.50	27.52
10#	50	53.00	2.67	0.00

6.2.5 化学改良措施下棉花生理生长指标及数学模型

6.2.5.1 棉花株高的生长变化特征

株高是植物生长的生育指标之一，也是最容易得到的一种植株生长参数。当作物受到水分或者盐分胁迫时，均会降低生长高度来蓄积能量以供给植株的生殖生长，表现为"早熟"；相反当作物生长环境优越，植株生长高度过快，会表现出"疯长"现象，相对的营养物质供给给生殖生长的就少，表现出植株生长苗壮而果实产量降低现象。保证作物的高产，植株各器官间的合理搭配很重要，根据农田经验，棉株生长的最佳高度一般应控制在 50cm 左右。图 6.24（a）给出的是试验区内株高随生育时间的变化曲线。由图 6.24（a）知，棉田的田间管理是统一的，至 7 月 20 日打顶止，试验区的棉花株高在 57cm 以下，最大株高出现在 8#，为 56.75cm；3#和对照区的株高最低，分别为 38.5cm、40.77cm，其他试验区的株高均在 43～56cm。由于试验区盐分含量较高，其生长受一定的盐分胁迫，故有的试验区株高低于最佳棉株高度，但大多数试验区内株高在最佳棉株高度的范围内。各试验区的株高随生育时间的增加呈现缓慢生长—快速生长—缓慢生长的过程，在生育期前 51d 株高生长缓慢，约在 9cm 左右，且各试验区内株高的差别不大；生育期 51～72d，株高生长迅速，基本呈直线发展，且直线的斜率较大，是株高生长的快速期；生育期 72d 后，由于棉株进入了花铃期，植株生长从营养生长向生殖生长转化，其能量主要供给棉铃的发育，此时期株高又进入了一个缓慢生长阶段。至打顶日止，各试验区的株高有不同差异，平均株高表现在石膏试验区＞旱地龙试验区＞PAM 试验区，1#、4#和 8#处理分别为 PAM 试验区、旱地龙试验区、石膏试验区的株高最大值，分别为 46.58cm、50.4cm 和 56.75cm。

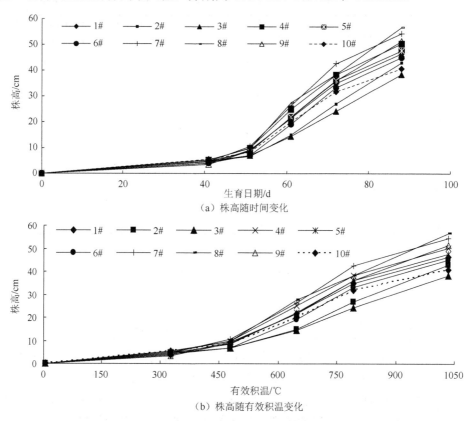

（a）株高随时间变化

（b）株高随有效积温变化

图 6.24　棉花株高的生长变化

作物生长除直接来源于土壤供给能量外，热能量的补给也是重要的因素，新疆棉花品质高的重要原因是日照时数长，光热供给充足。由于每年日气温变化各不相同，中间可能会遇大风、霜降等降温以及高温炎热等天气，仅采用棉花的生育日期来判断不同年限内的植株的生长不具有代表性，而某一作物品种所需的有效积温是固定的，若用有效积温与植株生长建立关系，则能较普遍的反映该地区植株的生长状况。有效积温指各发育阶段日平均气温减去生物学下限温度之差，再累加起来的温度值。每种作物都有一个生物学下限温度，低于下限温度时，作物便停止生长发育，只有高于下限温度时，作物才能生长发育。棉花的发育生物学下限温度一般取 12℃；把从一年中日平均气温稳定通过 12℃这天起，其间逐日平均气温减去 12℃细加起来即为大于 12℃的有效积温，下文同。图 6.24（b）给出的是试验区内株高随有效积温的变化曲线。由图 6.24（b）知，各试验区的株高随有效积温增加同样呈现缓慢生长—快速生长—缓慢生长的过程，在有效积温小于 477.43℃时株高生长缓慢，有效积温在 477.43～791.88℃时株高生长迅速，基本呈直线发展，是株高生长的快速期；有效积温在大于 791.88℃后，株高生长又进入了一个缓慢生长阶段。

6.2.5.2　棉花主茎叶数的生长变化特征

叶片是进行光合作用和呼吸作用的主要器官，是制造植株所需营养物质的主要场所。叶片厚实、大小和数量适宜是植株健康生长的表现，当植株受到胁迫时，叶片将会变得稀少、叶片薄且较大、颜色泛黄。植株主茎上的叶片是植株生长最早的器官，伴随着整个植株生长过程，当植株生长到每一个阶段，主茎部位上的一些叶片便耗尽能量而枯萎脱落，相应其他部位的主茎叶片将重新生成而为植株下一个阶段的生长蓄积营养，故主茎叶片在新—老转化中更替，主茎叶片生长的好坏体现出植株生长的强弱。

图 6.25 给出改良第 2 年试验区棉花主茎叶随生育进程的变化曲线。由图 6.25 知，主茎叶片数在整个生育期内呈现缓慢增加—快速增加—缓慢增加—缓慢降低—快速降低的生长变化过程。在生育期的 51d 内，主茎叶数增加缓慢，原因是在棉花苗期，由于气温不稳定，生长较慢，植株所需能量较少，主茎叶片数较少；生育天数 51～72d 内，主茎叶数快速生长，此阶段棉株处于快速营养生长阶段，需要更多的叶片截获太阳能量，为后一生育过程打基础；生育天数 72～88d，主茎叶数缓慢增长，由于此时期植株枝叶发展较快且有部分蕾铃出现，植株营养分配逐渐由主茎向枝节部分转移，主茎叶数生长速率降低；生育天数 88d 后，植株打顶后株高不再生长，主茎叶片生长点不再增加，故只有主茎下部的叶片在脱落，此后主茎叶片处在只减不增的阶段；生育天数 114d 后，此时期大多主茎叶生长时间较长，衰老而脱落，致使主茎叶数快速下降。从各试验区看，对照区主茎叶数在棉花生长的中后期增长较慢且脱落较快，这是由于对照区受土壤盐分胁迫较重，棉叶出现早衰的现象。从整个生育期看，对照区平均主茎叶数为 8.19 片，PAM、旱地龙及石膏试验区平均主茎叶数分别为 8.85 片、9.09 片和 9.20 片，分别比对照高出 8.06%、11.07%和 12.38%；PAM、旱地龙及石膏 3 种改良剂中的最大主茎叶数分别出现在 1#、5#和 7#处理，其值分别为 9.25 片、9.29 片和 9.48 片。

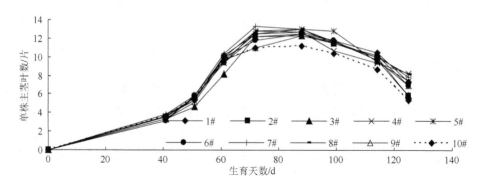

图 6.25　棉花主茎叶数的生长变化曲线

6.2.5.3　叶面积指数的生长变化特征

图 6.26（a）给出了叶面积指数随生育时间的变化曲线。由图 6.26（a）知，叶面积指数随生育时间的变化呈现"S"型变化，只是最后一次测定叶面积指数的时间在 8 月 28 号，属于吐絮期的前期，植株叶片还在进行着脱落—生长的交替，故有些试验区（如 5#处理）的叶面积指数降低不明显。在生育天数 44d 前，棉株较小的植株生长较慢，叶面积指数的增加很缓慢；至生育天数 86d，叶面积指数呈快速增加趋势，这一阶段气温逐渐升高，叶片进行的光合作用产物主要用于主茎及叶片的生长，叶片数量的增加就有了充足的同化物供应，使叶片面积逐渐增大，叶片数量不断增多，对应的叶面积指数迅速增加；在生育期天数 86～127d，植株的叶面积指数增加较缓慢，有的甚至呈下降趋势（如 3#处理），原因是此阶段棉花蕾、花、铃数增加，大量的同化物质用于棉花生殖器官的建成及生长，分配给叶片的光合同化物质就少，加之叶片的相互郁闭等因素，一些叶片的衰亡速度增加，致使此阶段叶面积指数增加缓慢或者下降。从各试验区看，在生育天数 44 天前各试验区的叶面积指数差别不大，此后叶面积指数有差异。最大叶面积指数表现为：5#>7#>2#>4# =3#>1#>6#>8#≈10#>9#，其中 PAM、旱地龙及石膏试验区平均最大叶面积指数分别为 2.56、2.68 和 2.41，分别比对照高出 12.63%、18.25%和 6.11%；PAM、旱地龙及石膏 3 种改良剂中的最大叶面积指数分别出现在 2#、5#和 7#处理，其值分别为 2.75、3.3 和 2.78。图 6.26（b）给出的是叶面积指数随有效积温的变化。由图 6.26（b）可知，各试验区的叶面积指数随有效积温增加呈现"S"型变化，在有效积温小于 368.5℃时叶面积指数增加缓慢，有效积温在 368.5～996.37℃时叶面积指数增加迅速，基本呈直线发展；有效积温在 996.37～1639.02℃，叶面积指数增加缓慢或者下降（如 3#处理）。

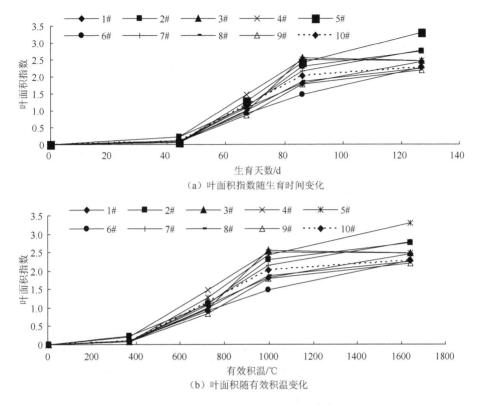

图 6.26　叶面积指数的生长变化曲线

6.2.5.4　果枝数的生长变化特征

果枝是影响棉花形成产量的重要器官，果枝早发代表果枝上易形成果实且形成的果实容易成熟，不至于遇到霜冻天气而减产。当植株长到一定时期时主茎首先发果枝，对于棉花作物，自棉株打顶后，虽然主茎顶端生长受到抑制，果枝数目不再增加，但各果枝向外发展的果节还在继续形成，已分化的果节数就成为果枝增长的主要动力。图 6.27（a）给出了果枝数随生育时间的变化曲线。由图 6.27（a）知，果枝数随生育进程的增加逐渐增加，打顶前增长迅速，打顶后增长缓慢，打顶前（生育天数 88d）是棉株营养生长的快速期，光合作用的产物主要用于茎、叶的生长，相应的果枝生长迅速；打顶后，棉株进入花铃期，其能量供给偏向于满足蕾铃的成长，再者果枝数量的增加是靠已分化的果节形成，故增长较缓慢。从各试验区看，在打顶前期对照区的果枝数增长不是最慢，但是打顶后对照区的果枝数最低，7#试验区的果枝数在整个生育过程中最高。至观测结束时果枝数由大到小依次为：7#（1995kg/hm²）=8#（3990kg/hm²）>5#（1500kg/hm²）>9#（5010kg/hm²）=2#（15kg/hm²）=4#（750kg/hm²）>1#（15kg/hm²）=6#（3000kg/hm²）>3#（30kg/hm²）>10#（0kg/hm²）。PAM、旱地龙、石膏试验区内平均单株果枝数分别比对照区增加 0.61 台、1.16 台和 1.94 台；其最大果枝数分别出现在 2#、5#、7#处理，其值分别为 9.83 台、11 台和 11.5 台。由图 6.27（b）给出了果枝数随有效积温的变化曲线，由图 6.27（b）知，各试验区的果枝数随有效积温的增加呈增大趋势，在有效积温 477.43～1034.87℃时果枝数增加迅速，有效积温在 1034.87～1608.01℃时果枝数增加缓慢。

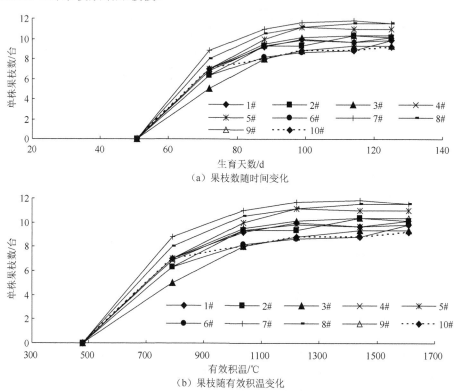

（a）果枝数随时间变化

（b）果枝随有效积温变化

图 6.27　果枝数的生长变化曲线

6.2.5.5　单株成铃数的变化特征

棉花成铃数是决定产量高低的主要因素，成铃数多，吐絮结籽棉就高，反之，籽棉产量则低，故高产棉田的重要特征就是成铃早、上铃快。图 6.28 给出了单株成铃数随生育过程的变化曲线。由图 6.28 可知，单株成铃数随生育时间的增加而增大，在生育天数 99 天前成铃较少，原因是这时期是蕾、花铃的形成阶段，棉株的主要任务是由营养生长向生殖生长转化，形成较多的花铃，此时成铃由早期的幼铃生长形成；生育天数 99～114 天，为花铃盛期，棉花的生长进入生殖生长时期，植株的营养大部分供给于棉铃生长，成铃个数迅速提高；当生育天数大于 114 天，棉花进入吐絮期时，植株生长衰退，光合能量主要用于棉铃的吐絮，成铃数增加变慢。从各试验区处理看，处理 7#在整个生长阶段中单株成铃数最高，处理 5#前期单株成铃数增加较快，而至生育结束时较小，对照区与处理 3#单株成铃数最小，即表现在 7#>8#>5#>6#>2#>9#>1#>4#>3#=10#。PAM、旱地龙、石膏试验区内平均单株成铃数分别比对照区增加 0.83 个、1.28 个和 2.11 个；PAM、旱地龙以及石膏试验区 3 种改良剂试验区中最大成铃数分别出现在 2#、5#和 7#处理，其值分别为 6.5 个、6.67 个和 8.5 个。

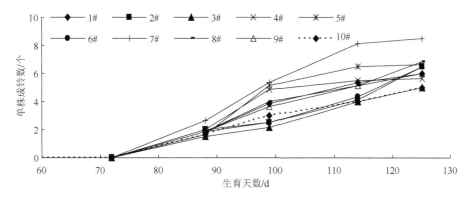

图 6.28　单株成铃数的生长变化曲线

6.2.5.6　植株干物质重累积过程

植株干物质重包括茎、叶、蕾、铃所有地上部分器官的干重，也称生物量，对于一般的中低产田产量的大小，主要取决于生物量的大小。生物量高者表明植株生长较好，是形成较高产量的基础，反之，则没有形成较高产量的物质条件。图 6.29（a）给出了干物质随生育进程的累积情况。由图 6.29（a）知，单位面积干物质随生育进程的延长呈增加趋势，在生育天数 41 天前，单位面积生物量增加较小，此后随植株快速生长，单位面积生物量呈迅速增加趋势。虽然叶子在生育后期由于衰老脱落而减少，但是随着生育进程的增加，植株叶、茎等的营养生长逐渐转化为生殖生长，蕾、铃数的增加消减了营养生长器官生物量的降低，导致棉株后期生物量仍有明显增加。

从各试验区看，对照区单位面积生物量在生育前期增长较快，在生育后期则增加最小，表明对照区没有经过改良受盐分胁迫植株出现早衰现象，处理 2#、4#在棉花的整个生育阶段单位面积生物量均处在较高水平；至生育末期，各试验区的单位面积干物质重表现在：2#>4#>7#>5#>3#>1#>6#>9#>8#>10#，分别比对照区提高 47.38%、41.92%、41.11%、39.5%、32.94%、29.41%、22.83%、15.81%和 9.78%。PAM、旱地龙和石膏试验区内平均单位面积生物量分别为 426.38g/m²、420.68g/m² 和 381.6g/m²，石膏试验区则表现最低，与石膏试验区中单株果枝数、成铃数、株高在 3 种改良剂中最大不同，原因是与出苗率有关，石膏试验区的平均出苗率最低，平均为 55.3%，当植株稀少时，植株的通风透光性较好，单株生长旺盛，而换算成单位面积上的生物量来看则不一定高。图 6.29（b）给出了生物量随有效积温的累积情况。由图 6.29（b）知，单位面积生物量在有效积温≤326.08℃时积累较小，326.08～1608℃单位面积生物量呈快速增加趋势。

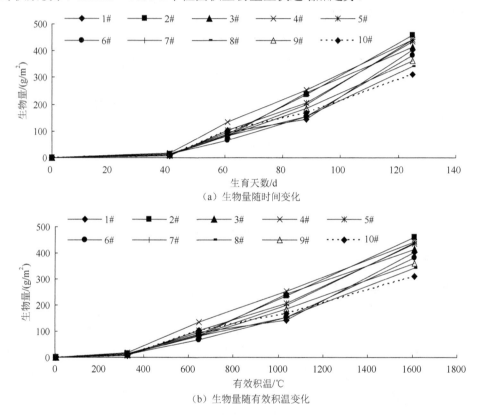

图 6.29　生物量的累积过程曲线

6.2.5.7　化学改良措施对产量的影响

中低产田改良的目的是提高作物产量，虽然作物产量的形成与多种因素有关，但是适宜的土壤水肥环境及合理的田间种植都是取得高产的保证。图 6.30 给出了试验进行两年后试验区的产量情况。由图 6.30 知，各试验小区内产量表现为 7#＞5#＞2#＞4#＞1#＞3#＞6#＞8#＞9#＞10#，对照区（10#）产量最低，为3211.60kg/hm^2；处理 7#的产量最高为 4937.47kg/hm^2，虽然处理 7#的出苗率低于处理 5#、2#，由上述可知，处理 7#单株的果枝数、成铃数最多，其亩成铃数抵消了棉株数少造成的成铃数少的限制，致使产量最好；石膏试验区处理 8#、9#产量低，仅高于对照试验区，一方面是试验区出苗率较低，亩株数少，另一方面是盐碱较重且施加石膏相应的增加了土壤中的盐分，影响了棉株生长。计算 1#至 9#处理产量相对对照区（10#）产量的增加率（各试验区产量与对照区产量差与对照区产量的比值），1#至 9#处理增产率分别为：38.32%、44.86%、29.91%、40.89%、48.13%、23.6%、53.74%、22.2%和 20.09%，则改良剂试验区的平均增产率为35.75%。从改良剂类型看，3 种改良剂试验区产量表现在：PAM、旱地龙试验区随施量的增加产量呈先增加后降低趋势，石膏试验区则随施量的增加呈降低趋势；PAM、旱地龙以及石膏试验区分别在处理 2#、5#和 7#达到最大产量，分别为4652.33kg/hm^2、4757.38 kg/hm^2 和 4937.47kg/hm^2。

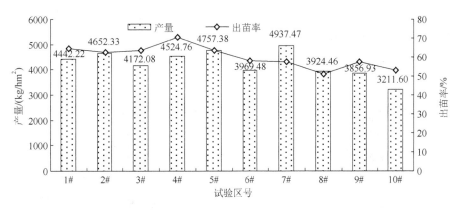

图 6.30　试验两年后试验区产量与出苗率分布

6.3　膜间调控对棉田土壤水盐分布与棉花生长的影响

6.3.1　试验方法

膜间处理试验共设 4 种处理，分别为膜间铺砂、膜间施加 PAM、膜间压实以及膜间覆盖秸秆，与微咸水对照处理即膜间不采用任何处理进行对比。其中，铺砂采用过 2mm 筛的细沙，每个膜间（0.3m×10m）铺设 35kg 即 116670kg/hm^2 的细沙，铺砂厚度为 1.5cm 左右；PAM 采用 45kg/hm^2 的施量，与淡水混合均匀喷施在地表；压实则是采用预制混凝土板将膜间表层土壤夯实，夯实后土壤表层容重由原来的 1.55g/cm^3 上升为 1.63g/cm^3。秸秆覆盖采用玉米秸秆，将其剪断为 20cm 左右长度，采用 16500kg/hm^2 的施量（几乎完全覆盖）均匀布置在膜间处，试验灌溉水均为微咸水，灌溉总量均为 49500m^3/hm^2，其矿化度均为 1.87～2.01g/L，灌溉方式均为膜下滴灌。

6.3.2　膜间处理对土壤水分的影响

6.3.2.1　垂直方向的土壤水分变化

图 6.31 显示了膜间处理各生育期内灌前（即第 1、3、6、9 和 12 水前）在膜间、窄行和宽行 3 个位置处的剖面平均土壤含水量随深度的变化。由图 6.31 可知，各处理含水量在垂直方向的变化大致与化学改良剂处理的描述结果相类似，均是随深度增加含水量增加，到一定深度再减小最后趋于稳定；并且各处理的膜间、窄行、宽行及三者平均在垂直方向上的含水量比较接近，对比图 6.31（a）~（d）可知，在 0~40cm 土层的土壤水分差异较小，各处理的含水量均在田间持水量以上；但在 40cm 以下土壤含水量差异显著，主要是由于试验区内土壤变异性较大。对比各膜间处理 0~40cm 剖面含水量，其大小大致表现为：对照＞PAM＞压实＞覆砂＞秸秆。

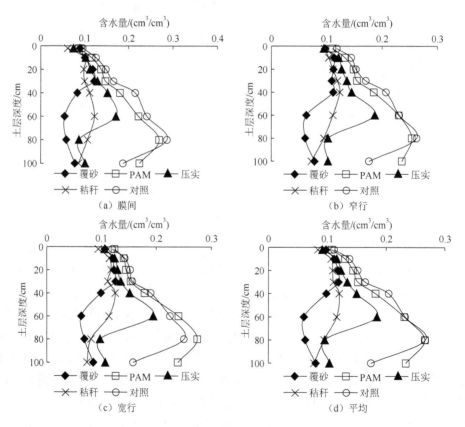

图 6.31　膜间处理下含水量垂直分布

6.3.2.2　土面蒸发特征

膜间覆盖必会对膜间裸土部分的蒸发能力产生影响，为了解膜间处理对膜间土壤蒸发强度的影响，对各处理下膜间土壤累积蒸发量进行分析。图 6.32 显示了不同膜间处理下累积蒸发量随时间的变化。由图可以看出，各处理累积蒸发量随时间的变化趋势基本一致，随时间的推移，其变化幅度相对减小。原因是随作物生长，膜间覆盖度增加，而由于作物冠层覆盖，土面蒸发减小，从而在后期土面蒸发变化幅度相对减小。在 6 月 29 日到 7 月 10 日左右，各处理累积蒸发量差异不大，原因可能是当时气温较低，加之膜间处理时间相对较短，因此现象不太明显。而到 7 月 10 日后，各处理的累积蒸发量开始出现差异，累积蒸发量大小大致表现为对照＞PAM＞压实＞秸秆＞覆砂。

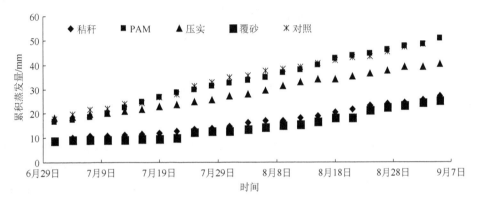

图 6.32　不同膜间处理的累积蒸发量随时间的变化

各试验小区存在较大的空间异质性，导致灌溉前后各小区水分存在较大差异，而土壤水分对土壤蒸发影响很大，加之膜间各处理均为充分供水，土壤含水量大都在田间持水量以上，土面蒸发大都处于大气蒸发力控制阶段[5]。为减小各小区间差异，本书引入有关日土面蒸发量（e_s，mm）和生育期 0～20cm 处的储水量（$W_{i,20}$，mm）的无量纲变量 EW，EW 越大则表示其对应的蒸发能力越大，使各处理土壤蒸发量归一化，其表示如下

$$EW = \sum \frac{e_s}{W_{i,20}} \tag{6.8}$$

式中，e_s 为每日土面蒸发量（mm）；$W_{i,20}$ 为第 i 个生育阶段中 0～20cm 处的储水量（mm）。

图 6.33 为膜间处理 EW 随时间的变化关系。由图可知，7 月 15 日以前（蕾期），各处理的 EW 相差不大，表明在同一水平上，各膜间处理在蕾期阶段均不显著，原因是由于 6 月中旬到 7 月上旬大气环境温度较低，而大气蒸发力较弱，从而各

处理的差异均不显著；7 月 15 日后膜间处理的土面蒸发量开始出现差异，EW 的大小主要表现为对照＞压实＞PAM＞秸秆＞覆砂；当到 8 月 25 日，压实和覆砂处理的 EW 增加程度均有所减小，后期 PAM 的 EW 与对照、压实接近，而覆砂的 EW 值与秸秆接近。综合以上结果可知，膜间处理能减少膜间土壤水分的损耗，其中以覆砂处理最为明显，相对对照降低约 45.8%。

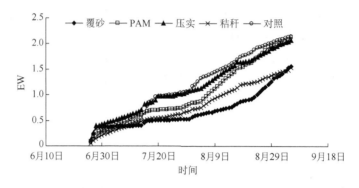

图 6.33　膜间处理下 EW 随时间的变化

6.3.2.3　生育期内土壤剖面水分变化特征

图 6.34 显示了 0～40cm、0～60cm 和 0～100cm 土层内平均含水量随生育期的变化图。由图可知，各处理的含水量随生育期均表现为波动性下降的过程。由于田间土壤的变异性较大，各处理的播种前含水量表现出明显差异。在 0～40cm、0～60cm 和 0～100cm 的剖面内，覆砂和秸秆的含水量均在田间持水量和凋萎系数之间，而其他 3 个处理的含水量均在田间持水量以上，具有较充足的水分。生育期内各处理水分大小大致表现为 PAM 和对照含水量较大，二者差异较小；压实次之，覆砂和秸秆较小。为消除各实验小区中因土壤变异产生的差异，同样利用相对苗期含水量来分析膜间处理对生育期内土壤水分的影响。土壤变异产生的差异，同样利用相对苗期含水量来分析膜间处理对生育期内土壤水分的影响。

图 6.35 为生育期内不同膜间处理 0～40cm 土层相对含水量。由图可知，PAM 和对照各生育阶段的相对含水量的差异较小，其他 3 个处理除蕾期的相对含水量与对照存在差异外，其他生育阶段的相对含水量均高于对照。说明膜间处理能抑制土壤水分的损耗，一定程度上提高土壤含水量。

6.3.2.4　膜间处理对棉花耗水量的影响

膜间覆膜会在一定程度上影响土壤中的水分分布，根据水量平衡公式，将不同土层的耗水量进行分析，表 6.18 列出了不同膜间处理下不同生育阶段的耗水量。由表可知，0～40cm、0～60cm 及 0～100cm 膜间处理的耗水量均较微咸水对照的

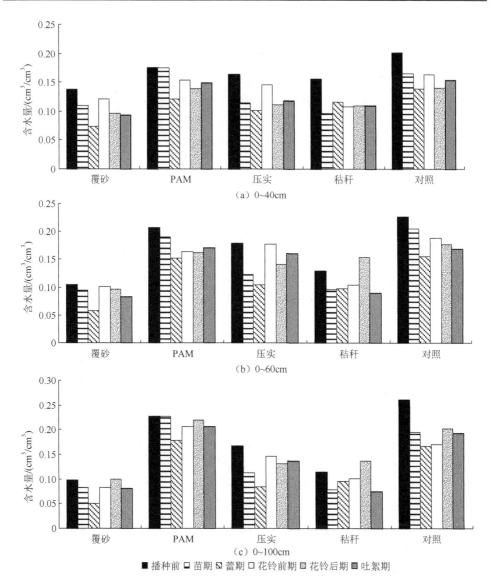

图 6.34　不同膜间处理下生育期内不同土层平均含水量动态变化

耗水量小，说明膜间处理能在一定程度上减小除作物耗水以外的水分消耗，随深度的增加，相对微咸水对照处理的耗水量减小程度增加。对比 0～40cm 的耗水量，各处理的大小关系为对照＞压实＞秸秆＞覆砂＞PAM，其中压实、秸秆、覆砂的耗水量相对微咸水对照的差异十分小；对比 0～60cm 的耗水量可知，各处理间的大小关系分别为对照＞秸秆＞PAM＞覆砂＞压实，相对微咸水对照分别减小 2.1%、2.5%、4.1%和 4.4%。

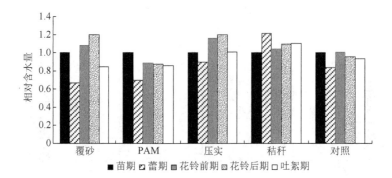

图 6.35　不同膜间处理下生育期内相对含水量

表 6.18　不同膜间处理下生育期内的耗水量

土层深度/cm	处理	实际灌水量 /mm	耗水量/mm					总耗水量 /mm
			苗期 5.3~6.14	蕾期 6.15~7.5	花铃前期 7.6~7.29	花铃后期 7.30~8.29	吐絮期 8.29 以后	
0~40	覆砂	517.55	11.06	93.96	237.37	151.89	31.78	526.07
	PAM	517.55	0.41	100.59	243.28	148.60	25.83	518.70
	压实	517.55	19.89	84.30	238.77	156.19	27.66	526.82
	秸秆	517.55	23.92	71.20	259.50	141.93	30.22	526.77
	对照	517.55	14.45	90.32	246.04	151.28	25.23	527.31
0~60	覆砂	517.55	5.27	101.75	230.26	145.62	37.92	520.82
	PAM	517.55	9.61	102.71	249.25	142.73	25.56	529.86
	压实	517.55	33.72	90.74	211.88	164.33	19.03	519.70
	秸秆	517.55	19.66	77.93	252.61	112.98	69.03	532.21
	对照	517.55	13.58	108.63	236.11	149.77	35.23	543.33
0~100	覆砂	517.55	13.82	112.82	223.56	125.13	48.77	524.10
	PAM	517.55	8.87	134.50	228.47	129.62	43.30	544.77
	压实	517.55	54.12	107.77	195.81	156.80	23.96	538.47
	秸秆	517.55	35.05	63.21	251.80	106.31	92.17	548.53
	对照	517.55	66.63	107.12	251.98	99.59	51.54	576.86

6.3.3　膜间处理对土壤盐分的影响

6.3.3.1　垂直方向土壤盐分分布特征

由于膜间处理会在一定程度上影响膜间土壤上边界条件，使得膜间土壤盐分发生变化，为此书中对各生育期内灌前（即第 1、3、6、9 和 12 水前）在膜间、窄行和宽行 3 个位置处的剖面平均含盐量的变化（图 6.36）进行分析。由图可知，各处理不同位置盐分随深度变化大致相同，随深度增加，盐分先减小，在 30～40cm 处累积，40～60cm 处盐分随深度减小，60cm 以下盐分趋于稳定。对比不同位置的含盐量可知，各位置处盐分大小大致表现为膜间＞宽行＞窄行。原因主要是膜间处受到气象等因素影响较大，使得水气交换相对宽行和窄行更为剧烈，虽在膜间设置了不同的处理以减小膜间土壤的水分散失，但较覆膜其变化仍旧较大。比较各处理间剖面盐分变化可知，各处理实际盐分大小关系依次为对照＞压实＞秸秆＞覆砂。

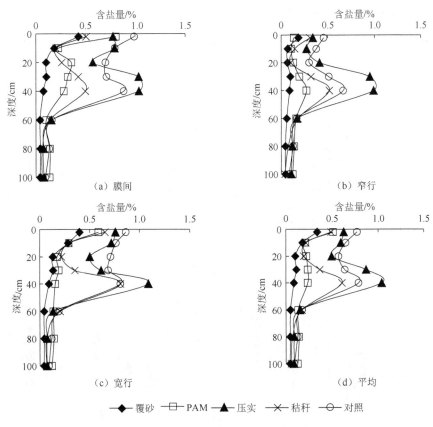

图 6.36　膜间处理的含盐量垂直分布

6.3.3.2　生育期内土壤盐分变化特征

图 6.37 显示了不同膜间处理下膜间（a）和整体（b）盐分随生育期的动态变化。由图可以看出，无论是膜间还是整体盐分，均大致表现出随生育期的推移呈递增的趋势。在 0～40cm 和 0～60cm 土层内盐分含量较大，说明膜间处理的盐分

同样易在 0～60cm 的根区层积累，其中膜间与整体的盐分差异较小。最终土壤含盐量的关系表现为压实＞对照＞秸秆＞PAM＞覆砂。

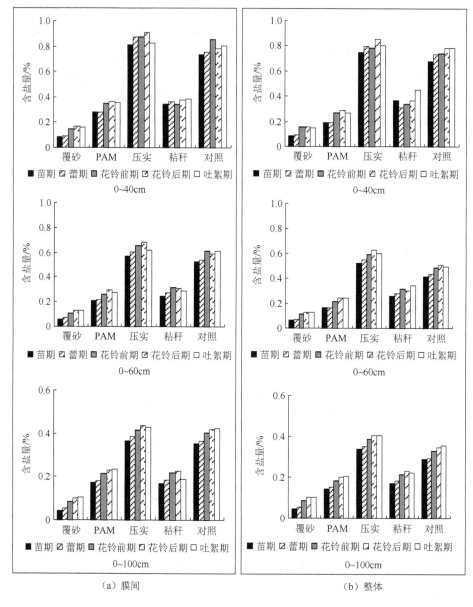

（a）膜间　　　　　　　　　　　　　　（b）整体

图 6.37　不同膜间处理下盐分随生育期的动态变化

　　同样对比 1m 土层的初始和最终宽行、窄行和膜间 3 个位置的平均含盐量剖面（图 6.38）可知，覆砂在整个剖面处于积盐状态，其中在 40～60cm 处的积盐程度最大；PAM 和秸秆处理的盐分均集中在 40～60cm 处积聚，其中 PAM 在 0～20cm 处表现为脱盐的状态；压实则表现在 20～30cm 处累积；对照则是在 30～60cm 处积盐。综上可知，虽然进行了膜间处理，但田间的土壤盐分仍处于积盐状态。

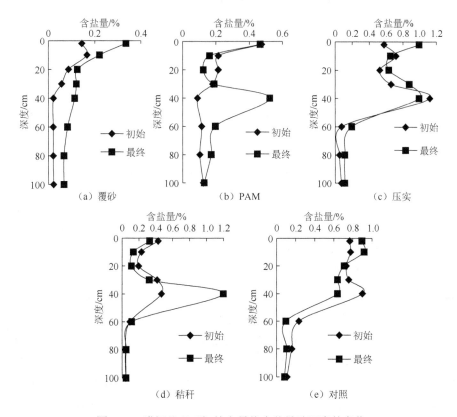

图 6.38　膜间处理下初始和最终含盐量随深度的变化

为量化各膜间处理对盐分积累程度的影响，以一水前（6 月 16 日）的土体盐分含量（已布置膜间处理）为土体内盐分初始值，以最后一水（第 12 次灌水）灌后 9 天（9 月 15 日）的土体盐分含量作为最终值，根据盐分平衡公式计算生育期内各处理的盐分累积量，表 6.19 列出了不同膜间处理膜间和整体生育期前后盐分累积量。由表可知，膜间处理在生育期内的变化均表现为积盐，且盐分均集中在 0～60cm 的根区层。从 1m 内膜间盐分平衡可知，除秸秆处理累积盐量较小外，其盐分累积量与输入盐量相当，主要原因是秸秆处理能避免太阳直接照射到土壤表面，表层含水量相对较高，由土壤上层和下层的水势梯度减小，向上运动的水分减少，因此带入的盐分也较少。

表 6.19　不同膜间处理下单元土体盐量平衡

深度 /cm	处理	灌水带入 盐量/g	膜间盐分/g			占输入 比例/%	整体盐分/g			占输入 比例/%
			最初	最终	累积量		最初	最终	累积量	
0～40	覆砂	960.25	496.0	969.7	473.68	49.3	499.8	918.9	419.2	43.7
	PAM	960.25	1680.2	2187.4	507.19	52.8	1143.6	1613.2	469.6	48.9
	压实	960.25	4929.0	5017.2	88.26	9.2	4554.1	4896.0	341.9	35.6
	秸秆	960.25	2077.9	2324.8	246.89	25.7	2216.1	2746.8	530.7	55.3
	对照	960.25	4474.3	5076.4	602.15	62.7	4120.0	4749.1	629.1	65.5
0～60	覆砂	960.25	551.9	1176.4	624.50	65.0	563.1	1172.2	609.1	63.4
	PAM	960.25	1892.5	2522.6	630.08	65.6	1493.7	2212.7	719.1	74.9
	压实	960.25	5152.4	5631.7	479.27	49.9	4783.2	5488.1	704.9	73.4
	秸秆	960.25	2256.7	2637.6	380.95	39.7	2337.1	3096.8	759.7	79.1
	对照	960.25	4764.7	5584.4	820.00	85.4	4707.2	5524.4	817.2	85.1
0～100	覆砂	960.25	663.6	1589.7	926.13	96.4	693.4	1585.5	892.1	92.9
	PAM	960.25	2629.8	3572.7	942.89	98.2	2190.0	3136.3	946.2	98.5
	压实	960.25	5543.4	6503.0	959.65	99.9	5157.4	6180.7	1023.3	106.6
	秸秆	960.25	2547.2	2861.1	313.90	32.7	2590.3	3391.0	800.6	83.4
	对照	960.25	5334.5	6433.8	1099.30	114.4	5234.5	6291.9	1057.0	110.1

　　无论对于膜间还是整个土体,相对微咸水对照,膜间处理均对盐分累积起到有效的抑制作用,其中在 0～40cm 和 0～60cm 土层的作用较为明显。对于膜间 0～40cm 土层,盐分积累的大小关系依次为对照＞PAM＞覆砂＞秸秆＞压实,其相比对照的积盐量分别减小 15.8%、21.3%、59.0%和 85.3%;而对于整体 0～40cm 土层,盐分累积大小关系为对照＞秸秆＞PAM＞覆砂＞压实,相比对照积盐量分别减小 15.6%、25.3%、33.4%和 45.7%。对于 0～60cm 土层来说,膜间盐分积累的大小关系为对照＞PAM＞覆砂＞压实＞秸秆,相比对照积盐量分别减小 23.2%、23.8%、41.6%和 53.4%;而对于整体 0～60cm 积盐量大小为对照＞秸秆＞PAM＞压实＞覆砂,分别相比对照积盐量减小 7.0%、12.0%、13.7%和 25.5%。

6.3.4　膜间处理对棉花生长的影响

6.3.4.1　膜间处理对株高的影响

　　图 6.39 显示了不同膜间处理下棉花株高随时间的变化曲线。由图 6.39 可知,不同膜间处理下的株高随时间的变化同样表现为先增加后逐渐稳定的趋势,而膜间处理对株高的影响同样也是极为显著的。株高的大小依次为覆砂＞PAM＞对照＞压实＞秸秆。

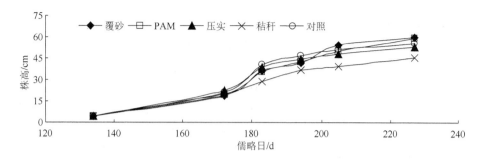

图 6.39　膜间处理下棉花株高随时间的变化

表 6.20 列出了蕾期到打顶生育阶段内相对株高日增长变化 G_{height}。由表可知，各处理的 G_{height} 均表现出随生育期的推移呈减小的趋势。覆砂和 PAM 处理在棉花生长阶段的 G_{height} 均高于对照，而压实的 G_{height} 和对照处理无明显差异；秸秆处理的 G_{height} 则在花铃前期和打顶阶段高于对照，以上结果可以说明相对微咸水对照，覆砂和 PAM 处理能在棉花生长阶段对株高的增长起到促进作用；压实处理在整个生育阶段对株高的促进作用不明显，而秸秆对株高的影响主要表现在花铃期前期。对比各处理的 G_{height} 平均值，可知各处理的 G_{height} 大小关系为覆砂＞PAM＞对照＞压实＞秸秆，其中 PAM、压实与对照无明显差异。

表 6.20　不同膜间处理各生育阶段相对株高日增长率　　　　　（单位：d^{-1}）

处理	蕾期	花铃前期	打顶	平均值
覆砂	0.085	0.014	0.026	0.042
PAM	0.073	0.018	0.023	0.038
压实	0.078	0.013	0.013	0.035
秸秆	0.041	0.026	0.014	0.027
对照	0.081	0.014	0.012	0.036

6.3.4.2　膜间处理对叶片数的影响

图 6.40 为不同膜间处理下叶片数随时间的变化曲线。从图 6.40 可知，在 205 天时（花铃中期）以前不同膜间处理的叶片数随时间变化的趋势均与微咸水对照处理相类似，但在该段时间之后，4 个膜间处理的叶片数表现轻微幅度的增长，而微咸水对照叶片数则呈减小的趋势。原因可能是膜间处理在一定程度上影响土壤水分的分布，导致棉花叶片衰减速度减慢。

表 6.21 列出膜间处理各生育阶段内相对叶片数日增长率（G_{leaf}）。由于土壤结构、气象因素等导致不同膜间处理的实际叶片数存在较大的差异，通过计算不同处理的 G_{leaf} 可知，膜间处理对棉花叶片数的增长可能起到促进作用。各处理的增

长率随生育期均大致表现为逐渐减小的趋势。其中，覆砂和 PAM 处理在生育期各阶段内的 G_{leaf} 较对照高，说明覆砂处理能在生育期内对叶片数增长起到较好的促进作用；压实处理的 G_{leaf} 除吐絮期外，在其他 3 个生育期内均低于对照，说明压实处理在整个生育期对促进叶片数的增长效果不明显；而秸秆处理的 G_{leaf} 则是在蕾期和吐絮期高于对照处理，其他生育阶段低于对照，表明秸秆可能在蕾期阶段对叶片数增长起到促进作用，但在其他生育阶段的促进效果不明显。各处理在 4 个生育阶段内的 G_{leaf} 平均值大小关系为覆砂＞PAM＞对照＞秸秆＞压实，其中秸秆、压实和对照差异较小，说明在膜间处理中，覆砂和 PAM 在生育阶段内对棉花叶片数的促进作用较为明显。

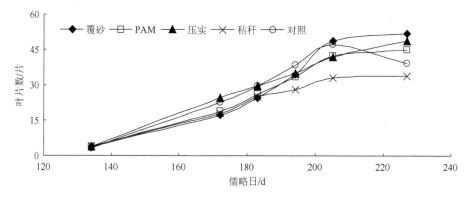

图 6.40　不同膜间处理下叶片数随时间的变化

表 6.21　不同膜间处理各生育阶段内相对叶片数日增长率　　（单位：d^{-1}）

处理	蕾期	花铃前期	花铃后期	吐絮期	平均值
覆砂	0.038	0.038	0.038	0.003	0.029
PAM	0.037	0.025	0.025	0.003	0.022
压实	0.019	0.016	0.019	0.008	0.015
秸秆	0.034	0.011	0.016	0.001	0.016
对照	0.028	0.027	0.021	−0.008	0.017

6.3.4.3　膜间处理对叶面积指数的影响

图 6.41 为不同膜间处理下叶面积指数随时间的变化关系图。由图 6.41 可知，不同膜间处理下棉花叶面积指数随时间的变化趋势大致相似，除膜间施 PAM 处理的叶面积指数后期仍处于增长趋势之外，其余均在该时期开始表现出下降的趋势。自然条件下，各处理的叶面积指数大小依次为：覆砂＞对照＞压实＞PAM＞秸秆。

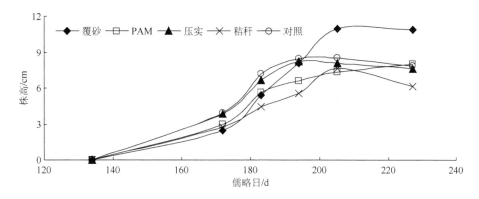

图 6.41　不同膜间处理下叶面积指数随时间的变化

进一步分析膜间处理各生育阶段内相对叶面积指数日变化率 G_{LAI}（表 6.22）可知，G_{LAI} 的变化类似灌溉处理和化学改良剂处理，均表现为减小的趋势。其中覆砂和 PAM 在整个生育期内的 G_{LAI} 均高于微咸水对照，说明相对微咸水对照，覆砂和 PAM 在整个生育期内对叶面积指数增长起到促进作用，而压实和秸秆均表现在花铃前期，其他生育阶段的促进效果不明显。4 个生育阶段内的 G_{LAI} 平均值大小关系为覆砂＞PAM＞秸秆＞对照＞压实，其中压实与对照的差异较小，说明覆砂、PAM 和秸秆在生育阶段内对叶面积指数的促进较为明显。

表 6.22　不同膜间处理各阶段生育期内相对叶面积指数日增长率　　（单位：d^{-1}）

处理	蕾期	花铃前期	花铃后期	吐絮期	平均值
覆砂	0.109	0.044	0.032	0.000	0.046
PAM	0.080	0.015	0.010	0.004	0.028
压实	0.067	0.021	−0.002	−0.002	0.021
秸秆	0.058	0.023	0.034	−0.009	0.027
对照	0.077	0.016	0.001	−0.005	0.022

6.3.4.4　膜间处理对水分利用效率的影响

根据水量平衡，以 1m 内土体的耗水量计算各处理的水分利用效率，表 6.23 为不同膜间处理下的产量和水分利用效率。由表可知，各处理的产量大小关系为：覆砂＞对照＞PAM＞压实＞秸秆。但从水分利用效率可知，其大小关系为：覆砂＞PAM＞压实＞秸秆＞对照，其中对照和秸秆的水分利用效率十分接近，说明膜间处理能在一定程度上提高水分利用效率，从而减小水分的浪费。覆砂、PAM、压实和秸秆相对微咸水处理的用水效率分别提高 22%、4% 和 3% 和 1%，其中秸秆的改善作用不明显。

表 6.23　不同膜间处理的产量和水分利用效率

处理	灌水量/mm	耗水量/mm	产量/(kg/hm²)	水分利用效率/(kg/m³)	灌水利用效率/(kg/m³)
覆砂	517.55	524.10	5847.45	1.12	1.13
PAM	517.55	544.77	5337.75	0.98	1.03
压实	517.55	538.47	5249.55	0.97	1.01
秸秆	517.55	548.53	5192.85	0.95	1.00
对照	517.55	576.86	5420.85	0.94	1.05

参 考 文 献

[1] 李明思, 郑旭荣, 贾宏伟, 等. 棉花膜下滴灌灌溉制度试验研究[J]. 中国农村水利水电, 2001, (11): 13-15.

[2] 危常州, 马富裕, 雷咏雯, 等. 棉花膜下滴灌根系发育规律的研究[J]. 棉花学报, 2002, 14(4): 209-214.

[3] 孙林, 罗毅, 杨传杰, 等. 不同灌溉量膜下微咸水滴灌土壤盐分分布与积累特征[J]. 土壤学报, 2012, 49(3): 428-436.

[4] 郝毅. 浅谈棉花膜下滴灌技术[J]. 内蒙古水利, 2010 (3): 94-95.

[5] 姚杏安, 臧波, 吴大伟. 土壤含盐量对土壤某些物理性质及棉花产量的影响[J]. 江汉石油科技, 2007, 17(64): 28-66.

[6] 王全九, 徐益敏, 王金栋. 咸水与微咸水在农业灌溉中的应用[J]. 灌溉排水学报, 2002, 21(4): 73-77.

[7] 刘海成, 马勇生. 大田膜下滴灌技术在新疆的形成, 发展现状及应用前景[J]. 科技信息, 2008, 35: 817.

[8] 许香春, 王朝云. 国内外地膜覆盖栽培现状及展望[J]. 中国麻业科学, 2006, 28(1): 6-11.

[9] 李毅. 覆膜条件下土壤水、盐、热耦合迁移试验研究[D]. 西安: 西安理工大学, 2002.

[10] WANG Y, XIE Z, MALHI S S, et al. Effects of gravel-sand mulch, plastic mulch and ridge and furrow rainfall harvesting system combinations on water use efficiency, soil temperature and watermelon yield in a semi-arid Loess Plateau of northwestern China[J]. Agricultural Water Management, 2011, 101(1): 88-92.

[11] XIE Z K, WANG Y J, WEI X H, et al. Impacts of a gravel-sand mulch and supplemental drip irrigation on watermelon (Citrullus lanatus [Thunb.] Mats. & Nakai)root distribution and yield[J]. Soil and Tillage Research, 2006, 89(1): 35-44.

[12] 宋日权, 褚贵新, 张瑞喜, 等. 覆砂对土壤入渗、蒸发和盐分迁移的影响[J]. 土壤学报, 2012, 49(2): 282-288.

[13] WILLIS W O. Evaporation from layered soils in the presence of a water table[J]. Soil Science Society of America Journal, 1960, 24(4): 239-242.

[14] 张瑞喜, 褚贵新, 宋日权, 等. 不同覆砂厚度对土壤水盐运移影响的实验研究[J]. 土壤通报, 2012, 43(4): 849-853.

[15] 史文娟. 蒸发条件下夹砂层土壤水盐运移实验研究[D]. 西安: 西安理工大学, 2005.

[16] JI S, UNGER P W. Soil water accumulation under different precipitation, potential evaporation, and straw mulch conditions[J]. Soil Science Society of America Journal, 2001, 65(2): 442-448.

[17] PANG H C, LI Y Y, YANG J S, et al. Effect of brackish water irrigation and straw mulching on soil salinity and crop yields under monsoonal climatic conditions[J]. Agricultural Water Management, 2010, 97(12): 1971-1977.

[18] DENG X P, SHAN L, ZHANG H, et al. Improving agricultural water use efficiency in arid and semiarid areas of China[J]. Agricultural Water Management, 2006, 80(1): 23-40.

[19] ZHANG S, LÖVDAHL L, GRIP H, et al. Effects of mulching and catch cropping on soil temperature, soil moisture and wheat yield on the Loess Plateau of China[J]. Soil and Tillage Research, 2009, 102(1): 78-86.

[20] RASOULI F, POUYA A K, KARIMIAN N. Wheat yield and physico-chemical properties of a sodic soil from semi-arid area of Iran as affected by applied gypsum[J]. Geoderma, 2013, 193: 246-255.

[21] BLUM J, CAIRES E F, AYUB R A, et al. Soil chemical attributes and grape yield as affected by gypsum application in Southern Brazil[J]. Communications in Soil Science and Plant Analysis, 2011, 42(12): 1434-1446.

[22] MITCHELL J P, SHENNAN C, SINGER M J, et al. Impacts of gypsum and winter cover crops on soil physical properties and crop productivity when irrigated with saline water[J]. Agricultural Water Management, 2000, 45(1): 55-71.

[23] 王春霞. 膜下滴灌土壤水盐调控与棉花生长特征间关系研究[D]. 西安: 西安理工大学, 2011.

第7章　微咸水地面灌溉土壤水盐分布与作物生长

随着淡水资源短缺问题日益突出，合理利用微咸水成为缓解农业水资源供需矛盾的重要措施之一[1]。微咸水中含有一定盐分，会对土壤理化性质和作物生长产生影响，特别是土地质量和可持续利用。同时，地面灌溉方法仍是我国目前农田灌溉的主要方式，开展微咸水地面灌溉下土壤水盐分布特征及其对作物生长影响的研究，可以为微咸水合理利用提供参考。

7.1　微咸水灌溉对冬小麦生长的影响

7.1.1　试验方法

7.1.1.1　微咸水混灌土壤水盐分布与冬小麦生长试验

为了研究利用不同矿化度的微咸水灌溉对土壤水盐运移和作物产量的影响，在田间进行了试验研究，供试作物为冬小麦。设计了包括淡水对照在内的 5 种矿化度的微咸水灌溉试验，试验小区选择在南皮试验站西面，共设 13 个小区，每个小区面积为 0.01 亩（3.3m×2m），共设 5 个不同矿化度的灌溉处理，每个处理设 2~3 个重复，灌溉水矿化度分别为 0.92g/L、2g/L、3g/L、4g/L 和 5g/L。灌水方式参照当地漫灌方式，灌水次数为 3 次，试验小麦品种为 9402。土壤采样时间为 2002 年 10 月上旬~2005 年 6 月上旬。

为了使试验水质能反映当地地下水的特点，在试验前对地下水情况进行了初步调查。对南皮试验站附近 30 多个机井的调查结果表明，地下水矿化度大多在 1~3g/L，少数达到 3g/L 以上，最高矿化度在 7g/L 以上。混灌后的矿化度采用加权平均法来确定。计算公式为

$$M = \frac{M_f \times Q_f + M_s \times Q_s}{Q_f + Q_s} \tag{7.1}$$

式中，M 为混灌后水的矿化度（g/L）；M_f 为淡水矿化度（g/L）；M_s 为咸水矿化度（g/L）；Q_f 为淡水流量（m³/h）；Q_s 为咸水的流量（m³/h）。

本试验将 M 分别控制在 0.92g/L、2g/L、3g/L、4g/L、5g/L。为了使灌溉试验水质能够反映当地天然水质状况，所有试验用水均采用站内深机井淡水和站东 1000m 处浅机井咸水配置而成，其中深井 100~120m，深井水电导率为 1.10~1.45dS/m，

矿化度为 0.92～1.35g/L，深井水可以作为淡水直接用于灌溉；浅井 10～20m，浅井水电导率为 5.5～7.4dS/m。每次灌水前使用电导仪标定试验用水矿化度；由于地下水水质有一定波动性，每次灌水时水中各离子含量不完全相同。试验站配置了试验水源工程和输水管道，用于人工配置不同矿化度微咸水，灌溉水量用水表严格计量。自来水和机井地下水水质分析结果及配水水质见表 7.1。其中矿化度为 0.92g/L 的水为自来水，直接作为淡水使用；矿化度为 5.54g/L 的水为机井地下水。由表 7.1 可知，所配水质的钠吸附比同样随矿化度的增加而增加。

表 7.1　自来水和机井地下水水质分析与配水水质

矿化度 /(g/L)	土壤浸提液EC /(dS/m)	$[HCO_3^-]$ /(mmol/L)	$[Cl^-]$ /(mmol/L)	$[SO_4^{2-}]$ /(mmol/L)	$[Ca^{2+}]$ /(mmol/L)	$[Mg^{2+}]$ /(mmol/L)	$[Na^++K^+]$ /(mmol/L)	SAR /(mmol/L)$^{0.5}$
0.92	1.4	8.3	4.1	0.5	2.2	7.7	2	1.2
3	4.5	12.7	23.5	26.8	5.9	19.9	29.3	4.7
4	6.1	12.7	33.2	33.2	8.6	23.9	36.0	5.8
5	7.6	12.7	46.1	44.5	11.8	32.0	45.1	6.8

7.1.1.2　微咸水轮灌土壤水盐分布与冬小麦生长试验

试验共设 12 个小区，供试作物为冬小麦，试验小麦品种为 9402，当地作物种植制度为小麦-玉米一年两熟。每个试验小区面积为 2m×3.3m=6.6m²，均不设遮雨棚，随机区组排列，冬小麦播种日期分别为 2003 年 10 月 13 日和 2004 年 10 月 12 日，对应收割日期为 2004 年 6 月 7 日和 2005 年 6 月 8 日，生育期分别为 238d 和 239d。小区灌水用输水管地面漫灌，水量由水表控制。轮灌次序除了全淡和全咸灌溉处理外，分别设计了 2 淡 1 咸（咸淡淡和淡淡咸）及 2 咸 1 淡（淡咸咸和咸淡咸）处理，淡水直接采用深井水，矿化度为 0.92g/L，微咸水利用深井水和浅井水混合配制，矿化度为 3g/L 左右，微咸水试验区灌溉制度和供试水质如表 7.2 和表 7.3 所示。

表 7.2　微咸水试验区灌溉制度

处理号	生育期灌溉定额/mm	拔节期	抽穗期	灌浆期
1	135	淡	淡	淡
2	135	咸	咸	咸
3	135	咸	淡	淡
4	135	淡	咸	咸
5	135	咸	淡	咸
6	135	淡	淡	咸

表 7.3　供试灌溉用水矿化度和盐分组成

盐分组成	[HCO$_3^-$] /(mmol/L)	[Cl$^-$] /(mmol/L)	[SO$_4^{2-}$] /(mmol/L)	[Ca^{2+}] /(mmol/L)	[Mg^{2+}] /(mmol/L)	[Na$^+$+K$^+$] /(mmol/L)	矿化度 /(g/L)
深井（淡水）	7.9	4.2	0.4	2.4	8.0	2.1	0.92
浅井（咸水）	13.1	42.4	27.2	7.6	33.0	42.1	5.13
微咸水	6.0	9.2	7.4	0.4	6.8	15.4	2.99

7.1.1.3　微咸水波涌灌对土壤水盐分布与冬小麦生长影响试验

试验采取矿化度为 3g/L 的微咸水进行灌溉，整个生育期按拔节期、抽穗期、灌浆期进行 3 次灌溉，与连续灌溉进行对比分析。灌水时间分别为 4 月 8 日、5 月 3 日和 5 月 25 日。底墒水为淡水，灌水量为 60mm。每个生育阶段的波涌灌与连续灌的灌水技术参数如表 7.4 所示。

表 7.4　各生育阶段波涌灌与连续灌的灌水技术参数

生育期	处理号	N	r	T_{opp}/T_{on}/min	单宽流量/[L/(s·m)]
拔节期	E6C	1	—	90/90	1.75
	E7S	2	1/3	90/45	1.75
	E19S	3	1/2	90/30	1.75
	E12S	4	1/3	88/22	1.75
抽穗期	E9C	1	—	60/60	2.22
	E6C	1	—	90/90	2.22
	E7S	2	1/3	90/45	2.22
	E19S	3	1/2	90/30	2.22
	E12S	4	1/3	88/22	2.22
	E1S	2	1/2	60/30	2.22
灌浆期	E2C	1	—	100	2.22
	E18S	3	1/3	90/30	2.22
	E6C	1	—	90/90	2.22
	E7S	2	1/3	90/45	2.22
	E19S	3	1/2	90/30	2.22
	E12S	4	1/3	88/22	2.22
	E16S	2	1/2	90/30	2.22

注：表中 C 为连续灌，S 为波涌灌，N 为周期数，r 为循环率。

7.1.2　微咸水混灌土壤水盐分布与冬小麦生长特征

7.1.2.1　灌溉水矿化度对土壤表层和主根区含盐量的影响

土壤盐分含量对农作物的出苗、成活及其生长发育状况都有直接影响。在试验条件下，冬小麦主根区含盐量主要受生育期降水量和灌溉水的矿化度影响，如果盐分含量过高，会造成根系的盐分胁迫，影响作物对水分的有效利用。图 7.1～图 7.3 显示了 2002～2005 年不同矿化度的微咸水灌溉后土壤表层（0～20cm）和主根区（0～40cm）土壤平均含盐量的动态变化过程。2002～2005 年利用 0.92～5g/L 不同矿化度微咸水灌溉后土壤表层（0～20cm）和主根区（0～40cm）平均含盐量的变化趋势相似，灌溉期与土壤积盐期同步且随着生育期的推移含盐量呈上升趋势。但不同年份受微咸水矿化度和土壤盐分初始值的影响，在积盐程度和动态变化的程度上有所差异。由图 7.1～图 7.3 可以看出，除了淡水灌溉外，微咸水灌溉后土壤表层和主根区土壤含盐量均比土壤初始含盐量有所增加，即在当地的土壤和气象条件下利用微咸水进行灌溉均会使土壤表层和主根区发生积盐。

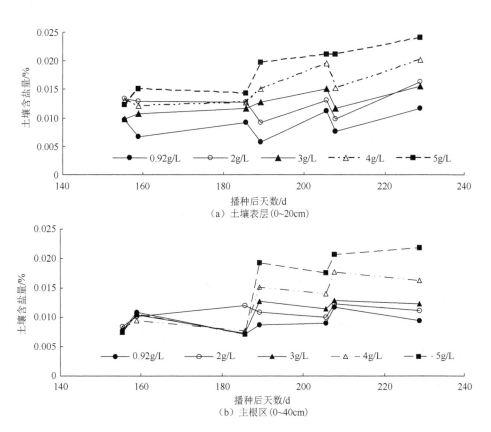

图 7.1　2002～2003 年微咸水灌溉条件下
土壤表层（0～20cm）和主根区（0～40cm）含盐量的变化

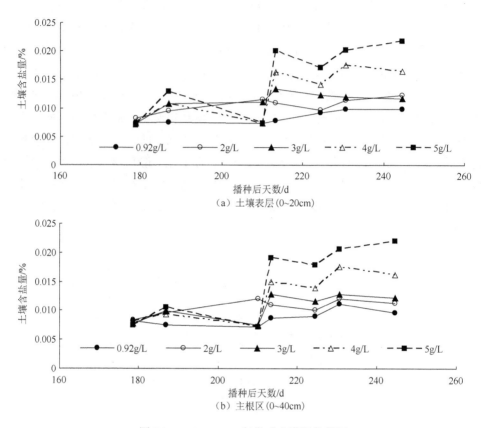

图 7.2　2003～2004 年微咸水灌溉条件下

土壤表层（0～20cm）和主根区（0～40cm）含盐量的变化

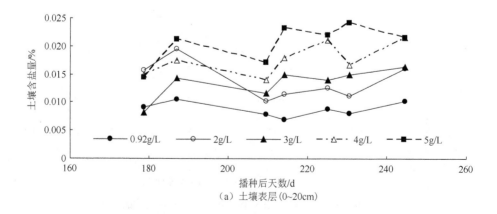

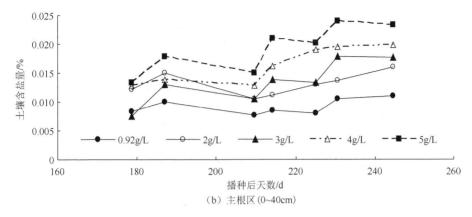

（b）主根区（0~40cm）

图 7.3　2004~2005 年微咸水灌溉条件下
土壤表层（0~20cm）和主根区（0~40cm）含盐量的变化

2002~2003 年土壤表层含盐量初始值为 0.0114%，用 0.92g/L 的淡水灌溉后土壤表层基本呈脱盐状态，最高积盐率仅为 2.33%，即采用淡水灌溉在整个生育期内基本不积盐；采用 2~5g/L 微咸水进行灌溉后土壤表层含盐量随着灌溉水矿化度的升高而升高，积盐率与矿化度呈正相关关系，2g/L 和 3g/L 的微咸水在生长阶段抽穗水前的阶段基本没有发生积盐，甚至还有脱盐现象，但随着微咸水灌水次数的增加和气温的逐步升高，积盐现象逐步显现出来，到麦收后达到最大值，积盐率分别为 35.30% 和 40.04%；4g/L 和 5g/L 的微咸水灌溉后土壤表层在整个生育期内均积盐，最高积盐率分别达到 75.42% 和 109.16%，积盐率最高的阶段均为麦收后。主根区土壤初始含盐量为 0.111%，用淡水灌溉后主根区土壤在整个生育期基本未产生积盐现象，仅在麦收后发生轻微积盐，积盐率为 7.88%；该年采用 2g/L、3g/L 微咸水进行灌溉后，大部分阶段均有积盐现象，但积盐率相对较低，最高积盐率均为麦收后，分别达到 39.07% 和 48.94%；而 4g/L 和 5g/L 的微咸水灌溉后在整个生育期内主根区均发生积盐，麦收后积盐率高达 73.98% 和 123.38%，其余阶段的积盐率为 1.18%~101.40%，5g/L 的微咸水灌溉后主根区土壤积盐现象最为严重。

2003~2004 年土壤表层和主根区初始含盐量分别为 0.074% 和 0.080%，采用淡水灌溉后土壤表层和主根区土壤含盐量均没有明显增加，且有明显脱盐效果，表层土壤最大脱盐率为 53.27%，主根区为 24.81%，因此淡水灌溉能使土壤表层和主根区盐分下移，有利于冬小麦根系生长。采用矿化度为 2g/L 和 3g/L 的微咸水进行灌溉后，麦收后土壤表层和主根区均发生了积盐，表层最大积盐率为 35.30% 和 40.04%，主根区最大积盐率为 50.04% 和 58.57%，因此采用 2g/L 和 3g/L 的微咸水进行灌溉在表层主根区土壤的积盐率没有明显差别，当矿化度升高到

4g/L 和 5g/L 时，无论表层还是主根区土壤均发生了明显的积盐现象，土壤表层积盐率分别达到 135.47% 和 191.82%，主根区土壤积盐率则分别为 119.20% 和 172.50%，由此可以看出 4g/L 和 5g/L 的微咸水灌溉后对土壤表层和主根区含盐量的影响有明显的差别，且比 3g/L 以内的微咸水积盐程度更为严重。

2004～2005 年拔节水前土壤表层和主根区含盐量无明显差异，随着时间的推移，土壤盐分随着灌溉水矿化度的升高有明显增加趋势。尤其是生长后期，随着冬小麦耗水量的增加和气温的上升，土壤表层和主根区的含盐量增幅比生长初期加大，且土壤表层的盐分增加幅度比主根区大，说明微咸水所携带的盐分经蒸发作用而残留在表层土壤中，致使该层盐分含量增大，对作物生长形成不利因素，严重的还会造成土壤次生盐渍化，这种现象在许多灌区都存在。盐分的峰值无论灌前还是灌后都出现在表层土壤中，说明尽管灌水会溶解土壤中部分盐分使之向下运移，但蒸发作用会使水分携带盐分向上运移，水分被蒸发而消耗，盐分残留在表层土壤中，因此土壤表层更易受微咸水中盐分含量的影响。越到生长后期，土壤含盐量与微咸水矿化度的正相关关系越明显，即土壤盐分按照矿化度呈现层状分布，与上一年度相比较，因为降水量偏小，降水对土壤表层盐分的淋洗作用大大降低，所以表现为在同一生长阶段，2004～2005 年的土壤含盐量均比 2003～2004 年高。由图 7.3 可以看出，在灌水量均为 135mm 的条件下，矿化度为 5g/L 的微咸水对应的土壤含盐量波动程度最大，土壤表层积盐率为 16.13%～95.92%，主根区积盐率为 22.35%～121.44%，4g/L 的微咸水对应的积盐率变化分别为 11.70%～71.99% 和 18.81%～83.01%，说明矿化度较高的微咸水带入土壤表层和主根区的盐分较多，并且随着时间的延长，盐分的表聚现象越严重，因此矿化度较高的微咸水不宜作为灌溉水。

7.1.2.2 微咸水灌溉对 0～100cm 土层土壤盐分含量的影响

随着入渗水矿化度的增加，其中含有的大量可溶性盐分进入土壤，土壤总盐量必然增加，而且渗后土壤含盐量与土壤初始含盐量和入渗水的矿化密切相关[2-6]。为了分析混灌后 0～100cm 土壤盐分时空变化，采用 1hm² 上 0～100cm 土体储盐量的变化定量分析灌溉 3 年后土壤剖面积盐状况：

$$\Delta S = S_E - S_B \tag{7.2}$$

式中，ΔS 为 3 年内土体的土壤储盐量变化（kg/hm²）；S_E 为 2005 年麦收后土壤储盐量（kg/hm²）；S_B 为 2002 年播前土壤储盐量（kg/hm²）。

通过 3 年的微咸水混灌试验可以看出，微咸水灌溉增加了土壤盐分含量（表 7.5），利用淡水灌溉处理有明显脱盐作用，脱盐率达 24.50%，说明淡水灌溉可有效地将盐分淋洗到土壤 100cm 之外的深层土壤中；对于用微咸水灌溉的土壤，3g/L 的微咸水处理 3 年后土壤积盐率为 4.67%，有轻微积盐，即进入 100cm 土体的盐分和被淋洗到 100cm 以外的盐分基本保持平衡；但矿化度为 4g/L 和 5g/L 的微咸水灌溉 3 年后土壤积盐率分别为 15.96%和 33.83%，增加的盐分来自生育期降水和灌溉水，连续 3 年微咸水灌溉而无压盐措施导致土壤中盐分逐年增加，这部分累积的盐分使土壤溶液中可溶盐浓度加大，势必影响作物根系对水分的吸收，如果继续利用咸水灌溉，可能会在几年内达到影响作物正常生长的水平，必须采取适宜的管理措施如降低灌溉水矿化度、淡水压盐、增大微咸水灌溉定额等保持盐分平衡，否则会导致作物减产及土地次生盐渍化。

表 7.5　混灌对 2002～2005 年 0～100cm 土壤含盐量的影响

矿化度/(g/L)	S_B/(kg/hm²)	S_E/(kg/hm²)	ΔS/(kg/hm²)	积盐率/%
0.92	16602.34	12535.05	−4067.29	−24.50
3	16602.34	17377.25	774.91	4.67
4	16602.34	19251.65	2649.31	15.96
5	16602.34	22219.45	5617.11	33.83

注：积盐率为ΔS与S_B的比值。

7.1.2.3　土壤碱化趋势分析

Na^+、Ca^{2+}和 Mg^{2+}是土壤中的主要盐基离子，其含量对于土壤的理化性质有着重要影响，当土壤中 Na^+含量过高时常使土壤黏粒和团聚体分散，导致土壤对水和空气的渗透性降低，并导致表层土壤结皮[15]，钠吸附比（SAR）是表征土壤碱化的重要指标。其计算公式为

$$SAR = \frac{[Na^+]}{\left(\dfrac{[Ca^{2+}]+[Mg^{2+}]}{2}\right)^{1/2}}\tag{7.3}$$

式中，各离子的浓度单位是（mmol/L）；SAR 的单位是[（mmol/L）$^{0.5}$]。

由式（7.3）可以看出，SAR 不仅与离子浓度有关，还与土壤含水量有关。为了使比较具有统一性，采用土壤浸提液（水土比 5∶1）的 SAR，以此消除含水率的差异。图 7.4 显示了土壤浸提液的 SAR 随土层深度和矿化度的变化。由图 7.4 可知，2005 年麦收后 0～100cm 剖面上土壤浸提液的 SAR 均随着深度的增加呈降低趋势，在同一深度处土壤浸提液的 SAR 与矿化度呈正相关，淡水处理在整个剖面上的 SAR 均不超过 2002 年播前初始值，3g/L 和 4g/L 的处理分别在 30cm 和 70cm 以上土层超过初始值，其中 3g/L 处理的表层 SAR 与初始值相比增加幅度为 9.86%，4g/L 处理的表层 SAR 增加幅度为 26.84%，5g/L 的处理在整个剖面均超过初始值，其土壤表层 SAR 为初始值的 162.18%，该结果表明，经过 3 年混灌试验，微咸水混灌后土壤上层的 Ca^{2+}+Mg^{2+}被 Na^+置换，即土壤出现了钠质化趋势，而且矿化度

越高，Na$^+$的置换强度越大，在钠质化土壤中，除了团聚体和黏粒的分散导致土壤大孔隙和小孔隙的崩塌，阻碍气体和水分的运动之外，还导致土壤干燥强度增大[16]，以及由此带来的包括渍水、侵蚀等土壤管理问题并造成播种困难和植物生长不良等[17]。

通过对混灌试验的积盐率和钠吸附比的分析可知，利用 3g/L 以内的微咸水进行农田灌溉时，积盐率和 SAR 没有明显增大，如果增大灌水量或采取适当的灌溉管理措施可以避免土壤性质的恶化，而高于 3g/L 的微咸水进行农田灌溉时，则必须采取淡水压盐、咸淡轮灌、秸秆覆盖和适用石膏和有机肥等措施来保持土体盐分平衡，使土壤根系分布密集层保持较低盐分水平，缓解盐分对作物的危害[6,7]。

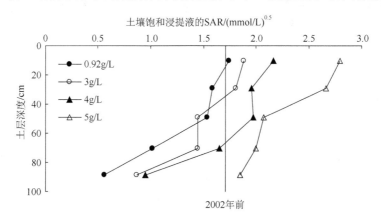

图 7.4　2005 年麦收后土壤剖面浸提液的 SAR

7.1.2.4　微咸水矿化度对冬小麦产量及产量构成因子的影响

不同的灌溉水质对产量构成因子有不同影响，进而形成不同的产量。由表 7.6 可见，2002～2005 年的产量构成因子总的来说随着矿化度的升高有减小趋势，但在不同的年度矿化度对产量构成因子的影响程度有所差异。2002～2003 年为生育期降水一般年，淡水处理的产量构成因子均显著高于微咸水处理，4g/L 与 5g/L 处理的产量构成因子均无显著差异，但明显低于 3g/L 处理，淡水灌溉的产量与 3g/L 处理无显著差异，但比 4g/L 和 5g/L 有明显增大，因此在生育期降水一般年，利用微咸水进行灌溉矿化度最高应控制在 3g/L。在生育期湿润年（2003～2004 年）淡水处理的产量构成因子与 3g/L 处理均无显著差异，其穗粒数和单位面积穗数明显高于 4g/L 和 5g/L 处理，3g/L 处理的千粒重与 4g/L 无显著差异，但明显高于 5g/L，穗粒数和单位面积穗数与 5g/L 处理均无显著差异，说明当生育期降水量较大时，降水量对土壤盐分的淋洗作用在一定程度上降低了微咸水造成的盐分胁迫，淡水灌溉处理的产量与 3g/L 相比无显著差异，但明显高于 4g/L 和 5g/L 处理，主要原因是当矿化度升高到 4g/L 以上时，虽然对千粒重没有明显影响，但穗粒数和单位面积穗数受矿化度影响较大，并最终对产量造成影响，因此在湿润年的灌水矿化度也应控制在 3g/L 左右。2004～2005 年为生育期偏旱年，淡水处理除了千粒重与 3g/L 处理无显著性差异外，穗粒数和单位面积穗数明显高于微咸水处理，产量也明显高于微咸水处理，由此可见，在试验条件下，干旱年利用微咸水因作物受水分和盐分的双重胁迫，最终导致产量较淡水有较大损失。通过以上分析可知，冬小麦微咸水混灌应结合生育期降水预测结果来确定适宜的矿化度，如果利用较高矿化度的微咸水进行灌溉则应避免在盐分敏感期进行，或者加大微咸水灌溉定额进行盐分淋洗，以免对作物正常生长造成不利影响。

表 7.6　产量构成因子对不同混灌处理的响应

年份	构成因子	不同矿化度下数值			
		0.92g/L	3g/L	4g/L	5g/L
2002～2003	穗粒数/(个/穗)	28a	25b	23bc	22c
	千粒重/g	38.83a	34.64b	34.96b	33.88c
	单位面积穗数/万穗	767.99a	646.04b	635.37bc	614.78c
	产量/(kg/hm²)	4875a	4802ab	4410c	4290c
2003～2004	穗粒数/(个/穗)	32a	31ab	28b	26bc
	千粒重/g	39.45a	39.62a	38.45ab	36.23b
	单位面积穗数/万穗	820.17a	803.58ab	779.23b	788.17b
	产量/(kg/hm²)	5475a	5280ab	5025b	4770c
2004～2005	穗粒数/(个/穗)	29a	26b	25b	23c
	千粒重/g	39.6a	39.36a	35.33b	34.33b
	单位面积穗数/万穗	724.18a	661.66b	615.99c	603.71c
	产量/(kg/hm²)	5375a	4950b	4185c	3780c

注：a,b,c 代表 0.5%显著性差异。

7.1.2.5　微咸水矿化度对水分利用效率的影响

图 7.5 显示了 2002～2005 年混灌试验水分利用效率与矿化度的关系，由图 7.5 可知，灌溉制度相同的情况下，3 年的水分利用效率均随着灌溉水矿化度的升高呈降低趋势。3g/L 的微咸水水分利用效率可以达到同期淡水灌溉的 81.10%以上，4g/L 为 78.74%以上，5g/L 的微咸水降低幅度最大，仅为淡水的 51.97%～85.59%，这是因为随着灌溉水矿化度的升高，进入土壤中的盐分对冬小麦水分吸收的抑制作用也越强[8]。0.92g/L 的水分利用效率随着生育期降水量的增加而减小，即偏旱年>一般年>湿润年，这是因为降水量丰富的年份，作物耗水主要依赖降水和灌溉

水，对土壤水分尤其是深层水分利用减少，因此在降水量丰富的年份应该减少灌溉水量，提高土壤水分的利用效率，从而更高效地利用土壤水资源和灌溉水资源。矿化度为 3g/L、4g/L 和 5g/L 的微咸水水分利用效率降低幅度逐年增大，这是因为微咸水带入土壤的盐分和土壤自身的盐分虽然可以被降雨或灌溉水淋洗到深层，但水分的蒸发和蒸腾作用会将深层的盐分重新带入根层土壤，导致在偏旱的年份会抑制根系对水分的吸收，并影响作物的水分利用效率。由以上分析可知，如果在当地长期使用微咸水灌溉，应尽量采用 3g/L 以下的微咸水，或采取措施调控土壤盐分平衡状况，避免因积盐而影响作物的出苗率和正常生长。

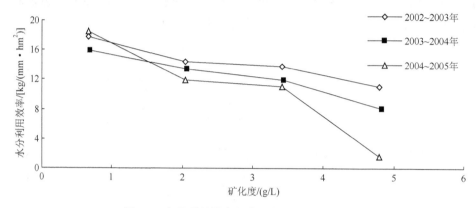

图 7.5　水分利用效率与灌溉水矿化度的关系

7.1.3　微咸水轮灌土壤水盐分布与冬小麦生长特征

7.1.3.1　轮灌对主根区土壤水分分布的影响

根据冬小麦田间根密度资料，60~100cm 土层内根密度占的比例很小，根系主要分布在 0~40cm 深度土层内[9]。图 7.6 显示了 2003~2004 年和 2004~2005 年微咸水轮灌试验各阶段土壤主根区的含水量变化情况。由图 7.6 可以看出，主根区含水量在整个生育期内变化较大，这主要受地表覆盖物、温度、降水和灌溉情况的影响，从每个生育阶段的灌前土壤含水量来看，2003~2004 年普遍高于 2004~2005 年，如前所述，2003~2004 年为生育期湿润年，而 2004~2005 年则为生育期偏旱年，产生该差别的原因是两个年度降水量尤其是冬小麦生育期降水量差别较大。但每个生育阶段灌水后的土壤含水量则差别不明显，研究认为冬小麦生长发育所需的适宜土壤含水量为田间持水量的 60%~80%[10]，当地田间持水量约为24.1%，因此当地含水量下限应为 0.144cm³/cm³，含水量上限为 0.241cm³/cm³，2003~2004 年虽然冬小麦生育期降水量较大，但抽穗水前土壤含水量大多数低于土壤含水量下限，该阶段的水分胁迫会导致单位面积穗数和水分利用效率的降低，并最终影响冬小麦产量，因此抽穗水应适当提前，避免作物长期遭受水分胁迫。

2004～2005 年各生育阶段灌前土壤主根区含水量几乎均低于下限，因此相应的灌水时间应提前或适当增加灌次，从而保证冬小麦正常生长所需要的含水量，避免造成水分胁迫。在 6 种轮灌顺序下，每次灌溉后土壤主根区含水量的变化规律大致是：全部淡水灌溉处理的土壤含水量最高，全部微咸水灌溉处理的土壤含水量最低，咸淡轮灌的含水量介于全淡和全咸之间；进一步分析咸淡轮灌的 4 种处理，可以发现每次灌溉后土壤含水量基本上呈以下规律变化：咸淡淡>淡淡咸>咸淡咸>淡咸咸，因为作物对水分的吸收主要集中在主根区，该结果说明微咸水进入土壤后改变了土壤的结构特征，降低了土壤水势，使土壤入渗率减小，进而使作物吸水困难，减少了作物的耗水量；相反由于水分入渗过程受到抑制，水分主要分布在表层，增加了表层水分的蒸发量，导致主根区土壤含水量下降。同时微咸水的入渗降低了土壤水分的基质势和溶质势，使作物吸水受到抑制，因此利用微咸水进行灌溉必须考虑到盐分离子对土壤结构的影响，应尽量降低盐分对作物水分利用效率的不利影响。

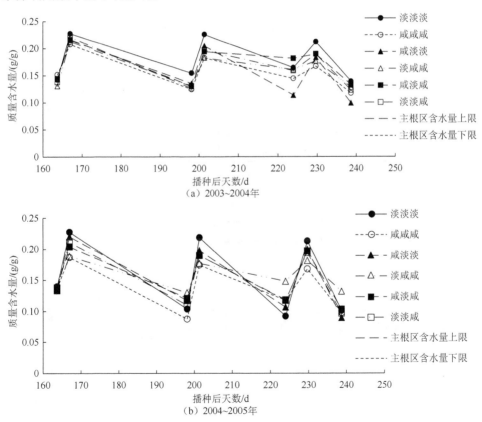

图 7.6　微咸水轮灌试验土壤主根区含水量

7.1.3.2　轮灌对土壤主根区盐分分布的影响

冬小麦主根区的含盐量直接影响冬小麦的正常生长，进而影响产量，因此对该层含盐量的分析有非常重要的意义。在利用淡水进行灌溉时，土壤中的盐分随水分向下迁移，并在湿润锋附近累积，这样土壤将出现上层脱盐、下层积盐的现象；而利用微咸水进行灌溉时，由于微咸水中含有各种盐分离子，可能会与土壤中原有的离子发生物理、化学反应，土壤盐分变化过程有别于淡水灌溉。2003～2004 年及 2004～2005 年冬小麦主根的土壤含盐量随轮灌时序的变化如图 7.7 所示。由图 7.7 可知，2004～2005 年轮灌后主根区的平均含盐量普遍高于 2003～2004 年。这主要受生育期降水量的影响，虽然轮灌的灌溉制度相同，但主根区土壤含盐量在降水量偏大的年份得到了有效的淋洗，因此降水量在主根区土壤含盐量的分布方面起着重要作用。对于同一年度来说，全淡处理主根区土壤含盐量比初始值分别提高 8.37%和 8.88%，盐分累积程度较小，但全咸灌溉所导致的主根区土壤盐分变化在各轮灌处理中最大，分别达到 41.31%和 74.38%，因此

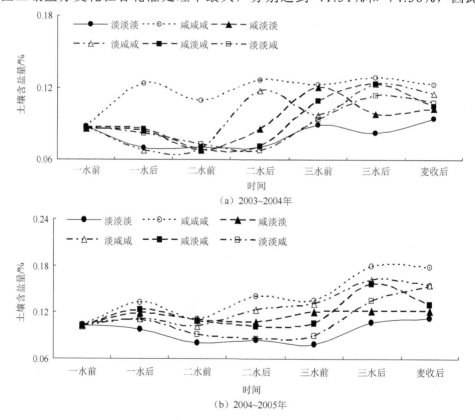

(a) 2003~2004 年

(b) 2004~2005 年

图 7.7　冬小麦主根区土壤含盐量随轮灌时序的变化

一水为拔节水，二水为抽穗水，三水为灌浆水

在利用微咸水进行灌溉的时候尽量不要在生育期内全部采用咸水，否则会导致作

物土壤溶液浓度过高而抑制根系吸水形成生理性干旱。

咸淡轮灌麦收后的主根区土壤含盐量大小与轮灌顺序的关系为：淡咸咸>淡淡咸>咸淡咸>咸淡淡，该结果说明，主根区土壤盐分的淋洗效果不仅与灌溉水带入土壤的总盐分含量有关，而且与咸淡轮灌次序有关，咸淡淡轮灌方式仅灌溉 1 次咸水，且拔节水灌溉 3g/L 的微咸水，有利于土壤团聚体的形成，并提高土壤的渗透率[11]，促进土壤有效孔隙的形成，可以使主根区盐分淋洗效率提高，咸淡淡的主根区土壤含盐量最低，2004 年和 2005 年麦收后比初始含盐量分别提高了 2%和20%，而淡咸咸的轮灌方式由于灌溉 2 次咸水，带入土壤中的盐分较多，而且抽穗水后连续灌溉微咸水，随着土壤渗透率的提高，使水分入渗加快，形成重力水较多，在主根区中能保持的相对较少，造成水分向主根区以下渗漏，盐分淋洗效果最差，2003～2004 年和 2004～2005 年麦收后积盐率分别为 114%和 153%；淡淡咸虽然只灌溉 1 次咸水，但与咸淡咸相比，二者麦收后的含盐量在 2 个年度分别相差 0.93%和 15.03%，因此从主根区含盐量来说二者在湿润年是可以互相替代的，但在偏旱年咸淡咸的轮灌方式比淡淡咸主根区积盐率更低，由以上分析可知，咸淡轮灌后主根区含盐量不仅与进入土壤的盐分总量相关，轮灌次序的影响程度更大，但对于轮灌顺序的安排还要结合土壤含水率、含盐量及作物产量等其他因素进一步分析才能确定。

7.1.3.3　轮灌对 0～100cm 土层盐分变化的影响

计算 0～100cm 土层易溶盐绝对量的盈亏状况是了解土壤盐分变化趋势、评价微咸水轮灌效果的重要方法。0～100cm 土层盐分的绝对盈亏量与试验初始盐量和试验终期盐量有关，可用下面的公式计算：

$$\Delta S = S_E - S_B \tag{7.4}$$

式中，ΔS 为试验期内每小区 0～100cm 深度土壤储盐量变化（kg）；S_E 为试验结束时每小区 0～100cm 深度土壤储盐量（kg）；S_B 为试验初始时每小区 0～100cm 深度土壤储盐量（kg）。

由表 7.7 可知，在试验期内，所有轮灌处理 0～100cm 土层均有不同程度的积盐现象，2003～2004 年各轮灌处理积盐率平均为 28.36%，2004～2005 年为50.76%，因此从储盐量的变化来看，偏旱年（2004～2005 年）普遍高于湿润年（2003～2004 年）。其中全咸处理积盐状况最严重，分别达到 50.14%和 93.78%，均高于对应的主根区土壤积盐率，说明全咸处理的盐分在整个剖面上分布不均匀，主根区累积的盐分较少，大部分盐分被淋洗到 60～100cm 土层；全淡处理积盐率最低，分别为 16.94%和 18.58%，均高于主根区土壤积盐率，由此可见湿润年和偏旱年用淡水灌溉造成的 100cm 土壤储盐量差异不大，而且淡水灌溉对土壤盐分的淋洗作用比较明显。2003～2004 年，轮灌处理按照积盐程度排序如下：咸咸咸>

淡咸咸>咸淡咸>淡淡咸>咸淡淡>淡淡淡。

表 7.7　微咸水轮灌对 0～100cm 土层盐分变化的影响　　　（单位：kg）

年份	试验初/末储盐量	不同灌水方式下测得数值					
		淡淡淡	咸咸咸	咸淡咸	咸淡咸	淡淡咸	淡咸咸
2003～2004	S_E	98.83	98.51	117.15	109.9	108.26	98.85
	S_B	84.51	65.61	103.22	87.46	90.33	68.60
	ΔS	14.32	32.90	13.93	22.44	17.93	30.25
2004～2005	S_E	115.15	131.13	102.99	114.74	91.55	123.29
	S_B	97.11	67.67	73.61	71.75	57.94	91.75
	ΔS	18.04	63.46	29.38	42.99	33.61	31.54

图 7.8 为两个年度各轮灌处理的积盐率变化状况。由图 7.8 可见，虽然淡水灌溉对土壤表层盐分有淋洗作用，但由于强烈的蒸发和蒸腾作用导致在冬小麦生育期结束后 0～100cm 土层内土壤仍有积盐现象，但积盐量较少，收割后雨季降水会对剖面盐分进行比较彻底的淋洗，不会对土壤造成次生盐渍化的威胁；用 2 次微咸水灌溉（咸淡咸和淡咸咸）积盐程度仅次于全咸处理且高于 1 次微咸水灌溉处理，淡咸咸的积盐状况比咸淡咸的积盐状况更严重，说明从 0～100cm 土层的盐分累积状况来看，两次微咸水连续灌溉不如咸淡交替灌溉效果好；采用 1 次咸水的处理（咸淡淡和淡淡咸）积盐程度接近，全部用微咸水灌溉对土壤的影响最为严重，如果条件允许，在利用微咸水灌溉的时候最好采用咸淡交替灌溉的方式，这样既可以满足作物的水分需求，又可以避免土壤发生积盐现象，提高土地可持续利用效率。另外，从主根区积盐率和 0～100cm 土层积盐率大小来看，淡咸咸和咸淡淡分别为积盐率最大和最小的处理，但淡淡咸和咸淡咸处理在主根区和 0～100cm 土层积盐程度相反，其中淡淡咸在主根区积盐程度高于咸淡咸，

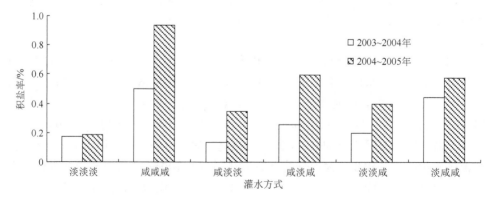

图 7.8　2003～2005 年轮灌积盐率

在 0～100cm 土层二者正好相反，该结果说明淡淡咸处理的盐分在剖面上呈上大下小的 T 型分布，主根区盐分的累积程度高于深层土壤的盐分累积程度，但咸淡咸处理正好相反，主根区土壤积盐率较低，在 100cm 深度上较高，即盐分分布为上小下大，将大部分盐分淋洗到深层土壤，因此该处理有利于作物根系渗透势的增大，有利于作物对土壤水分的有效利用。

7.1.3.4　轮灌对冬小麦产量和产量构成因子的影响

1. 轮灌与冬小麦产量的关系

图 7.9 为不同轮灌顺序下冬小麦产量的变化，在咸淡组合灌溉方式下，冬小麦产量介于全淡和全咸灌溉的产量之间。2003～2005 年冬小麦产量由大到小的次序均为淡淡淡>淡淡咸>咸淡淡>咸淡咸>淡咸咸>咸咸咸。由图 7.9 可知，在相同灌溉定额条件下，随着微咸水灌溉次数的增加，冬小麦产量呈下降趋势，即灌溉水带入土壤的盐分与冬小麦产量负相关。所有咸淡轮灌的产量都介于淡水灌溉和咸水灌溉之间。灌 1 次微咸水的处理产量差别不大，2003～2004 年和 2004～2005 年分别比全淡水灌溉减产 9.59% 和 3.30%；同样灌 2 次微咸水的处理产量也基本接近，但灌 2 次咸水的减产率分别为 18.49% 和 11.42%，减产率比灌 1 次咸水减产率有明显增大，全咸处理比全淡处理产量分别降低 21.92% 和 17.80%。对于只灌 1 次微咸水的处理，淡淡咸的产量高于咸淡淡，两个年度产量分别相差 5.48% 和 1.45%，差异不明显，主要从作物耐盐度方面考虑，因为拔节期冬小麦对盐分的敏感程度较之后的生长阶段更强，在拔节期灌溉微咸水会造成死苗或降低植株的有效分蘖数从而影响产量，所以在淡水资源条件允许的情况下应尽量避免在拔节期使用微咸水；比较灌 2 次微咸水的处理，咸淡咸产量高于淡咸咸，两个年度产量差别分别为 4.11% 和 5.20%，虽然咸淡咸处理在拔节期灌溉了咸水，但从主根区含盐量来看，淡咸咸含盐量高于咸淡咸，导致冬小麦根系受到盐分胁迫吸水能力下降，并最终影响产量，如果在生育期内全部用微咸水灌溉，则冬小麦产量有明显下降,无论在主根区还是 100cm 深度土壤的积盐率在所有处理中均为最高，

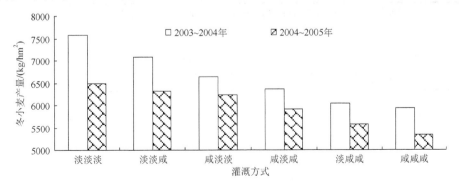

图 7.9　轮灌顺序与冬小麦产量关系

土壤中积累的盐分可导致小麦生理脱水而死亡或生长异常，因此应尽量避免全部用微咸水灌溉。

综上所述，从冬小麦产量角度来说，如果采用 1（次）咸 2（次）淡轮灌处理，最优灌溉制度为淡（拔节水）淡（抽穗水）咸（灌浆水），采用 2 咸 1 淡轮灌处理的最优灌溉制度为咸（拔节水）淡（抽穗水）咸（灌浆水）。

2. 轮灌对冬小麦产量构成因子的影响

表 7.8 以 2004～2005 年试验数据为例，对各指标分别进行单因素方差分析。只有千粒重的 $F > F_{crit}$，说明微咸水轮灌顺序对千粒重有显著影响，而对穗粒数和单位面积穗数则无显著影响，因此轮灌顺序主要通过影响千粒重而影响冬小麦产量。用统计分析软件（statistical analysis system，SAS）对千粒重分别进行差异性检验，所得结果如表 7.9 所示。由表 7.9 的结果可知，淡淡淡处理的千粒重最大，其次为淡淡咸，咸咸咸的效果最差，其余三种轮灌方式对千粒重的影响无显著性差异，这个结果对轮灌顺序的优化有一定的指导意义。说明首先尽量避免在冬小麦生育期全部灌溉咸水，在灌溉 1 次咸水的情况下，选择在灌浆期进行灌溉，可以有效降低对千粒重的不利影响；如果在生长初期灌溉微咸水，则会导致千粒重明显下降，与灌溉 2 次微咸水的千粒重无明显差别，从而导致淡水资源的浪费。

表 7.8　冬小麦产量构成因子的方差分析

产量构成因子	差异源	SS	df	MS	F	P	F_{crit}
	组间	3.5617	5	0.7123			
穗粒数	组内	25.9225	6	4.3204	0.1649	0.9666	4.3874
	总计	29.4842	11	—	—	—	—
	组间	49.3467	5	9.8693			
千粒重	组内	8.0800	6	1.3467	7.3287	0.0155	4.3874
	总计	57.4267	11	—	—	—	—
	组间	8.843E+11	5	1.769E+11			
单位面积穗数	组内	1.814E+12	6	3.023E+11	0.5849	0.7136	4.3874
	总计	2.698E+12	11	—	—	—	—

注：SS 为离均差平方和；df 为自由度；MS 为均方差；F=MS 组内/MS 组间；P 为概率；F_{crit} 为 $p=0.05$ 显著水平下的 F 值。

表 7.9　千粒重的差异性检验（$\alpha=0.05$）

测验结果	各组均数	组别
a	41.5	淡淡淡
b	40.1	淡淡咸
bc	38.4	咸淡淡
bc	37.6	咸淡咸
bc	37.3	淡咸咸
c	35.9	咸咸咸

注：表中字母表示在 $p_{0.05}$ 水平的显著性差异，字母相同表示差异不显著，字母不同则差异显著。

3. 轮灌对冬小麦耗水量及水分利用效率的影响研究

表 7.10 显示了 2003～2004 年轮灌条件下全生育期小麦的总耗水量和水分利用效率。全淡处理的水分利用效率最高，全咸处理的水分利用效率最低，咸淡轮灌处理介于二者之间；具体分析可知，淡淡咸的水分利用效率在咸淡轮灌处理中最大，主要原因可能是作物的生长前期对盐分比较敏感，在拔节期和抽穗期灌溉淡水避免了根系的盐分胁迫，冬小麦根系总量一般在抽穗前后达到最大，如果该阶段灌溉微咸水，会导致灌浆期的根总量明显减少，并影响冬小麦的最终产量[12]，从前述分析可知，咸淡淡的产量仅次于淡淡咸处理，说明虽然在拔节期灌溉微咸水有助于提高土壤贮水层的含水率，但该时期属于作物敏感期，导致咸淡淡处理的产量低于淡淡咸，因此如果在拔节期灌溉微咸水，则必须采取措施缓解盐分对苗期作物的胁迫作用。另外通过比较咸淡咸和淡咸咸的水分利用效率可以看出，前者的水分利用效率高于后者，即采用 2 次咸水灌溉时最好避免连续的咸水灌溉，如果降水不能及时淋洗土壤中的盐分，会导致作物连续遭受盐分胁迫，从而明显影响作物的产量，并同时降低水分利用效率。

表 7.10　2003～2004 年轮灌条件下全生育期小麦总耗水量和水分利用效率

轮灌次序	淡淡淡	淡淡咸	咸淡淡	咸淡咸	淡咸咸	咸咸咸
有效降雨量/mm	393.3	393.3	393.3	393.3	393.3	393.3
总灌水量/mm	135	135	135	135	135	135
土壤水盈亏量/mm	−51.9	−56.1	−78.3	−46.3	−44.2	−52.9
生育期总耗水量/mm	580.2	584.4	606.6	574.6	572.5	581.2
平均耗水强度/(mm/d)	2.44	2.46	2.55	2.41	2.41	2.44
产量/(kg/hm^2)	7604.17	7083.33	6666.67	6354.17	6041.67	5937.50
水分利用效率/(kg/m^3)	13.11	12.12	10.99	11.06	10.55	10.22

7.1.4　波涌灌土壤水盐分布与冬小麦生长特征

7.1.4.1　微咸水波涌灌土壤水盐运移及分布特征

1. 微咸水波涌灌沿畦长方向水分分布特征

图 7.10 显示了微咸水连续灌与波涌灌拔节水前后距畦首 2m、20m、40m、60m 和 80m 处 0～100cm 土层内的土壤剖面质量含水量空间分布特征。由图可知，除了畦田末端（80m）无明显差异外，连续灌（E6C）和波涌灌（E7S）拔节水后沿畦长 0～60m 长度剖面含水量均高于拔节水前，但连续灌和波涌灌随着取样点距离水源的远近不同含水量大小变化具有不同的特点，从图 7.10 可以看出，拔节水后连续灌处理距离畦首越远的观测点含水量越低，即相同深度的土壤含水量与取样点和水源之间的距离呈负相关关系，由土壤剖面含水量可以看出，距离畦首 0～40m

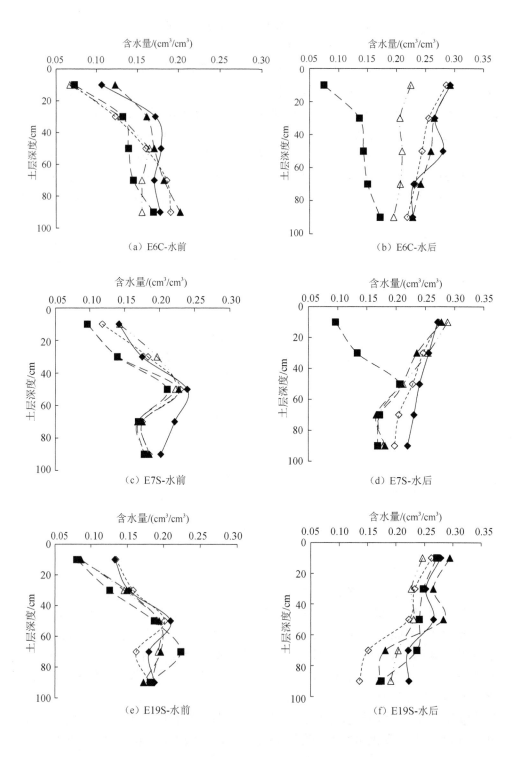

（a）E6C-水前

（b）E6C-水后

（c）E7S-水前

（d）E7S-水后

（e）E19S-水前

（f）E19S-水后

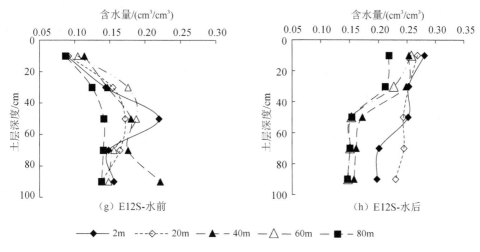

图 7.10　微咸水波涌灌灌水前后 0～100cm 土壤含水量分布特征

的土壤剖面含水量与 0～60cm 深度土壤含水量分布几乎相同,均超过田间持水量,60～100cm 深度含水量因为有胶泥层的阻隔,含水量虽然比灌前有所增加,但尚未超过田间持水量,该结果说明连续灌对于畦田 0～40m 田面进行灌溉时,超过田间持水量的水分滞留在 60cm 以上土层内,一方面造成土壤湿度过大,影响土壤透气性,使冬小麦根系生长受到抑制,另一方面造成水资源的浪费。但距水源60m 处整个剖面含水量均低于田间持水量,说明该点供水时间偏短,导致主根区水分没有得到有效的补充,距离畦首 80m 的取样点含水量与灌前无明显差异,主要原因是连续灌在 90min 的供水时间内,水流推进距离包括冲长在内仅达到 72m,导致畦田尾部没有得到补充灌溉,因此从整个畦田的水分分布来看,连续灌后水分分布极不均匀,前高后低,畦首出现渍水现象,畦尾则始终处于水分胁迫状态下,当地进行灌溉时一般是采取畦首畦尾共同灌溉的方法来解决灌水不均匀的问题,该方法虽然解决了畦尾干旱问题,但既浪费水资源,又增大了操作难度。

从图 7.10 可以看出,波涌灌溉后沿畦长方向的土壤含水量均匀程度有较大改善,除了距畦首 80m 处含水量无明显增加外,0～60m 畦长含水量较为均匀,土壤 0～60cm 深度含水量均达到或超过了田间持水量,60～100cm 含水量有所增加,除了距离畦首较近的 2m 和 20m 前一段,其他各点均低于田间持水量。距离畦首80m 处含水量变化较小,表层土壤相对含水量为 39.9%,处于极度干旱状态,根据田间试验结果,E7S 水流推进距离为 62m,包括冲长在内共 78m,80m 处无灌水,在该灌水处理下,有 17.89% 的田面处于干旱状态下,没有得到补充灌溉,可以通过加大单宽流量、增大灌水周期或增加每个周期的供水时间等方法来增大波涌灌水流推进距离,解决畦尾灌水不均匀的问题。

E19S 在 E7S 的基础上增加了一个灌水周期，从图 7.10 中可以看出，畦尾土壤含水量比连续灌和 2 个周期波涌灌有明显增大，因为 3 个周期波涌灌冲长增大到 90m，从整个畦长来看，过水面积占总面积的 94.74%，基本达到了灌水均匀的目标。如果净灌水时间保持不变，继续增大灌水周期，如图中 E12S 所示，拔节水后沿畦长方向的含水量与 E19S 无明显差异，灌水均匀度基本满意。为了定量分析沿畦长各点土壤剖面含水量的变化情况，对图 7.10 中的连续灌和波涌灌拔节水后 0～100cm 剖面土壤含水量均值和变差系数进行对比，其中标准差的计算公式为

$$\sigma = \sqrt{\dfrac{\sum\limits_{i=1}^{5}\left(\theta_i - \overline{\theta}\right)^2}{4}} \tag{7.5}$$

式中，θ_i 为第 i 层土壤的含水量（cm^3/cm^3）；$\overline{\theta}$ 为某一点 0～100cm 土壤平均含水量（cm^3/cm^3）。

各点含水量平均值不同，为了比较剖面各层的含水量离散程度，采用变差系数进行分析。连续灌和波涌灌拔节水后距离畦首不同长度的取样点 0～100cm 土壤含水量的平均值、标准差和变差系数见表 7.11。由表 7.11 的分析结果可以看出，连续灌和波涌灌拔节水后各点 0～100cm 土壤含水量均值绝大多数均高于适宜含水量（田间持水量的 80%），多余的水分以无效蒸发的方式进入大气，不利于提高灌水效率，因此灌水量应进一步减少，以实现节水灌溉的目标；距畦首不同长度的土壤含水量的变差系数中，距畦首≤40m 的取样点剖面含水量的变差系数的规律为连续灌<波涌灌，说明该范围的土壤含水量差异程度与灌水方式相关，也可以说在其他条件相同时，距畦首≤40m 的连续灌土壤剖面含水量离散程度低于波涌灌处理，这是因为连续灌在不间断供水过程中，距离畦首越近的取样点水分入渗的时间越长，没有致密层的减渗作用，距畦首≤40m 的土壤得到了充分的渗透，剖面含水量基本处于饱和状态，因此各取样点 5 层土壤含水量差异较小，变差系数较小，而波涌灌间歇性供水形成的致密层对下个周期的水流推进起到了减渗的作用，深层土壤没有得到充分湿润，因此波涌灌 0～100cm 剖面含水量离散程度较高，变差系数较大；但由分析结果可以看出，距畦首 60m 处连续灌土壤含水量变差系数比 0～40m 明显增大，因为连续灌的水流推进距离最大为 62m，水流推进的末端土壤入渗水量较小，表层相对含水量达到 92.84%，深层土壤含水量的变化较小，呈现上湿下干的空间分布状态，剖面含水量离散程度比 0～40m 明显增大，连续灌在距畦首 80m 处无水流通过，由于表层土壤的强烈蒸发，表层土壤相对含水量仅为 31.74%，深层土壤含水量维持灌前状态，即使在标准差相同的情况下，由于含水量平均值最小，变差系数为最大值，80m 处剖面含水量的离散程度最大。

表 7.11　0～100cm 土壤含水量的统计值

处理号	距畦首距离/m	平均值/(cm³/cm³)	标准差/(cm³/cm³)	变差系数
E6C	2	0.2599	0.0198	0.0760
	20	0.2573	0.0243	0.0943
	40	0.2479	0.0361	0.1455
	60	0.2079	0.0648	0.2845
	80	0.1349	0.0591	0.4804
E7S	2	0.2434	0.0201	0.0825
	20	0.2315	0.0308	0.1027
	40	0.2213	0.0438	0.1003
	60	0.2155	0.0498	0.2034
	80	0.1556	0.0222	0.3197
E19S	2	0.2492	0.0208	0.0835
	20	0.2398	0.0253	0.1053
	40	0.2349	0.0354	0.1509
	60	0.2207	0.0535	0.2426
	80	0.2015	0.0577	0.2864
E12S	2	0.2480	0.0134	0.0538
	20	0.2364	0.0350	0.1478
	40	0.1989	0.0363	0.1826
	60	0.1888	0.0480	0.2540
	80	0.1765	0.0499	0.2828

　　波涌灌 E7S 的 5 个取样点中，土壤剖面含水量变差系数距畦首 2m 处最小，80m 处最大，60m 处次之。这是因为距畦首 2m 处虽然有第 1 个灌水周期形成的致密层，但由于受水时间在各点中最大，其剖面相对含水量最小值为 91.70%～112.57%，剖面含水量最均匀，标准差最小，平均值最大，变差系数最小；80m 处无水流通过，剖面含水量上下差异较大，变差系数在沿畦长方向各点中为最大值；因为水流推进最大流程为 62m，虽然停水之后冲长达到 78m，但停水后 60m 处的表层水分很快落干，表层和亚表层土壤含水量均超过田间持水量，但 40～100cm 土壤含水量仍处于较低水平，整个剖面含水量差别较大，虽然标准差和 80m 处相近，但由于其含水量均值高于后者，因此变差系数仅次于 80m 取样点。周期数为 3 和 4 的波涌灌剖面含水量分布离散程度在此不一一分析。

　　在实际的农田灌溉中，从畦首到畦尾的含水量分布均匀程度是非常重要的，将每条畦田作为一个研究对象，分析各畦田的含水量均匀性，含水量的波动程度采用变差系数表示，对每条畦田的 5 个取样点分别计算 0～100cm 平均含水量，得到的 5 个值作为样本，分别求其平均值和标准差，并根据所得的结果计算变差系数，计算结果见表 7.12。由表 7.12 的结果可以看出，连续灌和波涌灌拔节水后畦首至畦尾的 0～100cm 土层平均含水量最大值和最小值差别为 8.51%，大小排序结果为：E19S>E6C>E7S>E12S，说明虽然灌水量相同，但灌水结束后 0～100cm 土层含水量在整个畦田上存在一定的差别，分析原因主要有以下 4 个方面：①土地不够平整，每条畦田的 5 个取样点存在空间变异性，局部微地形不完全相同导致含水量差异；②在同样灌水量情况下，当水流推进到相同位置时，湿润的土壤体积不同，因此含水量也有差别；③灌水过程中可能存在深层渗漏的问题，水分有可能渗漏到 100cm 以下土层中，在计算含水量时并未将这部分水分考虑在内；④灌水时偶尔有跑水问题，也是造成含水量差别的原因之一。但仅比较平均含水量大小对于灌水效果来说是片面的，还要分析水分在田面的分布状况是否均匀，从表 7.12 可以看出，连续灌 E6C 的变差系数最大，达到 0.2380，原因如前所述，连续灌灌水后过水田面占整个畦田方向的 75.79%，其余田面处于未灌状态，是造成连续灌灌溉后水分在畦田上分布不均匀的根本原因。

表 7.12　连续灌和波涌灌灌水均匀度分析

处理	平均含水量/(cm³/cm³)	标准差/(cm³/cm³)	变差系数
E6C	0.2216	0.0527	0.2380
E7S	0.2135	0.0340	0.1594
E19S	0.2292	0.0186	0.0811
E12S	0.2097	0.0310	0.1477

在 3 个波涌灌处理中，E19S 的含水量变差系数最小，仅为 0.0811，由水流推进距离可知，该处理的水流推进距离为 90m，已基本达到畦尾，在各处理中推进距离最大，因此水分在畦田上的分布最均匀，E19S 供水距离为 90m 时，$N=3$，$r=1/2$，$T_{on}=30min$ 的处理含水量离散程度最小，灌水均匀度最满意。E7S 和 E12S 的变差系数介于 E6C 和 E19S 之间，对变差系数的比较结果说明波涌灌的含水量沿畦长分布比连续灌更均匀，即波涌灌的灌水均匀度要高于连续灌。

在微咸水灌溉的条件下如果灌水不均匀，易造成盐分表聚而影响作物正常生长，如果采用波涌灌方式进行灌溉，则能够提高灌水均匀度，使土壤平均含水量沿畦长方向趋于一致，达到既合理利用微咸水资源，又满足作物水分需求的目的。

2. 微咸水波涌灌沿畦长方向盐分分布特征

由图 7.11 可知，拔节水前土壤主根区平均含盐量沿畦长方向差别不大，盐分在整个畦田方向呈现出较为均匀的分布特征，主根区最大含盐量与最小含盐量差别为 12.44%；从拔节水开始，E6C 的处理在微咸水进行连续灌后由于入渗后水分

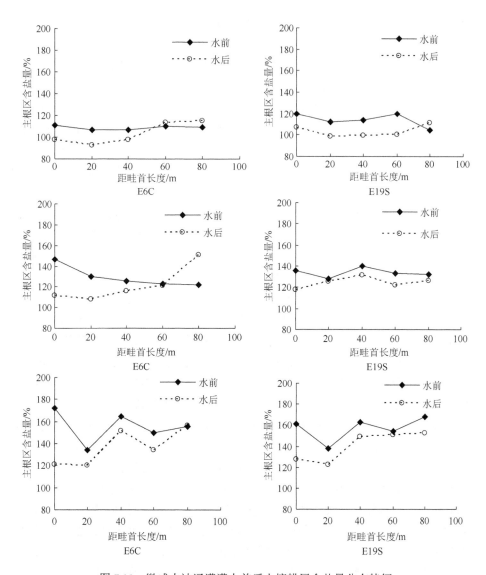

图 7.11　微咸水波涌灌灌水前后土壤耕层含盐量分布特征

对表层和亚表层土壤盐分的淋洗作用，畦田 0～40m 的含盐量有一定程度的降低，尤其是畦首部位由于入渗水量最大，脱盐率达到 13.67%，对主根区土体起到了明显淡化作用，距离畦首 20m 和 40m 处主根区土壤含盐量也有所降低，脱盐率分别达到 12.78%和 9.64%，脱盐效果比畦首略差；但在大于 40m 之后的畦田上，主根区含盐量有增加现象，增加幅度较小，分别为 1.88%和 3.82%，主要原因是连续灌的水流推进距离有限，尤其是 80m 处没有足够的水分对主根区的盐分进行淋洗，导致产生积盐现象，但微咸水的入渗水量较小，因此对土壤和作物影响较小。拔节期进行 E19S 波涌灌的处理后的脱盐效果较好，除了畦尾处以外，其他各点的含盐量均有脱盐现象，而且脱盐率较为接近，达到 11.31%～15.89%，对于整个畦田的压盐作用非常明显。畦尾拔节期设定的单宽流量较小，因此水流没有完全推进到畦尾，导致畦尾主根区土壤有积盐现象。

抽穗期灌前由于蒸发和蒸腾作用，导致主根区以外的盐分随水分上行被带入主根区，土壤主根区含盐量比拔节水前平均增加了 118.32%，考虑到拔节水灌溉时水流推进未达到畦尾，在灌溉抽穗水时保持灌水时间仍为 90min，增大了单宽流量，由拔节水的 1.75L/（s·m）增加到 1.96L/（s·m），发现连续灌的水流推进末端可以达到 70m 左右，波涌灌则可以达到 90m 以上。单宽流量调整后，对连续灌和波涌灌进行微咸水灌溉，发现灌后主根区土壤含盐量仍有明显降低，对于连续灌，畦首的脱盐率达到 24.74%，随着距离的增加，脱盐率呈下降趋势，到 60m 处的脱盐率降低到 2.56%，主根区的大部分盐分仍然滞留在根系土壤内，说明尽管增大了单宽流量，连续灌在同样的灌水时间内流过畦田末端的水量比波涌灌少，因此畦田后段对盐分的淋洗效果不明显，80m 处因为 2 个生育阶段的水流推进均未达到此处，积盐现象比拔节期更为严重，达到 23.45%，导致畦田末端的冬小麦出现了植株矮小、叶面积较小、叶片发黄和早衰现象，造成该结果的原因是水盐的联合胁迫作用。波涌灌在该阶段的水流推进距离有所增加，达到 90m，冲长可以达到畦尾部分。从图 7.11 中可以看出，波涌灌主根区灌后含盐量均低于灌前，畦首降低幅度最大，达 13.09%，20～80m 脱盐率为 2.34%～8.37%，比较均衡，该脱盐效果说明了水分在整个畦田上的分布较为均匀，主根区得到了有效淡化。

灌浆期由于气温升高、干旱少雨及风速较大等原因，导致主根区土壤水分大量散失，盐分表聚现象在灌浆期最为强烈，灌浆水对提高冬小麦千粒重，防止提早枯熟非常有必要。由图 7.11 可以看出，连续灌主根区土壤含盐量较抽穗期增大了 120.17%，最高含盐量仍然在畦首，达 17.284 g/g，进行连续灌后畦首含盐量降低了 30.69%，由于前 2 个生育阶段的灌水形成了良好的边界条件，灌浆期灌溉时水流推进最大灌长达到 80m，在整个取样范围内均有脱盐现象，随着距畦首长度的增加，脱盐效果逐渐减小，80m 处盐分基本保持平衡，但该阶段的畦尾冬小麦大多数因水盐胁迫已枯死或者无产量。波涌灌灌浆期灌前含盐量同样比抽穗期有所增加，增加幅度比连续灌处理略低，平均含盐量增加了 114.37%，灌溉后有效降低了整个畦田主根区的含盐量，畦首降低幅度达 21.89%，畦尾降低幅度为 8.94%，高于畦中的脱盐率，原因是畦田不平整，造成灌水后部分水分集中在畦尾，因此灌浆水后畦尾的脱盐率降低比拔节期和抽穗期明显。

麦收后对连续灌和波涌灌的畦田分布进行了沿畦长方向的取土分析，主要分析微咸水的连续灌和波涌灌在冬小麦全生育期结束后土壤主根区的含盐量在整个畦田的分布均匀性，采用统计分析的方法对畦田麦收后的含盐量沿畦长方向的离散程度进行分析，得表 7.13。通过对麦收后连续灌和波涌灌的主根区含盐量均值对比可得，微咸水的连续灌在整个畦田上的主根区土壤含盐量比波涌灌高约16.20%，最主要的积盐地点是畦首位置，连续灌畦首主根区含盐量麦收后达到21.259g/g，比波涌灌畦首高 27.45%，导致这一结果的原因是连续灌畦首入渗的微咸水量最大，大量盐分随水分入渗到主根区以下深度，当遇高温或干旱时，随着水分的蒸发，大量盐分返回主根区，造成了盐分在畦首部位的高度聚集，如果下个生长季节不进行压盐，必然会对作物生长带来负效应，而且会引发土壤的次生盐渍化，导致土壤利用的不可持续性。当采用波涌灌的方式进行微咸水灌溉时，由于水分分布在畦田方向上较为均匀，降低了局部积盐现象的发生，使水分和盐分在整个畦田上得到了均匀分布，由表 7.13 可以看出，从主根区含盐量的变差系数来看，连续灌远远高于波涌灌，说明微咸水的波涌灌在畦首至畦尾的盐分分布离散程度低于连续灌。结合之前对水分分布的分析可知，波涌灌的水盐分布均匀性是有因果关系的，灌水方式的改变在不增加灌水量的条件下改善了水盐分布状况，这是波涌灌优于连续灌的根本原因。

表 7.13　主根区土壤含盐量统计分析

统计指标	连续灌（E6C）	波涌灌（E19S）
含盐量平均值/%	18.534	16.068
标准差/%	1.833	0.714
变差系数	0.10	0.04

7.1.4.2　微咸水波涌灌和连续灌的产量及产量构成因素分析

表 7.14 对全生育期内净供水时间为 90min 的连续灌（E6C）和周期数分别为2、3 和 4 的波涌灌（E7S、E19S 和 E12S）在 2004～2005 年的产量和产量构成因素进行了分析，可以得到如下结论：拔节期是冬小麦根系、叶面积和单位面积穗数形成的关键时期，也是营养生长阶段，通过分析可知单位面积穗数的均值排序结果为：E12S>E19S>E7S>E6C。冬小麦的单位面积穗数是由冬小麦的有效分蘖得来的，是决定产量的重要因素，起身期至拔节期是决定冬小麦单位面积穗数的关键时期，为了有效地促进麦苗的分蘖，对土壤水分和养分的控制非常必要。土壤水分过多会造成土壤缺氧，产生黄苗，影响分蘖并延迟生长，E6C 在 0～40m 的畦田阶段 0～60cm 深度土壤含水量均超过田间持水量，根区过大的含水量使土壤孔隙全部被水分占据，透气性变差，渍水逆境导致小麦根系有氧呼吸减弱，缺氧呼吸增强，抑制了小麦根系主动吸收和营养元素的传输[13]，因此连续灌对于畦首作物的渍水是影响其生长的主要原因；而养分的提供来自返青肥，返青肥的施用是为了促进麦苗由弱转壮，对增加亩穗数有重要作用，连续灌由于不间断灌水所

导致的畦首养分流失降低了畦首的养分含量,抑制了冬小麦单位面积穗数的增加,从整个田面来看,连续灌土壤水分呈前高后低状态,养分和盐分则相反,未能达到水肥的合理运用,微咸水对根系土壤的淡化作用没有得到有效利用,水肥和盐分的不均匀性不仅造成穗数的降低,而且还会影响冬小麦株高和叶面积指数等因素,对冬小麦的生长造成严重影响。

表 7.14   连续灌和波涌灌的产量及产量构成因素的显著性分析

处理号	单位面积穗数/(万穗/hm²)	穗粒数/(个/穗)	千粒重/g	产量/(kg/hm²)
E6C	641.76cd	35.98bc	37.98b	6528.55c
E7S	680.34c	43.83a	41.41ab	7350.09b
E19S	772.87b	41.41ab	43.83a	7470.26a
E12S	872.77a	37.73b	35.73bc	7402.53ab

注:字母表示在 $p_{0.05}$ 水平的显著性差异,字母相同表示差异不显著,字母不同则差异显著。

孕穗及开花期土壤水分亏缺会严重影响穗粒数的增加,由表 7.14 可以看出,穗粒数均值的排序为:E7S>E19S>E12S>E6C,对 4 个处理进行显著性差异分析可知,E7S(2 个周期波涌灌)的穗粒数均值在所有处理中最高,显著高于 E12S(4 个周期的波涌灌)和 E6C(连续灌),但与 E19S(3 个周期波涌灌)的穗粒数无显著差异;E19S 与 E12S、E6C 均无显著差异,该结果说明连续灌虽然在营养生长阶段单位面积穗数最小,但在第二生长阶段由营养生长转向生殖生长时,一定程度上补偿了穗粒数的不足,连续灌均值为最低的原因是由水分和养分的空间分布不均匀造成的,连续灌的穗粒数与 3、4 个周期的波涌灌仍无显著差异;2 个周期的波涌灌(E7S)的单位面积穗数在第一个生长阶段与连续灌无显著差异,在整个畦田上水肥分布的均匀性,因此通过营养生长向生殖生长转化。穗粒数在该阶段达到了最大值,但与 E19S 无明显差异。

小麦开花(5 月上旬)至成熟(6 月上、中旬)阶段是决定粒重的时期,灌浆期进行灌溉有利于提高千粒重,需要保证该阶段有适宜的含水量和光照时间是延缓小麦早衰、提高小麦千粒重的途径。微咸水不同灌水方式灌溉后的千粒重均值排序为:E19S>E7S>E6C>E12S,E19S、E7S 无显著差异,明显高于 E12S 和 E6C。产生该结果的原因可能是在冬小麦的全生育期均采用微咸水进行灌溉后,连续灌处理畦首入渗水量过多,虽然灌水后可以有效淋洗距畦首 60m 长度内主根区土壤盐分,但深层土壤盐分随着蒸发返回到耕层后,因盐分过高导致根系吸水困难,千粒重也随之降低,畦田的尾部由于水流推进距离过短,入渗水流对主根区土壤盐分的淋洗效率偏低,根系得不到充足水分且在灌浆期受干旱和盐分的双重胁迫作用导致千粒重降低,因此从整个畦田来说,畦首、畦尾都不利于千粒重的增加,因此 E12S 的千粒重在 4 个处理中最低。

　　从产量均值来看，排序如下：E19S>E12S>E7S>E6C，所有波涌灌处理产量均高于连续灌。由具体分析可知，E19S 与 E12S 无显著差异，E19S 虽然单位面积穗数比 E12S 低 11.34%，但千粒重高于后者 22.67%，这 2 个产量构成因素的消长造成二者产量无显著差异，但 E19S 产量明显高于 E7S 和 E6C，E19S 的单位面积穗数明显高于 E7S，其他 2 个因素无显著差异。因此 3 个周期的微咸水波涌灌有利于增加单位面积穗数，主要原因是 3 个周期的波涌灌有助于水流对减渗层的充分利用，使微咸水灌溉后的水分和盐分在畦田上分布比 2 个周期的波涌灌更加均匀，有效增加了单位面积穗数，并使产量明显高于 2 个周期的波涌灌处理。E19S 和 E6C 除了在穗粒数方面无显著差异，其他 2 个产量构成因素都高于连续灌，说明微咸水的波涌灌由于水流推进距离比连续灌长，水分、盐分在畦田方向上没有形成局部过高或过低的现象，因此在单位面积穗数和千粒重方面都明显优于连续灌，穗粒数虽然没有明显增加，但微咸水的波涌灌比连续灌穗足、粒重，连续灌导致的水分盐分的空间分布不稳定造成了冬小麦的早衰，并在作物的营养生长和生殖生长阶段都有明显负效应，造成有效分蘖减少和籽粒发育不完全。其他波涌灌处理如 E12S 与 E7S 无显著差异，都明显高于连续灌，E12S 比 E7S 的单位面积穗数明显增加，说明 4 个周期的波涌灌比 2 个周期的波涌灌更加有助于增加冬小麦的单位面积穗数，但二者的穗粒数则相反，说明周期数的增加对单位面积穗数有正效应，对穗粒数有负效应，主要原因可能是因为在形成单位面积穗数的拔节水期间设计的单宽流量较小，循环率太低（1/2）导致的停水时间偏小问题在拔节水期间对致密层的形成没有明显影响，所以该阶段 E12S 水流推进距离比 E7S 增加了12.99%，使水分在畦田上形成了比较均匀的分布，并使单位面积穗数有明显增大，但灌溉抽穗水时由于增大了单宽流量，循环率仍然保持不变，停水时间太短造成致密层形成不完全，畦首表层土壤受到冲蚀并导致养分在多次供水过程中被冲刷到畦尾，抑制了穗粒数的形成，二者的千粒重之所以没有明显差异，是因为灌浆水阶段是形成千粒重的重要时期，该阶段的含水量对于千粒重的形成是主要因素，养分的不均匀对千粒重的形成没有构成明显影响，总的来说 E12S 比 E7S 单位面积穗数有明显增加但穗粒数又有明显减小，最终二者产量没有显著差异。

　　从以上分析结果可知，微咸水连续灌与波涌灌相比产量有显著降低，3 个周期的波涌灌与 4 个周期的波涌灌相比产量没有明显变化，但考虑到操作的可行性，在产量相近的前提下应选择 3 个周期的波涌灌，除了降低操作难度外，还可以有效避免对地表土壤中养分的冲蚀，3 个周期的波涌灌产量明显高于 2 个周期的波涌灌，应该推广微咸水波涌灌以替代传统的连续灌进行农田灌溉，并选择 3 个周期的波涌灌来保证灌溉效果和产量。虽然波涌灌的节水性方面不如喷灌、滴灌和渗灌，但在微咸水资源较为丰富的黄淮海地区采用波涌灌也可以取得比连续灌更加满意的产量，且成本比喷灌、滴灌和渗灌低，因此波涌灌技术在当地的推广还是很有必要的。

7.2 微咸水灌溉对油葵生长的影响

7.2.1 试验方法

7.2.1.1 土壤水盐分布与油葵生长研究

试验主要在中科院静海农田与农业节水试验研究基地内进行。该地区属于暖温带半湿润大陆性季风气候。夏秋季多雨，春冬季干旱，年内温差较大，四季分明。全年平均气温约为 12℃，夏季最高平均气温约为 27℃，冬季最低平均气温为 -5℃，无霜期 200 天左右。多年平均降水量约为 568.3mm，降水量年际变化大，但年内分配不均，多集中在 7～9 月，占全年总降水量的 70%左右。多年平均水面蒸发量约为 1599.5mm。

1. 盆栽试验

盆栽试验将底墒水矿化度划分为 5 个水平，即淡水（<2g/L）、3g/L、4g/L、5g/L、6g/L，试验在室内进行，采用直径 55cm、深 30cm 的土桶，共 15 个，每盆播种 40 粒，播种深度为 3～4cm，每个处理 3 次重复。供试油葵品种为 G101，春播生育期 100 天左右，夏播生育期 85 天左右。

2. 大田试验

（1）小区试验将底墒水矿化度划分为 5 个水平，即淡水（<2g/L）、3g/L、4g/L、5g/L 和 6g/L，并以播前缺水作为对照处理（CK）。共布设试验小区 18 个，采用随机区组设计，每个处理设 3 次重复。株距 30cm，行距 50cm，播种量严格控制到每穴 3 粒种子，播种深度 3～4cm。2007 年播种日期为 7 月 24 日，收割日期为 10 月 15 日，全生育期共为 84 天；2008 年播种日期为 6 月 15 日，收割日期为 9 月 26 日，全生育期共为 103 天。播前将试验小区进行 20～30cm 翻耕，并施磷酸二铵，施肥量 300kg/hm²；现蕾水前追施尿素，施肥量 300kg/hm²。两年的底墒水灌水定额 450m³/hm²；现蕾水全部处理均采用淡水灌溉，灌水定额 600m³/hm²；由于 2007 年 9 月该地区雨水较充沛，油葵蕾期后未进行灌溉，2008 年加灌花期水，全部采用淡水灌溉，灌水定额 600m³/hm²。

（2）为了研究蕾期不同矿化度的微咸水对油葵生长及土壤水盐分布状况的影响，采用田间小区试验的方式，分别于 2007 年和 2008 年两个年度进行相应的试验研究。试验将蕾期矿化度划分为 5 个水平，即淡水（<2g/L）、3g/L、4g/L、5g/L 和 6g/L，并以蕾期缺水处理作为对照（CK）。共布设试验小区 18 个，采用随机区

组设计，每个处理设 3 次重复。两年度的底墒水灌水定额均为 $450m^3/hm^2$，全部处理均采用淡水灌溉；蕾期水灌水定额均为 $600m^3/hm^2$；由于 2007 年 9 月试验地区雨水较充沛，油葵蕾期后未进行灌溉。2008 年加灌花期水，灌水定额 $600m^3/hm^2$，全部处理均采用淡水灌溉。

（3）为了研究花期不同矿化度的微咸水对油葵生长及土壤水盐分布状况的影响，采用田间小区试验的方式，于 2008 年进行了相应的试验研究。试验将花期灌溉水矿化度划分为 5 个水平，即淡水（<2g/L）、3g/L、4 g/L、5 g/L、6 g/L，并以花期缺水处理作为对照（CK）。共布设试验小区 18 个，采用随机区组设计，每个处理设 3 次重复。油葵全生育期共灌三水：底墒水灌水定额为 $450 m^3/hm^2$，全部处理均采用淡水灌溉；蕾期水灌水定额为 $600 m^3/hm^2$，全部处理均采用淡水灌溉；花期水灌水定额 $600 m^3/hm^2$。

7.2.1.2　调控方法对土壤水盐分布和作物生长的影响试验

1. 冬小麦—油葵轮作土壤水盐分布和作物生长试验

采用田间小区试验的方式，于 2007～2009 年三年内对其进行相应的试验研究。供试作物为油葵和冬小麦，其中油葵品种为 G101，冬小麦品种为京冬 1 号。种植方式包括油葵冬小麦轮作以及冬小麦连作两种方式。试验中采用的灌溉水矿化度为 3g/L，共布设试验小区 6 个，采用随机区组设计，每个处理设 3 次重复。

2. 地面覆盖措施对土壤水盐分布和作物生长影响试验

试验以地面覆盖措施作为控制因子，包括无覆盖、秸秆覆盖和地面覆盖三种，另外为了进一步了解不同灌溉水矿化度条件下地面覆盖措施对土壤水盐分布和作物生长的影响，又进一步将灌溉水矿化度划分为 5 个水平，淡水（<2g/L）、3g/L、4g/L、5g/L、6g/L，并以雨养处理作为对照。共布设试验小区 18 个，采用随机区组设计。供试作物为油葵，品种为 G101。

3. 化学改良剂对土壤水盐分布和作物生长影响

试验共设 8 个处理，两个因素，分别为灌溉水矿化度和施用量，其中灌溉水矿化度设 2 个水平，石膏施用量 4 个水平，详见表 7.15。共布设小区 8 个，2007 年苜蓿播种前将相应量的石膏均匀撒至地表并进行翻土，翻土深度 10cm。供试作物为紫花苜蓿，品种为金皇后。

表 7.15　试验设计

灌溉水矿化度	石膏施用量/(kg/hm²)			
淡水（<2g/L）	0	3150	2100	1050
7g/L	0	3150	2100	1050

7.2.2　微咸水灌溉对土壤水盐分布与油葵生长的影响

7.2.2.1　微咸水造墒对油葵出苗率及出苗时间的影响

表 7.16 显示了不同矿化度微咸水造墒后油葵的出苗率及出苗时间。从表 7.16 中可以看出，对于盆栽处理，两年资料均表现为底墒水矿化度≤5g/L 时油葵出苗率可达到 100%，底墒水矿化度为 6g/L 时油葵未能出全苗，但出苗率与其他处理相比较，只降低 2.5%和 3.3%；对于小区的各个处理，两年资料均表现为淡水处理的出苗率最大，分别为 99.2%和 100%，随底墒水矿化度的增大出苗率逐渐减小，以淡水处理的出苗率作为对比，定义各处理的相对出苗率为其相应的出苗率占淡水处理出苗率的百分比，则底墒水矿化度为 3g/L、4g/L、5g/L 和 6g/L 的处理 2007 年相对出苗率分别为 99.8%、97.5%、94.0%和 82.2%，2008 年相对出苗率分别为 99.4%、97.5%、94.2%和 83.1%，可以看出，矿化度为 3g/L 的底墒水对油葵的出苗率影响较小，底墒水矿化度越大，对出苗率的影响越显著。

表 7.16　不同矿化度微咸水处理油葵出苗率及出苗时间

项目	年份	盆栽					小区				
		淡水	3g/L	4g/L	5g/L	6g/L	淡水	3g/L	4g/L	5g/L	6g/L
出苗率/%	2007	100.0	100.0	100.0	100.0	97.5	99.2	99.0	96.7	93.2	81.5
	2008	100.0	100.0	100.0	100.0	96.7	100.0	99.4	97.5	94.2	83.1
出苗时间/d	2007	5.33	5.35	5.61	6.24	7.55	5.70	5.85	6.31	6.99	8.54
	2008	4.54	4.89	5.12	5.90	6.53	5.46	5.83	6.09	6.95	8.05

图 7.12 显示了 2007 年和 2008 年小区试验相对出苗率与底墒水矿化度之间的关系，式（7.6）和式（7.7）给出了拟合结果及相关系数，拟合结果表明，相对出苗率与底墒水矿化度之间呈线性减小的关系，拟合的相关系数在 0.73 左右。

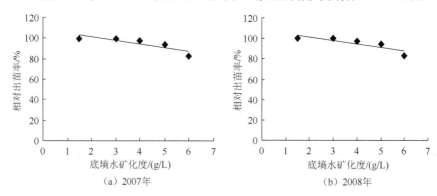

（a）2007年　　　　　　　　　　（b）2008年

图 7.12　相对出苗率与底墒水矿化度之间的关系（小区）

| 2007 年小区： | $\eta = -3.6C_h + 108.8$ | $R^2 = 0.729$ | (7.6) |
| 2008 年小区： | $\eta = -3.4C_h + 108.1$ | $R^2 = 0.735$ | (7.7) |

式中，η 为相对出苗率（%）；C_h 为底墒水矿化度（g/L）。

令 η 等于 100%，那么式（7.6）和式（7.7）中相应的 C_h 值分别为 2.44 和 2.38，即当底墒水矿化度达到 2.4g/L 左右时，油葵的相对出苗率依然可以达到 100%。另外，从表 7.16 中显示，无论是盆栽试验还是小区试验，各处理出苗时间随着底墒水矿化度的增大呈现逐渐增大的趋势，且两年的试验底墒水矿化度相同时，小区试验各处理的出苗时间均大于相应的盆栽试验的出苗时间。图 7.13（a）～（d）分别显示两年盆栽试验及小区试验出苗时间与底墒水矿化度之间的关系。式（7.8）～式（7.11）分别给出了拟合结果及相关系数，拟合结果表明，出苗时间与底墒水矿化度之间呈线性增大的关系，拟合的相关系数均大于 0.75。

2007 年盆栽：	$T = 0.46C_h + 4.20$	$R^2 = 0.758$	(7.8)
2008 年盆栽：	$T = 0.45C_h + 3.66$	$R^2 = 0.924$	(7.9)
2007 年小区：	$T = 0.60C_h + 4.34$	$R^2 = 0.820$	(7.10)
2008 年小区：	$T = 0.56C_h + 4.30$	$R^2 = 0.883$	(7.11)

式中，T 为出苗时间（d）；C_h 为底墒水矿化度（g/L）。

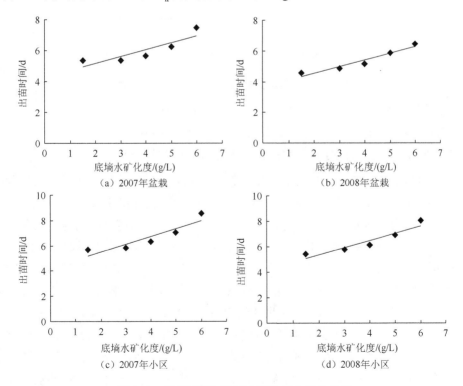

（a）2007年盆栽　　　　　　　　（b）2008年盆栽

（c）2007年小区　　　　　　　　（d）2008年小区

图 7.13　出苗时间与底墒水矿化度之间的关系

在形如 $T=aC+b$ 的拟合结果中，系数 a 表示了底墒水矿化度变化时出苗时间的变化幅度，拟合结果表明，无论是盆栽试验还是小区试验，随着底墒水矿化度的增大，出苗时间都逐渐增大，但底墒水矿化度的变化对小区出苗时间的影响幅度要大于对盆栽出苗时间的影响；另外，盆栽的拟合结果显示，两年的拟合系数比较接近，但小区的拟合系数却有较显著的差异。

当底墒水矿化度相同时，与盆栽相比较，小区各处理的出苗率较低，出苗时间较长。图 7.14 显示两年小区试验出苗时间与盆栽试验出苗时间之间的关系，拟合结果表明，小区出苗时间与盆栽出苗时间之间呈较好的线性增大关系，拟合的相关系数较高，均大于 0.98。

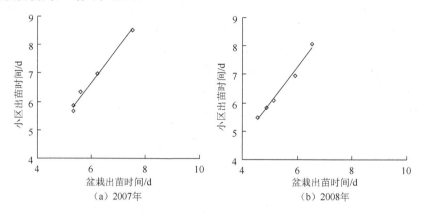

图 7.14　小区出苗时间与盆栽出苗时间的关系

2007 年小区：　　　　　$T_{小区}=1.11T_{盆栽}$　　　　$R^2 = 0.983$　　　　　　（7.12）

2008 年小区：　　　　　$T_{小区}=1.20T_{盆栽}$　　　　$R^2 = 0.984$　　　　　　（7.13）

式中，$T_{小区}$ 为小区出苗时间（d）；$T_{盆栽}$ 为盆栽出苗时间（d）。

在形如 $T_{小区}=aT_{盆栽}$ 的拟合公式中，拟合系数 a 反映了小区出苗时间与盆栽出苗时间的关系，即 $a<1$ 时，表示小区出苗时间比盆栽出苗时间短；$a=1$ 时，表示小区出苗时间与盆栽出苗时间相同；$a>1$ 时，表示小区出苗时间比盆栽出苗时间长。本次试验中小区试验的出苗时间较盆栽出苗时间长，因此拟合系数 a 均大于 1。另外拟合结果显示，2008 年的拟合系数大于 2007 年，为了探明二者差别的原因，进一步对两年度油葵出苗时期内的水面蒸发情况进行分析。图 7.15 给出了灌溉后 1～12 天内的累积水面蒸发量，从图中可以看出，2008 年油葵出苗期间的累积蒸发量大于 2007 年，这进一步说明了蒸发强度对出苗时间的影响。另外，在试验过程中发现，盆栽 6g/L 处理及小区的各处理种子基本全部萌发，但是有些没能长出地面或者刚刚露头就枯萎而死；盆栽的各处理中，随矿化度的升高，油葵幼苗长势呈现由强变弱趋势,播种后 20 天 6g/L 的处理开始有个别死苗的现象。综上所述,利用不同矿化度的微咸水造墒对油葵的出苗有着不同程度的抑制作用,其主要是由于盐分的渗透胁迫和离子的毒害作用,但是前者的作用更大。当底墒水矿化度相同时,与盆栽相比,小区各处理的出苗率较低,出苗时间较长,这主要是盆栽试验是在室内进行的,蒸发强度相对较小,土壤盐分的表聚程度相对较弱,表层土壤含盐量较低,对种子萌发的胁迫相对较小。因此,当采用微咸水作为油葵的底墒水时,适当加大播种量并采取地面覆盖措施以减小土面蒸发有利于提高油葵的出苗率并缩短出苗时间。

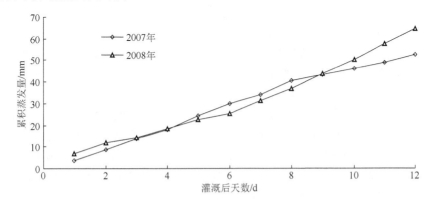

图 7.15　出苗期间试验区累积水面蒸发量

7.2.2.2　微咸水造墒对油葵生长状况的影响

在试验中定期对株高进行观测,每个处理测定 5 株,取其平均值绘制株高随时间变化的过程如图 7.16 所示。图 7.16(a)为 2007 年株高观测结果,各处理株高随时间变化的慢—快—慢的趋势相同;从播种直至现蕾水之前,同一时期,随着底墒水矿化度的增大,株高呈现降低的趋势;灌现蕾水后,各处理均进入生长较快的时期,3g/L 处理株高逐渐超过淡水处理,其余微咸水处理的株高也有追赶淡水处理株高的趋势;播种后 57 天左右时,各处理的株高均已达到最大值,各处理株高分别为 CK 为 105.1cm、淡水为 136.2cm、3g/L 为 141.1cm、4g/L 为 128.2cm、5g/L 为 119.5cm、6g/L 为 111.2cm,与淡水处理相比较,3g/L 处理株高略有增大,4g/L、5g/L 和 6g/L 处理株高分别降低 5.9%、12.3%和 18.4%,CK 降低 22.8%;2007 年的试验结果显示,微咸水造墒对油葵株高的动态变化过程及最大株高均有一定程度的影响,采用矿化度较低的微咸水(3g/L)造墒对油葵的株高具有一定的促进作用,但随着矿化度地增大,油葵株高不同程度地减小,但即使采用 6g/L 的微咸水造墒,油葵株高仍然大于 CK 处理。

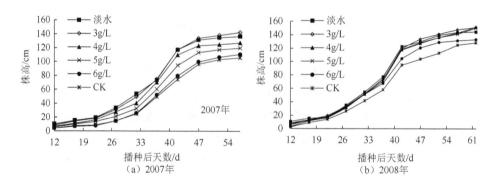

图 7.16 底墒水矿化度对油葵株高变化过程的影响

2008 年底墒水后 13～16 天，试验区出现强降雨天气，4 天的总降雨量大于 90mm，其中日最高降雨量达到 41.0mm，这对底墒水带入土壤的盐分起到了淋洗的作用，使雨后各处理土壤含盐量无显著差异。图 7.16（b）为 2008 年株高观测结果，由图中可以看出：除 CK 和 6g/L 处理外，其余处理之间的株高差异不明显。这主要是降雨对土壤盐分具有淋洗作用，加之油葵苗后期至现蕾期是生长较快的时期，虽然降雨之前各处理的株高值表现出了一定的差异性，但差异性较小，在后期的生长中，这种差异逐渐消失。CK 处理由于缺播前水，油葵出苗较晚，且长势很差，降雨前与各个水分处理的差异很大，即使降雨补充了足够的水分，后期的生长仍然未能弥补前期缺水所造成的损失。至于 6g/L 处理表现出来的差异性，则可能是个别离子的毒害作用造成的。

Overman 于 1984 年提出了基于概率模型的作物生长函数模型[14]，模型的具体形式为

$$Y = \frac{A}{2}\left[1 + \mathrm{erf}\left(\frac{t-\mu}{\sqrt{2}\sigma}\right)\right] \tag{7.14}$$

式中，Y 为生物量（kg/hm²）；A 为最大生物量（kg/hm²）；t 为日历时间，即自 1 月 1 日起的天数（d）；μ、σ 为生物量关于时间的分配参数（d）；erf 为误差函数，$\mathrm{erf}(x) = \frac{2}{\sqrt{\pi}}\int_0^x \exp\left(-u^2\right)\mathrm{d}u$。

上述模型能较好地描述作物生长过程中生物量在时间上的分布。研究中发现，作物的部分生长参数（如株高）随时间的变化规律与生物量随时间的变化规律具有一致性。因此，试图采用上述生长函数模型描述作物株高随时间的变化规律，上述模型变为如下形式

$$H = \frac{H_0}{2}\left[1 + \mathrm{erf}\left(\frac{t-\mu}{\sqrt{2}\sigma}\right)\right] \tag{7.15}$$

式中，H 为株高（cm）；H_0 为最大株高（cm）；t 为播种后时间，即自播种后的天数 d；μ、σ 为株高关于时间的分配参数（d）。

以 2007 年为例，图 7.17 给出了各处理株高实测值与采用 Overman 生长模型模拟结果的对比，模型的拟合参数及拟合的相关系数列于表 7.17 中。结合图 7.17 及表 7.17 可以看出，Overman 生长模型可以较好地模拟淡水及微咸水造墒后油葵株高随时间的变化过程，拟合的相关系数很高，均达到了 0.98 以上。

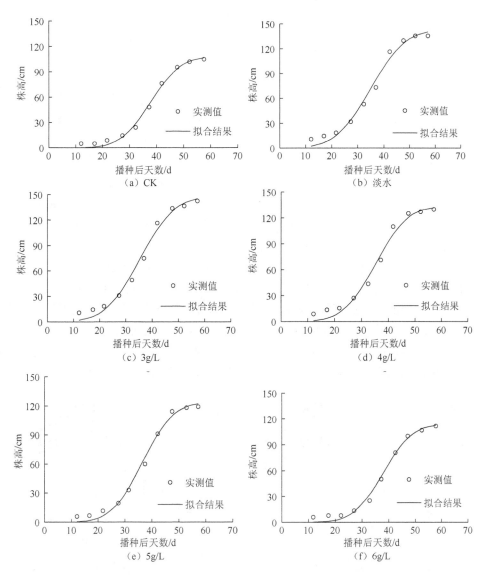

图 7.17　不同微咸水造墒油葵株高随时间的变化实测值与拟合结果对比（2007 年）

表 7.17　微咸水造墒后油葵株高随时间变化拟合结果

底墒水矿化度/(g/L)	2007 年				2008 年			
	H_0/cm	μ/d	σ/d	R^2	H_0/cm	μ/d	σ/d	R^2
CK	107.75	37.78	8.79	0.997	130.36	37.29	11.75	0.994
淡水	142.98	34.88	10.60	0.988	146.87	34.65	10.52	0.990
3	147.79	35.35	10.42	0.990	154.14	35.63	11.04	0.991
4	133.08	35.18	9.42	0.989	154.74	36.13	11.74	0.991
5	123.55	36.53	9.05	0.993	149.15	35.21	10.90	0.992
6	113.76	37.82	8.68	0.997	136.37	35.33	10.94	0.994

　　单位土地面积上的作物群体生长量是作物经济产量的基础。叶片是叶冠的组成部分，是决定作物生物量累积和最终产量的因素之一，衡量一个作物群体大小是否适宜，除要考虑植株总数外，更要考虑单位土地面积上作物群体叶面积的大小，作物群体叶面积的大小通常用叶面积指数表示[15,16]。图 7.18 给出了各处理 LAI 随时间的动态变化情况，从图中可以看出，在油葵营养生长阶段，其所呈现的规律与株高相似；花期开始后油葵由营养生长转向生殖生长，叶片生长速率转为负值，即叶片开始凋落。其中在 2007 年这个时期，3g/L 处理 LAI 始终大于淡水处理，直至整个生育期结束；淡水和 3g/L 处理叶片凋零速度较快，4g/L、5g/L 及 6g/L 处理叶片凋零速度相对较慢，致使生育期结束时部分微咸水处理的 LAI 高于淡水处理，说明在生育后期仍有较大的光合面积，这样有利于干物质的累积，扩大产量物质来源，提高产量，减小空壳率。另外，淡水及各微咸水处理整个生育期内的 LAI 均大于 CK。2008 年，淡水、3g/L 和 4g/L 处理的 LAI 在整个生育期内无显著差异，5g/L 处理的 LAI 在整个生育期内相对于上述三个处理整个生育期内都略小，CK 和 6g/L 处理的 LAI 在整个生育期内均明显小于其他处理。

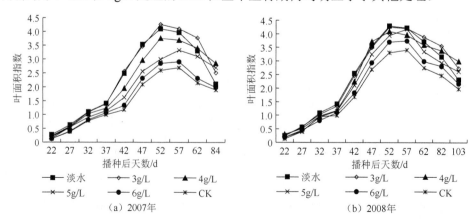

图 7.18　底墒水矿化度对油葵 LAI 动态变化过程的影响

在采用 Overman 生长函数模型拟合 LAI 随时间的变化时发现，该模型对油葵营养生长阶段 LAI 随时间变化的拟合结果较为理想，由于该模型的线型不递减，不能模拟油葵生殖生长阶段 LAI 随时间的延续而递减的趋势。因此对 Overman 生长模型进行改进，改进后的形式为

$$
\begin{cases}
\mathrm{LAI} = \dfrac{\mathrm{LAI}}{2}\left[1 + \mathrm{erf}\left(\dfrac{t-\mu_1}{\sqrt{2}\sigma_1}\right)\right] & \mathrm{LAI} < \mathrm{LAI}_{\max} \\[4mm]
\mathrm{LAI} = \mathrm{LAI} - \dfrac{\mathrm{LAI}_0}{2}\left[1 + \mathrm{erf}\left(\dfrac{t-\mu_2}{\sqrt{2}\sigma_2}\right)\right] & \mathrm{LAI} > \mathrm{LAI}_{\max}
\end{cases}
\tag{7.16}
$$

式中，LAI 为叶面积指数；LAI_0 为最大叶面积指数；$\mathrm{LAI}_{\max}$ 为生育期内叶面积指数的最大值；t 为播种后时间，即自播种后的天数（d）；μ_1、σ_1 为油葵营养生长阶段叶面积指数关于时间的分配参数（d）；μ_2、σ_2 为油葵生殖生长阶段叶面积指数关于时间的分配参数（d）；erf 为误差函数。

以 2007 年为例，图 7.19 给出了各处理 LAI 实测值与采用改进的 Overman 生长模型模拟结果的对比，模型的拟合参数及拟合的相关系数列于表 7.18 中。结合图 7.19 及表 7.18 可以看出，改进后的 Overman 生长函数模型可以较好的模拟淡水及微咸水造墒后油葵 LAI 随时间的变化过程，油葵营养生长阶段拟合的相关系数很高，均达到了 0.95 以上，生殖生长阶段拟合相关系数略低，但最小也达到 0.85 以上。

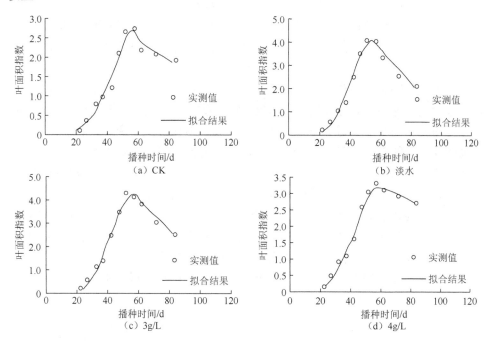

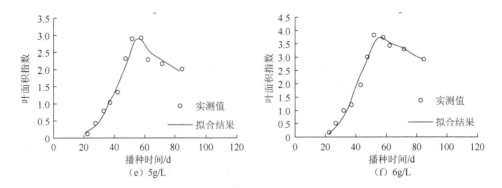

图 7.19　不同微咸水造墒油葵 LAI 随时间的变化实测值与拟合结果对比（2007 年）

表 7.18　微咸水造墒后油葵 LAI 随时间变化拟合结果

底墒水矿化度 /(g/L)	2007 年							2008 年						
	LAI	μ_1 /d	σ_1 /d	R^2	μ_2 /d	σ_2 /d	R^2	LAI	μ_1 /d	σ_1 /d	R^2	μ_2 /d	σ_2 /d	R^2
CK	3.35	43.96	13.16	0.98	90.20	51.16	0.86	3.21	39.81	8.72	0.95	119.32	84.37	0.99
淡水	4.38	39.93	9.86	0.99	80.44	22.19	0.92	4.60	40.57	9.78	0.99	115.27	81.51	0.87
3	4.57	40.45	10.30	0.99	85.36	24.41	0.97	4.58	40.97	9.31	0.98	111.55	78.88	0.90
4	4.32	42.06	11.43	0.98	104.21	46.77	0.96	4.34	40.15	8.93	0.97	182.26	128.87	0.86
5	3.39	40.63	10.94	0.98	110.67	32.88	0.93	4.80	43.05	11.07	0.99	113.72	80.41	0.99
6	3.53	43.33	12.69	0.98	89.09	46.98	0.86	4.29	42.89	10.62	0.99	106.44	75.26	0.92

通过对试验小区油葵根系分布特征的分析发现，油葵根系埋深较浅，地表 40cm 以下根系分布较少，因此在研究过程中认为 0～40cm 土层为油葵的主根层。本书中涉及的油葵地下部分生物量以及油葵生长及分布根系特征的研究都只限于其主根层部分。

根冠生长动态是由作物本身的遗传特性决定的，土壤水盐状况不能改变其生长轨迹和整体形态，却可以改变生物量在根、冠之间的分配。表 7.19 给出了 2007 年各处理在不同时期的冠部干重、根干重以及根冠比，从表中可以看出，随时间的延续各处理的根、冠干重都逐渐增大，而根冠比呈现逐渐减小的趋势。8 月 26 日及以前，冠部干重随着矿化度的增大而减小，9 月 5 日及以后，3g/L 处理的冠部干重超过淡水处理，其余处理均低于淡水且随矿化度的增大而减小；3g/L 处理的根干重始终大于淡水处理，其余处理均低于淡水且随矿化度的增大而减小；同一时间内，随底墒水矿化度的增大，根冠比呈现逐渐增大的趋势。由于 2008 年苗期的降雨量较大，在各水分处理中除 6g/L 处理外，其余处理的生物量之间没有显著差异，6g/L 处理冠部干重、根干重较其他处理均略有降低，根冠比相对较大，但与 2007 年相比，其变幅较小。

表 7.19　底墒水矿化度对油葵生物量的影响（2007 年）

底墒水矿化度/(g/L)	8 月 16 日			8 月 26 日			9 月 5 日			9 月 15 日		
	冠部干重/g	根干重/g	根冠比	冠部干重/g	根干重/g	根冠比	冠部干重/g	根干重/g	根冠比	冠部干重/g	根干重/g	根冠比
淡水	5.62	0.92	0.164	50.40	3.89	0.077	177.89	13.46	0.076	238.27	17.84	0.075
3	5.54	0.96	0.172	47.21	4.03	0.085	180.96	14.19	0.078	255.09	19.60	0.077
4	4.60	0.90	0.196	42.67	3.90	0.091	161.84	12.79	0.079	217.76	17.22	0.079
5	3.90	0.84	0.215	34.30	3.37	0.098	135.60	11.15	0.082	197.46	15.71	0.080
6	3.08	0.78	0.254	26.62	2.78	0.105	113.53	9.49	0.084	173.40	14.23	0.082

　　与淡水处理相比较，微咸水处理带入土壤一定量的盐分，使土壤溶液浓度增大，产生盐分胁迫，从而使植株根系吸水受阻，作物借助本身的自调节功能，向根部提供更多的光合产物，促进根系生长，弥补其受阻的吸水功能，同时根系吸水与冠部蒸腾之间的平衡被打破，使根冠比增大；由于现蕾水全部处理均采用淡水灌溉，现蕾水后，盐分胁迫解除或者被降低，此时植株会进行自身调节，在最大范围内补偿苗期所受到的抑制。油葵苗期是根系培育的阶段，根系的生长发育状况对今后植株的生长发育乃至产量影响都相对较大，其吸收功能对于作物的生长具有重要的意义。3g/L 处理由于苗期的轻微盐分胁迫对油葵冠部影响较小，却促使其根系发育较好。根系是作物的主要吸水器官，绝大部分的水分和矿物质营养需要根系提供，因此与淡水处理相比较，现蕾水后其根系吸收能力较强，利用 3g/L 的微咸水造墒对油葵的生长非但不会造成抑制，反而还有一定的促进作用，使其株高、叶面积指数、根冠比等参数均大于淡水处理。当底墒水矿化度大于 3g/L 时，矿化度越大，对油葵的抑制作用越显著，这主要是植株自适应调节具有其作用限度，胁迫程度小、胁迫时间短，植株受到的抑制越小，因此自适应调节效果越明显，反之则效果越差。随着底墒水矿化度的增大，苗期胁迫程度加大，胁迫时间变长，由此产生的对植株的抑制作用增强，以至于现蕾水后，虽然胁迫程度被解除或降低，但依然不能被完全弥补。当油葵底墒水矿化度大于 3g/L 时，若苗期无降雨或降雨量较小，不足以对表层土壤盐分起到淋洗的作用，建议将现蕾水时间提前或者在苗后期及时补充灌水以尽量缩短苗期的胁迫时间，这样将会有利于提高油葵各项生长参数和产量。

7.2.2.3　微咸水造墒对油葵产量构成因素及产量的影响

　　微咸水造墒后油葵经历了不同程度和时间的盐分胁迫，加之微咸水中特殊的离子效应，因而对最终产量形成因素及产量都造成了一定的影响。表 7.20 给出了两年度各处理油葵百粒重、空壳率及产量值。

　　2007 年实收测产结果表明：3g/L 处理百粒重超过淡水处理，空壳率降低

19.7%，增产 8.1%；4g/L、5g/L、6g/L 处理的产量较淡水处理分别下降了 7.0%、14.8%、23.9%，即底墒水矿化度越大，其减产程度越大，且随着底墒水矿化度的增大，其减产的幅度逐渐增大。2008 年实收测产结果表明：淡水处理百粒重及产量最大，空壳率最小，随着底墒水矿化度的增大，百粒重、产量均呈现逐渐减小的趋势，空壳率呈现逐渐增大趋势，显著性分析结果表明，与淡水处理相比较，5g/L 及 6g/L 处理减产达到了显著性水平。

表 7.20　底墒水矿化度对油葵产量形成因素及产量的影响

项目	2007 年						2008 年					
	CK	淡水	3 g/L	4 g/L	5 g/L	6 g/L	CK	淡水	3 g/L	4 g/L	5 g/L	6 g/L
百粒重/g	4.16d	5.11ab	5.23a	5.03bc	4.89c	4.76c	4.69d	5.15a	5.10a	5.08ab	4.97bc	4.81cd
空壳率/%	14.03e	5.33b	4.12a	5.21b	5.77c	6.15d	5.95c	5.31a	4.29a	5.33a	5.47ab	5.59b
产量/(kg/hm²)	2132f	3262b	3527a	3035c	2779d	2482e	2974c	3333a	3281a	3256ab	3181b	3063c

注：字母表示在 $p_{0.05}$ 水平的显著性差异，字母相同表示差异不显著，字母不同则差异显著。

Logistic 生产函数模型[17]能较好地模拟作物干物质累积与施氮量之间的关系，其形式为

$$A = \frac{A_0}{1 + \exp(b - cN)} \tag{7.17}$$

式中，A 为生物量（kg/hm²）；A_0 为最大生物量（kg/hm²）；N 为氮施用量（kg/hm²）；b 为生物量截断参数；c 为生物量的 N 响应系数。

将 Logistic 生产函数模型中的干物质量和氮施用量相应地替换为产量和底墒水矿化度，则 Logistic 生产函数模型可以写为如下形式

$$Y = \frac{Y_0}{1 + \exp(b - cQ)} \tag{7.18}$$

式中，Y 为油葵产量（kg/hm²）；Y_0 为油葵最大产量（kg/hm²）；Q 为底墒水矿化度（g/L）；b 为产量参数；c 为产量对底墒水矿化度的响应系数。

采用上述 Logistic 生产函数模型对各水分处理油葵产量与底墒水矿化度之间的关系进行拟合，拟合结果见图 7.20 及式（7.19）、式（7.20），两年拟合的相关系数均大于 0.9，拟合结果与实测值吻合较好，说明 Logistic 生产函数模型可以较好地模拟淡水及微咸水造墒后油葵产量随灌溉水矿化度的关系。

$$Y = \frac{3526.49}{1 + \exp(-4.14 + 0.54Q)} \qquad R^2 = 0.925 \tag{7.19}$$

$$Y = \frac{3351.84}{1 + \exp(-5.66 + 0.55Q)} \qquad R^2 = 0.995 \tag{7.20}$$

式中，Y 为产量（kg/hm²）；Q 为底墒水矿化度（g/L）。

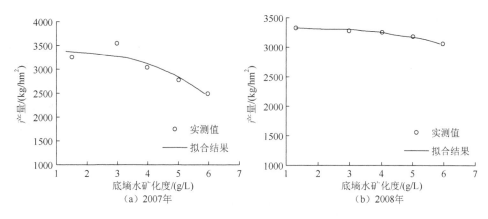

图 7.20　油葵产量与底墒水矿化度之间的关系

2007 年 CK 处理的产量为 2132kg/hm^2，显著低于各水分处理。式（7.19）较好地反映了该年度油葵产量与底墒水矿化度之间的关系，因此将 CK 处理的产量值代入式（7.19），可以简单地预测当底墒水矿化度达到多大时，油葵的产量便与播前缺水处理的产量相当。经计算，当底墒水矿化度为 6.88g/L 时，产量为 2132 kg/hm^2，即：在该年度的气象及土壤条件下，矿化度小于 6.88g/L 的地下水用于造墒补充油葵播前土壤水分，与播前缺水相比较均可以起到增产抗旱的作用。同理，经计算，2008 年当底墒水矿化度为 6.54g/L 时，矿化度小于 6.54g/L 的地下水用于造墒补充油葵播前土壤水分，与播前缺水相比较均可以起到增产抗旱的作用。

另外，研究发现，油葵的产量与其百粒重呈现较好的线性增大关系，图 7.21 给出了二者之间的拟合关系。两年的拟合结果显示，拟合的相关系数均达到了 0.99 以上。说明微咸水造墒影响了油葵的百粒重，从而影响到油葵的产量。

2007 年：　　　　$Y = 2209\,W_{hg} - 803.7$　　　$R^2 = 0.997$　　　　（7.21）

2008 年：　　　　$Y = 770.6\,W_{hg} - 647.0$　　　$R^2 = 0.993$　　　　（7.22）

式中，Y 为产量（kg/hm^2）；W_{hg} 为百粒重（g）。

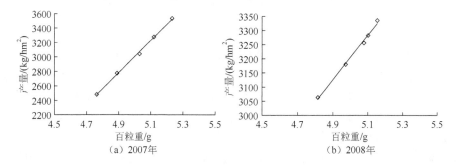

图 7.21　油葵产量与百粒重之间的关系

以上分析了微咸水造墒对油葵生长的影响，为了进一步研究微咸水造墒后究竟是哪个或者哪几个生长参数受到较大程度的影响，从而在影响油葵百粒重的各因素中起主导作用，使油葵产量发生变化，分别对油葵的株高、最大株高、全生育期平均株高、全生育期的平均 LAI、生育期内最大的 LAI 和茎粗等生长参数同其百粒重之间建立关系，结果都不是很理想。最后又对蕾期至生育期结束这段时间油葵的平均 LAI 同百粒重之间进行拟合，结果发现，二者呈明显的线性增大关系，图 7.22 及式（7.23）、式（7.24）给出了百粒重与蕾期之后平均 LAI 之间的拟合关系，从拟合结果可以看出两年的拟合相关系数都很高，分别达到了 0.972 和 0.981。

2007 年： $W_{hg} = 0.597LAI_m + 3.04$ $R^2 = 0.972$ （7.23）

2008 年： $W_{hg} = 0.604LAI_m + 2.95$ $R^2 = 0.981$ （7.24）

式中，W_{hg} 为百粒重（g）；LAI_m 为蕾期之后平均 LAI。

虽然两年的气象条件生长参数及产量差别很大，但式（7.23）和式（7.24）中拟合的系数均在 0.972 左右，截距均在 3.0 左右，说明了蕾期至生育期结束的平均 LAI 对百粒重的影响是比较稳定的，也就是说，底墒水水质、气象、土壤等各项条件对油葵的影响综合体现在这一时期的平均叶面积指数上，从而影响百粒重，最终影响油葵的产量。

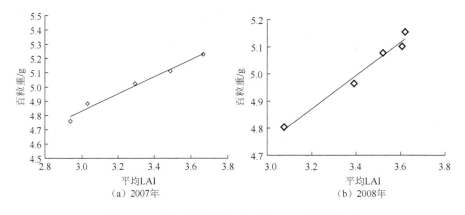

（a）2007年 （b）2008年

图 7.22 百粒重与蕾期之后平均 LAI 之间的关系

7.2.2.4 土壤水盐状况分析

2007 年和 2008 年各水分处理底墒水灌水定额均为 450m³/hm²，蕾期水灌水定额均为 600m³/hm²，2008 年花期水灌水定额为 600m³/hm²，由于各水分处理每次灌水的灌溉水量相同，各水分处理之间的差别在于底墒水的矿化度不同，但油葵生育前期地表覆盖度较低，土面蒸发在腾发量中占的比例较大，微咸水灌溉一定程度上影响作物的蒸腾量，但对土面的蒸发影响很小，因此各水分处理土壤含水均无显著差别。CK 处理在灌水量方面与各水分处理有差别，因此 CK 处理的土壤含水量与其他处理在生育前期有很大差别。图 7.23 和图 7.24 分别显示了 2007 年和 2008 年水分处理（以淡水处理为例）和 CK 处理不同土层的土壤含水量在整个生育期内的变化过程。

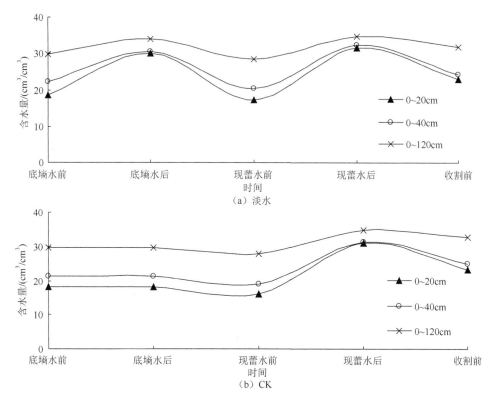

图 7.23　土壤含水量动态变化过程（2007 年）

　　与淡水灌溉相比较，微咸水灌溉最大的差别就是带入土壤中一定的盐分，因此土壤含盐量成了微咸水灌溉研究中重要的观测指标。图 7.25 和图 7.26 分别给出了 2007 年和 2008 年微咸水造墒后各个处理不同土层（表层：0～20cm，主根层：0～40cm 以及本次研究的土层范围，即 0～120cm 土层）的土壤含盐量在油葵全生育期内变化情况。由图 7.25 可以看出：现蕾水之前，0～20cm 土层平均土壤含盐量呈逐渐增大的趋势，且随着灌溉水矿化度的增大，这种增加的趋势越显著；现蕾水后逐渐减小。土壤盐分在土体中的运移与土壤蒸发、灌溉和降雨密切相关。在油葵生长前期，土壤水分变化以蒸发为主，土壤盐分有表聚趋势，因此在现蕾水前，无论是淡水还是微咸水处理，表层土壤含盐量均有不同程度的增加；现蕾水后各处理叶面积指数均大于 1，地面覆盖程度较高，土面蒸发量减小，由于现蕾水均为淡水，加之后期降雨，表层盐分被淋洗而逐渐向下层土壤运移。在现蕾水后，0～40cm 土层的土壤含盐量逐渐高于 0～20cm 土层，0～120cm 土层的又高于 0～40cm 土层。由于 2008 年油葵苗期出现较大的降雨，对土壤盐分起到了一定程度的淋洗作用，使雨后各个处理各层土壤的含盐量达到了播前的含盐量水平，除此之外，现蕾水后各个处理相同层次的土壤含量的变化趋势基本一致。

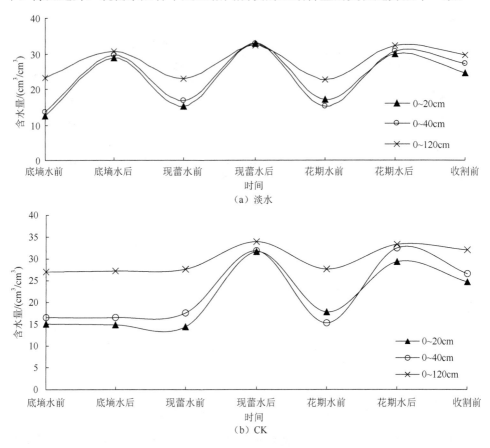

图 7.24　土壤含水量动态变化过程（2008 年）

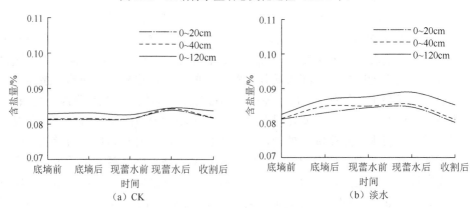

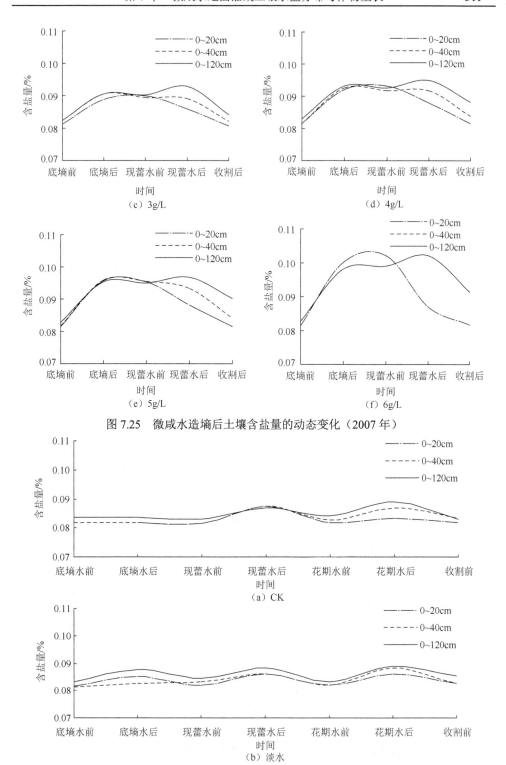

图 7.25　微咸水造墒后土壤含盐量的动态变化（2007 年）

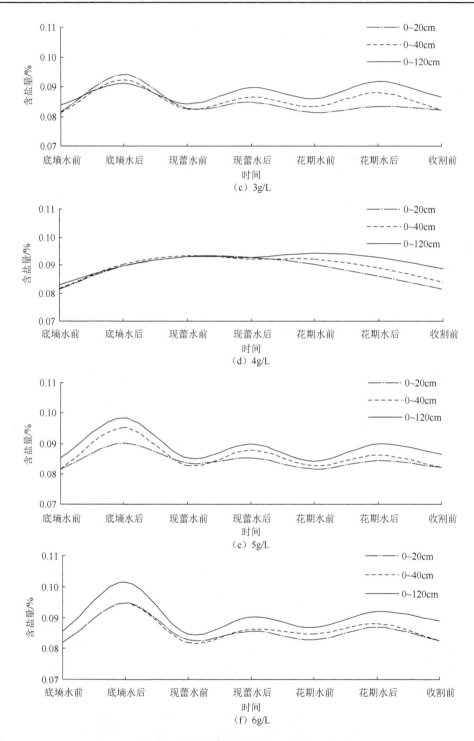

图 7.26　微咸水造墒后土壤含盐量的动态变化（2008 年）

图 7.27 显示了 2007 年和 2008 年生育期结束后各处理不同土层土壤的积盐情况。以 2007 年为例说明各个处理整个生育期结束后的积盐状态：各处理 0～20cm 土层土壤平均含盐量均达到底墒水前的初始值附近，经过方差分析可知，各处理均无显著的脱盐与积盐现象。底墒水后，20～40cm 土层的土壤平均含盐量由于盐分的表聚作用而呈现降低的趋势，然而现蕾水后，表层盐分被淋洗，导致该层土壤平均含盐量再次升高；由于降雨的淋洗作用，在油葵生育后期，20～40cm 土层土壤平均含盐量一直处于降低的趋势，但生育期结束后该层土壤依然处于积盐状态，且随着矿化度的增大，其积盐程度逐渐增大；显著分析显示除 CK 和淡水处理以外，其余均显著增加。40～120cm 土层土壤平均含盐量生育期结束后各处理该层土壤均处于积盐状态，其积盐量均大于 20～40cm 土层；随着矿化度的增大，其积盐量显著增大；显著分析显示除 CK 处理以外，其余处理均显著增加。这主要是由于无论是淡水还是微咸水灌溉，都会带入土壤或多或少的盐分，从而提高土壤的含盐量。

图 7.27（b）显示了 2008 年油葵生育期结束后各处理不同土层土壤积盐情况。由图中可以看出，整个生育期结束后，各处理 0～20cm 土层土壤平均含盐量均达到底墒水前的初始值附近，经过显著性可知，各处理均无显著的脱盐与积盐现象；部分处理 20～40cm 土壤含盐量略有增加，但增加不显著，这和 2007 年的结果有些差异，经分析认为这主要是由于 2008 年油葵苗期强降雨的淋洗作用以及加灌花期水所致；对于 40～120cm 土层，除 CK 外，生育期结束后各处理该层土壤均处于积盐状态，且平均含盐量显著增加。

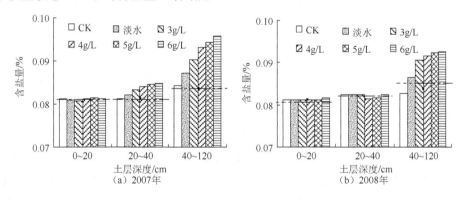

图 7.27　生育期结束后各层土壤积盐情况

7.2.2.5　蕾期水矿化度对油葵生长及土壤水盐分布特征的影响

1. 蕾期水矿化度对油葵生长状况的影响

表 7.21 给出了油葵收获前各处理的株高和茎粗情况。从表 7.21 中可以看出，两年的试验均表现为 3g/L 处理油葵株高及茎粗值最大，CK 处理最小。以 2007

年的株高值为例说明统计分析的结果,淡水、3g/L 及 4g/L 处理油葵株高值差异不显著;5g/L 处理较 3g/L 处理及 4g/L 处理显著减小,但与淡水处理之间的差异性不显著;6g/L 处理及 CK 与前几个处理之间均达到了显著性差异,且二者之间的差异性显著。茎粗值及 2008 年的株高值与 2007 年株高值表现出来的规律相似。

表 7.21　蕾期灌溉水矿化度对油葵株高及茎粗的影响

植株性状	2007 年						2008 年					
	CK	淡水	3g/L	4g/L	5g/L	6g/L	CK	淡水	3g/L	4g/L	5g/L	6g/L
株高/cm	111.2d	136.2ab	141.1a	138.2a	129.5b	121.2c	113.0d	144.5ab	145.1a	143.2ab	137.5b	128.1c
茎粗/cm	1.89d	2.33a	2.36a	2.33a	2.15b	2.02c	1.91d	2.58a	2.62a	2.51ab	2.43bc	2.31c

注:字母表示在 $p_{0.05}$ 水平的显著性差异,字母相同表示差异不显著,字母不同则差异显著。表 7.22 同。

2. 蕾期水矿化度对油葵产量构成因素及产量的影响

表 7.22 列出了采用不同矿化度的微咸水灌溉后油葵产量构成因素及产量。从产量构成因素来分析,不同矿化度微咸水灌溉对盘粒数、百粒重以及空壳率均有一定程度的影响。产量是评价各种因子对作物胁迫作用最重要的指标,两年的实收测产结果表明:3g/L 处理盘粒数、百粒重均超过淡水处理,空壳率也不同程度的降低;2007 年 4g/L、5g/L、6g/L 及 CK 处理的产量较淡水处理则分别下降了0.21%、2.79%、8.37%和27.59%,2008 年 4g/L、5g/L、6g/L 及 CK 处理的产量较淡水处理则分别下降了 0.54%、2.70%、7.02%和27.66%,即蕾期水矿化度越大,其减产程度越大,且随着灌溉水矿化度的增大,其减产的幅度逐渐增大,蕾期缺水处理的减产量均大于各微咸水处理。

表 7.22　蕾期水矿化度对油葵产量构成因素及产量的影响

项目	2007 年						2008 年					
	CK	淡水	3g/L	4g/L	5g/L	6g/L	CK	淡水	3g/L	4g/L	5g/L	6g/L
盘粒数/粒	911c	1142a	1156a	1141a	1111ab	1077b	921c	1157a	1169a	1143a	1122ab	1084b
百粒重/g	4.62c	5.12a	5.13a	5.11a	5.08ab	4.86b	4.71b	5.15a	5.16a	5.13a	5.09a	4.91ab
空壳率/%	7.31d	5.33a	5.17a	5.34a	5.89b	6.37c	7.25c	5.31a	5.12a	5.24a	5.76b	5.99b
产量/(kg/hm²)	2325c	3262a	3327a	3255ab	3171ab	2989b	2411c	3333a	3379a	3315a	3243ab	3099b

显著性分析显示,6g/L 处理及 CK 处理较其他各处理产量差异达到了显著性水平,且二者之间的差异显著。因此在油葵蕾期采用矿化度为 5g/L 以下的微咸水进行灌溉时,均不会使油葵产量显著降低。在淡水资源不足或有限的情况下,6g/L 也可以考虑用于在油葵蕾期补充灌溉,虽然会造成一定程度的减产,但与蕾期缺水的情况相比较,在不显著增大土壤含盐量的情况下仍然可以较大程度提高产量。因此建议油葵蕾期水矿化度大于 5g/L 时,若蕾期无降雨或降雨量较小不足以对油葵主根层土壤盐分起到淋洗的作用时,将花期灌水时间提前以尽量缩短蕾期的盐

分胁迫时间，这样将会有利于提高油葵各项生长参数和产量。

采用 Logistic 生产函数模型对各水分处理油葵产量与蕾期水矿化度之间的关系进行拟合，拟合结果见图 7.28 及式（7.25）、式（7.26），两年拟合的相关系数均大于 0.95，拟合结果与实测值吻合较好，说明 Logistic 生产函数模型可以较好地模拟蕾期采用淡水及微咸水灌溉后油葵产量随灌溉水矿化度的关系。

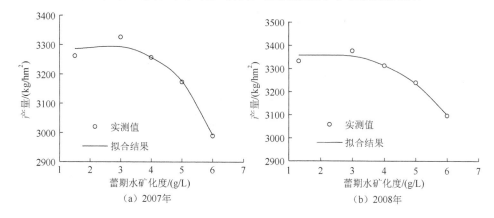

图 7.28　油葵产量与蕾期水矿化度之间的关系

$$Y = \frac{3297.98}{1 + \exp(-8.60 + 1.02Q)} \qquad R^2 = 0.954 \qquad (7.25)$$

$$Y = \frac{3360.54}{1 + \exp(-8.17 + 0.97Q)} \qquad R^2 = 0.960 \qquad (7.26)$$

式中，Y 为产量（kg/hm²）；Q 为蕾期水矿化度（g/L）。

2007 年 CK 处理的产量为 2325kg/hm²，显著低于各水分处理。式（7.25）较好地反映了该年度油葵产量与蕾期水矿化度之间的关系，因此将 CK 处理的产量值代入式（7.25），可以简单地预测当蕾期水矿化度达到多大时，油葵的产量便与蕾期缺水处理的产量相当。经计算，当蕾期水矿化度为 7.58g/L 时，产量为 2325kg/hm²，即：在该年度的气象及土壤条件下，矿化度小于 7.58g/L 的地下水用于油葵蕾期补充土壤水分，与蕾期缺水相比较均可以起到增产抗旱的作用。同样，由式（7.26）计算得到，在 2008 年，矿化度小于 7.46g/L 的地下水用于油葵蕾期补充土壤水分，与蕾期缺水相比较均可以起到增产抗旱的作用。

3. 土壤水盐状况分析

图 7.29 给出了 2007 年和 2008 年两个年度各处理油葵主根层土壤含水量在蕾期水后的变化情况。从图中可以看出，除 CK 外，蕾期灌水后两天其他各处理土壤含水量无显著差别，随着土面蒸发及植株蒸腾作用的进行，油葵主根层土壤含水量逐渐减小。在这个过程中，各处理之间土壤含水量的差异性逐渐显现出来，

灌溉后 17 天，土壤含水量表现出随灌溉水矿化度的增大而逐渐增大的趋势。这主要是由于微咸水在增加土壤含水量同时也带入土壤一定量的盐分，灌溉结束后，随着蒸腾、蒸发的进行，土壤水量不断降低，当土壤含水量降低到某一值，灌溉水矿化度较高的处理土水势减小到一定程度开始抑制油葵根系吸水，致使植株蒸腾量减小时，矿化度较低的处理土水势依然很高，不影响油葵根系吸水，这样高矿化度处理的总腾发量开始小于低矿化度以及淡水的处理，并且随着蒸腾蒸发的继续进行与土壤含水量的不断降低，这种抑制作用越来越明显，直到降雨或下次灌水之前该抑制作用才会得到缓解。因为在外界蒸发条件基本相同的情况下，植株蒸腾量的降低导致油葵总腾发量减小，所以对于高矿化度的处理，油葵总腾发量相对较小，其主根层的土壤含水量相对较高。

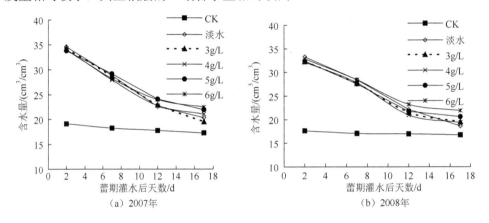

图 7.29　蕾期水后油葵主根层土壤含水量变化情况

2007 年和 2008 年各水分处理底墒水灌水定额均为 450m³/hm²，蕾期水灌水定额均为 600m³/hm²，2008 年花期水灌水定额为 600m³/hm²，各水分处理每次灌水的灌溉水量相同，各水分处理之间的差别就是蕾期水的矿化度不同，除了主根层土壤含水量在蕾期水之后表现出一定的差异性外，其余各层土壤含水量在整个生育期内均无显著差别。由于 CK 处理在灌水量方面与各水分处理有差别，CK 处理的土壤含水量与其他处理在蕾期水之后有很大差别。

将生育期结束后各处理油葵主根层土壤含水量列于表 7.23 中。从表中可以看出，生育期结束后，各处理的土壤含水量无显著差异。

表 7.23　生育期结束后各处理油葵主根层土壤含水量

时间	土壤含水量/%					
	CK	淡水	3g/L	4 g/L	5 g/L	6 g/L
2007 年	23.9	24.2	23.9	24.5	23.8	24.3
2008 年	26.7	27.0	26.5	26.4	26.7	26.3

图 7.30 给出了各处理主根层土壤含盐量在油葵整个生育期的变化情况。从图中可以看出，蕾期水后，随着灌溉水矿化度的增大，油葵主根层土壤含盐量呈现逐渐增大的趋势；收割后较播种前部分处理土壤含盐量略有增大，但显著性分析表明，各处理均无明显的积盐或脱盐现象，土壤含盐量在初始值上下波动。这主要是由于后期的降雨或灌溉补充土壤含水量的同时淋洗了土壤中的盐分。图 7.30 各处理土壤含盐量的变化趋势正是对表 7.23 中现象最好的解释。

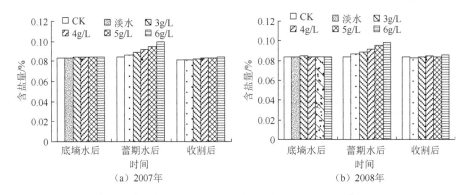

图 7.30　油葵主根层含盐量的在生育期内的变化情况

2007 年和 2008 年的试验均表现为：生育期结束后，各处理 0～120cm 土层土壤含盐量均接近于油葵底墒水前的土壤含盐量，无显著的积盐或脱盐现象。另外，研究发现 0～20cm 及 0～120cm 土壤含盐量在生育期内的变化规律与主根层的含盐量变化趋势基本一致。

7.2.2.6　花期水矿化度对油葵生长及土壤水盐分布特征的影响

1. 花期水矿化度对油葵生长及产量的影响

表 7.24 给出了油葵收获前各处理的株高和茎粗值。从表中可以看出淡水处理油葵株高及茎粗值最大，CK 处理最小。随着花期水矿化度的增大，油葵的株高及茎粗呈现逐渐减小的趋势，但是显著性分析结果表明，各个水分处理油葵株高值之间、茎粗值之间的差异均不显著，但对于 CK 处理，茎粗值显著低于各水分处理。

表 7.24　花期灌溉水矿化度对油葵株高及茎粗的影响　　　　（单位：cm）

植株性状	CK	淡水	3g/L	4g/L	5g/L	6g/L
株高	141.4	144.5	143.5	143.1	143.1	142.4
茎粗	2.36b	2.58a	2.57a	2.55a	2.56a	2.50a

注：字母表示在 $p_{0.05}$ 水平的显著性差异，字母相同表示差异不显著，字母不同则差异显著。表 7.25 同。

表 7.25 给出了油葵花期采用不同矿化度的微咸水灌溉后油葵的产量构成因素及产量。从表中可以看出，盘粒数、百粒重及产量均表现为淡水处理最高，随着

花期灌溉水矿化度的增大，二者均呈减小的趋势，但各个水分处理之间的差异并不显著，CK 处理的盘粒数和百粒重显著减小；空壳率表现为淡水处理最低，随着花期灌溉水矿化度的增大，空壳率呈现逐渐增大的趋势，除 6g/L 处理外，其余各水分处理之间差异不显著，CK 处理较各水分处理显著增大；另外，随着花期水矿化度的增大，油葵产量呈现逐渐减小的趋势，统计分析结果显示：3g/L、4g/L 和 5g/L 处理产量较淡水处理无显著变化，6g/L 处理的产量较其他水分处理显著降低，但依然显著大于 CK 处理。即当灌溉水矿化度大于 3g/L 时，油葵不同程度地减产，花期水矿化度越大，其减产程度越大，花期缺水处理的减产量均大于各微咸水处理。

表 7.25　花期灌溉水矿化度对油葵产量构成因素及产量的影响

产量指标	CK	淡水	3g/L	4g/L	5g/L	6g/L
盘粒数/粒	957b	1157a	1149a	1151a	1145a	1143a
百粒重/g	4.02b	5.15a	5.12a	5.09a	5.11a	5.01a
空壳率/%	21.75c	5.31a	5.31a	5.35a	5.45a	6.41b
产量/(kg/hm²)	2175c	3333a	3301a	3315a	3295a	3087b

采用 Logistic 生产函数模型对各水分处理油葵产量与花期水矿化度之间的关系进行拟合，拟合结果见图 7.31 及式（7.27），拟合的相关系数达到 0.987，拟合结果与实测值吻合较好，说明 Logistic 生产函数模型可以较好地模拟花期采用淡水及微咸水灌溉后油葵产量随灌溉水矿化度的关系。

$$Y = \frac{3317.23}{1 + \exp(-16.90 + 2.38Q)} \qquad R^2 = 0.987 \qquad (7.27)$$

式中，Y 为产量（kg/hm²）；Q 为花期水矿化度（g/L）。

CK 处理的产量为 2172kg/hm²，显著低于各水分处理。式（7.27）较好地反映了该年度油葵产量与花期水矿化度之间关系，因此将 CK 处理的产量值代入式（7.27），可以简单地预测当花期水矿化度达到多大时，油葵的产量便与花期缺水处理的产量相当。经计算，当花期水矿化度为 6.83g/L 时，产量为 2172 kg/hm²，即：在该年度的气象及土壤条件下，矿化度小于 6.83g/L 的地下水用于油葵花期补充土壤水分，与花期缺水相比较均可以起到增产抗旱的作用。

在进一步对其产量形成因素与产量之间的关系的分析中发现，花期水矿化度对油葵空壳率的影响和对其产量的影响规律相似，因此对二者进行线性拟合，拟合结果见图 7.32 和式（7.28）。

$$Y = -211.6r + 443.7 \qquad R^2 = 0.986 \qquad (7.28)$$

式中，Y 为产量（kg/hm²）；r 为空壳率（%）。

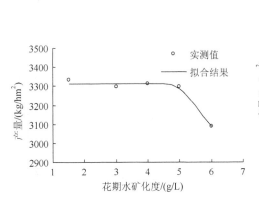

图 7.31 油葵产量与花期 水矿化度之间的关系

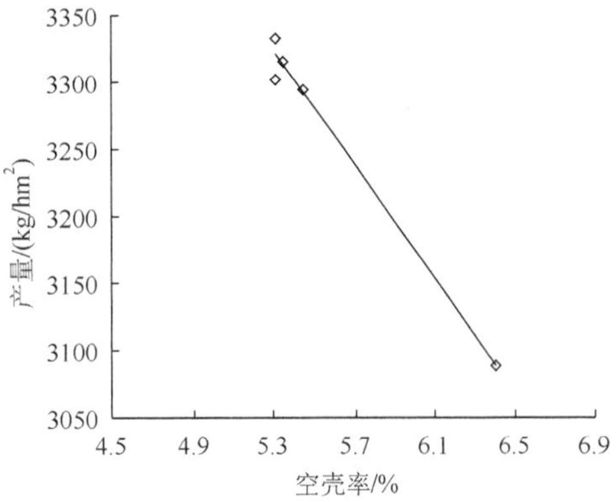

图 7.32 花期采用不同矿化度的微咸水 灌溉后油葵产量与空壳率的关系

由拟合结果可以看出，油葵的产量与空壳率呈较好的线性递减关系，拟合的相关系数很高，达到了 0.986。这说明花期采用不同矿化度的微咸水灌溉后，灌溉水质影响了油葵的空壳率，从而进一步影响其产量，使其不同程度地降低。

2. 土壤水盐状况分析

图 7.33 给出了各处理油葵主根层土壤含水量在花期水后的变化情况。从图中可以看出，除 CK 外，花期灌水后两天其他各处理土壤含水量无显著差别，随着土面蒸发及植株蒸腾作用的进行，油葵主根层土壤含水量逐渐减小。在这个过程中，各处理之间土壤含水量的差异性逐渐显现出来，灌溉后 17 天，土壤含水量表现为随灌溉水矿化度的增大而逐渐增大的趋势。上述变化趋势与蕾期水后油葵主根层含水量的变化趋势基本一致。导致上述现象的原因已在前面进行阐述，在此不再赘述。另外，研究中发现，除了主根层土壤含水量在花期水之后表现出一定的差异性外，其余各层土壤含水量在整个生育期内均无显著差别。CK 处理在灌水量方面与各水分处理有差别，因此 CK 处理的土壤含水量与其他处理在花期水之后有很大差别。生育期结束后，各处理油葵主根层土壤含水量列于表 7.26 中。从表中可以看出，生育期结束后，各处理的土壤含水量无显著差异。

表 7.26 生育期结束后各处理土壤含水量 （单位：%）

土层/cm	CK	淡水	3g/L	4 g/L	5 g/L	6 g/L
0～40	26.24	27.00	26.66	26.31	25.87	26.94
0～120	31.28	32.09	31.79	31.32	30.94	31.84

图 7.34 给出了油葵生育期结束后各处理不同土层土壤积盐情况。由图中可以看出，整个生育期结束后，0～20cm 和 20～40cm 土层土壤平均含盐量均达到底墒水前的初始值附近，显著性分析表明，各处理该层土壤积盐均不显著；而对于 40～120cm 土层，生育期结束后，除 CK 处理外，其余处理均不同程度的积盐。

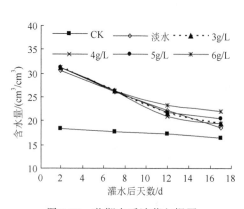

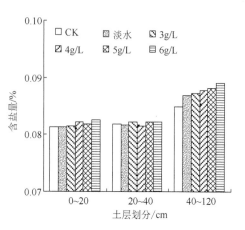

图 7.33　花期水后油葵主根层　　　　图 7.34　生育期结束后各土层土壤积盐情况
土壤含水量变化情况

油葵不但耐盐碱能力较强,同时在其生长过程中也能从土壤中吸收带走部分盐分,是生物治理盐碱地的首选作物之一。有资料表明[17]:每亩油葵理论上可以从田间带走盐分 285.8kg。另外,由于油葵叶片繁茂宽大,能很好地遮蔽直射到地面的光强度,从而减少地面水分蒸发,有效地抑制表层土壤的盐分累积。

对于花期实施不同微咸水灌溉后,油葵主根层(0~40cm)在生育期结束后均无显著的积盐现象,由于花期后直至生育期结束,各处理均没有再实施灌溉,且后期的降雨量较小,对土壤盐分的淋洗程度较小,可以解释为油葵吸收带走了土壤中的部分盐分。40~120cm 土层有不同程度的积盐则是由于在该土层中油葵根系分布较少,土壤中的盐分吸收较少所致。

7.2.3　调控方法对土壤水盐分布和作物生长的影响

7.2.3.1　轮作对土壤水盐分布及作物生长的影响

表 7.27 为不同年限不同轮作条件下的产量。由于 2007~2008 年冬小麦生育阶段轮作处理与连作处理的土壤及灌溉水条件相当,因此该年度两处理下冬小麦的产量亦相当;2008~2009 年连作处理冬小麦产量较轮作显著降低,减产量达到 10.9%。与冬小麦连作方式相比较,冬小麦-油葵轮作的种植方式不但使冬小麦产量显著提高,单位面积年产值更是显著增加。

表 7.27　轮作与连作条件下冬小麦产量　　　　　　　（单位:kg/hm²）

年份	轮作	连作
2007~2008	6130a	6198a
2008~2009	6009a	5357b

注:字母表示在 $p_{0.05}$ 水平的显著性差异,字母相同表示差异不显著,字母不同则差异显著。

图 7.35 显示了轮作与连作条件下 0～40cm 及 0～120cn 土层土壤含盐量在整个研究期内的变化。由图 7.35（a）可以看出，冬小麦连作条件下，0～40cm 土层土壤含盐量随着时间的推移逐渐增大，2009 年秋，整个研究期结束时，土壤含盐量由初始的 0.0839%增至 0.0994%，积盐量达到 18.5%。冬小麦-油葵轮作条件下，0～40cm 土层土壤含盐量随着时间的推移呈波浪形变化，即在冬小麦生育期增大，在油葵生育期降低，整个研究期结束时，土壤含盐量与初始值基本一致，达到了盐分平衡。这主要是由于与冬小麦相比较，油葵的耐盐性较高，采用 3g/L 的微咸水非但不影响其生长，还能在生长过程中带走土壤中的盐分；而冬小麦连作处理，在夏闲期由于气温较高，蒸发强度较大，导致土壤盐分表聚。

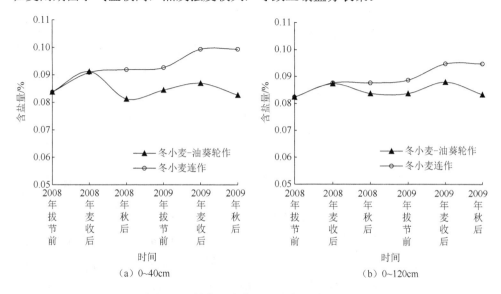

图 7.35　轮作与连作对土壤含盐量的影响

7.2.3.2　地面覆盖措施对土壤水盐分布和作物生长影响

1. 地面覆盖措施对土壤水分分布特征的影响

图 7.36 给出了灌溉后无覆盖、秸秆覆盖和地膜覆盖三种处理下 0～120cm 土体含水量随时间的变化过程。由图可以看出，灌溉结束后，三种处理土壤含水量无显著差异，随着时间的延续，不同地面覆盖处理土壤含水量之间的差异开始显现并逐渐明显；不同覆盖措施对土壤含水量的影响主要体现在 0～40cm 土层土壤，对深层土壤含水量无显著影响；灌溉后 15 天，无覆盖处理 0～40cm 土壤平均含水量为 18.16cm³/cm³，秸秆覆盖为 19.58cm³/cm³，地膜覆盖为 21.37cm³/cm³；另外，灌溉后地膜覆盖处理地表土壤含水量一直处于较高的水平，灌溉后 10 天内一直处于 20%以上，15 天时仍然能达到 18%。这是由于土壤表面的覆盖造成了土壤内部的水循环，改变了土壤含水量的分布和变化特征。在地膜覆盖下，土壤水分

蒸发后在膜下凝结成水滴又返回土壤，使土壤表层含水量在无降水补给时仍维持较高的水准。由于覆盖对土壤含水量的影响主要表现在地表以下 0～40cm（油葵主根层）深度内，在研究不同矿化度微咸水灌溉条件下覆盖对土壤含水量分布影响时，主要针对该土层的土壤含水量进行研究。

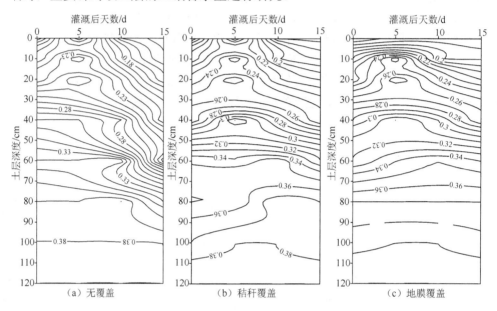

图 7.36　不同覆盖措施条件下灌溉后土壤含水量（cm³/cm³）时空分布图

图 7.37 给出了采用不同矿化度的微咸水灌溉，不同地面覆盖措施条件下油葵主根层土壤含水量在全生育期的变化情况。从图中可以看出：底墒水前后，不同覆盖措施油葵主根层土壤含水量无明显差异；现蕾水前直到收割后，采取地面覆盖措施的处理其油葵主根层土壤含水量均大于无覆盖处理，且地膜覆盖大于秸秆覆盖。这说明无论是采用淡水还是微咸水灌溉，与无覆盖措施相比较，秸秆覆盖及地膜覆盖均能有效地减少棵间蒸发，起到蓄水保墒的作用。

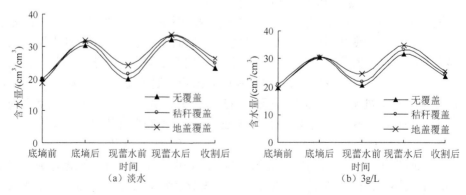

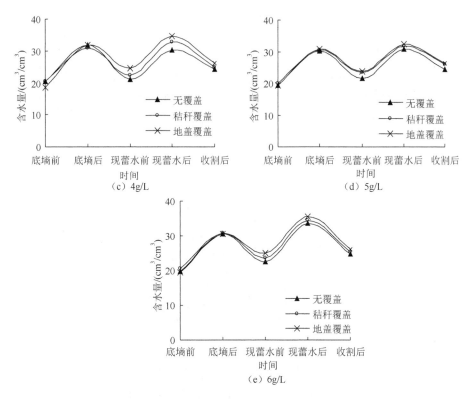

图 7.37　不同矿化度微咸水灌溉在不同覆盖措施条件下
油葵主根层含水量在全生育期内的变化

　　图 7.38 给出了采用不同矿化度微咸水进行灌溉时油葵主根层土壤含水量在全生育期的变化情况。由图中可以看出：对于无地面覆盖处理及秸秆覆盖处理，现蕾水前及收割后油葵主根层土壤含水量随灌溉水矿化度的增加而增加；而地膜覆盖处理却没有表现出这种变化趋势。

　　图 7.38（a）为无覆盖条件下油葵主根层土壤含水量在全生育期的变化情况，现蕾水前，与淡水处理相比较，矿化度为 3g/L、4g/L、5g/L 和 6g/L 的处理油葵主根层土壤含水量分别增加 3.8%、6.1%、9.8% 和 12.9%；收割后，与同时期的淡水处理相比，主根层土壤含水量分别增加 2.4%、5.0%、7.1% 和 8.1%；与现蕾水前相比较，收割后不同处理主根层土壤含水量的这种差异性相对较小。这可能是现蕾水前各处理主根层土壤含水量大致在 0.21cm³/cm³ 左右，秋季温度较低，蒸发量较小，收割后各处理主根层土壤含水量水平相对较高，大致在 0.24cm³/cm³ 左右，当土壤含水量较高时，微咸水处理对油葵根系吸水的抑制作用较小。

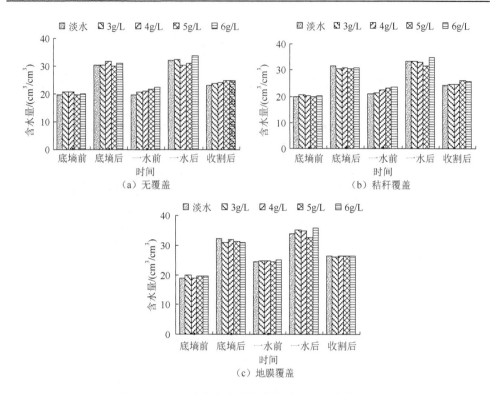

图 7.38　不同矿化度微咸水灌溉后不同覆盖措施对
油葵主根层土壤含水量在全生育期的影响

图 7.38(b)为秸秆覆盖条件下油葵主根层土壤含水量在全生育期的变化情况，与淡水处理相比较，现蕾水前，矿化度为 3g/L、4g/L、5g/L 和 6g/L 的处理主根层土壤含水量分别增加 1.9%、5.2%、9.5%和 10.4%，收割后不同矿化处理的主根层土壤含水量分别增加 0.5%、1.2%、4.7%和 5.3%。各处理主根层土壤含水量的增量均小于同时期的无覆盖措施处理。

与无覆盖措施和秸秆覆盖处理相比较，地膜覆盖处理蒸发量相对较小，现蕾水前及收割后土壤含水量较高，土壤溶液浓度相对较低，对油葵根系吸水的抑制作用不明显，因此各个处理油葵主根层土壤含水量无明显差异。由此可见，油葵主根层土壤含水量越低，不同矿化度微咸水处理其表现出来的差异就越显著。

2. 地面覆盖措施对土壤盐分分布特征的影响

图 7.39 给出了采用不同矿化度的微咸水灌溉时，地面覆盖措施对油葵主根层及 0~120cm 土层土壤积盐量的影响。由图可以看出无论覆盖与否，不同土层土壤积盐量均随着灌溉水矿化度的增大而增大；地面覆盖措施可以有效降低油葵主根层的积盐量，其中地膜覆盖较秸秆覆盖效果更为明显；0~120cm 土层土壤积盐量受地面覆盖措施影响不明显。说明地面覆盖措施只改变盐分在土壤中的垂直分布形式，而不改变其总含量。

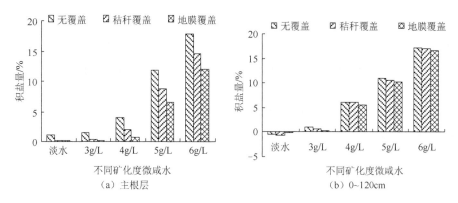

图 7.39　不同矿化度微咸水灌溉后不同覆盖措施对油葵主根层和

0～120cm 土层土壤积盐量的影响

3. 地面覆盖措施对油葵生长特征的影响

1）地面覆盖措施对油葵出苗率及苗期生长的影响

表 7.28 给出了不同地面覆盖措施条件下微咸水造墒后油葵的出苗率及出苗时间。整体看来，不同地面覆盖措施对油葵出苗率和出苗时间的影响不同。秸秆覆盖有利于提高油葵的出苗率，减小微咸水造墒对油葵出苗的不利影响，缩小微咸水处理与淡水处理之间的差距。例如，采用不覆盖处理时，6g/L 盖处理油葵出苗率较淡水处理降低 17.8%，而相同条件下秸秆覆盖只降低 8.4%。这主要是由于秸秆覆盖表层土壤含水量高，即使是高矿化度处理，其土壤溶液浓度依然较低，对种子的发芽胁迫作用较小。

表 7.28　不同处理油葵出苗率及出苗时间

观测内容	不同覆盖处理	淡水	3 g/L	4 g/L	5 g/L	6 g/L
出苗率/%	无覆盖	99.2	99	96.7	93.2	81.5
	秸秆覆盖	100	100	99.2	97.6	91.6
	地膜覆盖	79.5	80.9	78.9	77.1	73.5
出苗时间/d	无覆盖	5.70	5.85	6.31	6.99	8.54
	秸秆覆盖	6.17	6.27	6.52	6.83	6.98
	地膜覆盖	5.25	5.39	5.41	5.85	6.15

无论底墒水是淡水还是微咸水，地面覆盖条件下油葵的出苗率相对较低，仅为 80%左右，虽然地面覆盖表层土壤的水盐条件较利于油葵出苗，但膜下温度过高，致使种子发芽后没露出地面就被烧死。以 2007 年 7 月 28 日为例，当日平均气温为 28.6℃，最高达 34.1℃，由于地膜的增温效应，膜内温度更高，最高达到 45.9℃；且土壤中的水分在高温的作用下形成蒸汽，气温很高，不能凝结成水降温，反而形成了加温的作用。这样膜内土壤温度更高，"温室效应"变成了"烤箱"，

膜内温度由上向下形成了一个热梯度，在近地面处出现了烫芽现象。因此，地膜覆盖用于春播作物时对防御春季不利气象条件的影响、保障作物苗期正常生长有显著作用，但用于夏播作物时，虽然能起到蓄水保墒的作用，由于夏季气温较高，致使地膜下中午短时间内气温过高，使秧苗萎蔫或死亡。另外，从表7.28中可以看出，采用地膜覆盖，各处理油葵的出苗时间基本在5~6天；采用秸秆覆盖后，各处理油葵的出苗时间基本在6~7天，与地膜覆盖处理相比较，秸秆覆盖将油葵的出苗时间延迟了一天左右，这说明水盐条件相当时，温度和湿度较高的环境有利于油葵发芽；与无覆盖相比较，采用地面覆盖措施后，油葵的出苗时间受底墒水矿化度影响较小。

2）地面覆盖措施对油葵根系分布的影响

根系生物量是反应作物根系生长状况的重要指标，表7.29给出了采用不同矿化度的微咸水灌溉后在不同覆盖方式下油葵根系生物量以及其在不同土层中的分布情况。从表中可以看出，对于三种地面处理方式，根底干物质在垂向的分布均表现为：随着灌溉水矿化度的增大，根系干物质总量呈现逐渐减小的趋势，0~10cm土层中根系生物量随着灌溉水矿化度的增大而减小，其所占相应处理根系干物质总量的比例亦随矿化度的增大而逐渐减小，10~20cm、20~30cm以及30~40cm土层根系生物量随灌溉水矿化的变化无显著的增大或减小趋势，但其所占的比例呈现明显增大的趋势。与无覆盖措施相比较，在灌溉水矿化度相同的条件下，采用地面覆盖措施的处理0~10cm根系的重量及比例均不同程度地增加，0~40cm土层中根系总量也相应地增大。根系发育的方式既取决于其遗传特性和地上部分的生长，也取决于各种环境因素，如土壤质地、土层厚度、土壤含水量、通气性、土壤溶液的种类和浓度等。微咸水灌溉与传统淡水灌溉的差别就在于微咸水灌溉在提供了作物生长所需的水分的同时也带入了土壤盐分，从而增大了土壤溶液浓度，产生渗透胁迫及离子的毒害，抑制作物的生长。各处理油葵根系生物量在土层中分布的差异性主要是微咸水灌溉后，在土壤水分蒸发的过程中，土壤中的盐分被携带至地表，造成盐分表聚现象，随着蒸发的进行，土壤表层含水量逐渐减小，含盐量逐渐增大，因而土壤溶液浓度急剧增大，从而抑制了根系吸水和根系的生长，因此不同处理0~10cm土层根系生物量差异较显著。对于10~40cm土层，一方面，由于其土壤溶液浓度大大低于表层，不产生盐分胁迫或者胁迫程度较小，因此对根系生长的抑制程度较小；另一方面，由于表层的抑制作用，迫使根系向下生长；表7.29中无覆盖处理10~20cm、20~30cm及30~40cm土层根系生物量的变化趋势正是上述两方面因素综合作用的结果。而当采取地面覆盖措施时，土壤表层及0~40cm土层土壤含水量水平较高，且避免或减弱了蒸发过程中盐分的表聚现象，因此致使淡水及微咸水处理0~10cm土层中的根系总量及比例都不同程度地增加。

表 7.29 油葵根系生物量及其在土壤中的垂向分布情况

覆盖方式	土层/cm	淡水		3g/L		4g/L		5g/L		6g/L	
		生物量/g	比例/%	生物量/g	比例/%	生物量/g	比例/%	生物量/g	比例/%	生物量/g	比例/%
无覆盖	0～10	11.46	64.35	10.77	60.57	10.29	58.17	8.64	56.07	7.18	53.74
	10～20	4.01	22.52	4.15	23.34	4.25	24.02	3.99	25.89	3.48	26.05
	20～30	1.33	7.47	1.71	9.62	1.87	10.57	1.65	10.71	1.47	11.00
	30～40	1.01	5.67	1.15	6.47	1.28	7.24	1.13	7.33	1.23	9.21
	0～40	17.81	—	17.78	—	17.69	—	15.41	—	13.3	—
秸秆覆盖	0～10	12.38	65.37	11.24	61.45	10.81	58.78	9.77	57.90	9.17	54.30
	10～20	4.33	22.86	4.28	23.41	4.53	24.61	4.25	25.17	4.87	28.86
	20～30	1.35	7.16	1.78	9.72	1.83	9.96	1.75	10.34	1.57	9.27
	30～40	0.87	4.61	0.99	5.42	1.22	6.66	1.11	6.58	1.28	7.57
	0～40	18.93	—	18.29	—	18.40	—	16.88	—	16.88	—
地膜覆盖	0～10	12.42	65.75	11.86	62.54	11.64	61.93	10.57	61.00	9.53	56.11
	10～20	4.03	21.32	4.54	23.93	4.29	22.81	4.18	24.15	4.60	27.11
	20～30	1.53	8.10	1.77	9.31	1.78	9.45	1.57	9.08	1.48	8.70
	30～40	0.91	4.83	0.80	4.22	1.09	5.80	1.00	5.77	1.37	8.08
	0～40	18.89	—	18.95	—	18.79	—	17.32	—	16.98	—

3）地面覆盖措施对油葵株高及茎粗的影响

表 7.30 给出了不同处理收割前油葵株高及茎粗的数值。从表中可以看出，无论地面覆盖与否，油葵的株高和茎粗均随灌溉水矿化度的增加呈现减小的趋势，但即便是灌溉水矿化度达到 6g/L，其油葵株高值依然比旱作处理大 2.5～7.6cm，茎粗值比旱作处理大 0.05～0.13cm。对于灌溉水矿化度相同的处理，地膜覆盖时油葵的株高值普遍较大，无覆盖措施油葵的茎粗则普遍小于地膜覆盖及秸秆覆盖。与淡水比较，灌溉水矿化度为 3g/L 时，无覆盖、秸秆覆盖及地膜覆盖三种处理油葵株高分别降低 0.15% 和 0.75% 和 0.15%，茎粗分别降低 1.29%、0.82% 和 0.85%；而当矿化度达到 4g/L 时，无覆盖、秸秆覆盖及地膜覆盖三种处理油葵株高则分别降低 11.77%、8.52% 和 7.94%，茎粗分别降低 6.01%、3.27%、2.21%。说明当灌溉水矿化度达到 4g/L 时，油葵的株高和茎粗都明显降低，其生理性状受到较为明显的影响。

表 7.30 不同处理收割前油葵株高及茎粗统计

覆盖方式	株高/cm						茎粗/cm					
	旱作	淡水	3g/L	4g/L	5g/L	6g/L	旱作	淡水	3g/L	4g/L	5g/L	6g/L
无覆盖	95.5	135.9	135.7	119.9	101.1	98.0	1.93	2.33	2.30	2.19	2.05	1.98
秸秆覆盖	97.1	133.8	132.8	122.4	108.0	101.1	2.01	2.45	2.43	2.37	2.17	2.04
地膜覆盖	99.0	136.1	135.9	125.3	116.4	106.6	1.98	2.36	2.34	2.31	2.21	2.11

另外，在研究中发现，在无覆盖条件下，采用较高矿化度微咸水进行灌溉对油葵生育期有延迟的作用。例如，灌溉水为 6g/L 的无覆盖处理，油葵现蕾时间较相同条件下的淡水处理滞后 1 天，开花则滞后 2 天，虽然最后的收获日期一致，但其空壳率明显增大。而对于采取地面覆盖措施的处理，在试验观测中没有发现这种延迟生育期的现象。

4）地面覆盖措施对油葵产量的影响

表 7.31 给出了各处理油葵的产量情况。从表中可以看出，灌溉水矿化度相同的条件下，采用地面覆盖处理的油葵产量均不同程度地高于无覆盖处理。采用淡水、矿化度为 3g/L 和 4g/L 的灌溉水进行灌溉时，秸秆覆盖的油葵产量最高，地膜覆盖次之，无覆盖最小，而对于旱作处理以及灌溉水矿化度为 5g/L 和 6g/L 的处理，油葵的产量特征表现为地膜覆盖>秸秆覆盖>无覆盖。以无覆盖措施淡水灌溉处理为对照，其产量用 Y_0 表示，相对产量 $CY=Y/Y_0×100\%$，当相对产量大于 1 时，说明该处理情况下作物增产；当相对产量小于 1 时，说明该处理情况下作物减产。在全部处理中，秸秆覆盖淡水处理及秸秆覆盖 3g/L 处理的油葵增产，其增产量分别为 9.66% 和 9.41%，地膜覆盖淡水处理的油葵增产，其增产量为 0.58%，其余处理油葵均有不同程度的减产；当灌溉水矿化度为 6g/L 时，无覆盖措施的油葵产量低于旱作无覆盖处理，采取地面覆盖措施的处理，油葵产量则均略高于旱作处理。覆盖能够改善盐分在土体中的垂直分布，使土壤根系分布密集层保持较低的盐分水平，缓解盐分对作物的危害，采用微咸水灌溉时，配合一定的地面覆盖措施可以有效降低微咸水灌溉对作物所造成的不利影响，缩小其减产的程度。

表 7.31　不同处理油葵产量及相对产量统计　　　　　　（单位：kg）

覆盖方式	旱作		淡水		3 g/L		4 g/L		5 g/L		6 g/L	
	Y	CY	Y	CY	Y	CY	Y	CY	Y	CY	Y	CY
无覆盖	2135	65.45	3262	100.00	3211	98.44	3080	94.42	2605	79.86	1998	61.25
秸秆覆盖	2191	67.17	3577	109.66	3569	109.41	3231	99.05	2724	83.51	2217	67.96
地膜覆盖	2289	70.17	3281	100.58	3239	99.29	3192	97.85	2751	84.33	2401	73.61

7.2.3.3　化学改良剂对土壤水盐分布和作物生长的影响

1. 石膏改良对土壤水分分布特征的影响

在整个研究期间（2007 年 7 月~2009 年 9 月）苜蓿共灌溉 15 次，图 7.40 和图 7.41 分别显示了淡水处理及 7g/L 处理第一次和最后一次灌水前后土壤含水量在土壤垂直剖面上的分布情况。由图 7.40（a）和图 7.41（a）可以看出，开始灌溉时，不同石膏施用量对灌前灌后土壤含水量分布无显著影响。由于石膏的溶解性较差，随着灌溉次数的增多，其作用才逐渐显现，到最后一次灌溉时，施用石膏与不施石膏处理灌前灌后土壤含水量分布明显不同。由于灌溉所使用的淡水 SAR 较高，7g/L 的水虽然 SAR 略低，但是由于其矿化度较高，因而 Na^+ 含量较高，由图 7.40（b）和图 7.41（b）中可以看出，长期灌溉上述两种水质的水将会导致土壤中 Na^+ 的比例增加，从而引起土壤颗粒收缩、胶体颗粒分散和膨胀，导致土壤孔隙减少，土壤渗透能力变差。对于施用石膏的处理，从含水量分布看来，均可以对 Na^+ 对土壤渗透能力的影响起到抵制作用，且无论石膏施用量的多少，这种抵制作用都较为显著。

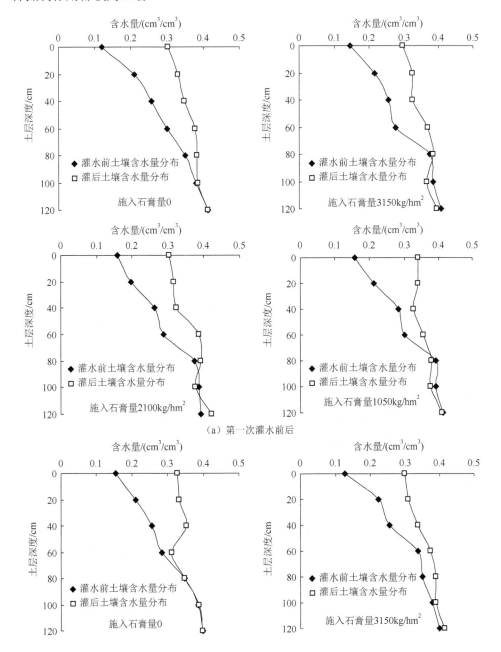

（a）第一次灌水前后

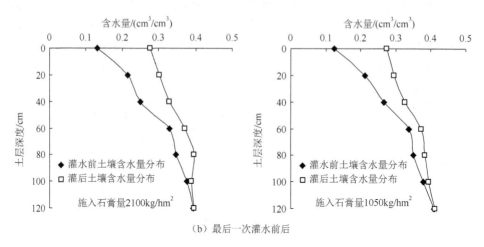

（b）最后一次灌水前后

图 7.40 轮作对土壤含水量分布的影响（淡水）

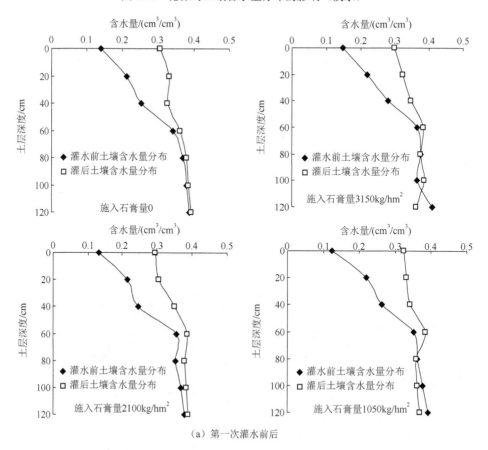

（a）第一次灌水前后

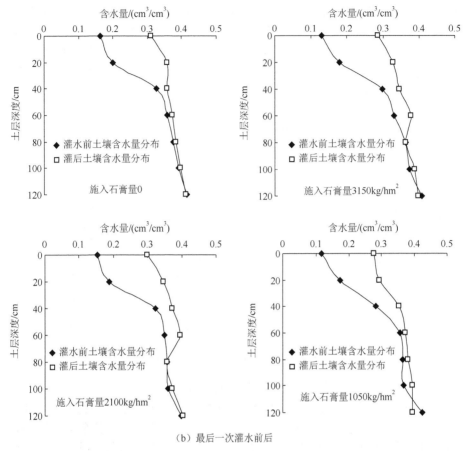

（b）最后一次灌水前后

图 7.41 轮作对土壤含水量分布的影响（7g/L）

2. 石膏改良对土壤盐分分布特征的影响

图 7.42 给出了淡水处理及矿化度为 7g/L 的灌溉水处理第一次灌水前和研究期结束后土壤含盐量在垂直剖面上的分布情况。由图 7.42（a）中可以看出，采用淡水灌溉时，研究期结束后各处理 0~120cm 剖面土壤平均含盐量基本在 0.083%左右，除了施用量为 3150kg/hm² 时表层 0~20cm 土壤含盐量略高于其他处理外，石膏施用对土壤含盐量在剖面上的分布影响不显著。图 7.42（b）为采用矿化度为 7g/L 的水灌溉的情况，由图上可以看出，无论施用石膏与否，研究期结束后 0~120cm 土层土壤含盐量都不同程度地增大，不施用石膏的处理剖面土壤含盐量略大于施用石膏的处理。研究期结束后石膏施用量分别为 0kg/hm²、3150kg/hm²、2100kg/hm² 和 1050kg/hm² 处理的 0~120cm 剖面土壤平均含盐量分别为 0.1444%、0.1.359%、0.1373% 和 0.1387%，与第一次灌溉前相比较，积盐量分别达到 75.15%、64.82%、66.44% 和 68.19%，石膏施用量分别为 3150kg/hm²、2100kg/hm² 和 1050kg/hm² 的处理与不施用石膏的处理相比较，土壤积盐量分别降低了 10.36%、8.71% 和

6.95%。石膏本身作为一种盐分，施加到土壤中必将导致土壤含盐量增大，然而施用石膏的处理却表现出土壤含盐量小于不施用的处理，这主要是由于施用石膏后，虽然土壤盐分小幅度地增大，但却大大减小了 Na^+ 对作物的危害，作物生长受到的危害较小，其生长过程中从土壤中带走的盐分的量便越多，从而导致土壤含盐量相对较低。

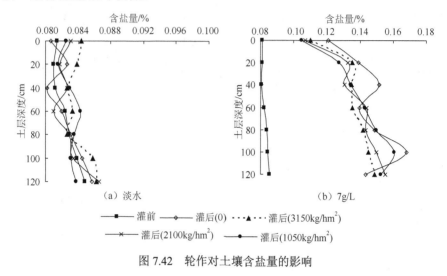

图 7.42　轮作对土壤含盐量的影响

3. 石膏改良对土壤中主要离子分布特征的影响

图 7.43 给出了淡水处理及矿化度为 7g/L 的灌溉水处理第一次灌水前和研究期结束后 Na^+ 在土壤垂直剖面上的分布情况。第一次灌水前，整个土壤剖面平均的 Na^+ 含量基本在 0.013%左右，0～120cm 土体 Na^+ 含量占土壤全盐量的 15.21%。由图 7.43（a）可知，采用淡水灌溉后，不施用石膏的处理随着灌溉的进行，整个土壤剖面的 Na^+ 含量均呈现逐渐增大的趋势，且上层土壤 Na^+ 的增幅显著大于底层土壤，2009 年整个研究期结束后，0～120cm 土体平均 Na^+ 含量为 0.0199%，达到土壤全盐量的 24.03%。其中，0～20cm 土层 Na^+ 含量最大，为 0.0222%，达到了土壤全盐量的 27.33%，100～120cm 土层 Na^+ 含量在整个剖面最小，为 0.0172%，其含量也达到了该土层全盐量的 20.07%，土壤剖面的 Na^+ 变化表现为随着土层深度的增加，Na^+ 含量逐渐减小的规律。而施用石膏的各处理，土壤剖面的 Na^+ 含量远远小于不施石膏的处理，且均不同程度地小于第一次灌水前，研究期结束后石膏施用量分别为 3150 kg/hm² 、2100 kg/hm² 和 1050 kg/ hm² 的处理 0～120cm 剖面土壤平均 Na^+ 含量分别为 0.0099%、0.0106%和 0.0119%，与不施用石膏的处理相比较，Na^+ 含量分别降低了 51.16%、46.95%和 40.13%。可见，施用石膏对土壤剖面 Na^+ 含量影响较为显著，且施用量越大，效果越显著。另外，土壤剖面的 Na^+ 变化表现为随着土层深度的增加而逐渐减小，这与不施石膏的情况恰恰相反。

与淡水处理比较，研究期结束后，采用 7g/L 微咸水进行灌溉时，各处理 Na^+

在 0～120cm 剖面上的含量均远远大于第一次灌溉前，石膏施用量不同，Na^+ 在不同土层分布形式、含量及占全盐量的比例就不同。对于不施石膏处理，Na^+ 分布形式在 0～120cm 范围内变化趋势与土壤含盐量的变化趋势基本一致，从各层 Na^+ 含量占该层全盐量的比例来看，依然表现为 Na^+ 在表层所占的比例大于底层，即：0～20cm 土层 Na^+ 含量占全盐量的 19.19%，100～120cm 土层 Na^+ 含量占该土层全盐量的 14.92%。而施用石膏的各处理，主要表现为地表以下 0～40cm 土壤的 Na^+ 含量和比例明显小于不施石膏处理，0～120cm 土壤剖面 Na^+ 平均含量也不同程度地小于不施石膏的处理，但差别不大。石膏施用量分别为 3150kg/hm^2、2100kg/hm^2 和 1050kg/hm^2 的处理 0～40cm 剖面土壤平均 Na^+ 含量分别为 0.0209%、0.0212% 和 0.0220%，分别占到该土层土壤全盐量的 16.4%、17.3% 和 17.7%；与不施用石膏处理 Na^+ 含量的 0.262% 相比较，Na^+ 含量分别降低了 20.31、18.96% 和 16.11%；0～120cm 剖面土壤平均 Na^+ 含量分别为 0.0241%、0.0244% 和 0.0247%，与不施用石膏处理 Na^+ 含量的 0.250% 相比较，Na^+ 含量分别降低了 3.55%、2.41% 和 1.35%。可见，施用石膏对 0～40cm 土层土壤剖面 Na^+ 含量和比例影响较为显著，但不同施用量之间的差别不大。

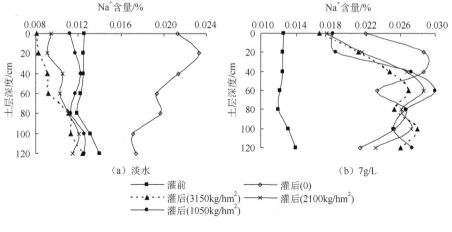

图 7.43　轮作对土壤 Na^+ 含量的影响

图 7.44 给出了淡水处理及矿化度为 7g/L 灌溉水处理第一次灌水前和研究期结束后 Ca^{2+} 在土壤垂直剖面上的分布情况。从图 7.44（a）可以看出淡水灌溉后，不施石膏的处理 Ca^{2+} 在土壤中的分布规律与 Na^+ 的分布规律恰恰相反。第一次灌溉前，0～20cm 土层中 Ca^{2+} 含量为 0.00637%，100～120cm 土层中 Ca^{2+} 含量为 0.00632%，整个土壤剖面的平均 Ca^{2+} 含量在 0.006% 左右波动，其平均值为 0.00543%；2009 年整个研究期结束后，0～120cm 土体平均 Ca^{2+} 含量减小至 0.00278%；不同土层土壤 Ca^{2+} 占全盐量的比例也相应减小，且 Ca^{2+} 在剖面上的分

布逐渐表现出随着土层的加深，Ca^{2+}占全盐量的比例不断增大的规律；整个土壤剖面 Ca^{2+}占全盐量的比例也随着灌溉次数的增加不断减小，灌溉前 0～120cm 剖面 Ca^{2+}含量占全盐量的 6.47%，研究期结束后，降低至 3.35%。而施用石膏的各处理，土壤剖面 Ca^{2+}含量和比例远远大于不施石膏的处理，研究期结束后石膏施用量分别为 3150kg/hm²、2100kg/hm² 和 1050kg/hm² 的处理 0～120cm 剖面土壤平均 Ca^{2+}含量分别为 0.0077g/kg、0.0057g/kg 和 0.0045g/kg，分别占到该土层土壤全盐量的 8.76%、6.88% 和 5.46%；与不施用石膏的处理相比较，Ca^{2+}含量分别增加了 164.80%、105.59% 和 62.93%。

与淡水处理比较，研究期结束后，采用 7g/L 微咸水进行灌溉时，各处理 Ca^{2+} 在 0～120cm 剖面上的含量均大于第一次灌溉前，Ca^{2+}分布形式在 0～120cm 范围内变化趋势与土壤含盐量的变化趋势基本一致。施用石膏处理 0～120cm 土壤剖面 Ca^{2+}平均含量不同程度地大于不施石膏的处理，但差别不大。石膏施用量分别为 3150kg/hm²、2100kg/hm² 和 1050kg/hm² 的处理 0～120cm 剖面土壤平均 Ca^{2+} 含量分别为 0.0104%、0.0096% 和 0.0091%，与不施用石膏的处理相比较，Ca^{2+}含量分别增加了 16.15%、7.14% 和 1.83%。

可见，无论是淡水还是微咸水灌溉，施用石膏对 0～120cm 土层土壤剖面 Ca^{2+} 含量和比例影响较为显著，且施用量越大，效果越显著。

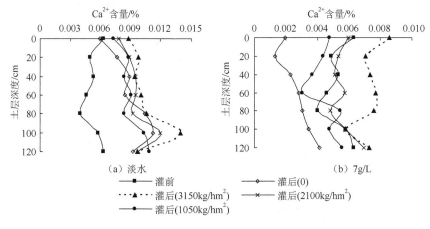

图 7.44 轮作对土壤 Ca^{2+}含量的影响

4. 石膏改良对苜蓿生长及产量的影响

图 7.45 给出了三年内不同处理的苜蓿产量（苜蓿产量为干草重）。由图 7.45（a）可以看出，采用淡水灌溉时，单次苜蓿产量各处理之间无显著差异，但三年总产量表现为随着石膏施用量的增大而增大，但增产并不显著。石膏施用量分别为 3150kg/hm²、2100kg/hm² 和 1050kg/hm² 的处理三年总产量分别为 41480kg/hm²、41201kg/hm² 和 40925kg/hm²，与不施石膏的 40668kg/hm² 相比，分别增产 2%，

1.31%和0.63%。可见，轻度的碱土对苜蓿的生长影响不大。因此，单从增产的角度讲，施用石膏改良的意义不大，其作用主要体现在保证苜蓿产量的前提下维持了土壤的安全性及可持续利用性。图7.45（b）为灌溉水矿化度为7g/L条件下，不同石膏施用量所对应的苜蓿产量的对比图。从图中可以看出，在石膏改良初期，石膏的施用非但没有使苜蓿增产，反而还导致其产量随着施用量的增大而减小，这主要是由于2007年夏季播种的苜蓿，相对扎根较浅，虽然表层钠离子含量降低，但石膏的施用使得上层土壤盐分浓度较高，从而影响了苜蓿的生长，导致期产量降低。随着时间的延续，石膏改良的效果逐渐显现出来，越到后期石膏施用量较高的处理苜蓿的产量优势越明显。石膏施用量分别为3150kg/hm²、2100kg/hm²和1050kg/hm²的处理三年总产量分别为35413kg/hm²、37606kg/hm²和36430kg/hm²，与不施石膏的32662kg/hm²相比，分别增产8.42%、15.1%和11.5%。由此可见，灌溉水矿化度为7g/L时，石膏改良可以显著增加苜蓿产量，三年的研究结果显示增产的比例并不是随施用量的增加而增大，但由苜蓿产量的变化趋势预测，高施用量更具有长效性。因此，在实际生产中，可根据计划种植年限来事先确定石膏施用量的大小。

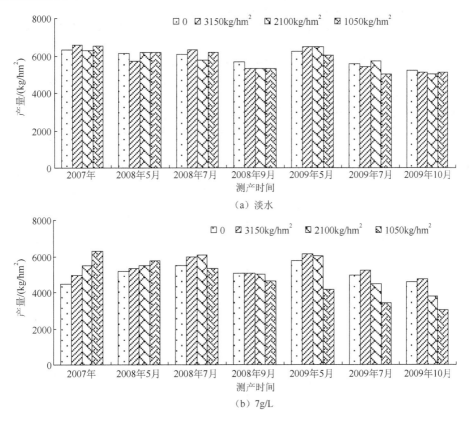

图 7.45　石膏改良对苜蓿产量的影响

参 考 文 献

[1] 方生, 陈秀玲. 浅层地下咸水利用和改造的研究[J]. 南水北调与水利科技, 1999, 20(2): 6-11.

[2] CAHOON J. Kostiakov infiltration parameters from kinematic wave model[J]. Journal of Irrigation and Drainage Engineering, 1998, (3): 356-362.

[3] 万洪富, 俞仁培, 王遵亲. 黄淮海平原土壤碱化分级的初步研究[J]. 土壤学报, 1983, 20(2): 130-139.

[4] 李小刚, 崔志军, 王玲英, 等. 盐化和有机质含量对土壤结构稳定性及阿特伯格极限的影响[J]. 土壤学报, 2002, 39(4): 550-559.

[5] ABU-SHARAR T M, BINGHAM F T, RHOADES J D. Reduction in hydraulic conductivity in relation to clay dispersion and disaggregation[J]. Soil Science Society of America Journal, 1987, 51: 342-346.

[6] 郑九华, 冯永军, 于开芹, 等. 秸秆覆盖条件下微咸水灌溉棉花试验研究[J]. 农业工程学报, 2002, 18(4): 26-31.

[7] 王艳娜, 侯振安, 龚江, 等. 咸水资源农业灌溉应用研究进展与展望[J]. 中国农学通报, 2007, 23(2): 393-397.

[8] 乔玉辉, 宇振荣. 灌溉对土壤盐分的影响及微咸水利用的模拟研究[J]. 生态学报, 2003, 23(10): 2050-2056.

[9] 龚元石. 冬小麦和夏玉米农田土壤分层水分平衡模型[J]. 北京农业大学学报, 1995, 21(1): 61-67.

[10] 刘昌明, 魏忠义. 华北平原农业水文及水资源[M]. 北京: 科学出版社, 1989: 38-39.

[11] MURTAZA G, GHAFOOR A, QADIR M. Irrigation and soil management strategies for using saline-sodic water in a cotton wheat rotation[J]. Agricultural Water Management, 2006, 81: 98-114.

[12] 毛振强, 宇振荣, 刘云慧, 等. 两种根系采样方法的对比及冬小麦根系的分布规律[J]. 中国农学通报, 2005, 21(5): 261-265.

[13] 史宝成, 刘钰, 蔡甲冰. 不同供水条件对冬小麦生长因子的影响[J]. 麦类作物学报, 2008, 27(6): 1089-1095.

[14] OVERMAN A R. Estimating crop growth rate with land treatment [J]. Journal of Environmental Engineering, 1984, 110: 1009-1012.

[15] 蒙继华, 吴炳方, 李强子. 全国农作物叶面积指数遥感估算方法[J]. 农业工程学报, 2007, 23(2): 160-167.

[16] 薛亚锋, 周明耀, 徐英, 等. 水稻叶面积指数及产量信息的空间结构性分析[J]. 农业工程学报, 2005, 21(8): 89-92.

[17] 岳云. 盐胁迫对油葵生理生态指标及吸盐效果的研究[D]. 兰州: 甘肃农业大学, 2007.

第8章　基于区域水盐平衡的作物生长模型

作物的生长和产量受到诸多因素的影响，如水质、水量、土壤盐分、施肥量以及其他农业措施等[1-21]，为了能够更好地掌握不同条件下作物的生长过程、最终的产量以及土壤质量，构建合理的模型十分必要。基于区域水盐平衡的作物生长模型是一种能够模拟和预测土壤水分和盐分、地下水埋深、排水量、排水矿化度以及作物生长过程的模拟模型。该模型能应用于不同地质、灌溉措施和耕作制度等条件。模拟的尺度包括单一的田块和不同面积区域。作物生长模型能够定量和动态地描述作物生长、发育和产量形成过程。该模型把"气候-作物-土壤"作为一个整体进行描述，是一种面向作物生育过程的生长模型。

作物模型包含了气象模块、作物模块、土壤模块和管理模块，它包括了作物生长发育的主要过程，如光合效率、养分摄取（根系生长动态及水盐胁迫）、同化产物分配、蒸腾作用过程、生物量增长过程，模型流程如图 8.1 所示。

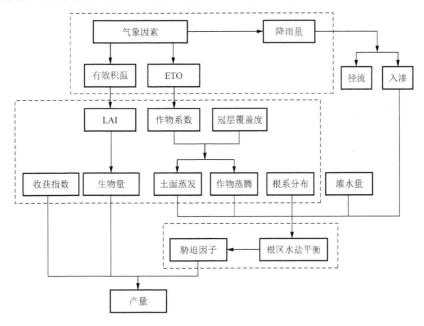

图 8.1　作物生长模型流程图

在作物模型中，根区水盐平衡模块依据水量平衡原理计算水盐平衡，参考 Salt Model 模型思路，将计算分成地表、根区、过渡区和含水层 4 部分进行，各层的水盐平衡均以季节性数据输入，水量平衡和盐分平衡流程图分别如图 8.2 和图 8.3 所示。

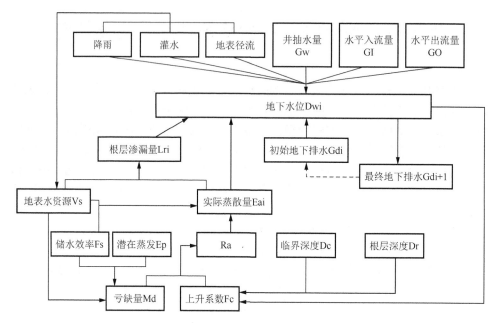

图 8.2　水量平衡流程图

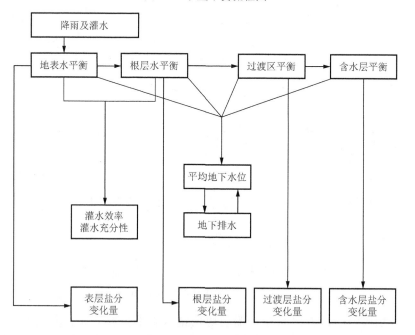

图 8.3　盐分平衡流程图

8.1　气　象　模　块

水、肥、气、热以及光是作物生长的五大基本元素，大部分作物生长所需要的水、肥及气可以依赖土壤提供，而热和光主要来自于太阳。由于气象因素的影响，每年气温变化并非固定不变，导致每年种植和播种时间不尽相同，难以按照日历年建立统一作物生长模型。一些研究表明，作物成熟所需要的有效积温基本相同，这样可以利用有效积温代替日历年来描述作物生长过程。

8.1.1　有效积温

积温分为活动积温和有效积温。每种作物都有一个生长发育的下限温度（或称生物学起点温度），这个下限温度一般用日平均气温表示。低于下限温度时，作物便停止生长发育，但不一定死亡。高于下限温度时，作物才能生长发育。把高于生物学下限温度的日平均气温值叫做活动温度，而把作物某个生育期或全部生育期内活动温度的总和，称为该作物某一生育期或全生育期的活动积温。

活动温度与生物学下限温度之差，叫做有效温度。即这个温度对作物的生育才是有效的。作物某个生育期或全部生育期内有效温度的总和，就叫做该作物这一生育期或全生育期的有效积温（growing degree days，GDD）。有效积温计算方法为

$$\text{GDD} = \sum \left(T_{\text{avg}} - T_{\text{base}} \right) \tag{8.1}$$

式中，T_{avg} 为日平均气温；T_{base} 为作物活动所需要的最低温度。另外，T_{upper} 为作物活动所需要的最高温度。McMaster 等[1]提出了以下两种计算 T_{avg} 的方法：

设定日平均气温上、下线

$$\begin{cases} T_{\text{avg}} = \dfrac{T_{\text{x}} + T_{\text{n}}}{2} & \\ T_{\text{avg}} = T_{\text{base}} & 若 T_{\text{avg}} \leqslant T_{\text{base}} \\ T_{\text{avg}} = T_{\text{upper}} & 若 T_{\text{avg}} \geqslant T_{\text{upper}} \end{cases} \tag{8.2}$$

设定日最高和最低气温上、下线

$$T_{\text{avg}} = \frac{(T_x^* + T_n^*)}{2} \tag{8.3}$$

$$\begin{cases} T_x^* = T_{\text{upper}} & 若 T_x^* \geqslant T_{\text{upper}} \\ T_{\text{x}}^* = T_{\text{base}} & 若 T_x^* \leqslant T_{\text{base}} \\ T_{\text{x}}^* = T_x & 其他 \end{cases} \tag{8.4}$$

式中，T_{x} 为最高气温（℃）；T_{n} 为最低气温（℃）。

FAO 研发了一种新型作物模型（AquaCrop 模型），基于以上两种计算方法，又提出了一种新的计算方法：

$$T_{avg} = \frac{(T_x^* + T_n)}{2} \tag{8.5}$$

$$\begin{cases} T_x^* = T_{upper} & 若 T_x^* \geqslant T_{upper} \\ T_x^* = T_{base} & 若 T_x^* \leqslant T_{base} & T_n = T_{upper} & 若 T_n^* \geqslant T_{upper} \\ T_x^* = T_x & 其他 \end{cases} \tag{8.6}$$

活动积温和有效积温的不同在于活动积温包含了低于生物学下限温度的那部分无效积温；气温越低，无效积温所占的比例就越大。有效积温较为稳定，能更确切地反映作物对热量的要求。因此在制作作物物候期预报时，应用有效积温较好。但应用于某地区热量鉴定，合理安排作物布局和农业气候区划时，则用活动积温较为方便。

8.1.2 参考作物蒸发蒸腾量

参考作物蒸发蒸腾量（ET$_0$）是计算作物需水量的关键指标，是实时灌溉预报和农田水分管理的主要参数。目前计算方法众多，常用的方法可以分为 4 大类：水面蒸发法、温度法、辐射法和综合法。经过多年的研究已经建立了如 Jensen-Haise、FAO24 Blaney-Criddle、Thornthwait 以及 Hargreaves-Samani 等基于温度计算的方法；Priestley-Taylor 以及 FAO24 Radiation 等基于辐射的方法；Penman-Monteith、FAO24 Penman、Kimberley-Penman 以及 FAO56 Penman-Monteith 等综合方法。其中国内应用最多的是基于能量平衡和空气动力学原理的 FAO56 Penman-Monteith 方法及基于温度计算的 Hargreaves 方法。

（1）FAO56 Penman-Monteith 公式。该公式具体表达式如下：

$$ET_0 = \frac{0.408\Delta(R_n - G) + \gamma\dfrac{900}{T+273}u_2(e_s - e_a)}{\Delta + \gamma(1 + 0.34u_2)} \tag{8.7}$$

式中，ET$_0$ 为参考作物蒸发蒸腾量（mm/d）；R_n 为作物表面净辐射量[MJ/（m^2·d）]；G 为土壤热通量[MJ/（m^2·d）]；γ 为湿度计常数（kPa/℃）；Δ 为饱和水汽压与温度关系曲线的斜率（kPa/℃）；T 为空气平均温度（℃）；u_2 为地面上方 2m 处的风速（m/s）；e_s 为空气饱和压（kPa）；e_a 为空气实际水压（kPa）。

（2）Hargreaves 公式。该公式是由美国学者 George H. Hargreaves 和 Samani 在总结以前许多工作的基础上于 1985 年提出的，推荐的计算时段是旬或月：

$$ET_0 = 0.0023\left(T_{max} - T_{min}\right)^{0.5}\left(T + 17.8\right)R_a \tag{8.8}$$

式中，T_{max} 为最高温度（℃）；T_{min} 为最低温度（℃）；R_a 为理论太阳辐射。
式（8.7）和式（8.8）中参数计算方法如表 8.1 所示。

表 8.1　各种参数的计算公式

参数	计算公式
$\Delta /(\text{kPa}/^\circ\text{C})$	$\Delta = \dfrac{4098e_a}{(T+237.15)^2}$
$T/^\circ\text{C}$	$T = \dfrac{T_{\min}+T_{\max}}{2}$
e_a/kPa	$e_a = \dfrac{e^0(T_{\max})+e^0(T_{\max})}{2}$，其中 $e^0(T)=0.6018\exp\left(\dfrac{17.27T}{T+237.3}\right)$
$R_{ns}/[\text{MJ}/(\text{m}^2\cdot\text{d})]$	$R_{ns}=0.77(a+bn/N)R_a$
$R_{nl}/[\text{MJ}/(\text{m}^2\cdot\text{d})]$	$R_{nl}=2.45\times10^9(0.9n/N+0.1)(0.34-0.14e_d)(T_{kx}^4+T_{kn}^4)$
N/h	$N=\dfrac{24}{\pi}\arccos(-\tan\phi\tan\delta)$
e_d/kPa	$e_d=e^0(T_{\max})\dfrac{RH_{\max}}{200}+e^0(T_{\max})\dfrac{RH_{\min}}{200}$
$R_a/[\text{MJ}/(\text{m}^2\cdot\text{d})]$	$R_a=\dfrac{24\times60}{\pi}G_{sc}d_r(W_s\sin\phi\sin\delta+\cos\phi\cos\delta\sin W_s)$
δ/rad	$\delta=0.409\sin\left(\dfrac{2\pi}{365}J-1.39\right)$
$G/[\text{MJ}/(\text{m}^2\cdot\text{d})]$	$G=0.38(T_d-T_{d-1})^{**}$
$\gamma/(\text{kPa}/^\circ\text{C})$	$\gamma=0.1651\left(\dfrac{293-0.0065z}{293}\right)^{5.26}/(2.501-0.002361T)$

8.2　水量平衡模块

根据水分流经区域，参考 Salt Model 模型思路，水量平衡模块将模拟区域划分成 4 个部分：地表水层、根层、过渡层和含水层，如图 8.4 所示。

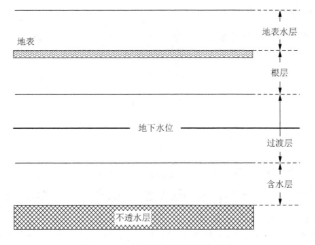

图 8.4　水量平衡模拟区域划分

8.2.1 地表

农田灌溉过程中，准确掌握进入土壤中的水量是计算水量平衡的基础条件，地表水量平衡的计算如下：

$$P_r + I_g + W_o = E_0 + W_i + I_o + S_o + \Delta W_s \tag{8.9}$$

$$W_i = (\theta_{end} - \theta_{ini})D_r \tag{8.10}$$

式中，P_r 为降水量[m³/（季·m²）]；I_g 为除渠道渗漏以外，用于灌溉的水量（渠道引水、排水、井水）[m³/（季·m²）]；E_0 为自由水面蒸发量[m³/（季·m²）]；W_i 为通过地表进入根层的水量[m³/（季·m²）]；W_o 为通过根层进入地表的水量[m³/（季·m²）]；S_o 为地表径流量[m³/（季·m²）]；ΔW_s 为地表储水量[m³/（季·m²）]；D_r 为根区深度（m）；I_o 为田间灌水量[m³/（季·m²）]；θ_{end} 为根层季节结束时含水量（cm³/cm³）；θ_{ini} 为根层初始含水量（cm³/cm³）。

8.2.2 根区

根区是作物根系主要分布区域，也是水分最活跃的区域，该区域中水分计算是判断作物是否缺水的主要依据，根区水量平衡的计算如下：

$$W_i + R_r = W_o + E_{pa} + L_r + \Delta W \tag{8.11}$$

式中，W_i 为通过地表进入根层的水量[m³/（季·m²）]；W_o 为通过根层进入地表的水量[m³/（季·m²）]；R_r 为进入根层的毛管上升水量[m³/（季·m²）]；E_{pa} 为根层实际蒸散量[m³/（季·m²）]；L_r 为根层渗漏量[m³/（季·m²）]；ΔW 为根层储水变化量[m³/（季·m²）]。其中，L_r 和 R_r 的大小主要受地下水位 D_w（m）、潜在蒸散量 E_p[m³/（季·m²）]、地表水资源总量 V_s[m³/（季·m²）]、水分亏缺因子 M_d 等因素影响，具体计算如下。

（1）根层渗漏量 L_r 的计算方法为

$$\begin{cases} L_r = V_s - E_a \\ V_s = P_r + I_f \\ I_f = I_g - I_o \end{cases} \tag{8.12}$$

$$E_a = E_0 + E_{pa} \quad 或 \quad E_a = F_s V_s + R_a \tag{8.13}$$

$$R_a = F_c M_d \tag{8.14}$$

式中，V_s 为地表水资源总量；E_a 为实际蒸散总量[m³/（季·m²）]；P_r 为降水量；I_f 为田间灌水量[m³/（季·m²）]；I_g 为除渠道渗漏以外，用于灌溉的水量（渠道引水、排水、井水）；E_0 为自由水面蒸发量[m³/（季·m²）]；E_{pa} 为实际蒸散量[m³/（季·m²）]；R_a 为毛管上升水量（m/季）；F_c 为毛管上升系数；M_d 为水分亏缺量（m/季）。

（2）毛管上升水量 R_r 的计算方法如下：

$$\begin{cases} R_r = E_a - V_s \\ E_a = R_d + F_s V_s \\ R_a = F_c M_d \end{cases} \tag{8.15}$$

式中，F_c 为毛管上升因子，由地下水位的平均深度 D_w 和临界深度 D_c（不发生毛管上升的最大深度）以及根区深度 D_r 确定。

$$F_c = \begin{cases} 1 & D_w < 0.5 D_r \\ 0 & D_w > D_c \\ 1 - (D_w - 0.5 D_r)/(D_c - 0.5 D_r) & 0.5 D_r < D_w < D_c \end{cases} \tag{8.16}$$

（3）水分亏缺因子 M_d 计算公式

$$M_d = E_p - F_s V_s \tag{8.17}$$

式中，E_p 为潜在蒸散量[m^3/（季・m^2）]；F_s 为土壤持水能力。

8.2.3　过渡区

过渡区位于根层与含水层之间，过渡区的下限一般可以通过以下 4 种方法确定：①介于砂土与黏土间的界面；②每年最深地下水位；③影响地下排水系统最深地下水位；④水流方向由水平变成垂直或垂直变成水平时的地下水位。一般地下排水系统的布置位于区域内，合理的排水量也是合理灌溉系统中重要的组成部分。模型中对该区域水分计算如下：

$$L_r + L_c + V_r = R_r + V_L + G_d + \Delta W_X \tag{8.18}$$

式中，L_c 为渠道渗漏量[m^3/（季・m^2）]；V_r 为从含水层进入过渡区的水量[m^3/（季・m^2）]；V_L 为过渡区进入含水层的水量[m^3/（季・m^2）]；G_d 为总的排水量[m^3/（季・m^2）]；ΔW_X 为过渡区的储水量[m^3/（季・m^2）]。

模型中将排水分成两部分：排管以上和排管以下（图 8.5）。利用 Hooghoudt's 排水方程计算，具体表达式为

$$\begin{aligned} H &= D_d - D_w \\ G_{da} &= \frac{4 K_a H^2}{Y^2} \\ G_{db} &= \frac{8 K_b D_e H^2}{Y^2} \\ G_{dt} &= G_{da} + G_{db} \end{aligned} \tag{8.19}$$

式中，G_{da} 为排管以上的排水[m^3/（季・m^2）]；G_{db} 为排管以下的排水[m^3/（季・m^2）]；G_{dt} 为总排水量[m^3/（季・m^2）]；K_a、K_b 分别为排管上下渗透系数（m/d）；Y 为排管的间距（m）；D_e 为等效不透水层深度（m）；D_d 为排管深度（m）；D_w 为地下水位（m）。

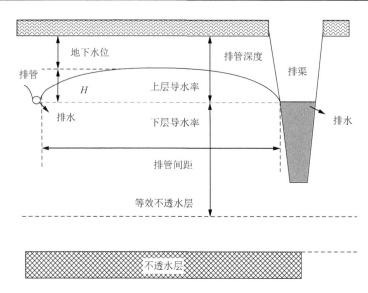

图 8.5　排水示意图

该模型中，排管的深度范围：$D_r < D_d < D_r + D_x$，D_r、D_x 分别为根层厚度与过渡区厚度。从式（8.19）中可以看出地下水位对排水的影响，并据此设计了相应的条件及计算公式。

（1）当地下水位 $D_w < 0$，即地下水位高于地表，模型采用式（8.20）表示排水率：

$$G_{pd} = 2G_d \qquad [D_w < 0] \qquad (8.20)$$

（2）当地下水位位于过渡层，地表水量平衡与根区水量平衡可以合并成一个方程：

$$P_r + I_g + L_c = E_a + I_o + S_o + \Delta W + \Delta W_x \qquad (8.21)$$

8.2.4　含水层

含水层一般指由潜水面向下至隔水层顶面间充满重力水的部分。模型中对该区域水分平衡的计算如下：

$$G_i + V_L = G_o + V_R + G_W + \Delta Z_q \qquad (8.22)$$

式中，G_i 为水平流入水量[m³/（季·m²）]；G_o 为水平流出水量[m³/（季·m²）]；G_W 为井水流量[m³/（季·m²）]；ΔZ_q 为含水层的储水量[m³/（季·m²）]。

8.2.5　地下水位的计算

地下水位的变化反映了灌溉制度和排水系统的合理性。模型中根据初始地下水位、储水量及有效孔隙度计算地下水位，具体计算公式为

$$D_{W,i+1} = D_{W,i} - \frac{\Delta W}{P_{e,i}} \tag{8.23}$$

式中，$D_{W,i+1}$ 为第 i+1 时刻平均地下水深度（m）；$D_{W,i}$ 为第 i 时刻地下水位（m）；$P_{e,i}$ 为第 i 时刻地下水位对应的有效孔隙度；ΔW 为储水量[m³/（季·m²）]。

8.2.6 灌溉效率和灌溉充分性

灌溉效率和灌溉充分性是评价灌溉制度合理程度的重要指标，模型中灌溉效率的计算如下：

$$\begin{cases} F_{fA} = \dfrac{A(E_{aA} - R_{rA})}{(I_{aA} + P_p)} \\[3mm] F_{fB} = \dfrac{B(E_{aB} - R_{rB})}{(I_{aB} + P_p)} \\[3mm] F_{ft} = \dfrac{A(E_{aA} - R_{rA}) + B(E_{aB} - R_{rB})}{(I_t + P_p)} \\[3mm] I_t = I_f + L_c \end{cases} \tag{8.24}$$

式中，A、B 分别为占总面积的比例；E_{aA}、E_{aB} 分别为 A、B 实际的蒸发量[m³/（季·m²）]；R_{rA}、R_{rB} 分别为进入 A、B 根层的地下水量[m³/（季·m²）]；P_p 为降雨量[m³/（季·m²）]；I_t、I_f 和 L_c 分别为总水量、田间灌水量和渗漏量[m³/（季·m²）]；F_{fA}、F_{fB}、F_{ft} 分别为 A、B 及总的灌溉效率。

灌溉充分性的计算如下：

$$J_{sA} = \frac{E_{aA}}{E_{pA}}$$

$$J_{sB} = \frac{E_{aB}}{E_{pB}} \tag{8.25}$$

$$J_{st} = \frac{(J_{sA}A + J_{sB}B)}{(A + B)}$$

式中，E_{pA}、E_{pB} 分别为 A、B 潜在蒸发量[m³/（季·m²）]；J_{sA}、J_{sB}、J_{st} 分别为 A、B 及总的灌溉充分性。

田间灌溉效率的计算如下：

$$J_{eA} = F_{fA}J_{sA}$$

$$J_{eB} = F_{fB}J_{sB} \tag{8.26}$$

$$J_{et} = \frac{(AJ_{eA} + BJ_{eB})}{(A + B)}$$

式中，J_{eA}、J_{eB} 及 J_{et} 分别为 A、B 及总的田间灌溉效率。A、B 分别表示各自的种植面积占总面积的比例。

8.3　盐分平衡模块

8.3.1　根区盐分

该区域内盐分含量的多少将直接影响作物的生长和产量，同时也将影响土地的质量。根据水量平衡和降雨、灌水中携带的盐分计算根层盐分的含量，具体公式如下：

$$\Delta Z_r = P_r \cdot C_{p,i} + (I_g - I_o)C_I + R_{rT}C_{xk,i} - L_{rT}C_{L,i} \qquad (8.27)$$

式中，ΔZ_r 为根层盐分的变化量（dS/m）；$C_{p,i}$ 为第 i 时刻降雨中的盐分（dS/m）；$C_{xk,i}$ 为第 i 时刻过渡区饱和土壤含盐量（dS/m）；$C_{L,i}$ 为第 i 时刻渗漏水的盐分浓度（dS/m）。式中过渡区饱和含盐量 $C_{xk,i}$ 为测量值渗漏水的盐分浓度 $C_{L,i}$ 计算方式如下。

（1）$C_{xk,i}$ 的取值与有无地下排水系统有关，本书中设有地下排水系统，其值等于过渡区排管以上饱和盐分浓度。

（2）$C_{L,i}$ 计算公式如下：

$$C_{L,i} = F_{lr} \cdot C_{rv} \qquad (8.28)$$

式中，C_{rv} 为整个季节根层土壤饱和盐分浓度平均值（dS/m）；F_{lr} 为根层淋洗率。C_{rv} 的计算公式如下：

$$C_{rv} = \begin{cases} \sqrt{C_{r,i} \cdot C_{r,i-1}} & C_{r,i} \leqslant C_{r,i-1} \\ \dfrac{C_{r,i} + C_{r,i-1}}{2} & C_{r,i} > C_{r,i-1} \end{cases} \qquad (8.29)$$

式中，$C_{r,i}$、$C_{r,i-1}$ 分别为第 i 时刻和第 $i-1$ 时刻根层土壤盐分浓度（dS/m）。

根区总含盐量为

$$C_{r,i} = C_{r,i-1} + \Delta Z_r / (P_t \cdot D_r) \qquad (8.30)$$

式中，$C_{r,i}$ 为第 i 时刻根层土壤盐分浓度（dS/m）；P_t 为根区土壤孔隙度。

当根区含盐量低于某一阈值 C_{min} 时，盐分胁迫因子等于 0；当根区含盐量高于某一阈值 C_{max} 时，作物根系受到胁迫最大，停止生长和吸水，盐分胁迫因子等于 1。盐分胁迫因子通过下式来确定：

$$C_{str,i} = \frac{C_{r,i} - C_{min,i}}{C_{max,i} - C_{min,i}} \qquad (8.31)$$

式中，$C_{str,i}$ 为第 i 时刻盐分胁迫因子；$C_{min,i}$ 为第 i 时刻作物耐盐下限（dS/m）；$C_{max,i}$ 为第 i 时刻作物耐盐上限（dS/m）。

8.3.2 过渡区盐分

该区域内盐分含量的多少也反映了灌溉制度的合理性。下列公式分别用以计算排管上、下区域盐分变化量。

排管上区域盐分变化量：

$$\Delta Z_{xa} = L_{rT}C_{L,i} + L_c C_{ic} + (V_R - V_L - G_b)F_{lx}C_{xb,i} - R_{rT}C_{xav} - F_{lx}G_a C_{xav} \tag{8.32}$$

排管下区域盐分变化量：

$$\Delta Z_{xb} = F_{lx}(L_{rt} + L_c - R_{rT} - G_a)C_{xav} + V_R C_{q,i} - F_{lx}(V_L + G_b)C_{xbv} \tag{8.33}$$

式中，ΔZ_{xa}、ΔZ_{xb} 分别为过渡区排管上、下盐分的变化量[dS/（m·季）]；C_{xav}、C_{xbv} 分别为排管上、下饱和盐分浓度的平均值（dS/m）；$C_{xb,i}$ 为上一个季节结束时排管以下饱和盐分浓度值（dS/m）。

C_{xav}、C_{xbv} 的计算公式如下：

$$C_{xav} = \begin{cases} \sqrt{C_{xa,i} \cdot C_{xa,i-1}} & C_{xa,i} \leqslant C_{xa,i+1} \\ \dfrac{C_{xa,i} + C_{xa,i-1}}{2} & C_{xa,i} > C_{xa,i+1} \end{cases} \tag{8.34}$$

$$C_{xbv} = \begin{cases} \sqrt{C_{xb,i} \cdot C_{xb,i-1}} & C_{xb,i} \leqslant C_{xb,i+1} \\ \dfrac{C_{xb,i} + C_{xb,i-1}}{2} & C_{xb,i} > C_{xb,i+1} \end{cases} \tag{8.35}$$

式中，$C_{xa,i}$、$C_{xa,i-1}$、$C_{xb,i}$、$C_{xb,i-1}$ 分别为第 i 时刻和第 $i-1$ 时刻盐分浓度（dS/m）。

含水层盐分变化量计算公式如下：

$$\Delta Z_q = G_i C_h + V_L C_{XX} - (G_o + V_R + G_W)C_{ov} \tag{8.36}$$

式中，C_h 为水平方向流入地下水的盐分浓度（dS/m）；C_{ov} 为整个季节水平流出地下水的盐分浓度（dS/m）。

C_{XX} 的值与有无地下排水系统有关：

$$\begin{cases} C_{XX} = C_{xv} & [K_d = 0] \\ C_{XX} = C_{xbv} & [K_d = 1] \end{cases}$$

8.3.3 排水及井水浓度

掌握排水浓度与井水浓度是计算盐分平衡的重要依据。模型中计算各浓度的公式如下：

$$C_d = \frac{F_{lX}(G_{da}C_{xav} + G_{db}C_{xbv})}{G_{dt}} \tag{8.37}$$

$$C_w = F_{lX}C_{qv} \tag{8.38}$$

8.4　作 物 模 块

作物模块主要包含了叶面积指数模型、地上生物量模型、收获指数和作物系数。该模块主要用于模拟地上生物量变化过程以及产量，首先根据所选模型计算叶面积指数，其次根据地上生物量模型计算生物量，最终根据产量预测模型计算出产量。作物系数分别给出基础作物系数 K_{cb} 和土壤蒸发系数 K_e，用于计算土面蒸发量和蒸腾量。

8.4.1　叶面积指数模型

常用的叶面积指数模型有：Logistic 模型、修正的 Logistic 模型、Log Normal 模型和修正 Gaussian 模型。这 4 种模型均能较好地模拟叶面积指数的变化过程，其中 Logistic 模型仅能够模拟葡萄叶面积指数的增长过程，而其他 3 种模型能够模拟葡萄叶面积指数的整个生长过程，包括衰减过程。4 种模型的具体形式如下。

（1）Logistic 模型：

$$y = \frac{y_0}{1 + e^{a+bt}} \tag{8.39}$$

式中，y 表示叶面积指数；t 为万年历时间或有效积温；y_0 表示叶面积指数可达到的理论最大值；a、b 表示待定参数。

（2）修正的 Logistic 模型：

$$y = \frac{y_0}{1 + e^{a+bt+ct^2}} \tag{8.40}$$

式中，a、b、c 表示待定参数。

（3）Log Normal 模型：

$$y = a \exp\left[-0.5\left(\frac{\ln(t/t_0)}{b} \right)^2 \right] \tag{8.41}$$

式中，a、b、t_0 为待定参数，其中参数 a 表示叶面积指数最大值；t_0 表示叶面积指数达到最大值时的天数或有效积温。可以看出，$t = t_0$ 时，y 为最大值 a。

（4）修正 Gaussian 模型：

$$y = a \exp\left[-0.5\left(\frac{|t - t_0|}{b} \right)^c \right] \tag{8.42}$$

式中，a、b、c、t_0 为待定参数，其中参数 a 表示叶面积指数最大值；t_0 表示叶面积指数达到最大值时的天数或有效积温。

8.4.2 叶面积指数与地上生物量的关系

地上生物量是叶面积指数增长的物质基础。生物量决定叶面积指数的大小，叶面积指数影响其后的光截获和物质生产。在不同的地区或播种期，由于作物生态条件的差异，生物量的累积速度不同。同一时期，物质生产力高的生育期，其对应的叶面积指数也较高。图 8.6 显示了叶面积指数与地上生物量之间的关系。

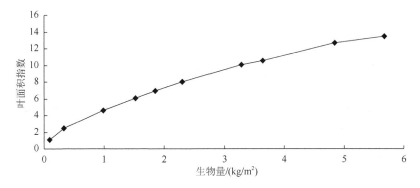

图 8.6　叶面积指数与地上生物量的关系

叶面积指数的增长率相对干物质的增加而降低，因此采用 Michaelis-Menten 方程来描述两者之间的关系。为了便于比较，生物量用相对于其中某一生育期地上生物量的比值（RM）表示，Michaelis-Menten 方程如下所示：

$$\mathrm{RM}(t) = M(t) / M_0 \tag{8.43}$$

$$\mathrm{LAI}(t) = \frac{P \cdot \mathrm{RM}(t)}{1 + Q \cdot \mathrm{RM}(t)} \tag{8.44}$$

式中，t 表示生育阶段或有效积温；M_0 为某一生育阶段地上生物量。变换式（8.44）为线性关系式为

$$\frac{1}{\mathrm{LAI}(t)} = \frac{1}{P \cdot \mathrm{RM}(t)} + \frac{Q}{P} \tag{8.45}$$

用最小二乘法统计 $\mathrm{LAI}(t)^{-1}$ 与 $\mathrm{RM}(t)^{-1}$ 的线性关系，并对参数进行变换，可求得待定系数 P、Q 值。图 8.6 中叶面积指数与地上生物量的关系为

$$\mathrm{LAI} = \frac{5.574\mathrm{RM}}{1 + 0.250\mathrm{RM}} \tag{8.46}$$

其中，$n = 11$，$R^2 = 0.9925$，通过信度 0.05 的显著性检验。因此，叶面积指数与地上生物量之间的关系可以采用 Michaelis-Menten 方程进行描述。

8.4.3 作物收获指数

收获指数（harvest index，HI）又称经济系数，是指作物的经济产量占总生物

产量的比例。早在 1954 年，Niciporvic 为了从生理上分析作物产量的形成过程，首次把作物产量分为生物产量（Y_{biol}，又叫总产量）和经济产量（Y_{econ}）两部分，并指出两者的关系为

$$Y_{bio1} \times K_{econ} = Y_{econ} \qquad (8.47)$$

式中，K_{econ} 就是经济系数。由于经济产量往往是指收获的产品量，又称经济系数为收获指数。

对于蔬菜、果树和谷物类作物，收获指数在开花后一段时期内变化缓慢（图 8.7），并且可以采用 Logistic 函数描述：

$$HI_i = \frac{HI_{ini}HI_0}{HI_{ini} + (HI_0 - HI_{ini})e^{-HIGCt}} \qquad (8.48)$$

式中，HI_i 为花期后第 i 天的收获指数；HI_0 为潜在收获指数（无任何胁迫条件下，产量与地上总生物量的比值）；HI_{ini} 为初始收获指数（一般取值为 0.01）；HIGC 为收获指数的增长系数。当 HI 增大到一定程度时，HI 将呈线性变化趋势。

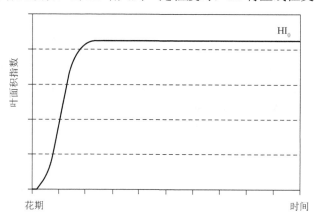

图 8.7　收获指数变化曲线

Kemanian 等[22]基于花期后作物生长速率 f_G 给出了估算收获指数的简单方法，提出 HI 是 f_G 的线性或非线性函数形式

$$HI = HI_0 + s \cdot f_G \qquad (8.49)$$

$$HI = HI_x - (HI_x - HI_0) \cdot \exp(-k \cdot f_G) \qquad (8.50)$$

并根据试验资料分析得到了大麦、小麦和高粱的收获指数模型，其中大麦和小麦的非线性模型模拟结果要略优于线性模型，而线性模型和非线性模型都能很好地模拟高粱的收获指数[22]。

8.4.4　根系吸水

根区任一深度的作物根系潜在吸水量可以采用下式进行估计：

$$W_{\mathrm{up}}(z) = \frac{E_{\mathrm{tm}}}{1 - \mathrm{e}^{-\beta}}\left(1 - \mathrm{e}^{-\beta \cdot \frac{z}{z_{\mathrm{root}}}}\right) \tag{8.51}$$

式中，$W_{\mathrm{up}}(z)$ 为深度为 z 处的作物根系潜在吸水量（cm·H_2O）；E_{tm} 为最大作物蒸腾量（cm·H_2O）；β 为水分利用分布参数；z_{root} 为该生育期根系最大深度（cm）。当 $\beta = 10$ 时，50%的根系吸水发生在根区上层 6%的深度内。某一土层内的根系吸水量可以表示为

$$W_{\mathrm{up},k} = W_{\mathrm{up}(z_{k+1})} - W_{\mathrm{up}(z_k)}$$

式中，$W_{\mathrm{up},k}$ 为第 k 层土壤中的根系吸水量（cm·H_2O）；$W_{\mathrm{up}(z_{k+1})}$ 为第 k 层土壤下边界深度（cm）；$W_{\mathrm{up}(z_k)}$ 为第 k 层土壤上边界深度（cm）。

　　土壤含水量的降低，会导致作物根系吸水变得更加困难，因此采用式（8.52）描述土壤中不同含水量时的根系吸水：

$$W'_{\mathrm{up},k} = \begin{cases} W_{\mathrm{up},k} \cdot \mathrm{e}^{5\left(\frac{W_k}{0.25\mathrm{AWC}_k} - 1\right)} & W_k < 0.25\mathrm{AWC}_k \\ W_{\mathrm{up},k} & W_k \geqslant 0.25\mathrm{AWC}_k \end{cases} \tag{8.52}$$

式中，$W'_{\mathrm{up},k}$ 为修正后第 k 层土壤中的根系吸水量（cm·H_2O）；W_k 为根区第 k 层土壤储水量（cm·H_2O）；AWC_k 为根区第 k 层土壤最大储水量（cm·H_2O）。

$$\mathrm{AWC}_k = \left(\theta_{\mathrm{FC}} - \theta_{\mathrm{WP}}\right) \cdot H_k \tag{8.53}$$

式中，θ_{FC} 为田间持水量（cm^3/cm^3）；θ_{WP} 为凋萎含水量（cm^3/cm^3）；H_k 为第 k 层土壤厚度（cm）。

　　土层中实际根系吸水量为

$$W_{\mathrm{act},k} = \min(W'_{\mathrm{up},k}, W_k - \theta_{\mathrm{WP}} \cdot H_k) \tag{8.54}$$

式中，$W_{\mathrm{act},k}$ 为第 k 层土壤中的实际根系吸水量（cm·H_2O）。因此，整个根区的根系吸水量可由式（8.55）计算：

$$W_{\mathrm{act}} = \sum_{k=1}^{n} W_{\mathrm{act},k} \tag{8.55}$$

式中，W_{act} 为整个根区的实际吸水量（cm·H_2O）；n 为土壤剖面划分层数。

　　当根区含水量适宜于根系吸水，则不存在水分胁迫，水分胁迫因子 $W_{\mathrm{str}} = 0$；当根区含水量低于某一阈值时，水分胁迫最大，根系停止吸水，则 $W_{\mathrm{str}} = 1$。水分胁迫因子一般通过根系吸水量与作物潜在蒸腾量的比值来确定：

$$W_{\mathrm{str}} = 1 - \frac{W_{\mathrm{act}}}{E_{\mathrm{t}}} \tag{8.56}$$

式中，W_{str} 为水分胁迫因子；E_{t} 为作物潜在蒸腾量（cm·H_2O）。

8.4.5 基于收获指数的产量模型

根据收获指数的定义，可知

$$Y = \delta \cdot \mathrm{HI} \tag{8.57}$$

式中，Y 为产量（kg/hm²）；HI 为收获指数；δ 为总生物量或总产量（kg/hm²）。为了建立产量模型，本章将总生物量分成两部分：生物量和产量。

$$\delta = M + Y \tag{8.58}$$

式中，M 为地上生物量（kg/hm²）。则结合式（8.57）和式（8.58），可得收获指数 HI 计算方法

$$\mathrm{HI} = \frac{Y}{M + Y} \tag{8.59}$$

对式（8.59）化简，可以得到产量与收获指数以及地上生物量之间的函数关系，可表示如下：

$$Y = \frac{\mathrm{HI}}{1 - \mathrm{HI}} \cdot M \tag{8.60}$$

对葡萄叶面积指数和生物量之间的关系进行研究，可知两者之间具有如下的关系

$$M = \frac{\mathrm{LAI_H}}{P - Q \cdot \mathrm{LAI_H}} \tag{8.61}$$

式中，$\mathrm{LAI_H}$ 为葡萄收获时叶面积指数。结合式（8.60）与式（8.61），可以得到产量与叶面积指数之间的关系

$$Y = \frac{\mathrm{HI}}{1 - \mathrm{HI}} \cdot \frac{\mathrm{LAI_H}}{P - Q \cdot \mathrm{LAI_H}} \tag{8.62}$$

式中，叶面积指数可以根据叶面积指数模型，即式（8.63）计算得到

$$\mathrm{LAI_H} = \frac{1}{1 + e^{a + b \cdot \mathrm{GDD_H}}} \cdot \mathrm{LAI_m} \tag{8.63}$$

式中，$\mathrm{GDD_H}$ 为葡萄收获时所需的有效积温（℃）；$\mathrm{LAI_m}$ 为最大叶面积指数。

存在水分、盐分胁迫时，作物生长调节因子为

$$\gamma_{\mathrm{adj}} = 1 - \max\{C_{\mathrm{str}}, W_{\mathrm{str}}\} \tag{8.64}$$

式中，γ_{adj} 为作物生长调节因子；W_{str} 为水分胁迫因子；C_{str} 为盐分胁迫因子。

实际产量为

$$Y_{\mathrm{act}} = \gamma_{\mathrm{adj}} \cdot Y \tag{8.65}$$

式中，Y_{act} 为实际产量（kg/hm²）；Y 为产量（kg/hm²）。

8.5　作物生长模型

本节以棉花为例，介绍作物生长模型。试验是在新疆库尔勒巴州水管处重点灌溉实验站进行的。该站位于塔里木盆地北缘，地形比较平缓，海拔一般为 988～991m，地形总的趋势是北高南低。由于区域地处中纬度地区，远离海洋，且高山阻隔，属典型的大陆性气候，其特点是干燥少雨、四季分明、冬夏漫长、春秋短暂。有春季升温快、秋季降温迅速和温差大、蒸发量大、日照长、光照充足、风沙较多等特征，以干旱半干旱气候为主。

8.5.1　试验方法

试验地土质为砂土，其中砂粒占 88.87%，粉粒占 9.41%，黏粒占 1.72%。土壤剖面分层不明显，1m 以内的平均土壤容重为 1.63 g/cm^3，田间持水量为 11.63%（干土重），田间饱和含水量为 22.76%（干土重）；地下水埋深在 1.5m 左右。试验选择 PAM、旱地龙、石膏 3 种改良剂，每种改良剂各选择 3 种施量，共 9 种组合；同时选择一个不施加任何改良剂的小区作为对照区，每个试验处理为一个试验小区；试验小区面积 5m×10m，每个处理设计一个重复，试验处理见表 8.2。每种改良剂的试验小区均沿滴灌支管方向布置，支管长 40m。试验区均没有进行春灌或者冬灌，采用的是干播湿出的播种方式，2010 年 6 月 17 日开始灌水，2010 年 8 月 28 日灌水结束，灌水次数为 11 次，播种日期为 4 月 23 日。

表 8.2　试验处理

改良剂种类	试验区号	施量/(kg/hm^2)	灌溉总量（不加出苗水）/(L/hm^2)	灌溉周期/d
PAM	X1	7.5		
	X2	15		
	X3	30		
旱地龙	X4	750		
	X5	1500	4.425	7
	X6	3000		
石膏	X7	1995		
	X8	4005		
	X9	5010		
对照	X10	0		

8.5.2　基于有效积温的棉花相对叶面积指数增长模型

图 8.8 显示了 2010 年棉花叶面积指数（LAI）随有效积温（GDD）的变化过

程。从图中可以看出，不同化学改良剂处理的叶面积指数增长趋势基本一致：当有效积温达到 300℃后，棉花叶面积指数开始增长，即叶片开始生长；有效积温为 300~1300℃，叶面积指数快速增长并达到最大值；当有效积温累积超过 1900℃后，叶面积指数开始缓慢衰减。本书采用不同模型对 X1、X2、X4、X5、X7 及 X8 处理的叶面积指数数据进行拟合，选择较优的模型，并通过 X3、X6、X9 和 X10 处理的试验数据对模型进行检验。

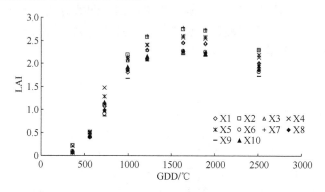

图8.8　叶面积指数随有效积温的变化过程

　　由于不同化学改良剂处理的叶面积指数变化趋势基本一致，可以对数据进行归一化处理，得到相对叶面积指数 RLAI，计算方法如下所示：

$$RLAI = \frac{LAI}{LAI_m} \tag{8.66}$$

式中，LAI_m 表示每个处理实测最大叶面积指数。将 X1、X2、X4、X5、X7 及 X8 处理的数据归一化处理，构建相对叶面积指数增长模型。不同模型参数拟合结果及误差如表 8.3 所示。

表8.3　不同模型参数拟合结果及误差分析

模型	表达式	Re/%	R^2	RMSE	参数个数
修正 Gaussian 模型	$RLAI = 0.9968\exp\left[-0.5\left(\frac{\|CGDD-1772.98\|}{928.98}\right)^{4.4947}\right]$	0.95	0.9996	0.0067	4
Log Normal 模型	$RLAI = 1.0298\exp\left[-0.5\left(\frac{\ln(CGDD/1638.45)}{0.6294}\right)^2\right]$	3.84	0.9939	0.0272	3
修正 Logistic 模型	$RLAI = \dfrac{1.03}{1+e^{7.2955-0.01191CGDD+3.3565\times10^{-6}CGDD^2}}$	1.66	0.9989	0.0117	4
三次多项式模型	$RLAI = 6.8419\times10^{-11}CGDD^3 - 7.7320\times10^{-7}CGDD^2 + 2.1006\times10^{-3}CGDD - 0.6533$	5.06	0.9894	0.0358	4
Gaussian 模型	$RLAI = 1.1186\exp\left[-0.5\left(\frac{CGDD-1856.37}{810.40}\right)^2\right]$	15.7	0.8972	0.1113	3

由表 8.3 所列出模型参数个数可以看出，Log Normal 模型和 Gaussian 模型具有 3 个参数，修正 Logistic 模型和修正 Gaussian 模型具有 4 个参数，参数个数的增加提高了模型的灵活性和精确度，同时也增加了模型求解的复杂度。因此，在考虑模拟精度和求解方便的前提下，可考虑采用 Log Normal 模型模拟叶面积指数随时间的变化过程。

8.5.3　叶面积指数与地上生物量的关系

叶面积指数与地上生物量之间存在一定关系，如式（8.67）。图 8.9 显示了不同处理方式下最大叶面积指数与相对生物量之间的关系，式中选取处理 X1 的生物量为参照，即 $M_0 = 4.04$ t/hm^2，并选取处理 X1、X2、X4、X5、X7、X8 和 X10 的数据确定两者之间的关系，如式（8.67）所示。

$$LAI = \frac{10.1317M}{1 + 1.6312M} \tag{8.67}$$

计算值与实测值之间的决定系数 $R^2 = 0.9557$，相对误差为 1.83%，RMSE=0.0456。根据式（8.67）可采用叶面积指数 LAI 计算地上生物量 M：

$$M = \frac{LAI}{P - Q \cdot LAI} = \frac{LAI}{10.1317 - 1.6312LAI} \tag{8.68}$$

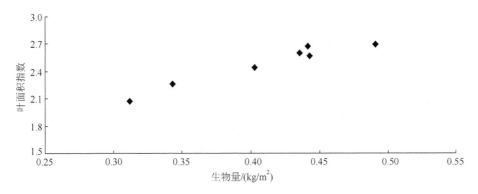

图 8.9　叶面积指数与地上生物量的关系

8.5.4　产量模型

表 8.4 显示了不同试验处理的棉花（籽棉）产量、地上生物量、总生物量和收获指数。从表中可以看出，随着试验处理的改良剂和施量的不同，各处理之间的产量和总生物量也均有差异，但收获指数基本相同，为 0.5012～0.5337，均值为 0.5148，标准差为 0.0115。因此，在灌溉定额为 4.425L/hm^2 时，库尔勒地区棉花收获指数 HI≈0.5148。

表 8.4　不同试验处理的棉花产量、地上生物量、总生物量和收获指数

处理	产量/(t/hm²)	地上生物量/(t/hm²)	总生物量/(t/hm²)	收获指数
X1	4.4400	4.0400	8.4800	0.5236
X2	4.6500	4.6012	9.2512	0.5026
X3	4.1700	4.1503	8.3203	0.5012
X4	4.5225	4.4306	8.9531	0.5051
X5	4.7550	4.3552	9.1102	0.5219
X6	3.9675	3.8347	7.8022	0.5085
X7	3.9225	3.4272	7.3497	0.5337
X8	4.9350	4.4054	9.3404	0.5284
X9	3.8550	3.6157	7.4707	0.5160
X10	3.2100	3.1220	6.3320	0.5070

根据建立的产量模型得到基于收获指数的棉花产量模型

$$Y = \frac{\text{HI}}{1 - \text{HI}} \cdot \frac{\text{LAI}_\text{H}}{P - Q \cdot \text{LAI}_\text{H}} \tag{8.69}$$

式中，叶面积指数可以根据叶面积指数模型计算得到计算公式如下

$$\text{LAI}_\text{H} = \frac{1}{1 + e^{a + b \cdot \text{GDD}_\text{H} + c \cdot \text{GDD}_\text{H}^2}} \cdot \text{LAI}_\text{m} \tag{8.70}$$

式中，GDD_H 为葡萄收获时所需的有效积温（℃）。

综上所述，棉花产量模型具体描述为

$$Y = \frac{0.5148}{1 - 0.5148} \cdot \frac{\text{LAI}_\text{H}}{10.1317 - 1.6312\text{LAI}_\text{H}} = \frac{0.5148\text{LAI}_\text{H}}{4.9159 - 0.7915\text{LAI}_\text{H}} \tag{8.71}$$

$$\text{LAI}_\text{H} = \frac{1.03\text{LAI}_\text{m}}{1 + e^{7.2955 - 0.01191\text{GDD}_\text{H} + 3.3565 \times 10^{-6}\text{GDD}_\text{H}^2}}$$

8.6　模　型　预　测

本节针对不同地下水位和地下水矿化度，对棉花产量进行预测。试验地位于新疆库尔勒巴州水管处重点灌溉实验站，采用干播湿出的耕作方式，无冬灌和春灌，具体灌溉制度如表 8.5 所示。在 8.5.1 小节中对照处理 X10 的测量结果作为初始值，灌溉水含盐量为 1.1dS/m，根区初始含盐量为 24.9dS/m，产量为 3.2t/hm²。

表 8.5　大田棉花干播湿出灌溉制度

生育期	日期	滴水量/(m³/hm²)
苗期	5 月 6 日	450
	5 月 30 日	300
蕾期	6 月 17 日	300
	6 月 24 日	300
	7 月 2 日	325
花期	7 月 9 日	450
	7 月 16 日	525
	7 月 24 日	525
铃期	7 月 31 日	525
	8 月 8 日	450
	8 月 14 日	325
	8 月 21 日	300
	8 月 28 日	300

8.6.1　参数确定

作物生长模型中水盐平衡模块主要包含了 20 个参数，作物模块主要包含了 12 个参数。具体参数描述及相关取值分别如表 8.6 和表 8.7 所示。

表 8.6　水盐平衡模块参数描述及取值

变量名	参数描述	单位	取值
N_y	作物生长模拟时长	年	5
D_t	模拟时间步长	1 周、1 个月或 6 个月	月
D_{w0}	初始地下水位	m	1.5
D_r	根区厚度	m	0.4
D_x	过渡层厚度	m	5
D_q	含水层厚度	m	3
D_c	临界深度	m	2
D_d	排管深度	m	2
C_p	降雨含盐分浓度	dS/m	0
C_i	灌溉水含盐分浓度	dS/m	1.1
C_{x0}	过渡层初始盐分浓度	dS/m	3
C_{q0}	含水层初始盐分浓度	dS/m	2
C_0	根区层初始盐分浓度	dS/m	24.9
Q_{h1}	排水速率	m/(d·m)	0
Q_{h2}	排水速率	m/(d·m²)	0
P_{re}	根层有效孔隙度	—	0.06
P_{xe}	过渡层有效孔隙度	—	0.08
P_{qe}	含水层有效孔隙度	—	0.08
P_{rt}	根层孔隙度	—	0.41
F_{lr}	根层淋洗率	—	0.3

表 8.7　作物模块参数描述及取值

变量名	参数描述	单位	取值
LAI_m	最大叶面积指数	—	3
a	叶面积指数参数	—	7.2955
b	叶面积指数参数	—	−0.0119
c	叶面积指数参数	—	3.3565×10^{-6}
HI_0	潜在收获指数	—	0.5148
P	生物量参数	—	10.1317
Q	生物量参数	—	1.6312
z_{root}	根系最大深度	cm	60
B	水分利用分布参数	—	10
θ_{FC}	田间持水量	cm^3/cm^3	0.23
Θ_{WP}	凋萎含水量	cm^3/cm^3	0.11
C_{max}	物耐盐上限	dS/m	2.45

8.6.2　地下水位对棉花产量的影响

地下水位分别设置 1.5m、2m、2.5m、3m，结合干播湿出灌溉制度，对棉花产量进行预测。根区初始含盐量为 24.9dS/m，地下水含盐量为 3 dS/m，图 8.10 和图 8.11 分别给出了不同地下水位对根区含盐量和棉花产量的影响。

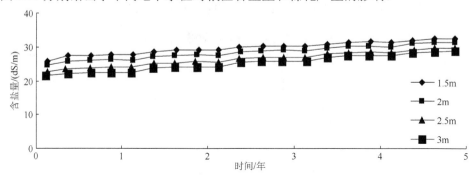

图 8.10　不同地下水位对根区含盐量的影响

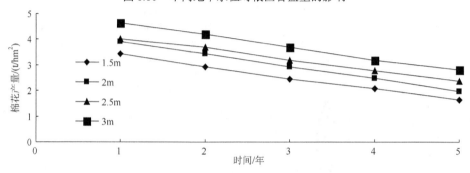

图 8.11　不同地下水位对棉花产量的影响

从图 8.10 中可以看出，由于没有冬灌和春灌对根区盐分的淋洗，根区的含盐量每年逐渐增加。5 年后，地下水位为 1.5m 的根区含盐量增加了 25%，地下水位为 2m 的根区含盐量增加了 20%，地下水位为 2.5m 的根区含盐量增加了 15%，地下水位为 3m 的根区含盐量增加了 10%。

从图 8.11 中可以看出，由于根区的含盐量逐年增加，生育期内根区盐分胁迫程度每年也相应增强，产量呈逐年递减趋势。第 5 年地下水位为 1.5m 的产量减少了 48%，地下水位为 2m 的产量减少了 38%，地下水位为 2.5m 的产量减少了 25%，地下水位为 3 m 的产量减少了 13%。

8.6.3　地下水矿化度对棉花产量的影响

地下水矿化度分别设置为 1g/L、2g/L 和 3g/L，结合干播湿出灌溉制度对棉花产量进行预测。地下水位为 2m，根区初始含盐量为 24.9dS/m，灌溉水含盐量为 1.1dS/m。图 8.12 和图 8.13 分别给出了地下水矿化度对根区含盐量和棉花产量的影响。

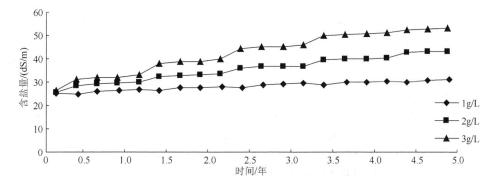

图 8.12　不同地下水矿化度对根区含盐量的影响

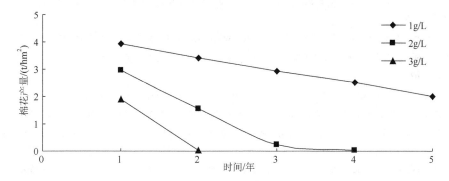

图 8.13　不同地下水矿化度对棉花产量的影响

从图8.12中可以看出，由于没有冬灌和春灌对根区盐分的淋洗，根区的含盐量每年逐渐增加。5年后，地下水矿化度为1g/L的根区含盐量增加了20%，地下水矿化度为2g/L的根区含盐量增加了61%，地下水矿化度为3g/L的根区含盐量增加了106%。地下水位为2m、矿化度为3g/L时，如果没有冬灌和春灌，则5年后根区含盐量将会增加1倍。

从图8.13中可以看出，地下水矿化度对根区盐含盐量影响较大。矿化度为1g/L时，5年后产量减少了38%；矿化度为2g/L时，第4年根区含盐量将超出棉花根系的最大耐盐值，棉花绝收；矿化度为3g/L时，第2年根区含盐量将超出棉花根系的最大耐盐值，棉花绝收。因此，地下水位为2m时，为了保证棉花产量，需要增加冬灌或春灌，对根区盐分进行淋洗。

参 考 文 献

[1] DESTOUNI G, GRAHAM W. Solute transport through all integrated heterogeneous soil groundwater system[J]. Water Resources Research, 1995, 31(8): 1935-1944.

[2] VAN HOOM J W. Quality of irrigation water limits of use and prediction of long-term effects[J]. Irrigation and Drainage, 1971, (7): 117-135.

[3] LIN H M. The research and application of saline water irrigation arid agriculture zones[J]. World Agriculture, 1996, (2): 45-47.

[4] 张建新, 王爱云. 利用咸水灌溉碱茅草的初步研究[J]. 干旱区研究, 1996, (4): 30-33.

[5] 王洪彬. 沧州地区利用微咸水灌溉分析[J]. 河北水利水电技术, 1998, (4): 4-5.

[6] MAGARIT Z M, NADLER A. Agrotechnically induced salinization in the unsaturated zone of loessial soils[J]. Ground Water, 1993, 31(3): 363-369.

[7] ORON G, DEMALACH Y, GILLERMAN L, et al. Effect of water salinity and irrigation technology on yield and quality of pears [J]. Biosystems Engineering, 2002, 81(2): 237-247.

[8] 马东豪, 王全九, 来剑斌. 膜下滴灌条件下灌水水质和流量对土壤盐分分布影响的田间试验研究[J]. 农业工程学报, 21(3): 42-46.

[9] 王全九, 徐益敏, 王金栋, 等. 咸水与微咸水在农业灌溉中的应用[J]. 灌溉排水学报, 2002, 21(4): 73-77.

[10] 王艳娜, 侯振安. 咸水灌溉对土壤盐分分布、棉花生长和产量的影响[J]. 石河子大学学报, 2007, 25(2): 158-162.

[11] 苏莹, 王全九. 咸淡轮灌土壤水盐运移特征研究[J]. 灌溉排水学报, 2005, 24(1): 50-53.

[12] 张展羽, 郭相平. 微咸水灌溉对苗期玉米生长生理形状的影响[J]. 灌溉排水学报, 1999, 18(1): 18-22.

[13] 郑德明, 姜益娟, 朱朝阳, 等. 南疆棉花高产栽培干物质积累和生长发育动态研究[J]. 中国棉花, 1999, 26(7): 17-18.

[14] 魏红国, 杨鹏年, 张巨松, 等. 咸淡水滴灌对棉花产量和品质的影响[J]. 新疆农业科学, 2010, 47(12): 2344-2249.

[15] 尤全刚, 薛娴, 黄翠华. 地下水深埋区咸水灌溉对土壤盐渍化影响的初步研究——以民勤绿洲为例[J]. 中国沙漠, 2011, 31(2): 302-308.

[16] 彭望琭. 土壤盐渍化量化的遥感与 GIS 实验[J]. 遥感学报, 1997, 1(3): 237-240.

[17] SALAMA R B, OTTO C J , FITZPATRICK R W. Contributions of groundwater conditions to soil and water salinization[J]. Hydrogeology Journal, 1999, 7(1): 46-64.

[18] CEUPPENS J, WOPEREIS M C S. Impact of non-drained irrigated rice cropping on soil salinization in the Senegal River Delta[J]. Geoderma, 1999, 92:125-140.

[19] MAHMOOD K, MORRIS J, COLLOPY J, et al. Ground water uptake and sustainability of farm plant at ions on saline sites in Punjab province, Pakistan[J]. Agricultural Water Management, 2001, 48(1): 1-20.

[20] 刘广明, 杨劲松, 李冬顺. 地下水蒸发规律及其与土壤盐分的关系[J]. 土壤学报, 2002, 39(3): 384-389.

[21] 白洋, 武雪萍, 华珞, 等. 海冰水不同灌溉量对土壤水分和棉花生物学性状的影响[J]. 中国土壤与肥料, 2011, (2): 16-21.

[22] KEMANIAN A R, STÖCKLE C O, HUGGINS D R, et al. A simple method to estimate harvest index in grain crops[J]. Field Crops Research, 2007, 103(3): 208-216.

第9章 旱区土壤水盐综合调控模式

旱区光照时间长，具有丰富的光热资源，有利于不同类型作物的生长。但由于蒸发量大，降雨少，灌溉成为农业生产的主要水源。特殊自然条件和不良灌溉管理导致地下水埋深较浅，矿化度高，潜水蒸发剧烈，造成土壤发生次生盐碱化，因此灌溉水不仅要补充土壤水分，以满足作物对水分的需求，而且需淋洗土壤盐分，为作物生长创造良好的水盐环境。传统方法是利用大水漫灌结合农田排水来调控土壤水盐状况，随着水资源短缺问题的日益突出，寻求既节水又可满足作物生长的农田水盐管理方法成为旱区农业生产的重要内容。新疆膜下滴管技术的大面积推广应用，为旱区农田水盐调控提供了新的模式，在没有排水的情况下，盐分总是存在于土壤剖面中，长期利用可能威胁土地质量。如何将节水灌溉技术[1-3]、土壤化学改良技术[4-9]、农田排水技术[10]、地面覆盖技术[11-14]、作物轮作技术有机结合[15]，构建适宜的水盐调控模式是旱区农田水盐调控的重要内容[16]。

9.1 膜下滴灌开发利用盐碱地技术体系

膜下滴灌是 20 世纪发展起来的新型农田水盐调控技术，由于其具有节水、控盐和改善地温的优势，故而在新疆得到大面积推广利用。但由于土壤水盐运移与分布受到气候、土壤、灌溉方法、灌溉水质、地下水状况、农田种植模式和农田管理水平等综合影响，需要根据不同地区实际情况来确定合理的水盐调控模式。

9.1.1 冬灌土壤水盐分布特征

为了维持农业正常生产，农民长期以来采取冬灌或春灌方法来降低土壤盐分含量，维持土地可持续利用，以实现农业生产的高产或稳产。一般来讲，冬灌具有降低土壤盐分含量、提高土壤水分含量和杀虫作用，因此在新疆等干旱地区大面积使用。由于冬灌灌水定额比较高，在水资源短缺的情况下，越来越引起人们的质疑。因此，冬灌土壤盐分分布特征是值得探讨的问题。为此，在新疆库尔勒进行了不同灌水量的冬灌试验，分析土壤水盐分布特征，为确定合理的冬灌土壤水盐管理提供指导。

9.1.1.1 试验方法

试验在新疆巴音郭楞蒙古自治州巴州重点灌溉试验站大田棉花膜下滴灌试验

地进行。试验站地处亚欧大陆中心，塔里木盆地北缘，地形比较平缓，海拔一般为 988～991m，属典型的大陆性气候，年降雨量为 43mm，蒸发量为 2910mm。在进行试验之前对试验地土质与水质进行调查。利用环刀对土壤剖面进行取样，测定各层的容重，利用筛分法与吸管法进行颗粒组成分析，并对各层土壤质地根据国际标准进行分类。测定结果见表 9.1。同时利用取样方法测定土壤含水量，并利用土水质量比 1∶5 浸提液测定浸提液电导值，转化成土壤含盐量。经测定当地地表水矿化度为 0.74g/L，属于淡水，地下水矿化度为 2.89g/L，属于微咸水。冬灌采用地面灌溉方式进行，灌水量设三个处理，分别为 1500m³/hm²、3000m³/hm²、4500 m³/hm²。在 2008 年 11 月 17 日进行了冬灌，冬灌前地下水埋深在 180～200cm。在 2008 年 11 月 20 日提取了土样，冬灌后的地下水埋深在 130～150cm。为了分析冬灌前后土壤水盐分布特征，在冬灌前后提取土样，取样深度为 140cm，在 0～60cm 间隔 10cm 取样，在 60～140cm 间隔 20cm 取样，每个处理设两个重复利用重复试验的平均值来分析冬灌前后的土壤水盐分布特征。

表 9.1　土壤的物理性质

| 深度/cm | 在某粒径范围的颗粒百分比/% | | | 土壤类型 | 容重/(g/cm³) |
	0.02～2 mm	0.002～0.02 mm	<0.002 mm		
0～20	88.870	9.409	1.7209	砂土	1.59
20～40	87.882	10.291	1.827	砂土	1.65
40～60	81.250	14.732	4.018	壤质砂土	1.7
60～80	87.219	1.624	2.157	砂土	1.63
80～100	87.527	10.147	2.327	砂土	1.55

9.1.1.2　冬灌土壤含水量分布特征

图 9.1 显示了不同冬灌水量下土壤含水量随深度分布情况。由图可以看出，由于土壤物理特征的空间变异性，土壤含水量分布在形状上也存在较大差异，但总体表现出以下特征：灌后土壤含水量高于灌前，下层含水量高于上层，冬灌水补充了土壤水分。随着灌溉水量增加，补充的土壤水量增加，而且补给深度也随灌溉水量增加而增加。

9.1.1.3　冬灌土壤含盐量分布特征

图 9.2 显示了不同冬灌水量下土壤含盐量随深度分布。由图可以看出，由于土壤物理特征的空间变异性，土壤含盐量分布类似土壤含水量分布，在形状上也存在比较大的差异，但总体表现出以下特征：灌前土壤含盐量高于灌后，上层土壤含盐量比下层土壤含盐量降低幅度大，并随着灌水量增加，灌溉前后的土壤含盐量差异增加，说明冬灌水具有明显淋洗盐分的效果。

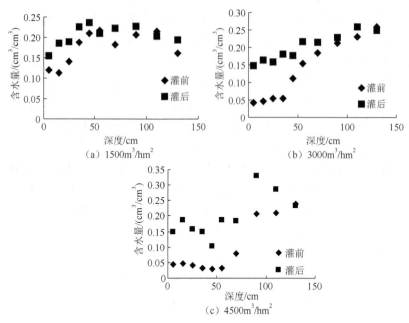

图 9.1　不同冬灌水量下土壤含水量随深度分布情况

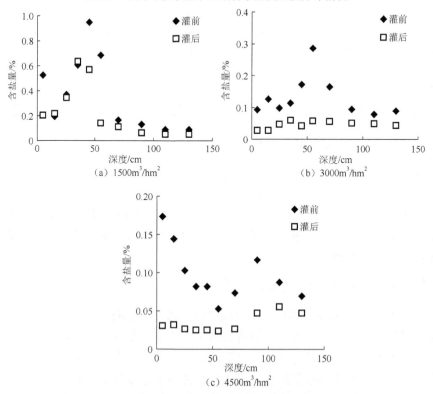

图 9.2　不同冬灌水量下土壤含盐量随深度分布情况

9.1.1.4 土壤盐分浓度分布特征

9.1.1.3 小节单独分析了冬灌前后土壤含水量和含盐量分布，土壤盐分浓度是土壤含水量和含盐量的函数，可以综合反映冬灌对土壤水盐分布的影响。图 9.3 显示了灌水前后土壤盐分浓度分布。由图可知，灌后盐分浓度小于灌前，而且随着深度增加减少幅度降低，浓度之间差异随着灌水量增加而增加。

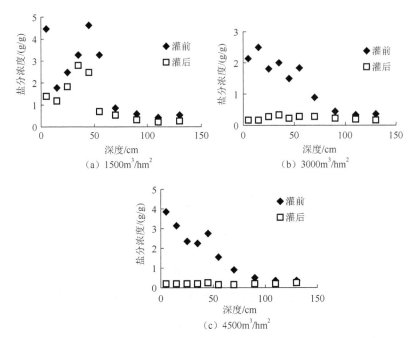

图 9.3 灌水前后土壤盐分浓度分布

9.1.1.5 灌溉前后土壤含盐量与浓度比值

9.1.1.4 小节分析了灌水对盐分淋洗效果，由于试验地土壤含水量和含盐量存在较大空间变异，直接比较土壤含水量和含盐量变化过程不易揭示土壤水盐分布特征。为了揭示土壤水盐分布的内在机制，将灌溉后的土壤含盐量和浓度除以灌溉前的土壤含盐量和浓度，以比较灌溉后土壤滞留盐分分布特征。图 9.4 显示了灌溉前后土壤含盐量和浓度的比值。由图可以看出，含盐量比值与浓度比值随深度存在不同变化趋势，而这种变化趋势与灌水量有关。

为了便于比较灌水量与含盐量和浓度比值关系，将三种灌水量下的含盐量和浓度比值点汇成图 9.5。由图可以看出，随着灌水量增加，含盐量比值逐渐减小，说明滞留在土壤中盐分数量逐步减少，而浓度减少幅度更加明显。同时也可以看出，随着灌水量减少，上层土壤脱盐明显，而下层脱盐效果不明显。

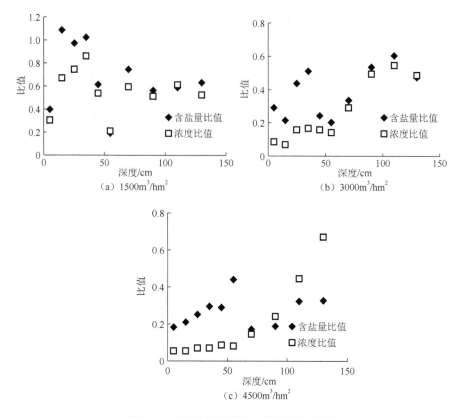

图 9.4　灌溉前后土壤含盐量和浓度比值

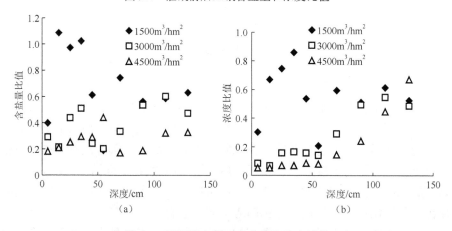

图 9.5　不同灌水量下含盐量和浓度比值

　　本节对各点灌溉前后土壤水盐分布特征进行了简单分析，但由于各测定土壤初始含量和含盐量不同，导致变化特征具有差异。为了进一步比较灌水量对土壤水盐盐分淋洗效果，计算了整个测定剖面140cm灌溉前后土壤含盐量之比，结果如表 9.2 所示。由表可以看出，随着灌水量增加，土壤脱盐率呈现增加趋势，而这种增加呈现非线性化。灌水量为 4500m³/hm² 的土壤脱盐率是灌水量为 1500m³/hm² 土壤脱盐率的 2.08 倍，是灌水量为 3000m³/hm² 土壤脱盐率的 1.19 倍，说明灌水量直接影响脱盐率。

表 9.2　土壤灌溉前后土壤含盐量之比与脱盐率

灌水量/(m³/hm²)	灌溉后前含盐量之比/%	土壤脱盐率/%
1500	64	36
3000	37	63
4500	25	75

为了总体分析土壤平均脱盐率与灌水量间关系，采用质量平衡原理进行简单探讨，以寻求灌水量与脱盐率间简单关系。假定在灌溉过程中，灌溉水先使研究土体达到饱和状态，利用平均土壤入渗率来表示土壤水分入渗过程，则土壤盐分平衡方程表示为

$$\frac{\mathrm{d}H\theta c}{\mathrm{d}t} = -ic \tag{9.1}$$

积分得

$$\frac{c}{c_0} = \mathrm{e}^{\frac{-it}{H\theta}} \tag{9.2}$$

将式（9.3）变化为

$$\frac{H\theta c}{H\theta c_0} = \mathrm{e}^{\frac{-it}{H\theta}} \tag{9.3}$$

式中，H 为研究土层深度（m）；c 为土壤盐分浓度（g/mL）；c_0 为初始土壤盐分浓度（g/mL）；t 为时间（min）；i 为平均入渗率（cm/min）；θ 为土壤含水量（cm³/cm³）。

令 $p_z=H\theta c/(H\theta c_0)$，$q=it$，其中，$p_z$ 表示了土壤盐分的滞留率；q 是累积出流量。为了便于实际应用与计算的简单，可以近似认为是不同时间的灌水量（W）。式（9.3）显示土壤盐分滞留率与灌水量呈现指数关系。将测定结果点绘在图 9.6 上，并利用指数函数拟合得

$$p_z = \mathrm{e}^{-0.0047W} \tag{9.4}$$

相关系数为 0.99，说明土壤盐分滞留率与灌水量间存在指数关系（图9.6）。式（9.3）中的系数就是出流水量与土壤蓄水量的比值，可以根据实际情况进行计算。如果让 $m=1-p_z$，则 m 就是脱盐率。脱盐率与灌水量间也可以利用指数函数描述。因此在实际确定冬灌水量时，可以根据土壤脱盐要求来确定具体灌溉水量。

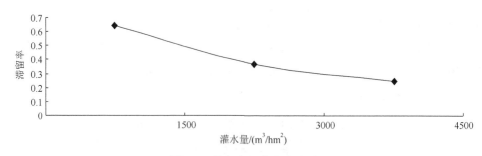

图 9.6　滞留率与灌水量关系

9.1.2　长期膜下滴灌土壤含盐量分布特征

滴灌这种高效节水的灌水技术在带来经济效益的同时也带来了社会效益和生态效益。但目前通过实地的调查研究发现，土壤中的盐分随着滴灌年限的增加不断累积，已经对农业生产产生了不利的影响，并且这种情况仍在不断地恶化。为了能够更好地掌握盐分变化的规律及制定出合理的灌溉措施，采取定点监测和区域监测的方式，对整个生育期及年际间盐分的变化进行分析，为制定合理的滴灌制度提供参考[17]。

9.1.2.1　试验方法

试验在新疆库尔勒农二师三十团进行。该地属典型的大陆性气候，年降水量49.3mm 左右、蒸发量 2765mm 左右、年均气温 11.5℃、积温 4354℃。土壤的物理性质及物理组成如表 9.3 所示，土壤质地类型主要以黏壤土为主。分别选择该团发展 2 年、3 年、4 年、8 年的膜下滴灌棉花地土壤含盐量变化趋势为研究对象，通过定点监测和布置网格的方法研究不同发展年限膜下滴灌土壤盐分累积过程。在每块调查的膜下滴灌地的中间选择有代表性的两点，两点相差几十米远，用土钻每 10cm 取样，取样深度为 120cm。网格布置法：在调查地块选择长、宽分别为 250m、40m 的范围，划分成 20 个网格，共计 30 个节点。取土深度为 120cm，间隔 10cm。用烘干法测定土壤含水量，将烘干的土样磨碎按土水质量比 1∶5 进行浸提，利用 DDS-307 型电导率仪测定电导值，再转化成土壤含盐量来测定土壤盐分总量。K^+、Na^+、Mg^{2+}、Ca^{2+}、Cl^-、CO_3^{2-}、HCO_3^- 和 SO_4^{2-} 通过离子计进行测定。

表 9.3　土壤物理性质

深度/cm	容重/(g/cm³)	土壤颗粒组成/%		
		黏粒（<0.002mm）	粉粒（0.002～0.02mm）	砂粒（0.02～2mm）
0～20	1.64	20.1	33.2	46.7
20～40	1.50	19.8	28.9	51.3
40～60	1.41	22.3	35.1	42.6
60～80	1.52	20.6	30.1	49.3
80～120	1.49	23.5	26.8	49.7
平均值	1.52	21.3	30.8	47.9

9.1.2.2　含盐量变化规律

1. 生育期内含盐量的变化规律

图 9.7~图 9.9 分别显示了不同区域生育期内定点观测土壤中的盐分变化规律,从图中可以看出,含盐量总体呈降低趋势,降低的原因在于,随着灌水量的不断增加,水分将盐淋洗到更深层的土壤中,观测后期盐分增加的主要原因在于,随着作物需水量的减少以及蒸发量依然较高,土壤中的水分在毛管力的作用下,向上移动并将盐分带入土壤中,使得土壤中的盐分有所增加。监测结束时的含盐量比初始的含盐量都有所下降,说明在生育期内含盐量总体呈现下降的规律,说明制定的灌溉制度是比较合理的。

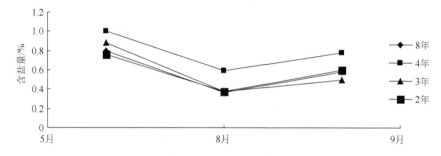

图 9.7　三十团 2008 年生育期内 0~120cm 盐分的变化规律

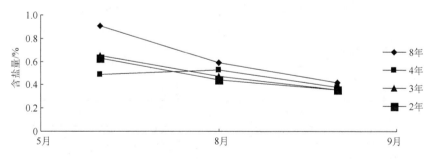

图 9.8　三十团 2009 年生育期内 0~120cm 含盐量的变化规律

定点监测的结果说明了土壤含盐量的变化规律,但却不能够完全反映整个区域内含盐量的变化规律。为了能够反映整个区域含盐量的变化规律,证明定点监测的结果,进行了区域调查。图 9.10 反映了区域含盐量的变化规律,从图中可以看出,整个区域内的含盐量随着生育期的推进,呈现明显的下降趋势,滴灌年限越长的滴灌区含盐量越高。结合定点监测和区域监测的生育期内含盐量的结论,可以得出生育期内含盐量是呈现下降趋势的结论,说明膜下滴灌能够很好地降低含盐量及抑制盐分的累积。

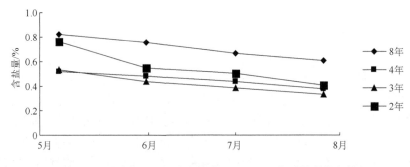

图 9.9　三十团 2010 年生育期内 0～120cm 盐分的变化规律

2. 区域含盐量年际变化特征

图 9.11 显示了不同年际间含盐量的变化规律，从图中可以明显看出，年际间的盐分呈现增加的规律，主要原因是生育期结束至次年的播种前，冬灌措施的实施提高了土壤的含水量，并且有效降低了土壤中的含盐量，随着温度的不断升高，水分向土壤浅层运动，水分将盐分带入土壤造成土壤含盐量的增加。另外，对不同滴灌年限土壤中盐分的分析发现，随着滴灌年限的不断增加，土壤中的含盐量相对越高，但总体呈现下降趋势。

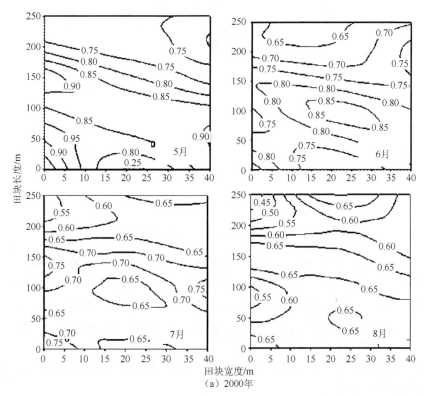

(a) 2000 年

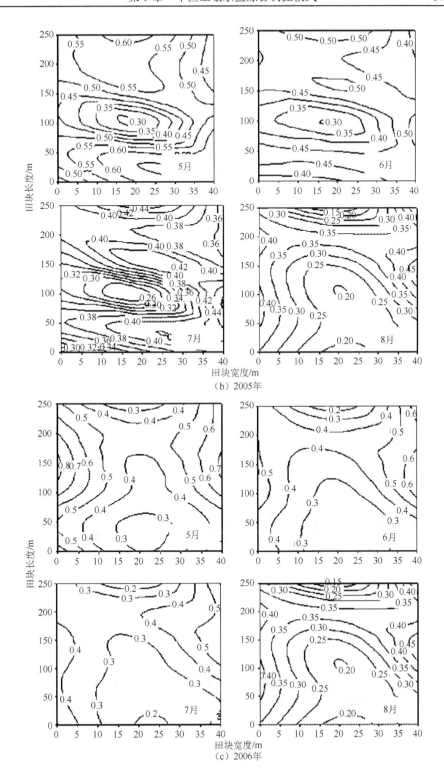

（b）2005年

（c）2006年

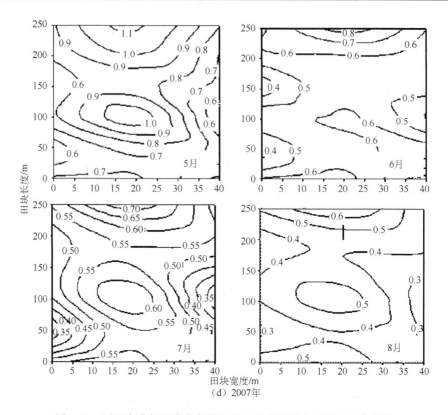

图 9.10　不同滴灌年限滴灌条件下不同时期区域含盐量的变化规律

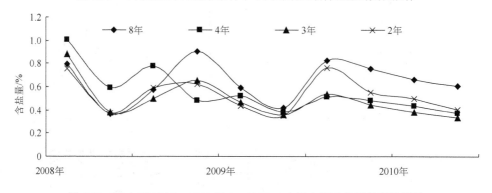

图 9.11　三十团 2008～2010 年 0～120 cm 土层土壤含盐量的变化规律

3. 土壤盐分离子分布特征

图 9.12 显示了三个年限膜下滴灌条件下土壤中钠离子的含量随年限的变化趋势，由图可见，钠离子的含量随年限的增加逐年升高，且增加速度很快，膜下滴灌发展 2 年与 3 年的钠离子含量比 1 年的分别高出 169.43%与 211.17%。

4. 膜下滴灌年际间土壤钙离子分布特征

图 9.13 为钙离子在不同年限膜下滴灌地块中含量的变化趋势。由图可见钙离子含量比钠离子含量高很多。钙离子的含量在不同发展年限的土壤当中差异不是很明显，在土壤上层钙含量 2 年与 3 年比 1 年的分别高 120.14% 与 224.36%，在土壤作物根层钙离子含量随年限的增长略有增高。

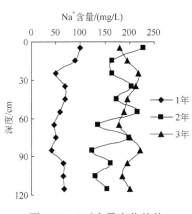

图 9.12　Na⁺含量变化趋势

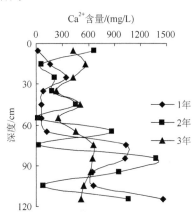

图 9.13　Ca²⁺含量变化趋势

5. 膜下滴灌年际间土壤氯离子分布特征

图 9.14 为氯离子在不同发展年限土壤含量中的变化趋势，由图可见，在膜下滴灌 1 年与 2 年氯离子含量区别不大，第 3 年含量开始高于前两年，也有随年限的增加而增长的趋势。发展年限 2 年的膜下滴灌土壤平均氯离子含量在 0~120cm 土层比发展 1 年的膜下滴灌土壤的平均含量高出 4.72%，发展年限 3 年的比 1 年的高出 5.95%。

6. 膜下滴灌年际间土壤钠吸附比变化特征

图 9.15 为不同年限土壤钠吸附比的变化趋势，由图可以看出，随着年限的增

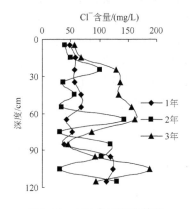

图 9.14　Cl⁻含量变化趋势

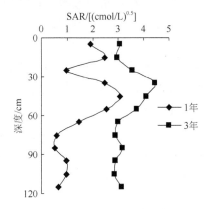

图 9.15　钠吸附比的变化趋势

加，钠吸附比逐渐增大，这与钠离子随年限的增加是有直接关系的，钙、镁离子在土壤中的含量随年限的增加变化不大，但是钠离子增加很快，引起土壤浸提液的钠吸附比随年限的增加而增加。在同一年中土层 50cm 深处钠吸附比达到最大值，说明钠离子在此位置的含量相对钙、镁离子较高，是钠离子相对聚集地。

9.1.3　膜下滴灌土壤水盐调控模式

对于干旱地区，降水资源短缺，灌溉是作物生长的主要水源。同时，地下水埋深浅而矿化度高，在强烈的蒸发条件下，对土壤产生次生盐碱化的威胁。这样，地下水一方面为土壤次生盐碱化提供盐分，另一方面也为周边植被生长提供水分，同时也是旱季灌溉水不足，补充作物需水的水源。如将生态安全作为考虑因子，生态安全所决定的地下水水位可能比较浅，为土壤盐碱化的形成创造了条件，影响土地质量。在这种情况下，必须将水利、生物、化学、物理盐碱地改良措施与水利措施有机结合，分析综合改良措施对维持土地可持续利用的作用和功效，优选出合理的土壤水盐调控措施，为农业可持续利用发展提供土地质量保障。9.1.3小节着重分析各种土壤水盐调控模式的特征，为干旱地区选择合理水盐调控模式提供指导[18]。

9.1.3.1　膜下滴灌技术

覆膜种植与滴灌技术有机结合形成膜下滴灌盐碱地开发利用和次生盐碱化防治有效措施。这种方法有其独特的优势，利用了滴灌淋洗盐分的功能，同时由于灌水量少，灌溉水与地下水不直接发生水力联系，使得在作物生长季节地下水水位不至于上升，潜水蒸发不会加强。这样有效避免了由地面灌溉引起地下水位上升导致土壤盐分累积。加上覆膜种植有效控制棵间蒸发，减少了由于土面蒸发所导致的土壤盐分累积。从膜下滴灌技术特点来看，对于地下水埋深在 2m 以下的地区，利用该种技术会取得比较好的效果。地下水埋深较浅的地区，采用这种措施应系统分析水盐分布特征，否则会造成一定土壤盐分累积，影响土地质量。当然对于土壤中含有中等数量盐分的土地来讲，需要确定合理的灌溉制度，特别注意头水压盐的功能，通过增加出苗灌水量，淋洗根区土壤盐分，为整个生育季节作物生长提供比较好的水盐环境。通过归纳总结了不同情况下的南疆地区灌溉制度，具体如表 9.4～表 9.6 所示。对于北疆地区可以适当减少灌溉定额。

表 9.4　膜下滴灌灌溉制度

滴头流量/(L/h)	滴头间距/cm	滴灌带	灌水周期/d	灌水次数/次	灌水定额/(m³/hm²)	灌溉定额/(m³/hm²)
1.5～2.4	30/40	双管	5～7	12～15	300～525	4500～5250

表 9.5　干播湿出条件下苗期灌溉制度

盐分含量	滴灌带数量	滴头流量/(L/h)	滴头间距/cm	灌水定额/(m³/hm²)
低	单管	2~3	40	450
中、高	双管	1.5~2.4	30	600~900

表 9.6　先灌溉后播种灌溉制度

盐分含量	滴灌带数量	滴头流量/(L/h)	滴头间距/cm	灌水定额/(m³/hm²)	土壤温度/℃
低	单管	2~3	40	450	16~18
中、高	双管	1.5~2.4	30	600~900	16~18

9.1.3.2　膜下滴灌与化学改良技术结合模式

由于一些地区土壤盐碱化比较严重，土壤导水导气能力差，而且局部地形地下水水位高，通过膜下滴灌与掺加物质技术结合，即可以改善土壤孔隙状况，也可以通过膜下滴灌切断灌溉水和地下水的水力联系。在潜水蒸发和植物消耗共同作用下，地下水位将逐步下降，并最终下降到比较安全的深度，可使作物逐步达到正常生长程度。这种方法在新疆一些地区进行了试验，取得了比较好的效果。通过试验研究推荐以下几种措施，如表 9.7 所示。例如，施加 PAM，其施量为 15kg/hm² 左右时能取得较好的综合改良效果。

表 9.7　几种措施的方案

化学改良剂	处理时间	施用方式	施量/(kg/hm²)
石膏	播前	干施	4200~4500
硫黄	播前	干施	675
硫酸亚铁	播前	干施	750~1125
旱地龙	播前	与水混合（水剂）	1500
禾康	播前	与水混合（水剂）	144

9.1.3.3　膜下滴灌与明沟排水结合模式

利用膜下滴灌与明沟排水技术相结合是土壤可持续利用的重要保证。目前新疆大部分地区排水系统都以明沟排水为主，由于滴灌技术自身的特点，生育期基本上没有排水，只是在冬春灌溉时，排水系统发挥作用。通过模型对现有排水系统条件下的模拟结果显示，较为合理的排渠布置应该为，排水沟间距 100~200m，沟深 3m，这样可以保证地下水位控制在 2 m 以下，土壤盐分不会对土壤及作物产量产生明显的影响。

9.1.3.4　膜下滴灌与生物改良技术结合模式

膜下滴灌与生物改良技术相结合的方法主要是通过种植耐盐植物，增加土壤有机质，改善土壤结构，并通过滴灌计算淋洗根区盐分，为作物生长提供良好的水盐环境[19]。对于作物的选择主要依据土壤盐碱化程度和作物耐盐度进行确定。对于含盐量比较低的土地，可以直接种植棉花、小麦等作物；对于中等含盐量的土地，第一年可以种植油葵，第二年就可以种植棉花、小麦、玉米等作物；对于含盐量比较高的土地，可以先种植苜蓿等牧草，然后再种植油葵、棉花、小麦等。如果苜蓿无法正常生长，在出苗后一定时间内，通过犁地将生长的植物与土壤混合，通过增加土壤有机质和滴灌淋洗盐分，逐步降低根区土壤含盐量，实现作物的正常生长。一般经过 3 年左右改良，就可以实现耐盐作物的正常生长。

9.1.3.5　膜下滴灌与冬灌或春灌结合模式

一些研究显示冬灌或春灌具有保墒、淋洗盐分、杀虫等功能。新疆等一些干旱区利用冬灌或春灌实现淋洗盐分的目的，并利用膜下滴灌为作物生长创造良好的水盐环境。在没有排水的条件下，过多冬灌或春灌水会引起地下水位升高，导致土壤盐分累积，又影响作物的正常生长，因此确定合理的冬灌或春灌水量是实现作物正常生长的主要决定因素。在前文中已经分析了冬灌水淋洗盐分的效果，可以根据具体情况确定合理冬灌或春灌水量。通过研究发现，干旱地区冬、春灌水量分别为 $1500\sim1800m^3/hm^2$、$1500m^3/hm^2$，对于盐分较高的土壤可以加大，灌水量为 $1800\sim3000m^3/hm^2$。另外，可以将冬灌频率改为两年或三年进行一次，水量不变[17]。

9.1.3.6　膜下滴灌与冬灌或春灌、排水方法和生物改良相结合模式

对于一些盐碱化比较严重的地区，地下水埋深浅而矿化度比较高，为了取得比较好的改良效果和加快改良速度，将膜下滴灌与冬灌或春灌、排水方法和生物改良相结合，发挥各种措施的优势，达到改良目标。一般先建立排水系统，并通过灌溉一定数量的水，淋洗土壤盐分。然后覆膜滴灌种植耐盐作物，一般前两年可将种植作物或草翻耕，增加土壤有机质，第三年可以种植中等耐盐植物，如棉花等，可以有一定的收成，以后根区土壤结构会逐步得以改善，有机质含量会逐步增加，土壤盐分也会逐步减少，实现改良土壤目的。当然，也可以与化学改良措施有机结合，实现综合改良目的。可以采用的模式有：冬灌/春灌+明沟排水+油葵/棉花，或者冬灌/春灌+明沟排水+苜蓿/棉花。

9.2　微咸水安全利用技术体系

9.2.1　微咸水地面灌溉安全利用模式

9.2.1.1　单一的调控模式

1. 地面覆盖措施

地膜覆盖和秸秆覆盖是最常见的地面覆盖措施。地膜覆盖提升温度更快，建

议春播时选择地膜覆盖措施，这样有利于保证作物苗期正常生长。对于夏播作物，地膜覆盖需要采取一定的措施，如开大膜孔、覆土等。秸秆覆盖时土壤温度变化趋于缓和，低温时有"保温效应"，高温时有"降温效应"，这种双重效应对作物生长十分有利，能有效地缓解气温突变对作物的伤害，且不易板结龟裂，还有一定的社会及生态效益，就地取材变废为宝，避免焚烧秸秆引起的环境污染[19]。对比两种措施对盐分累积的影响，覆膜的效果更加明显。综合上述的结果，总结了两种措施适合应用的条件，如表 9.8 所示。

表 9.8　两种覆膜措施的对比

覆膜方式	春播	夏播	生态效应	抑盐效果
地膜覆盖	首选	次选	次选	首选
秸秆覆盖	次选	首选	首选	次选

2. 间歇灌溉

通过研究发现，在间歇灌溉方式条件下，入渗量与矿化度、周期数、循环率存在正相关的关系。周期数和循环率越大，土壤含水量在剖面上的分布就越趋于均匀，对盐分的淋洗更充分[19]。为了保证作物正常生长和土地的可持续利用，建议在生产实践中通过调整间歇参数（周期数和循环率）实现水盐调控的目标。

3. 微咸水轮灌

对于微咸水资源有限的地区，采用微咸水轮灌措施是一种非常有效的节水增产措施[19]。有效实施该项措施的前提需要掌握不同作物不同时期的耐盐程度。通过对油葵、紫花苜蓿和冬小麦不同时期耐盐的研究，推荐了三种作物微咸水轮灌生育期内合理的灌溉方案：①油葵：生育期采用 1 次淡水 2 次咸水的灌溉处理，灌溉次序为淡（苗期）、咸（蕾期）、咸（花期）。②苜蓿：生育期采用 1 次淡水 2 次咸水的灌溉处理，淡（分枝期）、咸（蕾期）、咸（花期）。③冬小麦：生育期采用 1 次淡水 2 次咸水的灌溉处理，最佳灌溉次序为淡（拔节期）、淡（抽穗期）、咸（灌浆期），采用 2 咸 1 淡轮灌处理的最优灌溉制度为咸（拔节期）、淡（抽穗期）、咸（灌浆期）。对于所有微咸水轮灌条件下的作物，一般前期都应选择淡水或矿化度较低的微咸水进行灌溉，这样会保证作物的正常生长和最终的产量。

4. 作物轮作

合理的轮作有利于改善土壤结构、调节土壤肥力，并有利于防止病、虫、草害，是用地养地相结合的一种生物学措施。在微咸水灌溉研究中发现：与冬小麦连作方式相比较，冬小麦-油葵轮作的种植方式不但冬小麦产量显著提高，单位面积年产值更是显著增加，提高了土壤水分利用效率。冬小麦连作条件下，0～40cm 土层土壤含盐量随着时间的推移逐渐增大；冬小麦-油葵轮作条件下，0～40cm 土层土壤含盐量随着时间的推移呈波浪形变化，即在冬小麦生育期增大，在油葵生育期则降低，整个研究期结束时，土壤含盐量与初始值基本一致，达到了盐分平衡。与冬小麦相比较，油葵的耐盐性较高，采用 3g/L 的微咸水非但不影响其生长，还能在生长过程中带走土壤中的盐分；而冬小麦连作处理，在夏闲期由于气温较高，蒸发强度较大，导致土壤盐分表聚[19]。

5. 石膏改良

对于施用石膏的处理，有效提高了土壤的入渗能力，同时减少了 Na^+ 对作物的危害，作物生长受到的危害较小，其生长过程中从土壤中带走的盐分的量便更多，从而使土壤含盐量相对较低。另外，在灌溉水矿化度较高时，石膏改良可以显著增加苜蓿产量，但增产的比例并不是随施用量的增加而增大，但由苜蓿产量的变化趋势预测，高施用量更具有长效性[19]。因此，在实际生产中，需要根据计划种植作物的种类和年限来事先确定石膏施用量的大小。

6. 多种调控措施相结合的水盐调控模式

由前述分析可知，地面覆盖、间歇灌溉、交替灌溉、轮灌、轮作及石膏改良六种方法均能对土壤中的水盐分布起到有效的调控作用，然而根据田间实际情况，将上述调控方法进行有机结合形成多种调控措施相结合的水盐调控模式，其土壤水盐调控效果将会优于单一调控措施。比如交替入渗与间歇入渗的有机组合，即交替间歇入渗，也是一种有效的土壤水盐调控方法。交替间歇入渗湿润锋处的土壤含盐量均大于交替连续入渗；对于先咸后淡的情况，湿润锋以上土层土壤含盐量均表现为交替间歇入渗略小于交替连续入渗，而对于先淡后咸的情况，湿润锋以上土层土壤含盐量均表现为间歇入渗明显小于连续入渗。说明除了交替次序外，间歇供水也可以有效地调控土壤盐分在土壤剖面上的分布，保证上层土壤的盐分得到淋洗，并将土壤"盐峰"压至更深的位置。

针对试验地区气候及土壤特征，结合三年的试验研究，分析得出以下几种模式对该地区微咸水灌溉土壤水盐分布能起到有效的调控作用：对于春播作物，可以采取地膜覆盖+间歇灌溉+石膏改良模式，或者地膜覆盖+交替灌溉+石膏改良模式；对于夏播作物，可以采取秸秆覆盖+轮作+石膏改良，另外再结合以作物轮作的种植方式，可以起到改善土壤结构、调节土壤肥力，并有利于防止病、虫、草害的作用。

9.2.2 微咸水滴灌安全利用模式

1. 灌溉方式

为了有效节约淡水资源，同时为了保证作物的产量和土壤的质量，选择了混灌和轮灌两种灌溉方式。混灌处理（咸淡比 1:1）相对微咸水灌溉能够有效降低土壤中的盐分，同时又能提高作物的产量。轮灌处理之间的对比分析显示，淡咸淡处理不仅能够降低土壤含盐量，同时又能保证作物的产量。微咸水轮灌的灌溉次序需要根据作物不同时期对盐分的耐盐程度来制定合理的轮灌制度[20]。

2. 膜间调控

通过对压实、PAM、秸秆、覆砂四种膜间处理分析显示，各处理均能有效减少土壤的耗水，但耗水量的影响差异不明显。膜间处理对膜间盐分的累积有明显抑制作用，对作物生长、水分利用效率、产量的分析发现，覆砂措施明显高于其他措施。单从试验结果出发，覆砂膜间调控措施效果最佳。但从生产实际出发，需要根据具体的情况，选择不同的膜间调控措施[20]。根据本书的结论，推荐的膜间控制措施为施加 PAM，施量为 15kg/hm^2。

3. 化学改良

田间添加化学改良剂能在一定程度上改善土壤的水盐情况，为作物提供良好的水盐环境，这在一定程度上会影响土壤的水盐分布情况，从而影响作物生长。通过对石膏、硫黄、PAM、旱地龙四种改良剂条件下耗水量、作物生长指标、水分利用效率、土壤盐分含量等方面的研究，四种改良剂均能有效减少作物的耗水，起到明显的保水作用，都能有效减小土体中 Na^+、Cl^- 和 Ca^{2+} 的累积。另外，对土壤含盐量、作物产量和水分利用效率的分析结果显示，PAM 的效果最好。通过对研究结果的综合分析，认为在微咸水膜下滴灌棉田条件下，PAM 作为首选的化学改良剂，施量为 15～30kg/hm^2，翻耕前直接施入[20]。

4. 多种调控措施相结合的水盐调控模式

综合上述分析可知，混灌或轮灌、膜间调控及化学改良等措施均能对土壤中的水盐分布起到有效的调控作用，然而每一种方法都有其局限性，为了能够更加合理有效地实现水盐平衡，需将上述调控方法有机地结合形成多种调控措施相结合的水盐调控模式，其效果必将胜于任一单一调控措施。通过对上述结果的综合分析，同时针对试验地区气候及土壤特征，结合几年的试验研究，认为以下几种模式对该地区微咸水膜下滴灌土壤水盐分布能起到有效的调控作用，如混灌+PAM 改良模式+压实/施加 PAM、轮灌+PAM 改良模式+压实/施加 PAM。

参 考 文 献

[1] 张琼, 李光勇, 柴付军. 棉花膜下滴灌条件下灌水频率对土壤水盐分布和棉花生长的影响[J]. 水利学报, 2004, (9): 123-128.

[2] WANG Y, XIE Z, MALHI S S, et al. Effects of gravel-sand mulch, plastic mulch and ridge and furrow rainfall harvesting system combinations on water use efficiency, soil temperature and watermelon yield in a semi-arid Loess Plateau of northwestern China[J]. Agricultural Water Management, 2011, 101(1): 88-92.

[3] XIE Z, WANG Y, WEI X, et al. Impacts of a gravel－sand mulch and supplemental drip irrigation on watermelon (Citrullus lanatus [Thunb.] Mats. & Nakai)root distribution and yield[J]. Soil and Tillage Research, 2006, 89(1): 35-44.

[4] 高玉山, 朱知运, 毕业莉, 等. 石膏改良苏打盐碱土田间定位试验研究[J]. 吉林农业科学, 2003, 28(6): 26-31.

[5] 孙毅, 高玉山, 闫孝贡, 等. 石膏改良苏打盐碱土的研究[J]. 土壤通报, 2001, 6(32): 97-101.

[6] 孙海燕, 王全九, 刘建军, 等. 施钙浓度对滴管盐碱土水盐运移特征研究[J]. 水土保持学报, 2008, 22 (1): 20-23.

[7] 孙海燕, 王全九, 彭立新, 等. 滴灌施钙时间对盐碱土水盐运移特征研究[J]. 农业工程学报, 2008, 24 (3): 53-58.

[8] 刘建军, 王全九, 张江辉. 滴灌施钙土壤水盐运移特征的田间试验研究[J]. 土壤学报, 2010, 47(3): 568-573.

[9] 龙明杰, 张宏伟, 陈志泉, 等. 高聚体对土壤结构改良的研究-聚丙烯酰胺对赤红壤的改良研究[J]. 土壤通报, 2002, 33(1): 9-13.

[10] 刘虎俊, 王继和, 杨自辉, 等. 干旱区盐渍化土地工程治理技术研究[J]. 中国农学通报, 2005, 21(4): 329-333.

[11] 姜洁, 陈宏, 赵秀兰. 农作物秸秆改良土壤的方式与应用现状[J]. 中国农学通报, 2008, 24(8): 42-423.

[12] 吴泠, 何念鹏, 周道玮. 玉米秸秆改良松嫩盐碱地的初步研究[J]. 中国草地, 2001, 23(6): 34-38.

[13] 宋日权, 褚贵新, 张瑞喜, 等. 覆砂对土壤入渗, 蒸发和盐分迁移的影响[J]. 土壤学报, 2012, 49(2): 282-288.

[14] 张瑞喜, 褚贵新, 宋日权, 等. 不同覆砂厚度对土壤水盐运移影响的实验研究[J]. 土壤通报, 2012, 43(4): 849-853.

[15] 王全九, 毕远杰, 吴忠东. 微咸水灌溉技术与土壤水盐调控方法[J]. 武汉大学学报(工学版), 2009, 42(5): 559-564.

[16] 俞仁培, 尤文瑞. 土壤盐化、碱化的监测与防治[M]. 北京: 科学出版社, 1993: 85-90.

[17] 单鱼洋. 干旱区膜下滴灌水盐运移规律模拟及预测研究[D]. 杨凌: 中国科学院水土保持与生态环境研究中心博士学位论文, 2012.

[18] 王春霞. 膜下滴灌土壤水盐调控与棉花生长特征间关系研究[D]. 西安: 西安理工大学, 2011.

[19] 毕远杰. 微咸水地面畦灌土壤水盐分布特征与调控方法研究[D]. 西安: 西安理工大学, 2010.

[20] 谭帅. 膜下微咸水滴灌土壤水盐分布及棉花生长特征研究[D]. 西安: 西安理工大学, 2015.